华中昆虫研究

（第十五卷）

李有志　黄国华　金晨钟　主编

中国农业科学技术出版社

图书在版编目（CIP）数据

华中昆虫研究. 第十五卷 / 李有志，黄国华，金晨钟主编. —北京：中国农业科学技术出版社，2019.6

ISBN 978-7-5116-4236-3

Ⅰ.①华… Ⅱ.①李…②黄…③金… Ⅲ.①昆虫-中国-文集 Ⅳ.①Q968.22-53

中国版本图书馆 CIP 数据核字（2019）第 112423 号

责任编辑 姚 欢
责任校对 马广洋

出 版 者 中国农业科学技术出版社
北京市中关村南大街 12 号 邮编：100081
电 话 (010)82106636(编辑室) (010)82109702(发行部)
(010)82109709(读者服务部)
传 真 (010)82106631
网 址 http://www.castp.cn
经 销 者 各地新华书店
印 刷 者 北京建宏印刷有限公司
开 本 787 mm×1 092 mm 1/16
印 张 22.125
字 数 500 千字
版 次 2019 年 6 月第 1 版 2019 年 6 月第 1 次印刷
定 价 70.00 元

《华中昆虫研究（第十五卷）》

编 委 会

前　言

由湖南省、湖北省、河南省和江西省昆虫学会组织的区域性学术交流活动——华中昆虫学术研讨会，在推动华中地区昆虫学研究的发展乃至我国昆虫学事业中发挥着重要的作用。为展示华中地区近年来昆虫学研究成果、追踪国内外昆虫学研究前沿、了解昆虫学各领域研究新动态、交流害虫绿色防控新技术，华中四省（湖南、湖北、河南、江西）昆虫学会联合主办的“2019 年度华中昆虫学术研讨会”于 2019 年 7 月 19—22 日在湖南省娄底市召开，《华中昆虫研究》（第十五卷）即为本次学术研讨会所交流的学术成果。

本次大会共收到研究综述、研究论文和研究摘要等共 57 篇，主要内容包括昆虫多样性、农林害虫综合治理、有益昆虫利用等，不仅反映了昆虫学研究前沿领域研究进展，还有来自生产第一线科技人员防治各类害虫的新经验、方法和策略，充分展示了近年来华中四省昆虫学研究的重要成果，具有较高的理论水平和生产实用价值，对从事有害生物基础研究和防治研究的教学与科研工作者具有较高的参考价值，对推动我国昆虫学事业发展、推广害虫控制新技术具有重要作用。

本论文集的编纂出版由湖南省、湖北省、河南省和江西省四省昆虫学会合作完成，同时还得到了湖南人文科技学院、湖南农业大学等单位的大力支持，在此一并表示衷心感谢。

本次大会由湖南人文科技学院、植物病虫害生物学与防控湖南省重点实验室、农药无害化应用湖南省高校重点实验室共同承办，会议的筹备、举办得到了上述单位的大力支持和帮助，在此一并表示衷心感谢。

由于时间仓促，编者水平有限，错误或遗漏在所难免，恳请读者、作者批评指正。

编　者

2019 年 5 月 20 日

目　录

研究综述

研究论文

研究摘要

研究综述

中国蝴蝶产业面临的机遇与挑战*

曹振民**，曹　龙，王　香，瓮青芬，翟　卿***
（河南农业大学植物保护学院，郑州　450002）

摘　要：本文总结了目前中国蝴蝶产业背景和发展现状，分析了蝴蝶产业发展与基础研究之间的关系，对目前的优势与短板进行了探讨，在此基础上提出针对性建议，并讨论了中国蝴蝶产业的未来发展。

关键词：蝴蝶产业；现状；展望

The Present Situation and Prospect of Butterfly Industry in China

Cao Zhenmin**，Cao Long，Wang Xiang，Weng Qingfen，Zhai Qing***
（*College of Plant Protection*，*Henan Agricultural University*，*Zhengzhou* 450002，*China*）

Abstract：On the basis of summarizing the scientific research on butterflies in China，this paper analyzes the relationship between the butterfly industry and scientific research in China，discusses the good aspects and puts forward some Suggestions for improvement，and further discusses the future development of the butterfly industry in China.

Key words：The butterfly industry；Present situation；Expectation

蝴蝶是鳞翅目 Lepidoptera 锤角亚目（蝶亚目）Rhopalocera 的统称，被誉为大自然中“会飞的花朵”。从古至今，蝴蝶在文学、音乐、诗歌、绘画、装饰和戏剧等多个领域出现。人们对蝴蝶的好感不仅仅是存在于它美丽的外表，更在于蝴蝶对于生态系统和人类社会的价值，如生态价值、观赏价值、营养价值、人文价值、仿生价值、工艺价值等。目前，全国各地建立了多个以蝴蝶为主题的生态园、博物馆等，蝴蝶活体及工艺品需求与日俱增。巨大的经济效益为了保护蝴蝶多样性，同时又满足人们的需求，蝴蝶人工繁殖及相关产业悄然兴起。

1　中国蝴蝶资源优势

现在世界已知蝴蝶种类为 17 000余种。除南北极寒地带以外的其他地区都有分布，

* 基金项目：生态环境部生物多样性保护专项资助项目全国蝴蝶多样性观测网络（China BON-Butterflies）；科技基础性工作专项（2014FY210200）；河南教育厅重点项目（15A180041）；中国博士后科学基金资助项目（2016M602935XB）

** 第一作者：曹振民，男，河南新乡人，硕士研究生，主要从事昆虫分类与系统多样性研究

*** 通信作者：翟卿，女，山东济南人，讲师，博士，硕士生导师，主要从事昆虫分类与系统多样性研究；E-mail：zhaiqing@henau.edu.cn

其中以美洲热带丛林，尤其以亚马孙河流域种类最为丰富。

中国幅员辽阔，气候复杂，南北跨越6个气候带，植被种类繁多，位于古北区和东洋区的分界区域，是蝴蝶资源最丰富的国家之一。中国已知蝴蝶种类2 000余种，分属12科246属（寿建新，2010）。中国以云南、海南、台湾等省蝴蝶种类最为丰富（胡树慧，2001）。

2 中国蝴蝶产业的现状

中国蝴蝶文化传承历史悠久，但相关科学研究起步较晚，导致蝴蝶产业的理论基础薄弱，影响了现有的蝴蝶产业的发展。随着我国经济的飞速发展，人们在满足了基本的生活要求之后，更需要精神文化的享受。目前，中国蝴蝶产业处于发展上升阶段，市场体系需要逐步完善。据不完全统计，中国台湾20世纪90年代便有了每年10余亿人民币产值的成绩，从业人员数以万计，产业项目遍布全球。中国大陆蝴蝶产业在2002年全行业产值不到1亿元人民币，2005年仅有1.5亿元人民币左右，2010年才达到了2亿元人民币产值（季刘伟等，2012）。对于起步较晚的我国大陆蝴蝶产业来说，行业前景一片光明。

2.1 科研基础

对中国蝴蝶进行早期系统研究的学者有周尧、李传隆等。20世纪70年代周尧开始研究陕西蝴蝶，并撰写《陕西省经济昆虫图志 鳞翅目：蝶类》，同期有昆虫爱好者寿建新参与蝴蝶科学研究，并与周尧先生合作出版著作《世界蝴蝶邮票》《中国蝶类志》《中外蝴蝶邮票》《世界名蝶邮票鉴赏图谱》等。此后，对蝴蝶的研究多侧重于蝴蝶分类和生态方面。

随着研究方法和仪器设备的不断改良与创新，蝴蝶系统发育研究也逐步展开，季刘伟等（2012）采用PCR和long PCR技术测定了丝带凤蝶 *Sericinus montelus* 线粒体基因组全序列，结合已有的其他凤蝶科物种的相应序列数据，基于13个蛋白质编码基因重建了凤蝶科主要类群的系统发生树，探讨了它们之间的系统发生关系。诸立新等（2007）通过对中国产10种翠凤蝶亚属 *Princeps* 蝴蝶的细胞色素氧化酶Ⅰ基因、细胞色素氧化酶Ⅱ基因部分序列进行分析，研究了中国尾凤蝶翠凤蝶亚属的系统发生关系。

易传辉等（2009）则侧重于蝴蝶生理学研究，利用蒽酮比色法和重量法，测定美凤蝶 *Papillo memnon* L. 滞育期间不同时期海藻糖、糖原和脂肪含量，进而系统了解美凤蝶的滞育特性。

目前，对蝴蝶的生物多样性方面的研究有待完善，蝴蝶生物多样性研究主要集中在物种多样性研究上，少数涉及遗传多样性、生态系统多样性和景观多样性方面的研究报道；今后应加大蝴蝶多样性研究力度，特别是热点地区濒危蝴蝶多样性研究，从而为蝴蝶多样性保护提供依据（王琳等，2009）。

2.2 蝴蝶活体利用

随着蝴蝶产业发展，活体蝴蝶的需求越来越多，在蝴蝶园、蝴蝶谷、蝴蝶放飞场所，都需要活体蝴蝶的支撑。

2.2.1 供观赏的蝴蝶园、蝴蝶谷

目前全国已建立各种类型的蝴蝶园 30 多个，这些蝴蝶园大小不一，建设水平和质量良莠不齐，所产生的经济和社会效益差异很大。据调查，目前已建成的蝴蝶园中，规模相对较大、环境比较优美、设施比较配套的是厦门蝴蝶王国（占地 500 多亩，总投资约 1 亿元人民币）；而社会影响最大、经济效益最好的是云南大理蝴蝶泉，仅 2005 年门票收入就达4 000多万元，比没有人工放飞蝴蝶前的 2003 年增加了将近 5 倍；大多数观赏蝴蝶园建设规模小、设施不配套、蝴蝶供给不稳定，不少只能季节性开放，因此经济效益不佳，处于惨淡经营状态。尤其是在长江以北地区，由于自然气候条件的限制和城市化建设步伐的加快，要建设蝴蝶园更需要多年的研究试验，模拟出蝴蝶的生存环境，引进了适应能力强的南方蝴蝶品种，放养在人工建造的室外网式蝴蝶生态园中，很大程度上限制了蝴蝶园的建设。

2.2.2 蝴蝶放飞

因气候原因放飞活动所需的蝴蝶大多需从南方引进，但在长距离运输时死亡率较高，确定蝴蝶最适储存温度和保存时间成为亟待解决的问题（马茜茜等，2018）。我国蝶类物种丰富，大都具有极高的观赏价值，需要大量科研人员对不同种类蝴蝶的生理特性进行研究，来确定不同的温度气候适合放飞的蝴蝶种类，可以提升放飞效果，促进活体蝴蝶的市场发展。

2.3 蝴蝶养殖

20 世纪 80 年代，为了满足科研需求，蝴蝶小规模饲养工作开始展开。到了 90 年代，随着蝴蝶园的出现，市场上对活体蝴蝶开始有需求，一些观赏性蝴蝶开始大量人工饲养。到 2004 年，已能够规模化人工养殖的观赏蝴蝶达 17 种，单种最高年产量达 100 万只（李兴阁和姚俊，2012）。随着蝴蝶人工养殖科学研究的深入、养殖技术的完善，加之国家政策对蝴蝶人工养殖的支持，使得蝴蝶养殖取得了较大进展，目前已实现了 30 余种蝴蝶的人工养殖，蝴蝶人工养殖区域较广泛，据估计全国蝴蝶年养殖量能达到 300 万~500 万只（蒲正宇等，2014）。

2.4 蝴蝶加工品

目前为止，我国的蝴蝶加工品行业还处于刚起步阶段，市场上主要流行的蝴蝶工艺品如下：①蝴蝶标本，一些稀有种蝴蝶或异常美丽的蝴蝶被直接制作成标本，但这种蝴蝶来源稀有，不能很好地大规模发展；②蝴蝶壁画，将数量众多的蝴蝶装配在壁画框中，再用其他艺术成分修饰，经过防潮防腐的处理，做成大型壁画，可以体现美好的寓意，创意独特，形式新颖，但由于成品体积大，运输成本高，小规模机构业务不适合拓展全国；③蝶翅画、蝴蝶书签等装饰品，总体艺术造诣不高，制作工艺不够精良，极少数具有较高的艺术造诣，在一些网上商城可以搜索到这类商品，但还不能够有效地开拓市场。

3 几点建议

3.1 合理利用蝴蝶资源

在自然保护区内，加强对蝴蝶栖息地的保护，阻止其进一步的破坏和退化，保证蝴

蝶寄主植物和蜜源植物的生物多样性，为自然蝴蝶资源发展提供自然基础。严禁在自然保护区内大量使用农药，禁止对蝴蝶的捕捉，为蝴蝶的生存提供保护伞。在全国蝴蝶多样性观测网络（China BON-Butterflies）的初步成果基础上，加强蝴蝶数据管理，有关部门可以提出一系列规定，更好地保护和利用蝴蝶资源。

3.2 管理产业地域性

加强蝴蝶养殖业与植物学科的紧密联系，最优化解决蝴蝶寄主植物和蜜源植物的引种、栽培、管理的地域性问题。加强对主要观赏蝶种的生物学、生态学特性的研究，了解不同地域自然环境对蝴蝶生活史的影响。根据蝴蝶的对生活地域的专一性强的特点，有关部门加强宣传教育，科学、统一管理我国不同蝴蝶种类的产业的地域分布，秉承因地制宜，科学发展的原则，高效率、低成本的发展蝴蝶产业。

3.3 培养专业人才

在中国目前蝴蝶产业中，无论是基础研究、开发、还是生产的各个环节中，都十分缺乏技术人员和管理人员。因此，加强培养具有昆虫相关专业系统知识的专业性人员、具有一定实践操作能力的技术性人员是目前亟待解决的重要问题。进一步培养和锻炼相关专业、技术人员从事蝴蝶产业的工作，鼓励相关专业的人员创业，自主创新，将蝴蝶传统行业模式带向高效化、科技化、规模化。

3.4 设立专业机构

组织一支科研技术队伍，设立专门、专业的基础科学研究和应用技术开发机构，整合我国各大昆虫研究所、高校研究机构的主要资源，加强蝴蝶生物学、生态学的基础理论总结，建立蝴蝶产业的发展基石。发掘并培养有志人员，为其提供平台，创造条件，以兼职、专职、合作的方式推动蝴蝶产业发展。向蝴蝶行业的从业者提供服务，传授经验和知识，针对蝴蝶资源保护、开发利用和经营管理等方面，解决单位或个人从事蝴蝶行业所遇到的实际问题。

4 蝴蝶产业展望

随着中国蝴蝶文化的发扬和传播，蝴蝶产业必将得到推广和发展。目前，蝴蝶养殖数量远远无法满足消费市场对蝴蝶的需求、能实现规模化养殖的蝶种数量虽然较少，但人工养殖工作正在摸索前进，逐步实现大规模生产活体蝴蝶。鉴于蝴蝶人工养殖能带来巨大的经济效益、社会效益和生态效益，因此预示蝴蝶人工养殖业前景乐观，具有巨大发展空间。行业发展离不开专业人员的支撑，科学研究是行业竞争的核心力量，在将来有了大量权威性的蝴蝶研究专家和养殖专家、其他蝴蝶产业的从业专家的行业支撑，中国未来的蝴蝶行业的核心竞争力必将越来越高，产业迎来丰硕的成果和成就。

参考文献

胡树慧 . 2001. 蝴蝴资源的开发利用与保护［J］. 特种经济动植物，4（9）：8-9.

季刘伟，郝家胜，王莹，等 . 2012. 丝带凤蝶线粒体基因组全序列及其系统学意义［J］. 昆虫学报，55（1）：91-100.

李兴阁，姚俊 . 2012. 我国蝴蝶产业现状与发展的思考［J］. 四川林勘设计（2）：21-24.

马茜茜，魏永平，刘扬 . 2018. 蝴蝶放飞的观赏性评价及人工调控研究［J］. 西北农业学报，27（7）：1071-1076.

蒲正宇，史军义，姚俊，等 . 2014. 中国蝴蝶养殖业的发展、现状及其效益分析［J］. 山东林业科技，44（6）：104-107.

寿建新 . 2010. 蝴蝶分类系统及最新数据［J］. 西安文理学院学报（自然科学版），13（3）：92-102.

王琳，易传辉，和秋菊 . 2009. 我国蝶类昆虫生物多样性研究进展［J］. 山东林业科技（1）：105-107.

易传辉，陈晓鸣，史军义，等 . 2009. 美凤蝶滞育期间糖类物质与脂肪含量变化研究［J］. 安徽农业科学，37（12）：5516-5517.

诸立新，吴孝兵，晏鹏，等 . 2007. 从 *CO* Ⅰ和 *CO* Ⅱ基因部分序列研究中国翠凤蝶亚属（鳞翅目：凤蝶科）的分子系统关系（英文）［J］. Current Zoology，53（2）：257-263.

昆虫配偶选择行为的研究*

高超男**，游秀峰，李为争，盛子耀，杨晓杰，张少华，原国辉***

（河南农业大学植物保护学院，郑州 450002）

摘 要：昆虫的配偶选择在其进化上至关重要。本文从以下几个方面综述了影响昆虫近距离配偶选择的因素：①化学因素；②形态学因素；③声学因素；④日龄因素；⑤昆虫的取食或交配经历；⑥环境共存的其他生物。

关键词：配偶选择；行为

Research on the Behaviour of Insect Mate Choice

Gao Chaonan, You Xiufeng, Li Weizheng, Sheng Ziyao, Yang Xiaojie, Zhang Shaohua, Yuan Guohui*

(*College of Plant Protection*, *Henan Agricultural University*, *Zhengzhou* 450002, *China*)

Abstract: Understanding the mechanism of insect mate choice is fundmental in evolutionary. This review describes the factors influencing insect mate choice at short distance: ①chemical factor, ②morphological factor, ③acoustics factors, ④age after emergence, ⑤feeding and mating experiences, and⑥other organisms presented in the habitat.

Key words: Mate choice; Behaviour

昆虫的配偶选择，指的是某个性别对同时共存的多个异性个体表现出交配偏好性的行为，这种非随机性交配在进化上非常重要（Svensson，1996）。目前，有关昆虫远距离搜索配偶的文献报道较多，特别是性信息素的化学鉴定和行为活性；而自然界具有聚集习性的昆虫羽化后同时遇到许多达到性成熟状态的异性配偶的情况也很常见。但是，在雌雄昆虫已经相遇的情况下，如何从众多异性个体中寻找到最佳交尾对象，至今尚未发现普适性的规律。本文从近距离配偶选择涉及的形态因素、化学因素、声学因素、取食或交配经历等入手，探讨了昆虫配偶选择的机制。

1 影响昆虫配偶选择的化学因素

依赖化学信息远距离寻找配偶是昆虫纲众所周知的行为。近距离范围内，一些昆虫种类也能够根据潜在交尾对象释放的性信息素的浓度选择最佳交尾对象，因为这些信息素产量较大的交尾对象可能代表着已经达到了性成熟状态。例如，美丽灯蛾 *Utetheisa*

* 基金项目：自然科学类青年创新基金（KJCX2018A12）

** 第一作者：高超男，硕士研究生；E-mail：chaonangao@163.com

*** 通信作者：原国辉；E-mail：hnndygh@126.com

ornatrix 雌蛾主要依赖羟基二氢吡嗪羧醛产量评价雄虫。这种交配信息素是幼虫期从寄主植物中获得的，能够避免天敌捕食（Iyengar，2009）。在风洞中，大棉铃虫雌虫性信息素主成分 Z-11-16：Ald 和 Z-9-16：Ald 能造成远距离定向，但是只有当 Z-11-16：OH 以 1% 以上的含量混入这些主成分，才能诱发雄蛾降落接触气味源（Vickers，2002）。雄虫味刷或香鳞上通常也有气味释放器官（Birch *et al.*，1990），多数在交配行为中很重要（Thibout *et al.*，1994；Huang *et al.*，1996）。对于蛾类而言，雌虫性腺分泌的信息素远距离引诱雄蛾，而某些种类的雄蛾张开味刷释放的信息素具有多种功能，例如可以远距离引诱雌虫如粉纹夜蛾 *Trichoplusia ni* 或其他雄虫（Takayoshi and Hiroshi，1999，如桃蛀螟 *Conogethes puncitferalis* 味刷产生的顺芷酸），或者作为催欲剂使雌虫安静，更容易接受雄虫（Teal et *al.*，1981，如烟芽夜蛾 *Heliothis virescens*），或者作为雌虫配偶识别和性选择的一种形式（Jacquin *et al.*，1991，如甘蓝夜蛾 *Mamestra brassicae*），或者通过味刷气味的直接驱避作用抑制雄虫竞争，或使雌虫的“召唤”行为不连续（Hendricks 和 Shaver，1975；Huang *et al.*，1996，如棉铃虫 *Helicoverpa armigera* 产生的 Z-11-16：OH）。换言之，雌性信息素的主要功能是“配偶定向”，雄性信息素的主要功能是“配偶选择”。烟芽夜蛾、大棉铃虫和谷实夜蛾 *H. zea* 味刷提取物能促进相应的种类雌雄交配频率。如果将雌蛾触角剪除，使其不能知觉到味刷信息素，交配率就会大大下降，故味刷信息素有可能在配偶选择中起作用（Hillier 和 Vickers，2004；2011）。烟芽夜蛾雄虫味刷成分被鉴定为 14、16、18 个碳原子的饱和醇、乙酸酯和羧酸的混合物（Teal and Tumlinson，1989）。Hendricks 和 Shaver（1975）发现，野外的烟芽夜蛾雌虫暴露于高浓度（50 雄虫当量）味刷提取物下会造成性信息素生产抑制。小菜蛾 *Plutella xylostella* 雄虫交配过程中，味刷释放化学信号，用于检测潜在竞争者存在与否，但雄虫在性通信方面的投资并未随竞争者数量增加而呈线性增加（Davie *et al.*，2010）。海灰翅夜蛾 *Spodoptera littoralis* 幼虫取食棉花诱导释放的挥发物（E）-4，8-二甲基-1，3，7-壬三烯抑制了雄蛾对信息素主成分（Z9，E14）-11-十四碳二烯乙酸酯的反应（Hatano *et al.*，2015）。萝藦肖叶甲 *Chrysochus cobaltinus* 和萝藦叶甲 *C. auratus* 雄虫的配偶选择是表皮烃谱影响的，既具有性别特异性，也具有种类特异性（Peterson *et al.*，2007）。野外性接受状态成熟的 *Chrysophtharta agricola* 叶甲两性成虫均能释放气味引诱异性个体（Nahrung and Allen，2004）。宽斑脊虎天牛 *Xylotrechus colonus*、厚垫黄带蜂天牛 *Megacyllene caryae* 和纹尼虎天牛 *Neo-clytus caprea* 配偶定向的最终阶段，雄虫用表皮蜡质层的接触信息素识别雌虫（Ginzel and Hanks，2005）。中欧山松大小蠹 *Dendroctonus ponderosae* 的繁殖是聚集素和抗聚集素产量及身体大小决定的。室内条件下，利用自然受害树木中羽化的小蠹测试，发现在与雌虫配对的雄虫中，抗聚集素产量和身体大小显著相关。配对的雌虫信息素含量下降，配对的雄虫中抗聚集素产量出现相应上升，暗示着配对之后，雄虫接受了信息素生产的角色。在最初为害的过程中，产生大量信息素的小型个体，将会妨碍根据尺寸标准进行的配偶选择（Deepa *et al.*，2003）。

2 影响配偶选择的形态学因素

蛾类配偶选择的因素包括体型大小、龄期、处女性（此前是否交尾过)、幼虫或成虫的饲料（Svensson，1996）以及母代遗传基础（Iyengar *et al.*，2002）等。雌蛾质量变异比雄虫更大，雌蛾繁殖适合度取决于日龄和处女性，但雄蛾繁殖适合度随着形态学性状的变异较小（Li *et al.*，1998；Hou and Sheng，1999）。一些蛾类喜欢大型配偶(Dongen *et al.*，1998；Iyengar *et al.*，2002)，类似地，双斑蟋 *Gryllus bimaculatus* 雌虫喜欢大型雄虫（Dukas，2006)，只有体型较大的 *Ptomascopus morio* 雄虫在选择配偶时才十分挑剔，并且大型雄虫对大型雌虫的偏好性强于小型雌虫（Suzuki *et al.*，2005)。花萤 *Chauliognathus pennsylvanicus* 大型雄虫在室内和野外喜欢选择大型雌虫。身体大小与雄虫保护雌虫的能力相关，与雌虫避开雄虫的能力也相关（McLain *et al.*，2015)。幼虫发育期间营养条件不同的蜣螂 *Onthophagus acuminatus* 成虫身体大小表现出连续性变化，身体大小显著影响雌雄虫的交配（Emlen，1997)。体型大、没有角、滚球的蜣螂 *Circellium bacchus*，体型尺寸有较大变异，会经受强烈的雄虫对抗竞争。其中体型较小的雄虫在对抗竞争中不成功，但是它们会偷偷地抱对（Reynolds and Byrne，2013)。具角虹彩蜣螂 *Phanaeus difformis* 雄虫的角比雌虫大得多。大型角的雄虫在性内竞争中成功率高，具有组成虫对的优势。角小的个体则偷偷摸摸与组对后的雌虫交尾（Rasmussen，1994)。蜣螂 *Circellium bacchus* 雄虫之间的竞争在配偶选择中是关键的，尽管雌虫似乎没有积极的配偶选择（Roux *et al.*，2008)。绿豆象 *Callosobruchus chinensis* 大型雌虫首次交配的速度不受与其抱对的雄虫大小的影响，而小型雌虫与小型雄虫抱对时交尾更快(Harano *et al.*，2012)。前胸背板较宽的叶甲 *Galerucella nymphaeae* 雄虫更易与雌虫交配，有相对较长的前翅的雄虫交配潜伏期更短（Parri *et al.*，1998)。棉铃虫雄虫喜欢选择腹部较宽的雌蛾，因为腹部宽度是与怀卵量成正相关的，也显著偏好与同样寄主来源的异性交配（Li *et al.*，2005)。然而，Klepetka and Gould（1996）发现身体尺寸对棉铃虫配偶选择没有影响，与烟芽夜蛾相似。一种叶甲 *Trirhabda canadensis* 的匹配性交尾不是配偶存在体型偏向性倾向，或者配偶选择青睐于大个体，而是因为尺寸匹配的虫对外生殖器更容易插入。交配开始期雄雌虫鞘翅长度没有相关性，但在外生殖器插入开始时，虫对是匹配尺寸的（Brown，1993)。

在室外半自然笼子里的美洲沙漠蝗 *Schistocerca americana* 雌虫常与个头大、重量大的雄虫交配。如果和大的或重的雄虫交配之后，一周内雌虫再次交配频次比较少(Kosal and Niedzlek-Feaver，1997)。红毛窃蠹 *Xestobium refuvillosum* 雄虫在与雌虫交配过程中，将体重的平均 13.5% 贡献给雌虫。随着随后的交配，体重转移量逐渐下降。雌虫在交配过程中倾向于选择较重的雄虫交配，拒绝与体重较轻的雄虫交配。人为给雄虫粘贴上去一些物质增加它们的体重，会增加被雌虫作为配偶的接受频率，但是不显著(Goulson *et al.*，1993)。

铜绿丽金龟 *Anomala corpulenta* 利用绿色鞘翅反射光在视觉环境中选择配偶（Miao *et al.*，2015)。龟纹瓢虫 *Propylaea japonica* 雌虫与典型的黑色形态个体交配频率比苍白色的个体交配频率显著更稳定。雌虫偏好典型雄虫以及典型性状占主导地位，似乎能解释野外典型的形态更占优势的现象（Mishra and Omkar，2014）。野外大黑金龟甲 *Holotrichia loochooana loochooana* 雄虫在深色诱饵上降落频次比同色浅色物上降落频繁。亮度相同而色调不同时，雄虫喜欢落在黑、蓝或红物上，较少降落在绿色或灰色物上。当雌虫在食料植物的叶边缘展示出求偶姿势时，主要的背景色就是绿叶颜色，这表明降落的靶标在绿色的背景上形成一个深色斑点，产生了最大的求偶视觉精度（Yasui *et al.*，2012）。

3 影响昆虫配偶选择的声学因素

雌虫根据身体大小、chirp 潜伏期、产生求偶鸣叫的潜伏期，或者求偶鸣叫的高频脉冲频率选择雄虫。家蟋蟀 *Acheta domesticus* 雌虫仅与发声的雄虫交尾（Nelson and Nolen，1997）。纹头拟长蟋 *Parapentacentrus lineaticeps* 雌虫一般喜欢带有较高啁湫频率的雄虫交配鸣叫。室内试验中，雌虫在听到高啁湫率的鸣叫之后，对低啁湫率的雄虫鸣叫反应更低（Dukas，2006）。亚洲玉米螟 *Ostrinia furnacalis* 雄虫在降落到释放信息素的雌虫附近时，翅膀在右上方快速震动释放超声波。1 组超声波持续 58.9ms，含有 8.8 个脉冲，带有 25~100kHz 的较宽频率。在风洞试验中，听觉致残的雌虫比听觉正常的雌虫表现出更多的“拒绝”，更少的“爬行后接受”行为（Nakano *et al.*，2006）。果蝇 *Drosophila melanogaster* 的雄虫通过振翅产生种类特异性的求偶鸣叫（Dukas，2006）。

4 影响昆虫配偶选择的日龄因素

单次交配之后不同日龄的大猿叶虫 *Colaphellus bowringi* 成虫在同时选择试验中，所有龄期级别的雌虫，均偏好与中等日龄的雄虫交配（Liu *et al.*，2011）。单次交尾的、不同日龄（1~30 天）的西南龟瓢虫 *Propylea dissecta* 所有中间型（10~20 天）和老龄型（30 天）雌虫能和所有中间型和老龄型雄虫交配，只有很少一部分（0.29%）1~5 日龄雌虫能和相同日龄或稍大的雄虫交配。随着成虫日龄增加，雄成虫更愿意和任何日龄的雌虫交配，其中中间型年龄阶段的雄虫是最好的配偶（Pervez *et al.*，2004）。在雄虫与雄虫竞争的试验中，4 日龄的黑腹果蝇雄蝇被接受交配的频次大约是 2 日龄雄蝇的 2 倍，8 日龄雄蝇被接受交配的频次大约是 4 日龄雄蝇的 2 倍。在一雌一雄配对的试验中低龄的雄虫展示出的密集求偶活动的功能（Dukas，2006）。

5 取食和交配经历对配偶选择的影响

巴甫洛夫经典条件化试验发现，采用性信息素主成分作为条件刺激时，海灰翅夜蛾雄虫训练几次之后，能把性信息素的主成分识别为指示食物的信息（Hartlieb *et al.*，1999）。昆虫的经历将影响其配偶选择。绿豆象株系只要经过 10 代筛选就会表现出资源依赖性的选配交尾（Rova and Björklund，2011）。幼虫阶段的寄主植物差异对成虫配偶有潜在的影响，例如信息素合成的分化，并作用于交配成功率（Guerin *et al.*，1984；Emelianov *et al.*，2001；Shelly *et al.*，2002）。幼虫期饲喂棉花、三叶草、苜蓿或人工饲料的海灰翅夜蛾雄成虫，在不同植物气味背景中对信息素的反应有显著差异。其中信息素与经历过的寄主气味混合，对雄虫引诱作用比信息素与没有取食经历的植物气味混合引诱力更强（Anderson *et al.*，2013）。雌蝇交配受植物衍生信息经历的影响。前期与寄主果实的接触经历能调控胡桃实蝇 *Rhagoletis juglandis* 雌虫交配，缩短抱对时间，可用产卵时间更长（Anderson and Anton，2014）。烟芽夜蛾交配雌虫性信息素生产取决于血淋巴海藻糖浓度，而后者受成虫取食蔗糖的影响（Foster and Johnson，2010）。糖胁迫的雌虫信息素量少。雌虫信息素信号可以使雄虫评价雌虫糖资源质量（Foster and Johnson，2011）。人工饲料的质量在昆虫配偶选择中也至关重要，饲料质量较高时，螽斯 *Ephippiger ephippiger* 雌虫求偶时比较挑剔，但饲料质量较低时，雄虫更挑剔。因为雄螽斯精苞占体重 40%，繁殖代价在食物质量较低时显著增加（Awmack and Leather，2002）。Hongo（2012）研究了日本带角甲虫 *Trypoxylus dichotomus septentrionalis* 雌虫抵抗交配的功能。雄虫识别到同一取食位置存在雌虫时，立刻求偶和攀爬，努力插入外生殖器。交尾中雌虫强烈反抗，无论最终是否接受攀爬的雄虫。反抗的原因是抱对前配偶选择或回避多次交配。抱对后雄虫通常努力离开雌虫。因为雄虫的排斥行为，雌虫只有当抵抗或抱对时才能原位取食。这种甲虫的反抗行为是延长取食时间的一种策略。

交配经历影响雄虫与雌虫预交配互作的结果。两头美丽灯蛾雄虫均没有信息素时，有求偶接触经历的雄虫比处女雄蛾更受欢迎。而且，多次交配的雄虫即使缺乏信息素也比产生信息素的处女雄虫更易被接受（Iyengar，2009）。白腹皮蠹 *Dermestes maculatus* 嗅觉仪中，雄虫对独置的交尾雌虫检测和反应更快，但当处女雌虫和交配雌虫共置时，处女雌虫接受抱对的比例高于交配的雌虫（McNamara *et al.*，2004）。干果斑螟 *Cadra cautella* 雄虫在交配过程中给雌虫传输大量精苞，多次交配的雌虫能够从这些精苞中获得重要的水资源，进而延长自身的寿命或者增加产卵量（McNamara *et al.*，2008a）。为了评价雌虫性交配处理和水的可利用性对雌虫适合度的影响，McNamara *et al.*（2008b）使雌虫与同一雄虫或不同雄虫交配 1 次或 2 次，每个交配处理组的雌虫分为两个亚组，一半提供水源，另一半不提供。结果发现，第一个亚组繁殖力增强，但多配并没有适合度收益。雌虫寿命随交配次数增加而下降。西班牙乌蝇 *Spanish fiy* 成虫中，只有雄虫能够合成斑蝥素，这种物质储存于雄虫性器官的附腺中，在抱对交尾的过程中注射进雌虫。艺神袖蝶 *Heliconius erato* 交尾的过程中浓烈气味由雄虫传递到雌虫，可能是作为催欲素。雄虫对防卫物的生产及其向着雌虫的传递，能够节约雌虫自身合成这些物质的代价，可能代表着繁育过程中雄虫的某种投资（Pasteels *et al.*，1983）。高度滥交的甲虫 *Psilothrix viridicoeruleus* 在争夺配偶的过程中，雄虫的交配成功率和雄虫或雌虫身体大小没有关系，但是成功交配的雄虫抱对运动更剧烈。这些雄虫攀爬雌虫的时间越长，抱对时间越长，抱对之后攀爬的时间越长（Shuker *et al.*，2002）。然而，一些研究发现经历对昆虫的性行为没有影响，海灰翅夜蛾雌虫不是根据体型大小、交配历史或是否来源于同一寄主来选择交配的雄虫，而是选择最活泼的雄虫交配（Karlström，2013）。未驯化的黑腹果蝇雄虫寻找近缘的拟果蝇雌虫交配，这些雌虫和同种雌虫引诱力一样强。然而，这种一直被拒绝的求偶，使雄虫学会在保持向同种雌虫定期的高求偶水平下降低向这种雌虫的求偶率。尽管很多求偶学习都是采用雄虫，但雌虫也有充分的机会学习潜在的雄虫，帮助雌虫做出更好的配偶选择决策。与有被较大雄虫求偶经历的雌虫相比，当未性成熟的果蝇雌虫只有被较小的雄虫求偶的经历时，与较小的雄虫相比较大的雄虫是更理想的，雌虫随后倾向于和较小的雄虫交配（Dukas，2008）。黑腹果蝇雄虫和雌虫都能学习配偶选择。雌虫对局部存在的各种雄虫的学习能缩小可接受配偶范围，增加相称性交配概率，而雄虫学习能降低种间交配发生率（Dukas，2008）。米象 *Sitophilus oryzae* 和杂拟谷盗 *Tribolium confusum* 这 2 种昆虫的雄虫都表现出种群水平上的偏向左侧的与潜在配偶的抱对方式。有趣的是，2 种昆虫的雄虫偏向左侧的抱对达到的交配成功率更高。进一步讲，米象雄虫间歇性地表现出一种摇头行为，它们的喙在雌虫的胸部两侧摆动，然后它们的喙放在中胸部位休息。这种行为是右侧偏向的，甚至在以前表现出左侧抱对努力的大部分雄虫中也是这样（Benelli *et al.*，2017）。

6 环境共存的其他生物对昆虫配偶选择的影响

生物只有有限的可用资源，面临着在免疫和其他性状之间分配资源的两难处境。雄虫和雌虫生活史不同，在受到侵染后为了达到最优免疫反应而采用的资源投资策略也可能是不同的。烟芽夜蛾雌虫对病原细菌沙雷氏菌 *Serratia entomophila* 反应时，在免疫反应中投资增加，与交配率和性信号呈负相关。雄蛾交配率不受细菌影响（Barthel *et al.*，2015）。4 种攻击性蜂类针对花萤的干扰性竞争，改变了花萤雌虫配偶选择。无蜂时，花萤雌虫和体重大、触角柄节直径更大的雄虫交配频率高。只有在蜂存在的情况下，卵巢尚未成熟的雌虫才会频繁地交配。当蜂比较丰富时，花萤交配比例更高（McLain，1981）。谷实夜蛾雌蛾在缺乏寄主时信息素合成和释放推迟，在玉米花丝存在时信息素释放量更大，类似案例是巢蛾属。寄主对粉纹夜蛾信息素召唤的刺激标志着求偶完备状态。Thornhill and Alcock（1983）也认为产卵位置发生的交配为雌虫提供接近与展示出寄主定向能力的雄虫的机会，为后代带来更大适合度。大棉铃虫雌虫根据栖境中占优势的嗅觉信息改变性信息素配方，即“经历假说”。将大棉铃虫雌虫羽化后前 3 天暴露于无信息素、自身信息素或烟芽夜蛾信息素下，后一个处理中雌虫产生的 Z-11-16：OAc 量显著更多，抑制了烟芽夜蛾雄虫趋向（Groot *et al.*，2010）。田间绿叶气味混合物增强烟芽夜蛾雄虫性信息素反应，也能增强一种共栖种对引诱性信息素反应（Dickens *et al.*，1993）。植物源化合物芳樟醇或顺-3-己烯醇组成二元混合物刺激，显著提高了谷实夜蛾雄虫触角毛形感器嗅觉神经元对信息素主成分的电脉冲反应，这种增效作用应解释为触角叶上处理信息素的部位记忆容量的加大（Ochieng *et al.*，2002）。某些寄主绿叶气味能增强关键害虫谷实夜蛾和苹果蠹蛾 *Cydia pomonella* 性诱捕器诱捕效果。含有谷实夜蛾某些寄主中丰富的乙酸顺-3-己烯酯的性诱捕器，显著增加了雄蛾捕获量，明显强于性诱捕器单用。类似地，苹果蠹蛾性信息素+绿叶气味混合物的诱捕器捕获量也显著比性信息素单用多。绿叶气味单独使用不能单独捕获雄蛾，似乎其功能是信息素增效剂，增加或强化雄蛾在这些信息素诱捕器中的引诱或滞留（Light *et al.*，1993）。寄主中的化学刺激可增强女贞细卷蛾雄虫对剂量过高的和过低的信息素的反应，如顺-3-己烯醇，γ-萜品-4-醇，E-β-石竹烯和水杨酸甲酯。4 种寄主化合物添加到过量信息素中使得雄虫起飞较快，源接触率高，说明雄虫对信息素与寄主产物混合体的识别可能是有助于定位在寄主上活动的雌虫（Schmidt-Büsser and Arx，2009）。Benton and Evans（1998）认为，雄虫性状与其交配成功率之间的相关系数，会随着种群水平上的雌雄配比而变化。供每头雌虫选择的雄虫越多，雌虫的性选择就越挑剔，但是当给雌虫提供7~10头雄虫使其选择时，这种相关系数达到最大值。

参考文献

Anderson P, Anton S. 2014. Experience-based modulation of behavioural responses to plant volatiles and other sensory cues in insect herbivores [J]. Plant, Cell and Environment, 37: 1826-1835.

Anderson P, Sadek M M, Larsson M, *et al.* 2013. Larval host plant experience modulates both mate finding and oviposition choice in a moth [J]. Anim. Behav., 85: 1169-1175.

Awmack C S, Leather S R. 2002. Host plant quality and fecundity in herbivorous insects [J]. Annual Review of Entomology, 47: 817-844.

Barthel A, Staudacher H, Schmaltz A, *et al.* 2015. Sex-specific consequences of an induced immune response on reproduction in a moth [J]. BMC Evolutionary Biology, 15: 282.

Benelli G, Romano D, Stefanini C, *et al.* 2017. Asymmetry of mating behaviour affects copulation success in two stored-product beetles [J]. Journal of Pest Science, 90: 547-556.

Benton T G, Evans M R. 1998. Measuring mate choice using correlation: the effect of female samplingbehaviour [J]. Behav. Ecol. Sociobiol., 44: 91-98.

Birch M C, Poppy G M, Baker T C. 1990. Scents and eversible scent structures of male moths [J]. Annual Review of Entomology, 35: 25-58.

Davie L C, Jones T M, Elgar M A. 2010. The role of chemical communication in sexual selection: hair-pencil displays in the diamondback moth, *Plutella xylostella* [J]. Animal Behaviour, 79 (2): 391-399.

Dickens J C, Smith J W, Light D M. 1993. Green leaf volatiles enhance sex attractant pheromone of the tobacco budworm, *Heliothis virescens* [J]. Chemoecology, 4: 175-177.

Dukas R. 2006. Learning in the context of sexual behaviour in insects [J]. Anim. Biol., 56 (2): 125-141.

Dukas R. 2008. Evolutionary biology of insect learning [J]. Annual Review of Entomology, 53: 145-160.

Emelianov I, Drès M, Baltensweiler W, *et al.* 2001. Host-induced assortative mating in host races of the larch budmoth [J]. Evolution, 55: 2002-2010.

Emlen D J. 1997. Alternative reproductive tactics and male-dimorphism in the horned beetle *Onthophagus acuminatus* (Coleoptera: Scarabaeidae) [J]. Behav. Ecol. Sociobiol., 41: 335-341.

Foster S P, Johnson C P. 2010. Feeding and hemolymph trehalose concentration influence sex pheromone production in virgin *Heliothis virescens* moths [J]. Journal of Insect Physiology, 56: 1617-1623.

Foster S P, Johnson C P. 2011. Signal honesty through differential quantity in the female-produced sex pheromone of the moth *Heliothis virescens* [J]. Journal of Chemical Ecology, 37: 717-723.

Ginzel M D, Hanks L M. 2005. Role of host plant volatiles in mate location for three species of longhorned beetles [J]. Journal of Chemical Ecology, 31 (1): 213-217.

Goulson D, Birch M C, Wyatt T D. 1993. Paternal investment in relation to size in the deathwatch beetle, *Xestobium rufovillosum* (Coleoptera: Anobiidae), and evidence for female selection for large mates [J]. Journal of Insect Behavior, 6 (5): 539-547.

Groot A T, Claβen A, Staudacher H, *et al.* 2010. Phenotypic plasticity in sexual communication signal of a noctuid moth [J]. Journal of Evolutionary Biology, 23: 2731–2738.

Guerin P M, Baltensweiler W, Arn H, *et al.* 1984. Host race pheromone polymorphism in the larch bud-moth [J]. Experientia, 40: 892–894.

Harano T, Sato N, Miyatake T. 2012. Effects of female and male size on female mating and remating decisions in a bean beetle [J]. Journal of Ethology, 30: 337–343.

Hartlieb E, Hansson B S, Anderson P. 1999. Sex of food? Appetetive learning of sex odors in a male moth [J]. Naturwissenschaften, 86: 396–399.

Hatano E, Saveer A M, Borrero-Echeverry F, *et al.* 2015. A herbivore-induced plant volatile interferes with host plant and mate location in moths through suppression of olfactory signalling pathways [J]. BMC Biology, 13: 75.

Hendricks D E, Shaver T N. 1975. Tobacco budworm: male pheromone suppressed emission of sex pheromone by the female [J]. Environ. Entomol., 3: 555–558.

Hillier N K, Vickers N J. 2004. The role of heliothine hairpencil compounds in female *Heliothis virescens* behavior and mate acceptance [J]. Chemical Senses, 29: 499–511.

Hillier N K, Vickers N J. 2011. Hairpencil volatiles influence interspecific courtship and mating between two related moth species [J]. Journal of Chemical Ecology, 37: 1127–1136.

Hongo Y. 2012. Mating interaction of the Japanese horned beetle *Trypoxylus dichotomus septentrionalis*: does male-excluding behavior induce female resistance? [J]. acta ethol., 15: 195–201.

Hou M L, Sheng C F. 1999. Fecundicity and longevity of *Helicoverpa armigera* (Lepidoptera: Nocturidae): Effect of multiple mating [J]. J. Econ. Entomol., 92: 569–573.

Huang Y P, Xu S F, Tang X H, *et al.* 1996. Male orientation inhibitor of cotton bollworm: identification of compounds produced by male hairpencil glands [J]. Entomol. Sinica., 3: 172–182.

Iyengar V K, Reeve H K, Eisner T. 2002. Paternal inheritance of a female moth's mating preference [J]. Nature, 419: 830–832.

Iyengar V K. 2009. Experience counts: females favor multiply mated males over chemically endowed virgins in a moth (*Utetheisa ornatrix*) [J]. Behav. Ecol. Sociobiol., 63: 847–855.

Jacquin E, Nagnan P, Frerot B. 1991. Identification of hairpencil secretion from male *Mamestra brassicae* (L.) (Lepidoptera: Noctuidae) and electroantennogram studies [J]. J. Chem. Ecol., 17: 239–246.

Karlström A. 2013. Female mate choice and modulation of oviposition preference in the moth *Spodoptera littoralis* [J]. Hortonomprogrammet, 13: 55.

Klepetka B, Gould F. 1996. Effects of age and size on mating in *Heliothis virescens* (Lepidoptera: Noctuidae): Implication for resistance management [J]. Environ. Entomol., 25: 993–1001.

Kosal E F, Niedzlek - Feaver M. 1997. Female preferences for large, heavy mates in *Schistocerca americana* (Orthoptera: Acrididae) [J]. J. Insect Behav., 10 (5): 711–725.

Li G Q, Chen C K, Han Z J, *et al.* 1998. Sex maturity and mating habits of *Helicoverpa armigera* (Hübner) [J]. J. Nanjing Agr. Univ., 21: 42–46.

Li Z, Li D, Xie B, *et al.* 2005. Effect of body size and larval experience on mate preference in *Helicoverpa armigera* (Hübner) (Lep., Noctuidae) [J]. J. Appl. Entomol., 129: 574–579.

Light D M, Flath R A, Buttery R G, *et al.* 1993. Host-plant green-leaf volatiles synergize the synthetic sex pheromones of the corn earworm and codling moth (Lepidoptera) [J]. Chemoecology, 4 (3): 145–152.

Liu X P, Xu J, He H M, *et al.* 2011. Male age affects female mate preference and reproductive performance in the cabbage beetle, *Colaphellus bowringi* [J]. J. Insect Behav., 24: 83-93.

McLain D K, Pratt A E, Shure D J. 2015. Size dependence of courtship effort may promote male choice and strong assortative mating in soldier beetles [J]. Behav. Ecol. Sociobiol., 69: 883-894.

McLain D K. 1981. Interspecific interference competition and mate choice in the soldier beetle, *Chauliognathus pennsylvanicus* [J]. Behavioral Ecology and Sociobiology, 9 (1): 65-66.

McNamara K B, Elgar M A, Jones T M. 2008a. A life longevity cost of re-mating but no benefits of polyandry in almond moth, *Cadra cautella* [J]. Behav. Ecol. Sociobiol., 62: 1433-1440.

McNamara K B, Elgar M A, Jones T M. 2008b. Seminal compounds, female receptivity and fitness in the almond moth, *Cadra cautella* [J]. Anim. Behav., 76: 771-777.

McNamara K B, Jones T M, Elgar M A. 2004. Female reproductive status and mate choice in the hide beetle, *Dermestes maculates* [J]. J. Insect. Behav., 17 (3): 337-352.

Miao J, Wu Y Q, Li K B, *et al.* 2015. Evidence for visually mediated copulation frequency in the scarab beetle *Anomala corpulenta* [J]. J. Insect Behav., 28: 175-182.

Mishra G, Omkar. 2014. Phenotype-dependent mate choice in *Propylea dissecta* and its fitness consequences [J]. Journal of Ethology, 32: 165-172.

Nahrung H F, Allen G R. 2004. Sexual selection under scramble competition: mate location and mate choice in the eucalypt leaf beetle *Chrysophtharta agricola* (Chapuis) in the field [J]. Journal of Insect Behavior, 17: 353-366.

Nakano R, Ishikawa Y, Tatsuki S, *et al.* 2006. Ultrasonic courtship song in the Asian corn borer moth, *Ostrinia furnacalis* [J]. Naturwissenschaften, 93: 292-296.

Nelson C M, Nolen T G. 1997. Courtship song, male agonistic encounters, and female mate choice in the house cricket, *Acheta domesticus* (Orthoptera: Gryllidae) [J]. Journal of Insect Behavior, 10 (4): 557-570.

Ochieng S A, Park K C, Baker T C. 2002. Host plant volatiles synergize responses of sex pheromone-specific olfactory receptor neurons in male *Helicoverpa zea* [J]. Journal of Comparative Physiology A, 188: 325-333.

Parri S, Alatalo R V, Mappes J. 1998. Do female leaf beetles *Galerucella nymphaeae* choose their mates and does it matter? [J]. Oecologia, 114: 127-132.

Pasteels J M, Gregoire J C, Rowell-Rahier M. 1983. The chemical ecology of defense in arthropods [J]. Annu. Rev. Entomol., 28: 263-289.

Pervez A, Omkar, Richmond A S. 2004. Influence of age on reproductive performance of predatory ladybird beetle, *Propylea dissecta* [J]. J. Ins. Sci., 4: 22.

Peterson M A, Dobler S, Larson E L, *et al.* 2007. Profiles of cuticular hydrocarbons mediate male mate choice and sexual isolation between hybridising *Chrysochus* (Coleoptera: Chrysomelidae) [J]. Chemoecology, 17 (2): 87-96.

Pureswaran D S, Borden J H. 2003. Is Bigger Better? Size and Pheromone Production in the Mountain Pine Beetle, Dendroctonus ponderosae Hopkins (Coleoptera: Scolytidae) [J]. Journal of Insect Behavior, 16: 765-782.

Rasmussen J L. 1994. The influence of horn and body size on the reproductive behavior of the horned rainbow scarab beetle *Phanaeus difformis* (Coleoptera: scarabaeidae) [J]. Journal of Insect Behavior, 7: 67-82.

Reynolds C, Byrne M J. 2013. Alternate Reproductive Tactics in an African Dung Beetle, *Circellium bacchus* (*Scarabeidae*) [J]. Journal of Insect Behavior, 26 (3): 440–452.

Roux E L, Scholtz C H, Kinahan A A, *et al.* 2008. Pre–and Post–Copulatory mate selection mechanisms in an African dung beetle, *Circellium bacchus* (Coleoptera: Scarabaeidae) [J]. Journal of Insect Behavior, 21: 111–122.

Rova E, Björklund M. 2011. Can preference for oviposition sites initiate reproductive isolation in *Callosobruchus maculatus*? [J]. PLOS ONE, 6: e14628.

Schmidt–Büsser D, von Arx M, Guerin P M. 2009. Host plant volatiles serve to increase the response of male European grape berry moths, *Eupoecilia ambiguella*, to their sex pheromone [J]. J. Comp. Physiol. A, 195 (9): 853–864.

Shelly T E, Kennelly S S, McInnis D O. 2002. Effect of adult diet on signaling activity, mate attraction, and mating success in male Mediterranean fruit flies (Diptera: Tephritidae) [J]. Florida Entomol., 85: 150–155.

Shuker D, Bateson N, Breitsprecher H, *et al.* 2002. Mating Behavior, Sexual Selection, and Copulatory Courtship in a Promiscuous Beetle [J]. Journal of Insect Behavior, 15 (5): 617–631.

Suzuki S, Nagano M, Trumbo S T. 2005. Intrasexual competition and mating behavior in *Ptomascopus morio* (Coleoptera: Silphidae Nicrophorinae) [J]. Journal of Insect Behavior, 18: 233–242.

Svensson M. 1996. Sex selection in moths: the role of chemical communication [J]. Biol. Rev., 71: 113–135.

Takayoshi K, Hiroshi H. 1999. Identification and possible functions of the hairpencil scent of the yellow peach moth, *Conogethes puncti–feralis* Guenée (Lepidoptera: Pyralidae) [J]. Appl. Ent. Zool., 34: 147–153.

Teal P E A, McLaughlin J R, Tumlinson J H. 1981. Analysis of the reproductive behavior of *Heliothis virescens* (F.) under laboratory conditions [J]. Ann. Entomol. Soc. Am., 74: 324–330.

Teal P E A, Tumlinson J H. 1989. Isolation, identification and bio–synthesis of compounds produced by male hairpencil glands of *Heliothis virescens* (F.) (Lepidoptera: Lepidoptera) [J]. J. Chem. Ecol., 15: 413–427.

Thibout E, Ferary S, Auger J. 1994. Nature and role of the sexual pheromones emitted by males of *Acrolepiopsis assectella* [J]. J. Chem. Ecol., 20: 1571–1581.

Thornhill R J, Alcock J. 1983. The evolution of insect mating systems [M]. Harvard University Press, 547 p.

Van Dongen S, Matthysen E, Sprengers E, *et al.* 1998. Mate selection by male winter moths Operophtera Brumata (Lepidoptera, Geometrldae): adaptive male choice of female control? [J]. Behaviour, 135: 29–42.

Vickers N J. 2002. Defining a synthetic pheromone blend attractive to male *Heliothis subflexa* under wind tunnel conditions [J]. J. Chem. Ecol., 28: 1255–1267.

William D, Brown. 1993. The cause of size–assortative mating in the leaf beetle *Trirhabda canadensis* (Coleoptera: Chrysomelidae) [J]. Behav. Ecol. Sociobiol., 33: 151–157.

Yasui H, Inouchi J, Wakamura S, *et al.* 2012. Male mate searching behavior in the black *chafer Holotrichia loochooana loochooana* (Sawada) (Coleoptera: Scarabaeidae): response to pheromone lures of various colors and intensities [J]. J. Ethol., 30: 233–238.

昆虫的视蛋白基因研究进展*

高正辉**，王婉强，朱　芬***
(华中农业大学植物科学技术学院，武汉　430070)

摘　要：昆虫的色觉系统对于昆虫来说至关重要，色觉系统的分子基础是视蛋白。本文对视蛋白的相关研究进行总结，并构建了不同物种的系统发育树，结合已有的文献报道，简单阐明了昆虫视蛋白的适应性进化。

关键词：视蛋白；色觉；进化

视蛋白是一类主要由视觉细胞产生的、分子量30~50kDa的结合蛋白，属于G蛋白耦联受体（GPCR）家族，具有7个跨膜域，其中羧基末端位于胞内，氨基末端位于胞外（Shichida and Imai，1998；Terakita，2005）。视蛋白的跨膜域是发色团结合的部位，视蛋白和发色团结合后共同组成视色素（Briscoe and Chittka，2001）。昆虫对光谱的敏感性主要由视色素吸收的光谱决定，由于发色团的形式单一，大多数物种含有相同的发色团，因此昆虫对光谱的敏感峰值主要由视蛋白的序列决定（闫硕等，2012）。

1　昆虫的色觉系统

色觉是昆虫主要的感官之一，昆虫利用色觉进行种内和种间的通信交流。在色觉的帮助下，昆虫可以对栖息环境中的资源进行评估，进而做出相应的行为，如觅食（Kelber，1999；Weiss，2001）、配偶选择（Jiggins *et al.*，2001）、长距离迁徙（Jiggins *et al.*，2001）、躲避天敌（Arikawa et al.，2010；Chittka，1996；Lebhardt and Desplan，2017）。节肢动物，特别是昆虫，是动物王国中物种数量最多的群体，几乎所有的栖息地都有了昆虫的殖民地，它们的色觉系统反映了这种多样性（Rivera and Oakley，2009）。在夜间活动的蛾子（White *et al.*，1994；Xu *et al.*，2016），在湖泊中生活的昆虫，在高山上的昆虫。这些昆虫生活环境不止光强存在差异，环境中的光谱成分也大不相同。然而色觉系统怎样在昆虫体内起作用，相关的研究还不太清楚。色觉系统的分子基础是视蛋白，因此研究昆虫视蛋白的意义尤为重大。

2　视蛋白的分类

视蛋白是一个庞大的家族，根据其是否直接在视觉成像中起作用可分为视觉系统视蛋白（visual opsins）和非视觉系统视蛋白（non-visual opsins）（Arendt，2003），本文

*　基金项目：国家重点研发计划项目资助（项目批准号：2017YFD0200900）

**　第一作者：高正辉，硕士研究生；E-mail：13477074561@163.com

***　通信作者：朱芬，副教授，主要从事昆虫资源与行为利用研究；E-mail：zhufen@mail.hzau.edu.cn

主要讨论的是视觉系统视蛋白。视蛋白可以进一步细分为视锥蛋白和视紫红质，它们具有不同的分子特性，这些分子特性是由氨基酸序列位置 122 和 189 处的残基差异引起的（Imai *et al.*，1997；Kuwayama *et al.*，2002）。生理和系统发育分析表明昆虫早期具有三色视觉：长波长光（LW）敏感视蛋白，短波长光（SW）敏感视蛋白和紫外线（UV））敏感视蛋白（Lebhardt and Desplan，2017）。虽然有些昆虫保留了三色视觉，但许多物种似乎已经将其光谱敏感性范围调整到其生活环境光谱。例如，在蝴蝶、蚊子和果蝇等物种中发生视蛋白基因重复、丢失和变异（Briscoe *et al.*，2010；Frentiu *et al.*，2007；Spaethe and Briscoe，2004），鞘翅目的一些成员失去了 SW 视蛋白（Jackowska *et al.*，2007；Oba and Kainuma，2009），大多数夜行昆虫光谱敏感上偏向长波长光（Liu *et al.*，2018；Xu *et al.*，2016）。昆虫表达视蛋白的数量也存在差异，黑腹果蝇拥有 3 个 LW 视蛋白基因和 2 个 UV 视蛋白基因（Spaethe and Briscoe，2004），柑橘凤蝶含有 3 个 LW 视蛋白基因（Briscoe，2001），蜻蜓拥有 11～30 个视蛋白基因（Futahashi *et al.*，2015），冈比亚按蚊和埃及伊蚊均具有 12 视蛋白基因（Giraldocalderón *et al.*，2017），这些都是昆虫与其生存环境相适应的结果。

3 视蛋白的适应性进化

为了研究视蛋白在不同生物之间的进化关系，选择斑马鱼（*Danio rerio*）、人类（*Homo sapiens*）、鸡（*Gallus gallus*）、螳螂虾（*Neogonodactylus oerstedii*）和部分昆虫视蛋白基因的氨基酸序列进行分析，47 个序列的具体信息见表 1。氨基酸多序列比对结果显示所选氨基酸序列的一致性在 20%左右，部分视蛋白的多重比对分析结果见图 1。利

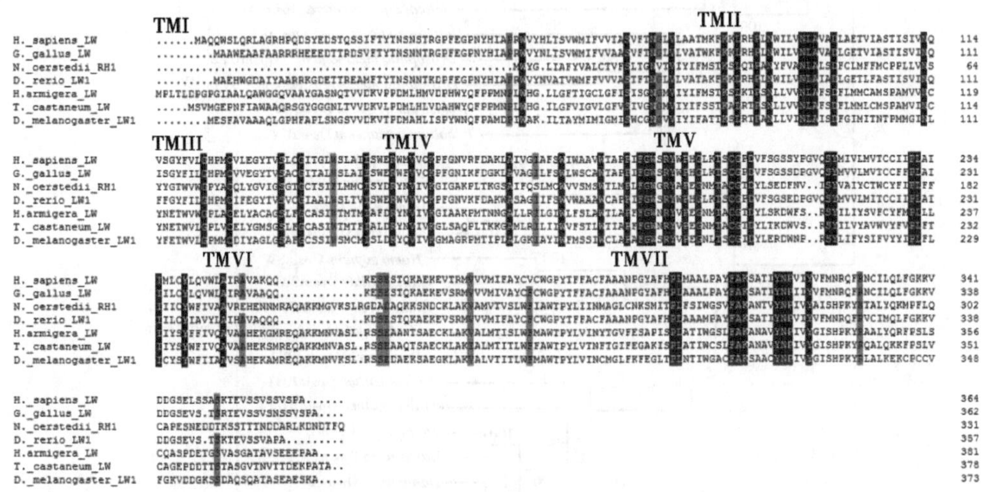

图 1 来自不同物种的 7 条视蛋白氨基酸序列的多重比对

注：方框内区域表示视蛋白基因跨膜结构域（I～VII）的位置

用 MEGA7 软件，使用邻位相连法（Neighbor-joining）构建系统发育树见图 2。结果显示螳螂虾与昆虫的视蛋白聚集在一起，斑马鱼、鸡和人类的视蛋白聚集在一起，说明在

进化上螳螂虾与昆虫遗传距离较近，这与物种进化的路线也是吻合的。昆虫的视蛋白整体上分为 3 个分支（LW、SW 和 UV），表明大多数昆虫为三色视觉。不同物种的视蛋白聚集在独立的分支上，并且分支的步长值都高于 90%，表明视蛋白在物种内是保守的，在不同物种间是特异的。

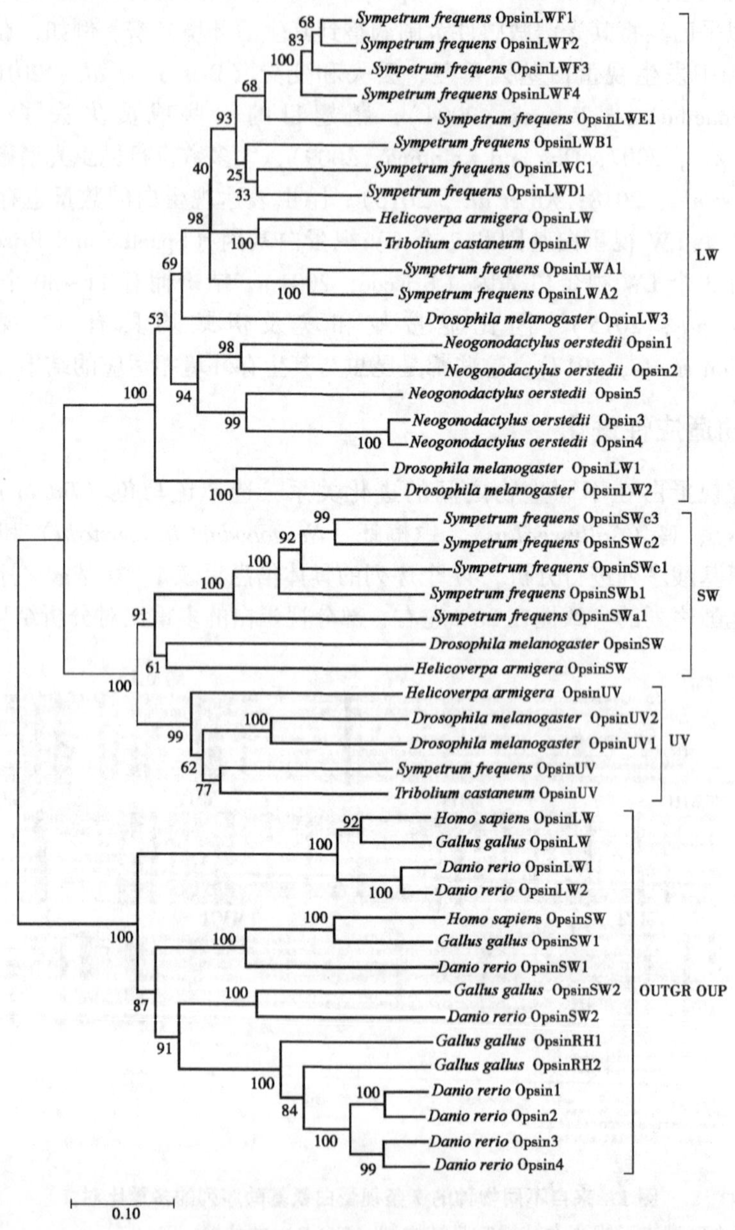

图 2 基于氨基酸序列的昆虫与其他 4 种物种的视蛋白家族基因系统发育树

注：LW 视蛋白部分呈绿色，SW 视蛋白部分呈蓝色，而 UV 视蛋白部分呈紫色

为了进一步的研究视蛋白在昆虫中的进化关系，选择 7 个目的不同昆虫物种，一共

127条视蛋白序列，构建NJ系统发生树见图3。选择不同目的代表性物种，增加物种生态位丰富度，这有利于进行分子进化分析。从图3中我们不难看出，视蛋白整体分为3个组（SW、UV和LW的步长值分别为94%、100%和100%），图中用不同颜色区分。进一步的观察可以看到，SW视蛋白与UV视蛋白两个分支汇聚在一起，表明SW和UV在进化上相对于LW，两者的遗传距离更近。

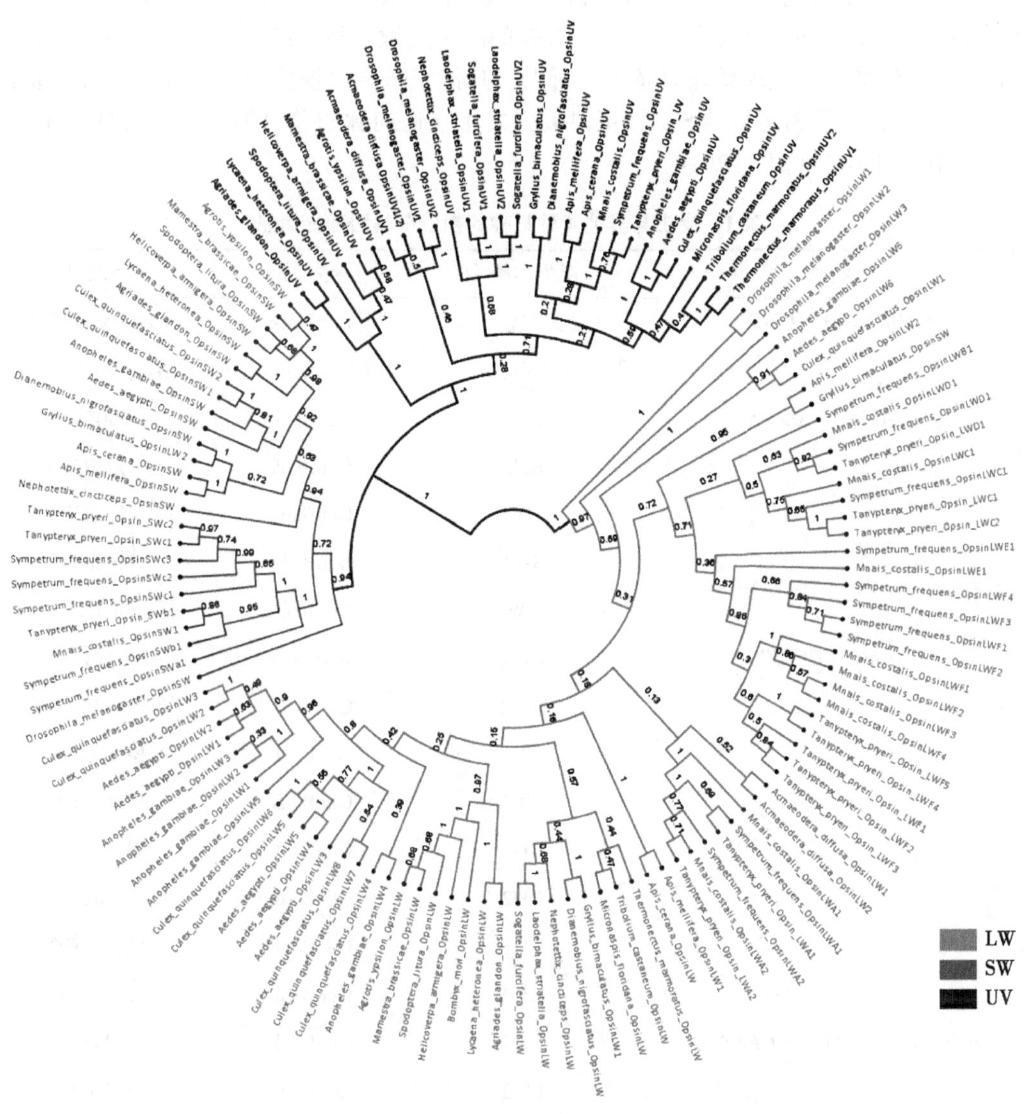

图3　基于氨基酸序列的昆虫视蛋白家族基因系统发育树

基因复制可以产生新的生物学功能的基因，这是生物在进化过程中适应环境变化的过程（Kondrashov，2012；Qian and Zhang，2014），Spady等研究发现长波长光敏感的视蛋白是视蛋白中扩展最大的一类（Spady *et al.*，2005）。图3中，昆虫LW视蛋白分支有着明显更多基因复制数量，如在*Apis mellifera*中含有2个LW视蛋白基因，但仅含有1个UV基因和1个SW基因，更夸张的是，*Sympetrum frequens* 具有10个LW视蛋白基因。SW视蛋白类群中，没有看到鞘翅目的昆虫，表明鞘翅目SW视蛋白基因缺失。视蛋白进化是通过基因复制以及随后的视蛋白亚功能化（Spaethe and Briscoe，2004），特别是靠近发色团结合位点的氨基酸序列的变化可以产生不同的光谱灵敏度（Yokoyama，2000）。鞘翅目昆虫通过功UV或LW视蛋白基因复制中各部位点的改变，重建了它们对于蓝色波长的敏感性（Sharkey *et al.*，2017）。果蝇Rh3的氨基酸序列在位点90的K如果被中性氨基酸取代，RH3的波长灵敏度将提高73 nm（Salcedo *et al.*，2011）。后续的研究发现鞘翅目昆虫之所以与其他变态昆虫视蛋白类型存在差异，是因为大约在3亿年前鞘翅目的SW视蛋白丢失发生在通向脉翅总目的世系中（Mckenna *et al.*，2015；Misof *et al.*，2014）。

表1　昆虫与其他4种物种的视蛋白基因部分信息

物种	视蛋白类型	数据库	登录号
HOMO SAPIENS	LW	GenBank	NP_ 064445.2
	SW	GenBank	NP_ 001699.1
GALLUS GALLUS	RH1	GenBank	D00702
	RH2	GenBank	M92038
	SW2	GenBank	M92037
	SW1	GenBank	M92039
	LW	GenBank	M62903
DANIO RERIO	LW1	GenBank	NM131175
	LW2	GenBank	NM001002443
	SW1	GenBank	BC060894
	SW2	GenBank	NM131192
	RH1	GenBank	NM131253
	RH2	GenBank	NM182891
	RH3	GenBank	NM182892
	RH4	GenBank	NM131254
NEOGONODACTYLUS OERSTEDII	LW1	GenBank	ACU00224.1
	LW2	GenBank	ABG37008.1
	LW3	GenBank	ABG37009.1
	LW4	GenBank	ABG37007.1
	LW5	GenBank	ACU00215.1
DROSOPHILA MELANOGASTER	SW	FlyBase	CG5279

（续表）

物种	视蛋白类型	数据库	登录号
	LW1	FlyBase	CG4550
	LW2	FlyBase	CG16740
	UV1	FlyBase	CG10888
	UV2	FlyBase	CG9668
SYMPETRUM FREQUENS	RhLWA1	GenBank	LC009060
	RhLWA2	GenBank	LC009061
	RhLWB1	GenBank	LC009062
	RhLWC1	GenBank	LC009063
	RhLWD1	GenBank	LC009064
	RhLWE1	GenBank	LC009065
	RhLWF1	GenBank	LC009066
	RhLWF2	GenBank	LC009067
	RhLWF3	GenBank	LC009068
	RhLWF4	GenBank	LC009069
	RhSWa1	GenBank	LC009070
	RhSWb1	GenBank	LC009071
	RhSWc1	GenBank	LC009072
	RhSWc2	GenBank	LC009073
	RhSWc3	GenBank	LC009074
	RhUV	GenBank	LC009075
TRIBOLIUM CASTANEUM	UV	GenBank	XM_ 965251
	LW	GenBank	NM_ 001162519
HELICOVERPA ARMIGERA	SW	GenBank	KF539433
	LW	GenBank	KF539442
	UV	GenBank	KF539454

4 讨论与展望

昆虫色彩视觉在适应性进化方面已有许多研究，但成果相对较少。虽然色觉系统的作用机制已经了解，但目前还无法在生态学上解释不同昆虫看到颜色方式之间的差异。值得注意的是，在昆虫色彩视觉在适应性进化方面的相关假设太多，这些假设往往是基于某个别生理现象提出来的，无法解释其他的生理现象。通过比较不同物种视蛋白氨基酸序列，构建进化树，并根据进化树推导祖先节点的氨基酸序列，可鉴定出在生物的适应性进化中视蛋白氨基酸序列可能出现的替换，结合严格的演化分析以及用体外实验加以验证。运用这种方法，近年来在视蛋白适应性进化的分子机制方面取得了长足的进展。

在害虫防治方法中，利用昆虫的趋光性，应用灯光诱杀害虫是一项重要的防治措施，也是综合防治的重要组成部分。但是由于灯光诱杀昆虫数量多，范围广、面积大，严重破坏生物多样性和自然生态平衡。对昆虫视蛋白的研究，有助于了解昆虫趋光性的分子机制，在视蛋白基因和趋光行为之间建立联系，有选择性地诱杀害虫。

参考文献

闫硕，张青文，熊晓菲，等 . 2012. 小地老虎 UV 视蛋白基因的克隆及序列分析 [J]. 动物学杂志，47：1-8.

Arendt D. 2003. Evolution of eyes and photoreceptor cell types [J]. International Journal of Developmental Biology，47：563.

Arikawa K，Wakakuwa M，Qiu X，*et al.* 2010. Sexual Dimorphism of Short-Wavelength Photoreceptors in the Small White Butterfly [C]. International Conference on Mechanic Automation and Control Engineering ：856 - 859.

Briscoe A D . 2001. Functional diversification of lepidopteran opsins following gene duplication [J]. Molecular Biology & Evolution，18：2270.

Briscoe A D，Bybee S M，Bernard G D，*et al.* 2010. Positive selection of a duplicated UV-sensitive visual pigment coincides with wing pigment evolution in Heliconius butterflies [J]. Proceedings of the National Academy of Sciences of the United States of America，107：3628-3633.

Briscoe A D，Chittka L . 2001. The evolution of color vision in insects [J]. Annual Review of Entomology，46：471.

Chittka L. 1996. Does bee color vision predate the evolution of flower color? [J]. Naturwissenschaften，83：136-138.

Frentiu F，Bernard G，Sison-Mangus M，*et al.* 2007. Gene duplication is an evolutionary mechanism for expanding spectral diversity in the long-wavelength photopigments of butterflies [J]. Molecular Biology & Evolution，24：2016-2028.

Futahashi R，Kawahara-Miki R，Kinoshita M，*et al.* 2015. Extraordinary diversity of visual opsin genes in dragonflies [J]. Proceedings of the National Academy of Sciences of the United States of America，112：1247-1256.

Giraldocalderón G I，Zanis M J，Hill C A. 2017. Retention of duplicated long-wavelength opsins in mosquito lineages by positive selection and differential expression [J]. Bmc Evolutionary Biology 17：84.

Imai H，Kojima D，Oura T，*et al.* 1997. Single Amino Acid Residue as a Functional Determinant of Rod and Cone Visual Pigments [J]. Proceedings of the National Academy of Sciences of the United States of America，94：2322.

Jackowska M，Bao R，Liu Z，*et al.* 2007. Genomic and gene regulatory signatures of cryptozoic adaptation：Loss of blue sensitive photoreceptors through expansion of long wavelength-opsin expression in the red flour beetle *Tribolium castaneum* [J]. Frontiers in Zoology，4：1-11.

Jiggins C D，Naisbit R E，Coe R L，*et al* . 2001. Reproductive isolation caused by colour pattern mimicry

[J]. Nature, 411: 302-305.

Kelber A . 1999. Ovipositing butterflies use a red receptor to see green [J]. Journal of Experimental Biology, 202 (Pt 19): 2619-2630.

Kondrashov F A. 2012. Gene duplication as a mechanism of genomic adaptation to a changing environment [J]. Proceedings Biological Sciences 279: 5048.

Kuwayama S, Imai H, Hirano T, *et al.* 2002. Conserved proline residue at position 189 in cone visual pigments as a determinant of molecular properties different from rhodopsins [J]. Biochemistry, 41: 15245-15252.

Lebhardt F, Desplan C. 2017. Retinal perception and ecological significance of color vision in insects [J]. Curr Opin Insect Sci 24: 75-83.

Liu Y J, Yan S, Shen Z J, *et al.* 2018. The expression of three opsin genes and phototactic behavior of, *Spodoptera exigua*, (Lepidoptera: Noctuidae): evidence for visual function of opsin in phototaxis [J]. Insect Biochemistry and Molecular Biology, S0965174818300110.

Mckenna D D, Wild A L, Kanda K, *et al.* 2015. The beetle tree of life reveals that Coleoptera survived end-Permian mass extinction to diversify during the Cretaceous terrestrial revolution [J]. Systematic Entomology, 40: 835– 880.

Misof B, Liu S, Meusemann K, *et al.* 2014. Phylogenomics resolves the timing and pattern of insect evolution [J]. Science, 346: 763-767.

Oba Y, Kainuma T . 2009. Diel changes in the expression of long wavelength-sensitive and ultraviolet-sensitive opsin genes in the Japanese firefly, *Luciola cruciata* [J]. Gene, 436: 66-70.

Qian W, Zhang J. 2014. Genomic evidence for adaptation by gene duplication [J]. Genome Research, 24: 1356.

Rivera A S, Oakley T H . 2009. Ontogeny of sexual dimorphism via tissue duplication in an ostracod (Crustacea) [J]. Evolution & Development, 11: 233.

Salcedo E, Zheng L, Phistry M, *et al.* 2011. Molecular basis for ultraviolet vision in invertebrates [J]. Journal of Neuroscience, 23: 10873-10878.

Sharkey C R, Fujimoto M S, Lord N P, *et al.* 2017. Overcoming the loss of blue sensitivity through opsin duplication in the largest animal group, beetles [J]. Scientific Reports, 7: 8.

Shichida Y, Imai H . 1998. Visual pigment: G-protein-coupled receptor for light signals [J]. Cellular & Molecular Life Sciences, 54: 1299-1315.

Spady T C, Seehausen O, Loew E R, *et al.* 2005. Adaptive Molecular Evolution in the Opsin Genes of Rapidly Speciating Cichlid Species [J]. Molecular Biology & Evolution, 22: 1412-1422.

Spaethe J, Briscoe A D. 2004. Early duplication and functional diversification of the opsin gene family in insects [J]. Molecular Biology & Evolution, 21: 1583-1594.

Terakita A. 2005. The opsins [J]. Genome Biology, 6: 1-9.

White R H, Stevenson R D, Bennett R R, *et al.* 1994. Wavelength discrimination and the role of ultraviolet vision in the feeding behavior of Hawkmoths [J]. Biotropica, 26: 427-435.

Xu P, Feuda R, Lu B, *et al.* 2016. Functional opsin retrogene in nocturnal moth [J]. Mobile Dna, 7: 18.

Yokoyama S . 2000. Molecular evolution of vertebrate visual pigments [J]. Progress in Retinal & Eye Research, 19: 385-419.

嗜尸性蝇类在法医学应用中的研究进展*

任立品**，尚艳杰，阳　力，沈　肖，蔡继峰，郭亚东***
(中南大学基础医学院，长沙　410013)

摘　要：法医昆虫学在腐败尸体案件侦破中具有独特优势，尤其是利用蝇类的生长发育规律进行死后最短间隔时间推断（PMImin）。近年来相关基础数据的收集与观察描述，虽为其在法医实践中的具体应用提供了可靠的依据，但在实际应用中仍有一定的限制。本文就目前嗜尸性蝇类的种类鉴定和PMImin推断应用研究进行概述，归纳总结了生物与非生物学因素对嗜尸性蝇类行为习性的研究进展，讨论了昆虫分子信息学在嗜尸行为习性机制研究中的重要性，就嗜尸性蝇类在法医学应用中的研究进展进行简要综述。

关键词：法医昆虫学；嗜尸习性；生长发育；死亡时间

A Review of Sarcosaphagous Flies in Forensic Applications*

Ren Lipin**, Shang Yanjie, Yang Li, Shen Xiao, Cai Jifeng, Guo Yadong***
(*School of Basic Medical Sciences*, *Central South University*, *Changsha* 410013, *China*)

Abstract: Insects often play a major role in the decomposition of organic matter. Valuable conclusions for forensic investigations can be drawn from the analysis of entomological material, either by means of age estimation of the oldest immature insects inhabiting the cadaver or by an analysis of arthropod species composition on the body, especially in estimating minimum postmortem interval (PMImin). In recent years, the collection and observation of relevant basic data has provided a reliable basis in forensic application practice, but there are still some limitations. In this paper, the current research on the species identification of sarcophagous flies and PMImin estimation is summarized. The research progress of biological and non-biological factors on the behavioral habits of sarcophagous flies is reviewed, and the importance of insect molecular informatics in the study of the mechanisms of behavioral habits is discussed. The research progress of sarcophagous flies in forensic applications is briefly reviewed.

Key words: Forensic entomology; Behavioral habits; Developmental time; Minimum postmortem interval

嗜尸性蝇类在人体死亡后迅速抵达尸体，继而在尸体上产卵（幼）、孵化、发育为成虫，并完成其生活史。依据尸体中嗜尸性昆虫生长发育特点及其生态群落演替现象，可为腐败尸体案件的侦破提供重要价值和线索，尤其在PMImin推断应用中具有独特优

* 基金项目：国家自然科学基金（81772026）
** 第一作者：任立品；E-mail：renlp87@126.com
*** 通信作者：郭亚东；E-mail：gdy82@126.com

势。其中双翅目（Diptera）蝇类是尸体腐败进展中最为常见的昆虫，尤其是丽蝇科（Calliphoridae）、麻蝇科（Sarcophagidae）和蝇科（Muscidae）在实际案件及科研应用中被广泛关注，而丽蝇和麻蝇在实际案件中种群优势更为显著（Amendt *et al.*，2011；Viero *et al.*，2019）。

综述近年来发育昆虫学研究进展，不难发现大部分研究集中于种类鉴定和 PMImin 推断应用，以及生物和非生物因素对其行为学习性的观察描述等，而种类鉴定成为研究热点是由于 20 世纪 90 年代分子标记的兴起，时至今日，分子鉴定的价值和意义已经非常明确，相关的技术和方法也已经基本成熟并趋于完善，而种类鉴定的最终研究目的直接指向 PMImin 推断，由此可知，PMImin 推断是法医昆虫学的核心内容。而目前法医昆虫学领域死亡时间推断的研究内容主要有两类：一是动物尸体模拟实验演替规律的报道，及实验室内种类发育数据的收集；另一类是具体案例中应用某个类型群的嗜尸性昆虫进行 PMImin 推断（Wang *et al.*，2019）。

尽管法医昆虫学在 PMImin 推断方面具有独特优势，但现有的技术方法并不能让其在法庭科学中发挥出应有的价值，根本原因在于大量研究仍停留于表象的观察和简单的统计学分析，这使得 PMImin 推断的稳定性和精确性都存在诸多问题（Amendt *et al.*，2011）。近年来，随着基因组学、代谢组学、功能组学等相关技术快速发展，在基因及其功能水平揭示不同嗜尸性蝇类的行为习性机制，如生长发育不同历期特异表达基因标记、产卵/幼的节律调控机制以及蛹滞育相关基因的特异表达等，将为实际案件中 PMImin 的准确推断提供更有力的证据（Ren *et al.*，2018）。因此本文基于近年来国内外有关嗜尸性蝇类的研究进展，就嗜尸性蝇类生态群落演替现象、种类鉴定、嗜尸性蝇类生长发育资料的收集、生物与非生物学因素对嗜尸性蝇类行为习性的影响等研究进行综述。

1　嗜尸性蝇类生态群落演替现象研究进展

嗜尸性昆虫生态群落演替规律的调查以及嗜尸性昆虫的生长发育资料收集，构成法医昆虫学的一些最基础和最重要的工作（Payne *et al.*，2019）。通过这些研究，观察了不同类型环境下的演替模式，包括土地表面、埋藏、室内环境、车辆内环境、池塘和河流、海洋、干燥环境及雨季等，此外，还包括其他特殊因素的影响，如燃烧、药/毒物、覆盖尸体衣物的尺寸、尸体损伤程度、尸体中繁殖物种的种间竞争、海拔高度及不同季节等，而以上研究大多数都是从动物尸体中得出的结论（Wang *et al.*，2017）。为进一步提高动物演替实验的科学性和可靠性，连续演替实验研究中的研究方法不断得到改进，并且已经提出了用于重复实验和设置对照的标准，此外昆虫采样方法，最佳动物模型，尸体放置的最佳间距，同一地点重复实验效果以及调查干扰效果等方面也有相关研究（Amendt *et al.*，2007；Wells *et al.*，2015）。尽管法医昆虫学在延续研究中已取得了一定的成就，但这些研究基本都是从动物尸体中得出的结论，因此人尸体与动物尸体的分解和昆虫演替模式有无差异仍需进一步研究证实。

2 嗜尸性蝇类种类鉴定研究进展

依据嗜尸性蝇类生长发育特点及其生态群落演替现象，对死亡时间和死亡地点进行推断是法医昆虫学的基本内容，但快速、准确的种类鉴定是嗜尸性蝇类在法医案件应用中至关重要的一步。尽管传统的形态学分类仍旧被广泛应用，但随着分子生物学技术的发展，作为形态学分类的补充手段，基于技术，以线粒体和核基因为主的条形码技术逐步成为法医昆虫学的研究热点，随着测序成本的降低，目前 GenBank 数据库中所有常见嗜尸性蝇类的参考序列已基本覆盖，因此已被广泛应用于实际案件分析应用（Chimeno *et al.*，2019）。但考虑到 Sanger 测序技术时效性存在一定的缺陷，以焦磷酸测序和 SNaPshot 技术为基础的系统方法也陆续被尝试应用（Chen *et al.*，2018；Park *et al.*，2018）。此外，随着医学信息技术的发展，以电镜扫描、翅脉测量、实时高分辨率质谱分析以及共聚焦显微技术等也相继应用于嗜尸性蝇类的种类鉴定（Sonet *et al.*，2012）。将分子与形态学鉴定相结合，将为嗜尸性蝇类种类鉴定提供更准确、可靠的参考依据。

3 嗜尸性蝇类生长发育资料的收集

通过比较尸体上昆虫的已知发育阶段与同一物种的实验室蝇种在已知温度下达到该阶段需要多长时间，法医昆虫学家可以进行尸体死后最短间隔时间推断，因此，对嗜尸性蝇类生长发育资料的准确收集是 PMImin 推断中至关重要的环节（Wang *et al.*，2017）。通常情况下温度是影响昆虫生长发育规律的主要因素，而尸体所处的环境条件是影响温度变化的先决条件，因此还必须考虑尸体在其环境中的位置（Ceciliason *et al.*，2018）。首先，尸体的室内/室外位置严重影响蝇类到达尸体的时间、尸体腐败分解过程中的温度变化以及昆虫的种类分布；其次，即使处于户外位置，植被的覆盖，而大型叶片树会产生阴影环境，尤其在夏季会显著减低尸体周围的环境温度，同时用于覆盖/隐藏尸体的诸如树枝或废物之类的障碍物也将阻挡风的流动并增强局部热惯性，此外，局部积温效应（即幼虫活动的周围环境）也影响幼虫感知的温度（Charabidze *et al.*，2019）。因此在应用实验温度条件下嗜尸性蝇类生长发育数据进行实际案件 PMImin 推断应用时，应综合考虑尸体当时所处的周围环境，以及近期的气象变化等，将为 PMImin 的准确推断提供更为充分的证据。

尽管影响嗜尸性蝇类生长发育的因素较为复杂，但建立不同温度条件下嗜尸性蝇类发育数据库依然是腐败尸体 PMImin 推断应用的基本保证（Richards *et al.*，2009）。近年来，在不同的恒温条件下已研究了许多重要的嗜尸性蝇类的发育模式，其中丽蝇科（Calliphoridae）主要包括 *Chrysomya megacephala*，*Sarconesia chlorogaster*，*Lucilia illustris*，*Aldrichina graham*，*Calliphora varifrons*，*Lucilia cuprina*，*Hemipyrellia ligurriens*，*Protophormia terraenovae*，*Chrysomya rufifacies*，*Calliphora vicina*，*Phormia regina*，*Chrysomya albiceps* 等 12 种，麻蝇科（Sarcophagidae）主要包括 *Parasarcophaga similis*，*Sarcophaga ruficornis*，*Sarcophaga argyrostoma*，*Boettcherisca peregrina* 等 4 种，蝇科（Muscidae）主要包括 *Musca domestica* 和 *Muscina stabulans* 等 2 种。此外，不同地域同一物种即使在相

同恒温条件下其生长周期相差也较大，在实际案件的具体应用时，不同地域收集的蝇类发育资料运用到地理位置差距较大的地区时可能存在严重的偏差（Reibe-Pal *et al.*，2015）。因此对于不同地理环境中的不同麻蝇种类的发育资料的收集仍需进一步完善，建立详细的生长发育资料库，将为嗜尸性麻蝇在法医学案件中的准确应用提供依据。

4 特殊环境如室内外、深埋等对嗜尸性蝇类的影响

已有研究表明室内和室外环境中嗜尸性蝇类种类分布存在差异（Ren *et al.*，2017）。与室外尸体相比，室内尸体似乎能够吸引更多的蝇类。尽管一些嗜尸性蝇类大多局限在地面，但部分蝇类，如 *S. nudiseta*、*Megaselia scalaris* 和部分麻蝇喜居在高层建筑中（Syamsa *et al.*，2017），因此，该种类在类似高层建筑案件法医学应用中具有重要价值，但是蝇类种类分布的差异也可能与局部地理气候因素的变化有关。

一些研究人员认为，即使是薄薄的土壤覆盖物也会阻止尸体被苍蝇滋生，因为雌性苍蝇在产卵之前需要与合适的幼虫食物源进行物理接触（Singh *et al.*，2016）。尽管如此，已有研究表明丽蝇成虫会被地面散发的气味吸引到埋藏的尸体的部位，虽然这并不一定意味着幼虫随后到达尸体。因此，对于蝇类能到达深埋尸体的能力仍存在一些不确定性，此外，有关蝇类是如何在深埋尸体中孵化以及随后幼虫的发育，这是一个重要的考虑因素，因为它可以帮助确定尸体埋藏的时间（Gunn *et al.*，2011）。综上所述，法医昆虫学在深埋尸体的死后间隔时间推断中具有潜在优势，应在该领域的这一特定方向深入研究。

5 嗜尸性蝇类的性二态性及竞争行为

构建幼虫体长和局部温度的线性回归分析被认为是 PMImin 推断的良好预测模型。尽管如此，大多数专业人员并没有考虑到蝇类的性别二态性差异，这种差异增加了预测模型的不确定性：同种幼虫在相同环境条件下，同一时期雄性和雌性的长度存在差异，另外生长速率也明显不一致，如通过 *L. sericata*，*C. vicina*，*C. vomitoria* 等 3 种丽蝇的比对分析发现，雌性比雄性幼虫体型大，*C. vicina* 和 *C. vomitoria* 随着密度的增加幼虫体型逐渐降低，同时同一物种的雄性和雌性对密度增加的反应也不同，相比之下，*L. sericata* 成虫体型大小随密度略有增加。与没有性别区分的数据库相比，三个物种的估算的体型大小范围明显缩短。因此，按性别对其生长发育进行估算可提高预测模型的准确性（Patricio *et al.*，2018）。

同时，尸体的体型大小也是嗜尸性蝇类群落演替动态变化的一个重要影响因素，因为这会影响尸体中幼虫的营养供应。在此类案件中，当嗜尸性幼虫在尸体上滋生后，物种之间可能存在相互作用，通常会存在种内及种间竞争，以及捕食、寄生等，均会导致尸体中幼虫的体型变小及数量减少，进而影响幼虫生长发育时间，因此在一定程度上会明显影响其应用于尸体真正 PMImin 推断的准确性和可靠性（Benbow *et al.*，2013）。如当 *S. nudiseta* 与 4 种丽蝇（*C. albiceps*，*L. sericata* 和 *C. vicina*）幼虫共同饲养，4 种丽蝇幼虫的死亡率明显升高，而尤其存在种内竞争，在相同的幼虫密度中，*S. nudiseta* 相比另外 4 种丽蝇，其幼虫期明显延长，同时 *S. nudiseta* 幼虫期随密度的增加而明显缩短

（Ivorra *et al.*，2019）。

6 夜间产幼行为习性的研究进展

近年来嗜尸性蝇类夜间产卵行为习性一直备受质疑，直至 Greenberg 和 Singh 观察到丽蝇可在夜间产卵（Greenberg *et al.*，1990；Singh *et al.*，2001），而该行为的发生可能与当时的月光及灯光的诱导有关（Wooldridge *et al.*，2007），但随后红头丽蝇能在完全黑暗并且只有 9℃的低温条件下产卵再一次打破了众人的传统认识。同时，Pape 也曾观察到麻蝇具有严格的昼行性，在太阳升起之前很少看到其活动（Pape *et al.*，2002），但随后 Singh 研究发现麻蝇能在夜间产幼并且飞行活动，如果这一现象被证实将会导致 PMI 推断缩短 10~12h（Singh *et al.*，2008）。结合以上行为学观察实验不难发现，嗜尸性蝇类在尸体上能否夜间产卵/幼仍需进一步研究验证，并且近年来有关嗜尸性蝇类的该行为习性的深入研究再无报道。已有研究证实黑腹果蝇产卵行为具有生物节律性（Manjunatha *et al.*，2008），而该行为的外界影响因素主要包括光周期和温周期（Kannan *et al.*，2012）。因此探究光/温周期对其产幼行为的影响，明确夜间产幼行为的可能性及主要影响因素，阐明是否与生物节律相关及受时钟基因差异表达调控，将弥补和完善现有发育时间推断体系。

7 展望

嗜尸性蝇类在法医学案件中具有重要的研究应用价值，目前相关蝇类的生态群落演替规律、常见种类生长发育资料的收集及种类鉴定的研究已基本可满足常见实际案件中 PMImin 推断应用，但现有 PMImin 推断体系仅依赖于现象观察和统计分析，且存在薄弱环节，阻碍了蝇类证据在法庭审判中的应用。在基因及其功能水平深入研究蝇类觅食、交配、产卵、成蛹、羽化等行为节律机制并筛选不同发育历期相关分子标记已应用于 PMImin 推断应用，是完善现有体系的关键突破点。

参考文献

Amendt J，Richards C S，Campobasso C P，*et al.* 2011. Forensic entomology：applications and limitations［J］. Forensic Sci Med Pathol，7：379-392.

Amendt J，Campobasso C P，Gaudry E，*et al.* 2007. Best practice in forensic entomology-standards and guidelines［J］. Int J Legal Med，121：90-104.

Benbow M E，Lewis A J，Tomberlin J K，*et al.* 2013. Seasonal necrophagous insect community assembly during vertebrate carrion decomposition［J］. J Med Entomol，50：440-450.

Ceciliason A S，Andersson M G，Lindstrom A，*et al.* 2018. Quantifying human decomposition in an indoor setting and implications for postmortem interval estimation［J］. Forensic Sci Int，283：180-189.

Charabidze D，Hedouin V. 2019. Temperature：the weak point of forensic entomology［J］. Int J Legal Med，133：633-639.

Chen W，Shang Y，Ren L，*et al.* 2018. Developing a MtSNP-based genotyping system for genetic identification of forensically important flesh flies（Diptera：Sarcophagidae）［J］. Forensic Sci Int，290：

178-188.

Chimeno C, Moriniere J, Podhorna J, *et al.* 2019. DNA Barcoding in Forensic Entomology-Establishing a DNA Reference Library of Potentially Forensic Relevant Arthropod Species [J]. J Forensic Sci, 64: 593-601.

Greenberg B. 1990. Nocturnal larviposition behaviour of blow flies (Diptera: Calliphoridae [J]. J. Med. Entomol, 27: 807-810.

Gunn A, Bird J. 2011. The ability of the blowflies *Calliphora vomitoria* (Linnaeus), *Calliphora vicina* (Rob-Desvoidy) and *Lucilia sericata* (Meigen) (Diptera: Calliphoridae) and the muscid flies *Muscina stabulans* (Fallen) and *Muscina prolapsa* (Harris) (Diptera: Muscidae) to colonise buried remains [J]. Forensic Sci Int, 207: 198-204.

Ivorra T, Martínez-Sánchez A, Rojo S. 2019. Predatory behavior of *Synthesiomyia nudiseta* larvae (Diptera: Muscidae) on several necrophagous blowfly species (Diptera: Calliphoridae) [J]. Int J Legal Med, 133: 651-660.

Kannan N N, Reveendran R, Hari Dass S, *et al.* 2012. Temperature can entrain egg laying rhythm of *Drosophila* but may not be a stronger zeitgeber than light [J]. J Insect Physiol, 58 (2): 245-255.

Manjunatha T, Hari Dass S, Sharma V K. 2008. Egg-laying rhythm in Drosophila melanogaster [J]. J Genet, 87 (5): 495-504.

Payne J A, King E W, Beinhart G. 1968. Arthropod succession and decomposition of buried pigs [J]. Nature, 219: 1180-1118.

Pape T, Dechmann D, Vonhof M J. 2002. A new species of *Sarcofahrtiopsis* Hall (Diptera: Sarcophagidae) living in roosts of Spix's disk-winged bat *Thyroptera tricolor* Spix (Chiroptera) in Costa Rica [J]. Nat. Hist, 36: 991-998.

Park J H, Shin S E, Ko K S, *et al.* 2018. Identification of Forensically Important Calliphoridae and Sarcophagidae Species Collected in Korea Using SNaPshot Multiplex System Targeting the Cytochrome c Oxidase Subunit I Gene [J]. Biomed Res Int, 2018: 2953892.

PatricioMacedo M, Arantes L C, Tidon R. 2018. Sexual size dimorphism in three species of forensically important blowflies (Diptera: Calliphoridae) and its implications for postmortem interval estimation [J]. Forensic Sci Int, 293: 86-90.

Richards C S, Villet M H. 2009. Data quality in thermal summation development models for forensically important blowflies [J]. Med Vet Entomol, 23: 269-276.

Reibe-Pal S, Madea B. 2015. Calculating time since death in a mock crime case comparing a new computational method (ExLAC) with the ADH method [J]. Forensic Sci Int, 248: 78-81.

Ren L, Deng H, Dong S, *et al.* 2017. Survey of indoor sarcosaphagous insects [J]. Tropical Biomedicine, 34: 284-294.

Ren L, Shang Y, Chen W, *et al.* 2018. A brief review of forensically important flesh flies (Diptera: Sarcophagidae) [J]. Forensic Sci Res, 3: 16-26.

Singh D, Bharti M. 2001. Further observations on the nocturnal oviposition behaviour of blow flies (Diptera: Calliphoridae) [J]. Forensic Sci Int, 120 (1-2): 124-126.

Singh D, Bharti M. 2008. Some notes on the nocturnal larviposition by two species of *Sarcophaga* (Diptera: Sarcophagidae) [J]. Forensic Sci Int, 177 (1): e19-20.

Sonet G, Jordaens K, Braet Y, *et al.* 2012. Why is the molecular identification of the forensically important blowfly species *Lucilia caesar* and *L. illustris* (family Calliphoridae) so problematic? [J].

Forensic Sci Int, 223: 153-159.

Singh R, Sharma S, Sharma A. 2016. Determination of post-burial interval using entomology: A review [J]. J Forensic Leg Med, 42: 37-40.

Syamsa R A, Omar B, Ahmad F M, *et al.* 2017. Comparative fly species composition on indoor and outdoor forensic cases in Malaysia [J]. J Forensic Leg Med, 45: 41-46.

Viero A, Montisci M, Pelletti G, *et al.* 2019. Crime scene and body alterations caused by arthropods: implications in death investigation [J]. Int J Legal Med, 133: 307-316.

Wells J D, Lecheta M C, Moura M O, *et al.* 2015. An evaluation of sampling methods used to produce insect growth models for postmortem interval estimation [J]. Int J Legal Med, 129: 405-10.

Wooldridge J, Scrase L, Wall R. 2007. Flight activity of the blowflies, *Calliphora vomitoria* and *Lucilia sericata*, in the dark [J]. Forensic Sci Int, 172 (2-3): 94-97.

Wang Y, Ma M Y, Jiang X Y, *et al.* 2017. Insect succession on remains of human and animals in Shenzhen, China [J]. Forensic Sci Int, 271: 75-86.

Wang M, Chu J, Wang Y, *et al.* 2019. Forensic entomology application in China: Four case reports [J]. J Forensic Leg Med, 63: 40-47.

植食性刺吸式昆虫蜜露的研究进展*

张蓓蓓**，李静静，卢少华，王　青，张泽龙，闫凤鸣***

（河南农业大学植物保护学院，郑州　450002）

摘　要：植食性刺吸式昆虫是粮食作物、蔬菜和观赏植物的主要害虫之一，依靠吸食植物汁液获取营养物质，同时分泌蜜露。蜜露组成复杂，除水之外，主要含糖类、氨基酸、蛋白质、微量元素等物质，寄主植物和昆虫种类等因素共同影响蜜露的组分和含量。蜜露主要通过滋生黑霉菌污染植物的叶片和果实，影响植物进行正常的光合作用和呼吸作用来间接为害宿主植物。蜜露对一些天敌昆虫有着特殊的作用：一方面，蜜露可用来补充营养，从而促进天敌幼（若）虫死亡率下降、成虫寿命延长以及繁殖力提高；另一方面，蜜露作为天敌搜寻行为的信息物质。蜜露是蚂蚁重要的食物资源之一，以蜜露为纽带，许多蚂蚁与排泄蜜露的昆虫存在着互利共生的关系。

关键词：植食性；刺吸式昆虫；蜜露；糖；氨基酸；天敌；蚂蚁；利它素

Research Progress on Honeydew Produced by Piercing-sucking Insects*

Zhang Beibei**, Li Jingjing, Lu Shaohua, Wang Qing, Zhang Zelong, Yan Fengming***

(*College of Plant Protection*, *Henan Agricultural University*, *Zhengzhou* 450002, *China*)

Abstract: Phytophagous piercing-sucking insects are one of the main pests of food crops, vegetables and ornamental plants. Honeydew is complex in composition. In addition to water, honeydew mainly contains sugar, amino acid, protein, trace elements and other substances. Host plant and insect species and other factors affect the composition and content of honeydew. Honeydew damages host plants indirectly by breeding black mold to contaminate their leaves and fruits and affecting their normal photosynthesis and respiration. Honeydew has a special effect on some natural enemies, insects. On one hand, some natural enemies often use honeydew as one of sources of nutrients, which can improve the survival rate of larvae or nymphs, prolong the lifespan and raise the fecundity rate of adults. On the other hand, honeydew is often utilized as information substances for foraging behavior of some natural enemies. Honeydew is also one of the important food resources for ants. Many ants have a mutualistic relationship with insects that excrete honeydew.

Key words: Phytophagous; Piercing-sucking insects; Honeydew; Carbohydrate; Amino acid; Natural enemies; Ant; Kairomone

---

* 基金项目：国家公益性行业（农业）科研专项（201303036）

** 第一作者：张蓓蓓；E-mail：15225154669@163.com

*** 通信作者：闫凤鸣；E-mail：fmyan@henau.edu.cn

1 植食性刺吸式昆虫与蜜露

植食性刺吸式昆虫是指具有刺吸式口器，靠吸食植物汁液为生的昆虫，一般集中在同翅目和半翅目昆虫（植食性昆虫），是粮食作物、蔬菜和观赏植物的主要害虫之一（雷宏等，1992）。植食性刺吸式昆虫为维持自身的生长，必需不断地吸食大量的韧皮部汁液，吸收其中的氨基酸等营养物质，而未消化的碳水化合物等物质随代谢排出，这样就形成了“头部在不停地吸食，尾部在不停地排泄”的取食特点。刺吸式口器昆虫在取食后，食物一般有3个去向：被同化食物质量即虫体质量变化，排泄蜜露量和水分散失。以往研究表明，刺吸式昆虫取食后同化的食物量占总取食量的比例较小，仅为1%~6%，大部分食物以蜜露的形式排放出去。如棉蚜成若虫阶段取食营养总量的70%之多要以蜜露形式排出，其一生的泌蜜量达2220μg（张克斌等，1985）。可以排泄这种蜜露的昆虫包括角蝉（角蝉科 Membracidae）、沫蝉（沫蝉科 Cercopidae）、叶蝉（叶蝉科 Jassidae）、木虱（木虱科 Chermidae=Psyllidae）、蚜虫（蚜科 Aphididae）、粉蚧（粉蚧科 Pseudococcidae）、介壳虫（蚧科 Coccidae = Lecaniidae）、紫胶虫（胶蚧科 Lacciferidae=Tachardiidae）等（王思铭等，2011）。

2 蜜露成分及其影响因素

蜜露组成复杂，除水之外，主要含糖类、氨基酸、氨基化合物、蛋白质、微量元素等物质（Fischer *et al.*，2002），总体而言，蜜露中糖含量占绝对优势。昆虫蜜露组成成分及含量受寄主植物、昆虫种类、内生菌、温度、光强、成虫种群密度、昆虫年龄和昆虫发育阶段等多种因素共同决定，其中寄主植物和昆虫种类影响较为显著。

2.1 寄主植物对蜜露成分的影响

蜜露中糖类和氨基酸的种类及含量与寄主植物汁液的化学组分相关。韩宝瑜等（2000）用高效液相色谱定性定量地分析出茶蚜蜜露中有茶氨酸等13种氨基酸和蔗糖等7种糖分。分泌物中的氨基酸以苏氨酸、天冬氨酸、茶氨酸为主，糖类以三聚糖、蔗糖和果糖为主。并测出茶氨酸在茶树体内的含量大，葡萄糖、果糖和蔗糖也存在于茶树的嫩梢中（中国农业百科全书茶业卷编辑委员会，1988）。盖英萍等测定出中国梨木虱（*Psylla chinensis*）弱虫蜜露中氨基酸含量为4.45%，其中天门冬氨酸和谷氨酸含量较高，分别占所测定的17种氨基酸的42.11%和27.5%。在梨叶中，无论是未害叶，还是受害叶，天门冬氨酸和谷氨酸含量均最高，这与蜜露中氨基酸的含量是一致的。在其他研究结论中，也证明了寄主植物中蔗糖浓度显著影响粉虱蜜露中蔗糖异构糖的含量，蔗糖异构糖是从蔗糖转化而来，即寄主植物中蔗糖含量高，则蜜露中蔗糖异构糖含量也高；蜜露中蔗糖异构糖含量高，则蔗糖含量低（Byrne and Miller，1998）。

2.2 昆虫种类及产地对蜜露成分的影响

蜜露的组成成分与昆虫产地有密切联系，来自不同地区的昆虫蜜露的结构类型也不尽相同。马建华等利用PE-983红外分光光度计对不同产地的纯棉蚜蜜露进行了红外光谱分析，测出棉蚜蜜露主要成分为α-1，4系列及β-1，4系列低聚糖类，不同产地棉蚜蜜露的红外吸收也存在差异，表明不同地区棉蚜蜜露结构类型不同（马建华等，

1991）。

昆虫的种类也显著影响着蜜露中糖和氨基酸的组成和含量。刘万学等应用离子色谱分别对黄瓜上 B 型烟粉虱（*Bemisia tabaci B-biotype*）蜜露以及黄瓜上温室白粉（*Trialeurodes vaporariorum*）蜜露的接触性利它素糖和氨基酸组分和含量进行了比较研究，证实同种寄主植物上不同粉虱种类的蜜露组成和含量存在差异：就单糖而言，黄瓜上温室白粉虱蜜露中单糖总量稍大于烟粉虱，单糖组成比例梯度存在差异，其中优势糖类蔗糖异构糖为前者大于后者，而蔗糖和麦芽糖为后者大于前者；白粉虱蜜露中的三糖和四糖含量均显著大于烟粉虱蜜露中的含量，其中前者中松三糖、棉子糖和水苏糖分别是后者的 1.9 倍、2.4 倍和 2.3 倍；黄瓜上烟粉虱蜜露中氨基酸总量明显大于温室白粉虱蜜露，但谷氨酰胺和甘氨酸含量为后者大于前者，而丙氨酸、缬氨酸和丝氨酸含量则为前者大于后者（刘万学等，2007）。

2.3　转基因作物对蜜露成分的影响

一些研究表明，外源基因的导入会导致植株内次生、营养物质含量的变化（武予清等，2000；楼程富等，2003；张永军等，2003），进而将影响同翅目害虫蜜露量的分泌及蜜露成分的改变。Bernal 等（2002）研究发现 5 个转 Bt 基因水稻品种上的褐飞虱蜜露分泌量均高于常规品种。杨益众等发现转单价（Bt）、双价（Bt +CpTI）基因棉对棉蚜蜜露日平均分泌量、蜜露中的可溶性糖、各种游离氨基酸的含量均有一定的影响。另外，Bernal 等（2002）应用 ELISA 法检测 5 种含有不同启动子的转 Bt 基因水稻上的褐飞虱分泌的蜜露，发现有 CaMV 和肌动蛋白（actin）启动子的 2 个品种上的褐飞虱蜜露中含有 Bt 毒蛋白。Romeis 等（2003）也发现在转 GNA 基因作物上取食的蚜虫分泌的蜜露中含有 GNA 毒蛋白。这些试验结果都说明一些转基因植物植株中的 Bt、GNA 等毒蛋白等可以通过部分昆虫的蜜露外溢。

3　蜜露对宿主植物的为害

植食性刺吸式昆虫除了通过吸取植物汁液对宿主植物造成直接为害外，还可以通过分泌蜜露对宿主植物造成间接为害（雷宏等，1992）。蜜露主要通过以下三点为害宿主植物：①蜜露易被霉菌附生（主要是链格孢菌）在被害处生长、发育并产生其毒素，在霉菌及其毒素的共同作用下，首先破坏表皮组织，进而为害叶肉细胞组织，使组织致病进而扩大，大量失水变干枯死亡，在叶面、果及枝条上形成病斑，在毒素的刺激下，引起早期大量落叶；②分泌的蜜露滴落在叶片或者果实上，使叶片或果实受到污染，影响植物进行光合作用和呼吸作用；③刺吸式昆虫的若虫在蜜露中生活，药剂较难直接接触虫体，对害虫防治造成很大困难。

Vereijken 等（1979）研究发现麦蚜（*Sitobion avenae*）蜜露和真菌结合在一起，能降低小麦光能利用率，减少光合面积及缩短绿色面积持续影响。杨益众等（1989）曾对麦蚜蜜露抑制小麦叶片的光合作用进行了研究，得出沾污蚜虫蜜露的小麦剑叶较对照叶片的光合强度和呼吸强度分别下降 12.89%和 28.34%。李大乱等（1998）通过多年的调查结果表明：中国梨木虱对梨树的为害有 2 个过程：①由梨木虱若虫直接刺吸梨叶和枝条幼嫩组织内的汁液和营养，使树势衰弱；②由于梨木虱分泌物成分很复杂，含有多种糖类和氨基酸，是杂菌很好的培养基，杂菌寄生在分泌物及其失水后的残留物上，在空气湿度大的条件下会产生黑色霉状物，叶片在此霉状物的作用下变干枯，形成明显的被害斑，严重造成落叶。同样，柑橘粉虱（*Diaelorude citri Asahmaed*）分泌的黏性蜜露将空气中的灰尘吸附到叶片表面，为一些霉菌提供营养物质，从而引发霉污病，严重影响柑橘光合作用，造成减产（于士将，2015）。

刺吸式昆虫的若虫在蜜露中群集生活，通过吸取植物汁液为害宿主植物，因药剂很难直接接触虫体，防治较为困难。如梨木虱若虫绝大部分时间在蜜露的包埋下生活并取食为害宿主植物，只有在若虫脱皮时才爬出蜜露，在其附近脱皮，然后又开始大量分泌黏液，使蜜露量骤增，影响植物的生长（刘敬兰，2001）。

4 蜜露的生态学意义

利它素（kairomone）是指由某种生物个体释放并引起它种个体行为反应、对释放者不利而对接受者有利的化学物质（Vet and Dicke，1992）。昆虫蜜露作为一种利它素具有利它作用：①由于蜜露中富含大量的接触性利它素，如糖、氨基酸和微量元素等多种营养物质，常被一些天敌昆虫用来补充营养，从而促进天敌若虫死亡率下降、成虫寿命延长以及繁殖力提升；②由于蜜露通常与寄主存在位置有很大的相关性，蜜露作为天敌的食物源和利它素源暗示着天敌对食物的搜索，可能对寄主的搜索起到了重要补充作用（Wäckers，2000），对天敌的寄主搜索行为和寄生捕食效率具有增效作用（Wäckers，2000；陆宴辉等，2005）。

除此之外，蜜露还是蚂蚁重要的食物资源之一，以蜜露为纽带，许多蚂蚁与排泄蜜露的昆虫之间发生着复杂的关系（Del-Claro and Oliveira，1996）。

4.1 蜜露对天敌昆虫生长繁殖的影响

Matsumura 等（1999）研究发现黑肩绿盲蝽（*Cyrtorhinus lividipennis* Reuter）取食褐飞虱（*Nilaparvata lugens* Stål）蜜露后，若虫的发育历期和成虫的产卵前期明显缩短，成虫寿命延长，总产卵量也有所提高。焦懿等（2002）对中华花翅跳小蜂（*Microterys sinicus* Jiang）成虫饲喂白蜡虫（*Ericerus pela* Chavannes）蜜露后，发现较饲喂清水处理的雌蜂和雄蜂的平均寿命分别延长 90.4%、98.1%，雌蜂的平均产卵量增加 114.7%，产卵天数延长 98.8%，这说明白蜡虫蜜露对中华花翅跳小蜂的生长与繁殖有明显促进作用。其他研究也同样报道了一些同翅目昆虫蜜露可延长天敌成虫的寿命、提高它们的繁殖力。

但是，不同昆虫的蜜露对特定天敌生长繁殖的作用往往表现不一致。郑许松等（2003）研究发现用褐飞虱蜜露喂饲稻虱缨小蜂（*Anagrus nilaparvatae* Pang et Wang）能延长其寿命、提高其寄生能力。Budenberg 等（1992）研究发现麦无网长管蚜（*Metopolophium dirhodum* Walker）和豌豆蚜（*Acyrthosiphon pisum* Harris）的蜜露能促进黑带食蚜蝇（*Episyrphus balteatus* De Geer）产卵，但荨麻蚜（*Microlophium carnosum* Buckton）的蜜露则无效。

4.2 蜜露对天敌昆虫寄主选择行为的影响

蜜露对天敌搜寻行为有显著影响，主要表现为捕食性或寄生性天敌在蜜露周围搜寻时间显著延长、对蜜露有较强吸引力、运动速度下降、转弯频率加大、运动行为发生变化等（陆宴辉等，2005）。Carter 等（1984）研究发现禾谷蚜（*Sitobion avenae*）刺吸植物汁液时不断分泌的蜜露可提高七星瓢虫的捕蚜能力。韩宝瑜等（2000）研究发现七星瓢虫（*Coccinella septempunctata* L.）、异色瓢虫（*Leis axyridis* Pallas）4 个变种对茶蚜（*Toxoptera aurantii* Boyer de Fonscolombe）蜜露有较强吸引力，天敌在蜜露周围搜寻时间显著延长，搜索行为由广域搜索型转换为地域集中搜索型，搜索速度小、转动角度大。Shimron 等（1992）研究发现 *Eretmocerus* sp. 和 *Encarsia deserti* Gerling and Rivnay 2 种寄生蜂接触烟粉虱蜜露后搜索速度分别由 2.0mm/s 加快到 0.8mm/s，0.8mm/s 加快至 0.3mm/s；触角转动率分别由 123.3deg/cm 上升为 489.6deg/cm，由 267.9deg/cm 上升为 979.2deg/cm，表现出强烈的搜索行为。

不同昆虫分泌的蜜露对天敌搜寻行为也有影响。Jhansi 等（2000）研究发现当白背飞虱和褐飞虱蜜露共存时，黑肩绿盲蝽更趋向于褐飞虱蜜露，但上述 2 种蜜露与二点黑尾叶蝉（*Nephotettix virescence* Distant）蜜露三者共存时，黑肩绿盲蝽则更趋向于二点黑尾叶蝉蜜露。1990 年，Budenberg 等研究发现缢管蚜茧蜂（*Aphidius rhopalosiphi* DeStefani and Perez）的雌蜂对麦无网长管蚜等 5 种寄主的蜜露反应相似，但对豌豆蚜（*Acyrthosiphon pisum* Harris）和云杉蚜（*Elatobium abietinum* Walker）蜜露的反应程度微弱。此外，天敌对蜜露的内在反应能力还会通过自身后天的学习而削弱（陆宴辉等，2005），有“学习经历”的天敌比没有“学习经历”的天敌对蜜露的反应程度减弱。例如，Khandakar 等（1993）研究发现橘粉蚧跳小蜂（*Anagyrus pseudococci* Girault）在柑橘粉蚧（*Planococcus citri* Risso）的蜜露周围搜寻速度放慢，时间明显延长，未接触过蜜露的天敌的反应程度强于接触过的天敌。

4.3 蜜露与蚂蚁之间的相互作用

蜜露中含有糖类、氨基酸、氨基化合物、蛋白质等物质（Fischer *et al.*，2002），是蚂蚁重要的食物资源之一（Buckley，1987；Rico-Gray，1993）。同翅目昆虫排泄的蜜露能使树栖蚂蚁维持更高的种群密度（Davidson *et al.*，2003），影响蚂蚁的空间分布，并强化其作为捕食者的作用。Helms 和 Vinson（2008）证明无限制取食蛋白质的红火蚁（*Solenopsis invicta*）与其取食同翅目昆虫排泄的蜜露相比，种群小 50%；限制阿根廷蚁（*Linepithema humile*）与蜜露接，能迫使整巢蚂蚁搬家去寻找新的蜜露资源（Brightwell and Silverman，2009）；蜜露还能为运动能力强的蚂蚁提供更多的能量（Davidson，1998），并且取食蜜露的蚂蚁更具有攻击性，甚至原来被他们忽视的昆虫（包括不排泄蜜露的同翅目昆虫）都受到攻击（Way，1963）。

同翅目昆虫分泌的蜜露能被蚂蚁取食，反过来，蚂蚁能保护同翅目昆虫免受天敌侵害（Morales，2000）。蚂蚁取食同翅目昆虫排泄的蜜露，能保护同翅目昆虫免受真菌感染，降低死亡率（Bishop and Bristow，2001），还可干扰同翅目昆虫天敌的产卵行为或破坏卵或取食卵、幼虫和成虫，减少同翅目昆虫天敌数量（Bishop *et al.*，2001；Schatz *et al.*，2006；Oliver *et al.*，2008）。王思铭等（2011）还发现有 2 种蚂蚁嗜食蜜露，强烈地排斥蚜茧蜂（*Aphidius* sp.）和捕食螨，而保护了茶蚜。

5 展望

碳水化合物、氨基酸是天敌昆虫必需的营养物质，前人的很多研究都表明昆虫蜜露对部分天敌具有促进生长发育和繁殖的功能。但研究也发现不同来源以及不同含量的同翅目昆虫蜜露对天敌的作用存在着很大的差异。因此，深入探索对天敌生长繁殖有促进作用的蜜露及其有效成分对于天敌的人工饲养及产业化生产有重要意义。

随着转基因育种技术的发展，转基因作物品种层出不穷（马庆虎等，1996）。外源基因的导入会导致植物营养物质含量发生变化，进而将影响同翅目害虫蜜露量的分泌及蜜露成分的改变。Romeis 等（2003）发现科列马・阿布拉小蜂（*Aphidius colemani* Viereck）、甘蓝夜蛾赤眼蜂（*Trichogramma brassicae* Bezdenko）、Cotesia glomerata L. 3 种寄生蜂取食转基因作物上蚜虫分泌的蜜露后存活率显著降低，甘蓝夜蛾赤眼蜂的繁殖力明显下降。因此转基因作物带来蜜露成分的变化以及部分同翅目昆虫蜜露中毒蛋白的存在是否会对天敌的生长繁殖以及搜寻行为产生影响有待进一步研究，这可为转基因作物的安全性评价提供重要依据。

在害虫种群密度较低的情况下，喷施人工合成的蜜露对很多天敌具有吸引作用，导致田间天敌昆虫的聚集，这种方法能有效地控制害虫种群数量的上升。一方面避免了自然情况下天敌对害虫的跟随作用带来的时间上的滞后性；另一方面则有效地保护和利用了天敌，减少了化学农药的使用和农业生产上的损失。因此，通过喷施人工蜜露这种调节剂来引诱天敌是害虫生物防治的手段之一，值得进一步探索。

刺吸式昆虫的若虫喜隐藏在蜜露中取食为害，杀虫剂不易破坏这种保护而杀死若虫。要想提高防治效果，必须用一种物质首先或同时破除分泌物的保护才能使药剂杀死若虫。因此深入研究蜜露的组成成分对于找到或生产出高效杀虫剂有重要意义。并且对刺吸式昆虫的防治策略必须是虫菌兼治，只治虫不防霉菌，不能控制其为害，只有按照虫菌兼治的防治策略才能取得了较好的防治效果和经济效益。

参考文献

盖英萍，冀宪领，孙绪艮，等 . 2000. 中国梨木虱若虫的排蜜规律及蜜露中氨基酸成分的研究［J］. 昆虫知识，37（6）：333-335.

韩宝瑜，陈宗懋 . 1998. 七星瓢虫和异色瓢虫四变种成虫对茶蚜蜜露的搜索行为和蜜露的组分分析［J］. 生态学报，20（3）：495-501.

焦懿，赵苹 . 2002. 中华花翅跳小蜂生物学特性和种群动态的研究［J］. 昆虫学报，45（4）：482-486.

雷宏，徐汝梅 . 1992. 植食性刺吸式昆虫的取食行为［J］. 生物学通报（12）：8-10.

李大乱，张翠疃，徐国良，等 . 1998. 中国梨木虱分泌物的研究［J］. 河北农业大学学报，21（2）：47-50.

李正西，陈常铭，唐明远 . 1993. 长角广腹细蜂的搜索利它素［J］. 昆虫学报，36（1）：45-50

刘敬兰，周鸿娟，李大乱，等 . 1998. 中国梨木虱分泌物中糖的定性定量分析［J］. 分析化学，26（5）：520-523.

刘万学，杨勇，万方浩，等 . 2007. 甘蓝与黄瓜寄主上 B 型烟粉虱和温室白粉虱蜜露糖分、氨基酸和挥发物组分的比较分析［J］. 昆虫学报，50（8）：850-857.

刘勇，陈巨莲，王洪刚 . 2003. 几种天敌对麦蚜蜜露的行为反应［J］. 应用与环境生物学报，9（2）:171-174.

楼程富，张有做，王洪利 . 2003. 桑树转基因植株的叶片蛋白质含量分析［J］. 蚕桑通报，34（1）：14-15.

陆宴辉，史晓利，仲崇翔，等 . 2005. 蜜露对天敌昆虫生长繁殖及搜寻行为的影响［J］. 应用昆虫学报，42（4）：379-385.

马建华，文如镜，田新玲，等 . 1991. 用红外光谱分析蚜虫蜜露及其对棉纤维的影响［J］. 新疆农业科学（6）：257-260.

马庆虎，卢思慧 . 1996. 转基因植物与农业育种［J］. 植物杂志（1）：17-18.

王思铭，陈又清 . 2001. 蚂蚁与排泄蜜露的同翅目昆虫的相互作用及其生态学效应［J］. 应用昆虫学报，48（1）：183-190.

武予清，郭予元，曾庆龄 . 2016. 转 Bt 基因棉单宁及总酚含量的初步测定［J］. 河南农业大学学报，34（2）：134-135.

杨益众，林冠伦 . 1990. 小麦不同生育期对麦蚜取食的反应及麦蚜防治指标的研究［J］. 江苏农业科学（2）：30-32.

杨益众，陆宴辉，薛文杰，等 . 2005. 转基因棉花中糖类和游离氨基酸含量的变化对棉蚜泌蜜量及蜜露主要成分的影响［J］. 昆虫学报，48（4）：491-497.

于士将 . 2015. 渐狭蜡蚧菌（*Lecanicillium attenuatum*）介导的 RNAi 对柑橘粉虱毒力探究［D］. 北京：中国农业科学院 .

张世泽 . 2003. 丽蚜小蜂（*Encarsia formosa*）生态学及其对烟粉虱（*Bemisia tabaci*）控制效能的研究［D］. 杨凌：西北农林科技大学 .

张永军，郭予元，吴孔明，等 . 2003. 转 Bt 基因棉花主要抗虫黄酮类化合物时空动态的 HPLC 分析［J］. 应用生态学报，14（2）：246-248.

郑许松，俞晓平，吕仲贤，等 . 2003. 不同营养源对稻虱缨小蜂寿命及寄生能力的影响［J］. 应用生态学报，14（10）：1751-1755.

《中国农业百科全书》委员会茶业卷委员会 . 1988. 中国农业百科全书部 . 中国农业百科全书，茶业卷［M］. 北京：农业出版社 .

Bernal C C，Aguda R M，Cohen M B. 2002. Effect of rice lines transformed with Bacillus thuringiensis toxin genes on the brown planthopper and its predator Cyrtorhinus lividipennis［J］. Entomologia Experimentalis et Applicata，102（1）：21-28.

Brightwell R J，Silverman J. 2009. Effects of Honeydew-Producing Hemipteran Denial on Local Argentine Ant Distribution and Boric Acid Bait Performance［J］. Journal of Economic Entomology，102（3）：1170-1174.

Bristow C M，Bishop D B. 2001. Effect of Allegheny Mound Ant Presence on Homopteran and Predator Populations in Michigan Jack Pine Forests［J］. Annals of the Entomological Society of America，volume 94（1）：33-40.

Buckley R C. 1987. Ant-plant-homopteran interactions［J］. Advances in Ecological Research，16（2）：53-85.

Budenberg W J. 2011. Honeydew as a contact kairomone for aphid parasitoids［J］. Entomologia Experimentalis Et Applicata，55（2）：139-148.

Budenberg W J，Powell W. 1992. The contribution of floral resources and honeydew to the performance of predatory hoverflies [J]. Entomol. Exp. Appl, 64 (1): 57-61.

Byrne D N, Miller W B. 1990. Carbohydrate and amino acid composition of phloem sap and honeydew produced by *Bemisia tabaci* [J]. Journal of Insect Physiology, 36 (6): 438-439.

Carter M C, Dixon A F G. 1984. Honeydew-An arrestant stimulus for coccinellids [J]. Ecol. Entomol, 9 (4): 383-387.

Davidson D W. 1998. Resource discovery versus resource domination in ants: a functional mechanism for breaking the trade-off [J]. Ecol. Entomol, 23 (4): 484-490.

Davidson D W, Cook S C. 2003. Explaining the Abundance of Ants in Lowland Tropical Rainforest Canopies [J]. Science, 300 (5621): 969-972.

Del-Claro K, Oliveira P S. 1996. Honeydew flicking by treehoppers provides cues to potential tending ants [J]. Animal Behaviour, 51 (5): 1071-1075.

Fischer M K, Hoffmann K H. 2001. Competition for mutualists in an antâ homopteran interaction mediated by hierarchies of ant attendance [J]. Oikos, 92 (3): 531-541.

Hendrix D L, Wei Y, Leggett J E. 1992. Homopteran honeydew sugar composition is determined by both the insect and plant species [J]. Comparative Biochemistry and Physiology Part B Comparative Biochemistry, 101 (1-2): 23-27.

Isaacs R, Byrne D N, Hendrix D L. 2002. Feeding rates and carbohydrate metabolism by Bemisia tabaci on different quality phloem saps [J]. Physiological Entomology, 23 (3): 241-248.

Islam K S, Jahan M. 1993. Influence of honeydew of citrus mealybug (*Planococcus citri*) on searching behaviour of its parasitoid, *Anagyrus pseudococci* [J]. Indian Journal of Agricultural Sciences, 63 (11): 743-746.

Jhansi Lakshmi V, Krishnaiah K, Lingaiah T, *et al.* 2000. Rice leafhopper and planthopper honeydew as a source of host searching kairomone for the mirid bug predator, *Cyrtorhinus lividipennis* (Reuter) (Hemiptera: Miridae) [J]. Journal of Biological Control, 14 (2): 7-13.

Matsumura M, Suzuki Y, Arimura K, *et al.* 2000. Management of the golden apple snail, *Pomacea canaliculata* (Lamarck), by drainage and methaldehyde application in direct-sown rice under heavy rainfall conditions [J]. Proceedings of the Association for Plant Protection of Kyushu, 46: 94-97.

Morales M A. 2000. Survivorship of an ant-tended membracid as a function of ant recruitment [J]. Oikos, 90 (3): 469-476.

Oliver T H, Jones I, Cook J M, *et al.* 2008. Avoidance responses of an aphidophagous ladybird, Adalia bipunctata, to aphid-tending ants [J]. Ecological Entomology, 33 (4): 523-528.

Ricogray V. 1993. Use of plant-derived food resources by ants in the dry tropical lowlands of coastal Veracruz, Mexico [J]. Biotropica, 25 (3): 301-315.

Romeis J, Babendreier D, Wackers F L. 2003. Consumption of Snowdrop Lectin (*Galanthus nivalis* Agglutinin) Causes Direct Effects on Adult Parasitic Wasps [J]. Oecologia, 134 (4): 528-536.

Schatz B, Proffit M, Rakhi B V, *et al.* 2006. Complex interactions on fig trees: ants capturing parasitic wasps as possible indirect mutualists of the fig-fig wasp interaction [J]. Oikos, 113 (2): 344-352.

Shimron O, Hefetz A, Gerling D. 1992. Arrestment responses of *Eretmocerus* species and *Encarsia deserti* (Hymenoptera: Aphelinidae) to *Bemisia tabacihoneydew* [J]. Journal of Insect Behavior, 5 (4): 517-526.

Vereijken P H. 1979. Feeding and multiplication of three cereal aphid species and their effect on yield or winter wheat [J]. Wageningen University, 14 (2): 26-27.

Vet L E M, Dicke M. 2015. Ecology of infochemical use by natural enemies in a tritrophic context [J]. Annual Review of Entomology, 37 (1): 141-172.

Wäckers F L. 2000. Do oligosaccharides reduce the suitability of honeydew for predators and parasitoids? A further facet to the function of insect-synthesized honeydew sugars [J]. Oikos, 90 (1): 197-201.

Way M J. 1963. Mutualism between ants and honeydew-producing Homoptera [J]. Annual Review of Entomology, 8 (1): 307-344.

病毒—植物—媒介昆虫的化学生态关系研究进展*

张泽龙**，李静静，卢少华，王　青，张蓓蓓，闫凤鸣***
(河南农业大学植物保护学院，郑州　450002)

摘　要：化学信号分子在调控生态系统平衡中起着重要的信息交流作用，调节种群动态和各种群之间的平衡关系。植物病毒大多数由刺吸式口器昆虫持久性、半持久性、非持久性传播。病毒一方面通过改变寄主植物的生物学特性间接性地影响媒介昆虫的行为学特性，从而促进自身的传播；另一方面部分病毒干涉植物的生长代谢，与植物细胞竞争资源，造成植物生理紊乱，改变植物防御反应的强度，从而吸引害虫来取食。植物自身也存在化学防御系统，当植物受害部位感知信号之后，通过茉莉酸、水杨酸等信号转导途径将信息传递到效应部位，从而引发植物产生防御反应。例如，植物产生对昆虫天敌有吸引作用的挥发性化合物吸引天敌来消灭害虫，或者在体内合成对媒介昆虫有毒害作用或物理阻碍作用的化学物质来阻碍昆虫取食。对于昆虫而言，为了抵御植物的防御性物质，昆虫体内相关的解毒代谢酶表达量上调，从而降低植物对自身的毒害作用。病毒、媒介昆虫、寄主植物三者的互作关系是一个复杂的化学信号交流过程。本文主要综述了近年来三者化学生态学关系的研究进展。

关键词：病毒；媒介昆虫；寄主植物；化学信号分子；化学生态学

Advances on Chemical Ecology of Virus, Plant and Vector Insect Interactions*

Zhang Zelong**, Li Jingjing, Lu Shaohua, Wang Qing, Zhang Beibei, Yan Fengming***
(*College of Plant Protection*, *Henan Agricultural University*, *Zhengzhou* 450002, *China*)

Abstract: Chemical signaling molecules play an important role in information exchanging in regulating ecosystem equilibrium, which regulate population dynamics and the equilibrium relationships among various populations. Most plant viruses are transmitted by piercing sucking insects and Chewing insects, which are is divided into three categories are persistent, semi-persistent and non-persistent. On the one hand, the virus indirectly affects the behavioral characteristics of vector insects by changing the biological characteristics of host plants and promoting its own transmission; on the other hand, the virus interferes with the growth and metabolism of plants and competes with plant cells for resources, resulting in plant physiological disorders. Changing the intensity of plant defense response, thus attracting pests to infect. The plant itself also has chemical defense system, When the plant damaged part senses the signal, it transmits the information to the effective organ through signal transduction pathways such as jasmonic acid and salicylic acid, which triggers the

* 基金项目：国家自然科学基金（31471776，31871973）
** 第一作者：张泽龙；E-mail：zelongz0820@163.com
*** 通信作者：闫凤鸣；E-mail：fmyan@henau.edu.cn

plant defense response. For example, plants produce volatile compounds that attract natural enemies to kill insects, or synthesize chemicals that are toxic or physically prevent vector insects from feeding. As for insects, in order to resist the defensive substances of plants, the expression of related detoxification metabolic enzymes in insects is up-regulated, thus reducing the toxicity of plants to themselves. The interaction among viruses, vector insects and host plants is a complex chemical signal exchange process. In this paper, the recent researches advances on the relationship between chemical ecology and chemical ecology are reviewed.

Key words: Viruses; Vector insects; Host plants; Chemical signaling molecules; Chemical ecology

1 概述

生态系统中存在着各种各样的生物种群，生物之间为了自身更好的发展，与同种或异种生物之间竞争各种生存资源，在这个过程中，化学信号分子在生物体之间的信息交流过程中起着至关重要的作用，这种信号交流可以发生在食物链的各个环节之间，是生物之间维持种群平衡发展的一项重要因素。刺吸式昆虫和咀嚼式昆虫是植物病毒传播的主要媒介，病毒传播方式分为持久性、半持久性和非持久性三类，非持久性病毒传播一般依靠口针携带，昆虫口针在刺吸带毒植物后，会获得病毒并快速传播，持久性差，随着时间增加，传毒效率降低，在这个过程中病毒只附在口针顶端，当病毒排完后或脱皮后，就失去了传毒能力，比如黄瓜花叶病毒（CMV）和马铃薯 Y 病毒（PMV）。半持久性病毒一般滞留在昆虫前肠，昆虫取食带毒汁液后，需要经过体内的存储，经过一系列的生理生化反应之后才能传毒，这类病毒通常在昆虫前肠数天或数周，不能在体内循环，一旦病毒排完，传毒能力就会丧失，也属于非循环型传播，如瓜类褪绿黄化病毒（CCYV）、花椰菜叶病毒（CaMV）（Ng，JCK *et al.*，2004）。持久性传播是昆虫获取病毒，然后储存在体内，经过催化才能传播病毒，整个过程伴随病毒植物汁液经昆虫口针进入昆虫前肠，经过中肠、上皮细胞处理横穿肠道固有黏膜屏障到血淋巴，然后由血淋巴会回到唾液腺。当介体在取食植物汁液的时候，分泌唾液带领病毒至植物体。在这个发生过程中，经过的中间期成为潜伏期。病毒存储在宿主体内，可以在宿主生活史内进行传播。有的病毒不在介体昆虫体内复制，如番茄黄化曲叶病毒（TYLCV）是特异性以烟粉虱以持久性方式传播（宋丹阳，2018）；有的昆虫甚至可以通过产卵将病毒传播给下一代，这类可以在介体内复制增殖的、能从带毒介体直接传给自身后代的方式叫循环可增殖传播，如玉米细条纹病毒（MFSV）就是由黑面叶蝉以持久性可增殖传播。病毒与蛋白质基团相互嵌合存在于植物体内，与植物细胞竞争营养资源，造成植物黄化、萎蔫、叶片皱缩等病症。在病原物侵染或者植食性昆虫取食之后会激发寄主植物的防御系统，调节次生代谢途径，合成一系列对昆虫有毒害作用的物质，如生物碱、黄酮、单宁等，还有一些挥发性的化学物质对昆虫天敌具有一定的吸引作用，也有部分挥发性化学物质是受损植物告知同伴的危险信号，种群发展相互影响。病毒、媒介昆虫、寄主植物之间的互作关系不仅是三者之间信号交流，涉及到生态系统中多个种群。因此，研究生态系统生物之间的互作关系对于维持生态系统的稳定具有重要指导意义。

2 媒介昆虫及病毒对植物生理代谢的影响

媒介昆虫对于寄主植物的取食，对植物来说是一种机械损伤，刺吸式昆虫分泌唾液，传播病原物；吸食植物细胞汁液，造成植物生长不均匀，对于植物来说这些信号都会引起植物的抗逆性防御反应，植物在感受到生物胁迫信号之后，会调节自身的生理代谢，将吸收到的大部分影响物质用于防御性物质的合成。陈敏等（2017）应用生物化学方法测定楚雄腮扁叶蜂幼虫取食后寄主植物华山松和云南松松针营养成分的变化。结果表明：楚雄腮扁叶蜂幼虫取食后，华山松和云南松松针的水分、灰分、粗脂肪、粗蛋白、粗纤维、还原糖、总糖和磷含量下降，而钙含量上升，营养物质含量与健康松针比多存在显著差异。云南松在灰分、粗脂肪、粗蛋白和总糖含量的减少量大于华山松；而华山松在水分、粗纤维、还原糖和磷含量的减少量，钙含量的增加量大于云南松。楚雄腮扁叶蜂幼虫取食对寄主植物营养成分含量产生显著影响，华山松和云南松对幼虫取食具有应激反应机制，且对幼虫的抗性及防御能力存在明显差异。

高芳磊等（2018）发现昆虫取食显著降低了空心莲子草的木质素含量，而对单宁和总酚含量影响不显著。陆生生境下空心莲子草单宁含量显著高于水陆两栖生境和水生生境，且总酚含量显著高于水陆两栖生境，表明陆生生境中空心莲子草具有更强的防御能力。空心莲子草木质素含量与总生物量无显著相关性，但在模拟采食情况下，其总酚含量与总生物量呈显著负相关，而无论模拟昆虫采食处理存在与否，空心莲子草单宁含量与总生物量均呈显著正相关，得出结论：空心莲子草存在昆虫介导的生长和化学防御之间的权衡，在昆虫采食的情况下可通过减少生长来增加对化学防御物质的投入。

感染病毒的马铃薯的植株较健康植物有更强的吸引作用，推测可能是由于植物挥发物的差异引起的（Eigenbrode *et al.*，2002）。Schliephake 等（2012）测定了感染大麦黄矮病毒的几种品系大麦挥发物对于蚜虫行为的影响，结果发现感染此病毒的植株对媒介蚜虫有更强的吸引作用。近年来有研究发现，病毒对于植物挥发物的成分及含量的改变是一种欺骗信号，病毒的感染往往会降低植物的品质，植物体内的可溶性糖，可溶性蛋白等营养指标比健康的植物低，媒介昆虫在到达寄主植物进行简单的试探性取食之后就会转移到其他寄主植物上取食（Mauck *et al.*，2010）。Hiroshi 等（2012）研究了番茄斑点枯萎病毒（TSWV）对于拟南芥植物体内水杨酸和茉莉酸含量的影响，该病毒由西花蓟马传播，发现由于病毒的感染，拟南芥植物体内 SA 含量及其相关基因表达量升高，在行为选择方面，西花蓟马更趋向于感染病毒的植物，SA 应用于野生植物增加了它们对蓟马的吸引力，由此我们推断，TSWV 病毒抑制了植物的抗虫害防御反应，改变了寄主植物的生理特性，从而对昆虫有更强的吸引力。

大量研究已经证明感染病毒的植物对病毒的媒介昆虫有更强的吸引作用，但是对于产生这种现象的原因有多方面的研究。这种更强的吸引作用可能是由于植物在感染病毒之后消耗大量的营养物质合成防御性次生物质，释放挥发物的量更大，从而对媒介昆虫产生了更强的吸引作用，也可能是病毒对于寄主植物特性的改变更适合媒介昆虫取食。但是已知的挥发物的改变是其中的一项重要原因，这种改变不仅对植物表型有影响，对于媒介昆虫的行为也起着重要的调控作用。

3 植物抗逆性信号转导

目前关于植物抗逆性信号转导研究比较深入的三种途径是水杨酸途径、茉莉酸途径和乙烯途径，这些信号转导途径的主要作用是接受植物各个器官感受到的逆境信号，3个信号转导途径协同作用，将信号传递到效应器官，诱导植物产生防御性物质。

茉莉酸（JA）及茉莉酸甲酯是一类脂肪酸的衍生物。JA类不仅影响植物体的生长和发育，而且与抵抗病原侵染有关，同时还是一种创伤（昆虫取食、机械伤害等）诱导的内源信号分子，它可启动植物体内抗病防御基因的表达，从而调控植物的防御反应（徐刚等，2009）。水杨酸（SA）是植物体内普遍存在的一种酚类化合物。在20世纪60年代，人们逐渐发现了SA在植物上的某些生理作用，施用外源SA能够影响植物体内的许多生理过程，包括气孔开闭、种子萌发、果实产量、离子吸收、产热、开花、性别分化和抑制乙烯的生物合成等，因而SA及其盐类被认为是一类新的植物激素。20世纪90年代以后，SA被作为一种植物对胁迫反应所需的信号分子来研究（刘悦萍等，2005）。乙烯是植物的一种气态激素主要调控植物生理效应。乙烯的生物合成途径及合成调控研究较为深入，同时认为乙烯在植物体内作为信号分子存在，通过信号传导途径间接调控基因表达。

有研究表明JAZ蛋白是植物茉莉酸信号途径中的负调控因子，通过与多种不同的蛋白相互作用进而参与调控不同的生物学过程。HblJAZ3蛋白是橡胶树乳管细胞茉莉酸信号传导的重要组分，其编码基因受割胶和茉莉酸上调表达。为了进一步阐明HblJAZ3在乳管细胞中的功能，特别是参与茉莉酸对橡胶生物合成调控的作用机制，邓小敏等利用酵母双杂交技术筛选HblJAZ3的互作蛋白。结果初步表明，HblJAZ3可与NBR1类蛋白、17.5ku和18.1ku I类小热激蛋白、含C2结构域蛋白、SRPP1、HEV2.1、蛋白酶体6型亚基α、E3泛素化连接酶、C3HC4类环锌指蛋白和MYC2类蛋白相互作用。表明这些互作蛋白可能介导HblJAZ3对茉莉酸响应的基因表达调控、自身蛋白稳定性的调节、被自噬降解途径和泛素化标记的26S蛋白酶体降解的过程（邓小敏等，2018）。3种信号转导途径相互作用相互影响，另外参与信号转导的还有其他多种因子参与，因此在不同的途径中，三者之间的协同作用也是不同的，相互抑制或相互促进。有大量实验证明乙烯参与了茉莉酸的伤信号反应，施用能破坏ET与其受体结合的物质STS（silver thiosilphati）以及ET的竞争性抑制剂NBD（norbomadien）都能阻止伤反应，但是在有些JA的应答过程中，ET起抑制作用。也有实验表明SA和JA之间在信号传导过程中是相互拮抗的。PAL在SA的合成中起关键作用，利用转基因技术使烟草中的苯丙氨酸转氨酶（PAL）基因过量表达或不表达。结果发现，过量表达型植株对病原菌抗性提高，但对植食性昆虫的抗性下降，而不表达型植株的表现刚好相反，而且过量表达型植株体内SA水平提高的同时，JA的水平下降，说明在此过程中，SA与JA是相互抑制的（徐刚等，2009）。

4 植物化学防御

植物在生态系统中并不是毫无招架之力的群体，在漫长的进化过程中植物已经进化出自己防御系统，产生特殊的化学防御物质阻碍昆虫取食或对昆虫有毒害作用。科学家在墨西哥狄华坦沙漠峡谷的中心地带，发现了植物和昆虫的2个非常有趣的自然现象：一种植物的叶子在被受到害虫侵袭时，能够喷射一种化学毒素，最远的喷射距离将近2m；一种聪明的昆虫在察觉自己吃到的树叶毒素过强时，它们可以准确切断树叶的毒素疏导管，巧妙避开这种植物的防御系统，植物在受到为害之后为了维持生存，通常将吸收到的大量营养物质用于防御性次生物质的合成。

植物不仅形成坚硬的角质层、针、刺、钩等结构进行物理防卫来延长植食性动物的觅食时间，降低动物的觅食效率，而且能产生次生代谢产物抑制动物的摄食，或影响植食性动物消化、代谢及生长繁殖，进行化学防御（张小冰，2010）。对植物施用外源茉莉酸可以激发植物脂氧合酶（LOX）的活性，而植物内源茉莉酸的积累引起的植物抗逆性信号与植食性害虫取食的信号相似，能够诱导多酚氧化酶（PPO）、蛋白酶抑制剂（PI）和过氧化物酶（POD）等防御相关蛋白。

植物化学防御途径可以诱导植物合成萜类、生物碱、多酚等有毒物质的合成，称为植物毒素，植物毒素可以与蛋白质结合，阻碍营养物质的吸收，并且生物碱本身或者其代谢物为腈、硫氰酸类有毒物质，可以阻断植食性昆虫的神经信号传递，阻断电子传递，影响其生长发育。壳聚糖能够诱导感染黄瓜花叶病毒（CMV）的番茄植株产生防御反应，Rendina 等（2019）研究了在壳聚糖处理的植株上 CMV 病毒积累量明显比空白对照植株上低。

寄主植物的化学防御不仅影响媒介昆虫的行为学特性，这种防御信号交流往往还存在于同种植物之间，植物释放报警信号，激发其他个体的防御反应，三者之间的互作过程涉及生态系统中的多个种群，需要结合生态学技术深入分析。

5 植物化学信号分子在生态系统中的调控作用

植物挥发物主要分为两大类：一类为组成成分，另一类为诱导成分。在植物正常生长情况下，植物叶片细胞会通过气孔产生一些挥发物，在植物遭受病原物侵染之后会特异性释放一些信号物质，有的可以告知同伴危险的来临，还有的向其他物种求救。这些挥发物主要包括长度为6~9个碳链长度的烯烃、烯醇、酮、醛等物质，以及复杂烯烃如环烯烃如萜烯、柠檬烯、石竹烯等。植物的挥发物是重要的化学信号分子，对于生态系统内的各种群之间的信号交流，营养关系的调控起着重要作用，是化学生态学领域一项重点关注的内容。在美国发现一些控制 β-石竹烯合成的基因突变型植株，在遭受害虫取食的时候显得孤立无援，可以推断，β-石竹烯是玉米产生的一种重要的防御性信号物质。

5.1 化学信号分子对昆虫及其天敌的行为调控作用

植物合成的挥发性物质可以吸引或是驱避植食性昆虫以及它们的天敌。利用植物或是人为释放的植物挥发物可以影响烟粉虱对寄主的选择，从而减轻烟粉虱的为害。例如，黄瓜对烟粉虱的吸引强于番茄和茄子等植物对烟粉虱的吸引，将少量黄瓜与番茄植物一起种植可以显著降低番茄感染番茄黄曲叶病毒的频率（丁雪玲等，2015）。

温室粉虱取食菜豆后可以激活植物合成（z）-3-已烯-1-醇［（z）-3-hexen-1-

ol]、4，8-二甲基-1，3，7-壬三烯（4，8-dimethyl-1，3，7-nonatriene）和3-辛酮（3-octanone），提高菜豆对天敌丽蚜小蜂的吸引。也有研究发现盲蝽取食后的辣椒植株释放的挥发物对丽蚜小蜂有更强的吸引作用。

5.2 化学信号分子对于植物种间关系的调控作用

当生态系统中一种植物遭受到植食性昆虫取食后，会释放出报警信号，告诉周围植物植食性昆虫的存在，激发同种或异种植物的防御反应。另外植物间还存在化感作用，化感作用是植物与植物之间一种资源竞争反应，一种植物通过茎叶挥发、根系分泌等途径分泌有毒化合物抑制其他植物的生长。最初发现桉树会分泌有机酸、酚类、桉树脑等化感物质抑制周围其他植物的生长。薇甘菊是东南亚和我国华南地区的一种重要入侵植物，薇甘菊的入侵机制与其产生的有机酸类化感物质有着密切联系，分泌的阿魏酸和绿原酸是两种主要的化感作用活性物质（王建国等，2013），这种化感作用是植物与植物之间竞争资源而存在的一种潜在信号交流。

6 病毒对寄主植物和媒介昆虫生物特性的影响

病毒对于植物的影响主要体现在与植物细胞竞争营养物质，造成细胞生理紊乱，降低了作物的品质。病毒对于植物挥发物的成分也有一定的影响，有研究表明病毒调节植物释放对昆虫有吸引作用的化合物来吸引昆虫取食，从而促进自身的传播。病毒的侵染降低了寄主植物体内可溶蛋白，可溶性糖等营养指标的含量，但是感染病毒的植物对媒介昆虫比健康的植物更有吸引力，昆虫在到达寄主植物时，会进行试探性的取食，判断寄主植物的品质，然后就会转移到其他品质更好的植物上取食。

感染病毒的寄主植物对媒介昆虫种群的发展有重要影响，主要体现在昆虫在感毒植株上的存活率寿命、产卵率以及卵成活率等，病毒与媒介昆虫的互作关系不同，起到促进或抑制作用也不尽相同。

Li 等（2014）的实验证明了水稻条纹病毒在稻飞虱的卵中积累导致了卵发育迟缓，孵化率下降，带毒亲本的卵基因被调控，说明水稻条纹病毒不利于稻飞虱种群的发展。Luan 等（2013）的研究发现将烟草植株控制萜类化合物合成的基因沉默之后，提高了烟粉虱在烟草上的适应性，而病毒在植物体内消耗植物体内的萜类化合物介导的防御反应，这也直接说明了媒介昆虫烟粉虱与该病毒之间的互利共生关系。Wu 等（2014）研究了豌豆花叶病毒（PEMV）和豆类卷叶病毒（BLRV）对于豌豆蚜定位寄主时的趋向性，发现豌豆蚜在定位寄主时更倾向于落在感染病毒的植株上。Nogia 等（2014）研究了棉花卷叶病毒对于烟粉虱生物学特性的影响，发现在感染病毒的棉花上，卵成活率更高，但是雌雄成虫的寿命更短。Adachi 等（2018）研究了芜菁花叶病毒对于蚜虫在芜菁植株上种群发生的影响，发现该病毒对于桃蚜的种群发生速率没有显著的影响，但是红唇蚜在感染病毒植株上的种群发生速率更高，这也间接说明了该病毒对于红唇蚜种群的调控作用。

Fernanda 等（2016）研究了菜豆荚斑点病毒和大豆花叶病毒对于其传播载体和寄主植物的化学互作关系的影响，发现感染病毒的植株提高了媒介昆虫取食的可能性，无论是单一感染还是混合感染的植株对媒介昆虫都有较强的吸引作用。

病毒可以改变寄主植物和媒介昆虫的表型，寄主植物的挥发性气体是媒介昆虫寻找取食位点的重要线索。在长期进化过程中，植物与病原物之间相互影响、相互适应、协同进化。一方面，植物为了生存，在进化中逐渐建立了一系列复杂的防御机制，能很好地协调对抗病原菌的侵染；另一方面，病原物为了自身的利益也会通过调节植物防卫反应、信号转导途径来抑制诱导型防卫反应，打破植物体内的防御系统，最终使植物表现病症（Chisholm *et al.*，2006）。

关于病毒如何调控媒介昆虫的行为，主要取决于三者之间的互作关系，不同传播方式的病毒与媒介昆虫的关系有差别，关于感毒植物为何对媒介昆虫有更强的吸引力，有两种不同的观点：①有学者研究发现病毒降低了寄主植物对于媒介昆虫的防御反应的强度从而吸引昆虫来取食；②有学者认为是病毒增加了寄主植物挥发物的含量，从而增强了对媒介昆虫的吸引力，也有实验证明病毒降低了寄主植物的营养指标，媒介昆虫落在寄主植物上之后进行试探性取食之后会转移到其他寄主，两者之间是否存在联系，目前还没有报道。也可能是病毒降低了植物的防御反应与提升挥发物含量之间存在对应关系。

7 展望

目前应用化学生态学方法研究生态系统中各个种群之间的信号交流及其相互影响机制对研究生态系统平衡协调发展有重要意义，也是为生态农业发展寻找理论基础的有效手段。当前对于昆虫在生态系统中与其他物种之间的信息交流研究较少，研究重点多集中在昆虫种群内部之间的信息交流，后期研究需要考虑扩大研究对象，因为个体在生态系统中的相互关联，各级营养关系错综复杂，个体在自然状态下的生命活动受多种因素的影响，如植物病毒。由昆虫传播的植物病毒是调控生态系统群落结构、营养组成的潜在角色，往往随着媒介昆虫的爆发而引发植物病毒病，需要加以重视。

参考文献

陈敏，敖新宇，李永和，等 . 2017. 楚雄腮扁叶蜂幼虫取食对寄主植物营养成分的影响［J］. 中国森林病虫，36（1）：26-28，35.

邓小敏，王靖，陈多坤，等 . 2018. 橡胶树乳管细胞 HblJAZ3 互作蛋白的分离鉴定［J］. 热带作物学报，39（2）：287-292.

丁丽娜，杨国兴 . 2016. 植物抗病机制及信号转导的研究进展［J］. 生物技术通报，32（10）：109-117.

丁雪玲，赵建伟，姚凤銮，等 . 2015. 利用诱集植物防治烟粉虱的研究［J］. 福建农业学报，30（5）：504-508.

高芳磊，郭素民，闫明，等 . 2018. 不同生境下空心莲子草响应模拟昆虫采食的生长和化学防御策略［J］. 生态学报，38（7）：2344-2352.

蒋兴川，董文霞，肖春，等 . 2017. 甘蔗和玉米挥发物差异及其对亚洲玉米螟幼虫取食行为的调控作用［J］. 应用昆虫学报，54（5）：803-812.

刘悦萍，宫飞，赵晓萌 . 2005. 水杨酸介导的信号转导途径与植物抗逆性［J］. 中国农学通报

（7）：227-229，269.
苏光陆．2014. 植物与昆虫的战争［J］. 农化市场信息（26）：48-49.
王建国，李拥军，戴展都，等．2013. 薇甘菊化感物质的分离与鉴定［J］. 河南农业科学（11）：102-105.
徐刚，姚银安．2009. 水杨酸、茉莉酸和乙烯介导的防卫信号途径相互作用的研究进展［J］. 生物学杂志（1）：48-51.
张小冰．2010. 植物对植食性动物的化学防御［J］. 生物学教学，35（10）：2-3.
周峰．2015. 植物防御反应及其光信号调控途径［J］. 北方园艺（17）：179-182.
邹骁刚．2012. 乙烯介导的防卫信号途径研究进展［J］. 安徽农业科学（11）：6453-6454，6459.
Adachi，Honma，Yasaka. 2018. Effects of infection by Turnip mosaic virus on the population growth of generalist and specialist aphid vectors on turnip plants［J］. PLoS ONE，13（7）：e0200784.
Birkett，Chamberlain，Guerrierie，*et al*. 2003. Volatiles from whitefly - infested plants elicit a host - locating response in the parasitoid，Encarsia formosa［J］. Journal of Chemical Ecology，29（7）：1589-1600.
Chisholm S T，Coaker G，Day B，*et al*. 2006. Host-microbe interactions：shaping the evolution of the plant immune response［J］. Cell，124（4）：803-814.
Hiroshi A，Yasuhiro T，Takeshi S，*et al*. 2012. Antagonistic Plant Defense System Regulated by Phytohormones Assists Interactions Among Vector Insect，Thrips and a Tospovirus［J］. Plant and Cell Physiology，53（1）：204-212.
Li S，Wang S J，Wang X，*et al*. 2015. Rice stripe virus affects the viability of its vector offspring by changing developmental gene expression in embryos.［J］. Sci Rep，5（1）7883.
Luan J B，Yao D M，Zhang T，*et al*. 2013. Suppression of terpenoid synthesis in plants by a virus promotes its mutualism with vectors（Article）［J］. Ecology Letters，16（3）：390-398.
Mauck，Kerry，De Moraes，*et al*. 2010. Deceptive chemical signals induced by a plant virus attract insect vectors to inferior hosts［J］. Proceedings of the National Academy of Sciences of the United States of America，107（8）：3600-3605.
Ng J C K，Tian T Y，Falk B W. 2004. Quantitative parameters determining whitefly（*Bemisia tabaci*）transmission of Lettuce infectious yellows virus and an engineered defective RNA［J］. The Journal of General Virology：2697-2707.
Nunzia Rendina，Maria Nuzzaci，Antonio Scopa，*et al*. 2019. Chitosan-elicited defense responses in Cucumber mosaic virus（CMV）-infected tomato plants［J］. Journal of Plant Physiology：9-17.
Penaflor，Mauck K E，Alves K J，*et al*. 2016. M. C.. Effects of single and mixed infections of Bean pod mottle virus and Soybean mosaic virus on host-plant chemistry and host-vector interactions（Article）［J］. Functional Ecology，30（10）：1648-1659.
Sanford D Eigenbrode，Hongjian Ding，Patrick Shiel，*et al*. 2002. Volatiles from potato plants infected with potato leafroll virus attract and arrest the virus vector，*Myzus persicae*（Homoptera：Aphididae）［J］. Proceedings of the Royal Society of London. Series B：Biological sciences，269（1490）：455-460.
Schliephake E，Habekuss A，Scholz M，*et al*. 2013. Barley yellow dwarf virus transmission and feeding behaviour of *Rhopalosiphum padi* on Hordeum bulbosum clones［J］. Entomologia Experimentalis et Applicata，146（3）：347-356.
Vinod K Nogia，Vichiter Singh，Raju Ram Meghwal. Effect of Cotton leaf curl virus infected plants on the

biology of the whitefly, *Bemisia tabaci* (Hemiptera: Aleyrodidae): Vector-virus mutualism [J]. Phytoparasitica, 42 (5): 619-625.

Wu Y, Thomas Seth Davis, Sanford D Eigenbrode. 2014. Aphid behavioral responses to virus-infected plants are similar despite divergent fitness effects [J]. Entomologia Experimentalis et Applicata, 153 (3): 246-255.

二点委夜蛾及双委夜蛾发生规律与防治现状*

董少奇**，汤金荣，王鑫辉，郭线茹，赵　曼***

（河南农业大学植物保护学院，郑州　450002）

摘　要：二点委夜蛾和双委夜蛾是近年来我国作物耕作方式改革后在夏玉米上新发生的重要鳞翅目害虫，主要为害苗期玉米，且为害程度逐年加重，常对夏玉米生产造成严重影响。除为害玉米外，这两种昆虫还能为害大豆、花生、小麦等作物，由于为害方式较为隐蔽，给其防治工作带来了很多困难。本文在查阅近年来的相关研究报道基础上，对两种昆虫的为害特点、发生规律、防控技术等进行总结、分析，为研究、了解其生物学和生态学特点及其科学防控提供参考。

关键词：二点委夜蛾；双委夜蛾；夏玉米；发生规律；防治策略

Current Situation of the Occurrence and Control of *Athetis lepigone* and *Athetis dissimilis*

Dong Shaoqi**, Tang Jinrong, Wang Xinhui, Guo Xianru, Zhao Man ***

(*College of Plant Protection*, *Henan Agricultural University*, *Zhengzhou* 450002, *China*)

Abstract: *Athetis lepigone* and *Athetis dissimilis* are two important lepidopterous pests occurring in summer maize field after the reformation of crop cultivation in China, which mainly injure corn seedling and the damage extent are severe year by year. In addition to corn, the two pests could also feed on soybean, peanut and wheat. It is difficult to prevent and control the two pests since their hidden damage ways. Based on the relevant research reports in recent years, this paper summarized and analyzed the damage characteristics, occurrence and control strategies of the two pests, so as to provide references for the research and understanding of their biological and ecological characteristics and scientific prevention and control.

Key words: *Athetis lepigone*; *Athetis dissimilis*; Summer corn; Occurrence; Countrol strateg

二点委夜蛾 *Athetis lepigone*（Möschler）属鳞翅目夜蛾科委夜蛾属，是我国作物耕作方式改革后尤其是在秸秆还田夏玉米田新发生的重大害虫，其幼虫喜爱钻蛀啃咬玉米根茎部，从而造成玉米植株供养不足、植株萎蔫，严重时可使玉米整株干枯死亡（英伟，2012）。我国最早于2005年发现二点委夜蛾在河北省夏玉米苗期为害，随后在河南、安

* 基金项目：国家重点研发计划项目（2018YFD0200600）

** 第一作者：董少奇，硕士研究生，主要从事昆虫生态学和害虫综合治理研究；E-mail：13598082598@163. com

*** 通信作者：赵曼，主要从事昆虫生态学和昆虫植物互作关系研究；E-mail：zhaoman821@126. com

徽、山东、山西、北京等省市也发现此虫为害，且为害范围逐渐扩大，为害程度越来越严重。2011 年该虫在黄淮海夏播玉米区全面暴发，严重威胁了该地区夏玉米的安全生产（王振营等，2012）。专家分析认为耕作制度的改变尤其是麦后免耕、秸秆还田、小麦-玉米连种等农事作业方式是导致该虫为害严重的主要原因（姜京宇和席建英，2006）。

双委夜蛾 *Athetis dissimilis*（Hampson）与二点委夜蛾一样，同属鳞翅目夜蛾科委夜蛾属，两者为近缘姐妹种。该虫主要为害玉米、小麦、大豆、花生和甘薯等农作物，已知在日本、韩国、朝鲜、印度等国家均有分布。自 2012 年在我国山东省首次发现以来，随后在河南、安徽和陕西等地也陆续发现此害虫为害，且为害程度逐年加重（Cho *et al*. 2010；宋月芹等，2015）。这两种昆虫在夏玉米田常混合发生，为害方式比较隐蔽，通常隐藏在小麦秸秆、落叶或杂草下，常规喷施化学杀虫剂很难接触到害虫，因此防治起来比较困难（李静雯等，2014；赵俭，2013）。

1 形态特征

二点委夜蛾的成虫体长 0.8~1.2cm，翅展 2.0~2.4cm，触角丝状。前翅褐色，显著特征是前翅中部有 2 个黑点。其幼虫一般 5 龄，少数 6 龄。老熟幼虫体长 14~20mm，体色为褐色，每节背面有一个倒“V”形的深褐色花纹，重要特征是腹部有 2 条褐色的亚背线（栗红，2016）。蛹体长 4~8mm，化蛹初期呈淡黄褐色，逐渐变为红褐色，近羽化时为黑褐色（姜京宇，2008）。

双委夜蛾的成虫体长 1.2~1.5cm，翅展 2.7~3.0cm。触角丝状，体色呈灰褐色至黑色。前翅覆有浓密的鳞毛且具金属光泽，中央近前缘有一个肾形斑，肾形斑具黑边，其下有一白斑，后缘成黑色；后翅灰白色，翅缘黑色。幼虫多为 6 龄，偶见 7 龄，末龄幼虫体色黑褐色至灰褐色，体长 2.2~2.9cm，头壳宽度约 2.2mm。4 龄以前幼虫体色与二点委夜蛾几乎无差异，4 龄以后颜色较二点委夜蛾幼虫稍深。腹部每一腹节背面隐约可见“V”形斑（李静雯等，2014）。蛹体长 1.1~1.3cm，初蛹为白色，之后颜色逐渐加深成黄色、黄褐色，将要羽化时通体变为黑色（郭婷婷等，2018）。

2 为害特点

二点委夜蛾食性杂，寄主范围广，其幼虫主要在夏玉米苗期为害，还可为害花生、大豆、小麦、棉花等，还具有腐食性（张艳，2017）。成虫昼伏夜出，白天隐藏在田间阴暗少光处，夜间进行交配、产卵等行为活动。成虫飞行高度约 1m，每次飞行距离 3~5m，喜欢在小麦秸秆较多的玉米田活动，将卵产于秸秆上、玉米苗基部和临近土壤等地方。幼虫喜欢躲藏在阴暗、潮湿的环境，通过啃食根系或钻柱根茎等，导致玉米倒伏甚至干枯死亡。幼虫具有群居性，在受害玉米苗根茎部常可见 3~5 头幼虫，且有转株为害特性，喜欢顺垄为害，给玉米农业生产造成较大为害（李宝国等，2018；吕远，2018）。

双委夜蛾食性极杂，田间调查显示，其幼虫不仅在玉米、大豆等农作物田有发生，在果园、花园、菜地、药材地等皆有发现（王利霞，2018）。双委夜蛾生活习性与二点委夜蛾相似，但其幼虫食量较二点委夜蛾大，喜欢爬行至玉米叶鞘上部，优先取食幼嫩部分并将叶片切断，5 龄幼虫 2 天内可将 2 叶期的玉米苗取食殆尽（李静雯等，2014）。

3 发生规律

二点委夜蛾在黄淮海等地区一年发生 2~4 代。主要以老熟幼虫在土中作茧越冬，也有少数以未作茧的老熟幼虫及虫蛹越冬（姜京宇等，2011；王静等，2014；王振营等，2012；马继芳等，2012）。每年 6 月初到 8 月初为越冬代幼虫及第 1 代成虫发生期，幼虫为害高峰期发生在 6 月低至 7 月初，以 2 代幼虫为害为主。

在田间双委夜蛾与二点委夜蛾常混合发生，主要以老熟幼虫和蛹在土壤中越冬（郭婷婷等，2016）。与二点委夜蛾相比，其幼虫龄期更多，多数为 6 龄，偶见 7 龄；食量更大，整个幼虫期体重增长 2 000多倍；成虫繁殖力更强，单雌产卵量为 400~700 粒，一旦暴发比二点委夜蛾引起的为害更加严重（李静雯等，2014）。

4 防控技术

由于两种害虫均为害玉米根茎部，为害隐蔽，玉米一旦受害防治困难，因此对二点委夜蛾及双委夜蛾的防控要采用综合防治与应急防治相结合的策略，严防为害当代，最大限度压低下代发生基数，利用一切有效技术降低虫害发生与为害程度（喻健和李武业，2011）。

4.1 加强预测预报

由于二点委夜蛾和双委夜蛾幼虫具有隐蔽性为害的特点，幼虫表皮较厚、发生世代重叠严重，使防治工作有一定难度（张艳，2017；喻健和李武业，2011）。为此，要做好预测预报工作，加强前期种群基数预测预报，早发现早控制，夏玉米播种后设置黑光灯监测成虫发生期，玉米出苗后定期调查幼虫密度及发生为害程度等，并及时向玉米种植户发布虫情预报，在幼虫为害初期指导防治工作（王慧和宁波，2018）。

4.2 加强农民技术培训

信息化的社会，要充分利用信息交流的渠道，着力培养爱农懂农的农业技术人员，增加农民朋友的农业知识。针对二点委夜蛾及双委夜蛾的防治，要通过多种途径向农户传授害虫防治方法。如各基层植保站可与相关高校及农业单位联合在村头、乡镇开办农业知识讲座；在虫害发生期相关技术人员要到田里去，针对不同情况进行现场指导培训；同时也可利用电视、手机等信息交流工具加强技术知识宣传（郭芳等，2011；刘卫国，2012）。

4.3 农业防治

针对二点委夜蛾和双委夜蛾生存环境中必须有覆盖物这个典型特点，在防控上可采取农业生态调控措施，破坏其生活环境，进而压低虫源基数，以达到防虫目的（李秀芹等，2018）。

（1）秸秆粉碎：收割小麦的同时粉碎秸秆，将麦茬高度控制在 15cm 以下（陈立涛等，2016）。

（2）麦田翻耕、旋耕或灭茬：根据测报，发生严重的年份，可在小麦收获后进行深耕或旋耕，将田间遗留的麦茬翻入土中掩埋；或者在麦收后利用灭茬机将麦茬粉碎再旋入土中，然后再播种下茬作物（高玉华，2016）。

（3）定期检查，扶苗培土：玉米播种后，要定期到田间调查玉米长势，注意观察有无萎蔫和倒伏情况发生，同时在有秸秆堆积的地方，注意将秸秆清理到田外，观察堆积处及其土中是否有二点委夜蛾幼虫出现（赵俭，2013；王慧和宁波，2018）。发现受害玉米苗要及时扒开根部土壤灭杀幼虫，对受害轻的玉米苗要及时培土扶正或进行补苗（姜京宇等，2008）。

4.4 物理防治

由于二点委夜蛾及双委夜蛾成虫均具有趋光性，可以利用此特点用诱虫灯、诱虫板等工具诱捕成虫，然后集中消灭，从而控制虫口基数，减少为害。如佳多频振式杀虫灯4# 灯管对二点委夜蛾诱捕效果最佳，单日最高诱蛾量可达 541 头（李立涛等，2012）。目前，尚无诱虫灯对双委夜蛾诱杀控制效果的研究报道，但由于其趋光性，在灯光诱杀二点委夜蛾的同时也可对双委夜蛾起到诱杀作用。

4.5 化学防治

目前，化学防治仍然是田间防治二点委夜蛾及双委夜蛾的主要方式，特别是在发生较为严重的情况下，该方法是一种不可替代的应急措施（张艳，2017）。

4.5.1 种子处理

根据二点委夜蛾幼虫主要在玉米幼苗时期为害，因此，可利用种子处理技术来防治该害虫（姜玉英，2012；潘立刚，1999）。张海剑等（2017）通过室内人工接虫及大田试验筛选出 50%丙硫克百威、50g/L 氟虫腈、18%丁硫克百威等悬浮种衣剂对二点委夜蛾有较好防治效果，且对玉米出苗和生长无不良影响。其中，50%丙硫克百威悬浮种衣剂的田间防效最好，可达 74.68%。

丁金凤等（2017）通过室内人工饲料混毒法测定发现，较低致死剂量的溴氰虫酰胺即可抑制双委夜蛾的生长发育和繁殖，因此在双委夜蛾的防治上，可继续研究利用该药剂处理种子来控制双委夜蛾的发生的可行性。

4.5.2 药剂喷雾

试验表明，防治二点委夜蛾时，可选用 2.5%高效氯氟氰菊酯乳油、4.5%高效氯氰菊酯乳油、30%乙酰甲胺磷乳油或 40%辛硫磷乳油稀释配成 1 000~1 200倍液交替使用，每亩用药液 45kg，全田均匀喷雾。由于幼虫在根茎部隐蔽为害，在喷雾前要扒开玉米苗周围麦秸，没有扒开的要尽量打透麦秸，以确保药液喷洒到地面，保证防治效果（赵俭，2013；李云岫，2018；李俊生，2018）。

丁金凤等（2017）通过浸叶法测定 3~6 龄双委夜蛾幼虫对不同杀虫剂的敏感性，结果表明溴氰虫酰胺、氯虫苯甲酰胺、辛硫磷、联苯菊酯、高效氯氟氰菊酯、溴氰菊酯、甲氨基阿维菌素苯甲酸盐等药剂对不同龄期的双委夜蛾幼虫均具有显著的生物活性，并能有效控制高龄幼虫，因此在防治时可选用这类药剂。

柴同海等（2012）研究发现，上述药剂喷雾处理对二点委夜蛾同样具有较高的田间防效。鉴于防治双委夜蛾和二点委夜蛾的药剂具有相似性，且这两种害虫在田间常混合发生（李静雯等，2014），在田间害虫暴发及世代重叠严重时，可采用上述药剂进行防治以达到相互兼治的防治效果。

4.5.3 毒饵或毒土

毒饵和毒土法是指在麦麸、细土、细沙等物质中混入化学农药制成的毒物，撒施于田间防治害虫的方法。相比较于药剂喷雾，撒施毒饵或毒土是一种相对比较安全的化学防治方法，也是防治害虫常用的方法之一，多用于地下害虫及为害作物基部害虫的防治（张全力等，2012）。试验表明，用90%敌百虫晶体、30%乙酰甲胺磷乳油或48%毒死蜱乳油300~400mL，对水后喷拌在适量麦麸上，于傍晚撒施在玉米田对这两种害虫有较好的防效。或用80%敌敌畏乳油300mL，对水2kg，喷在25kg细土或细砂上，于清晨撒施在玉米田玉米植株周围可有效防治二点委夜蛾（李俊生，2018）。需要注意的是，毒物不要撒到玉米植株上，于玉米基部周围3~5cm即可。为提高防虫效果，可撒施在玉米苗覆盖物较多的地方（张小龙等，2012）。

4.5.4 药剂灌根

药剂灌根可分为随水灌根和喷灌玉米苗两种方法：①随水灌根，即在进行农田浇水时将药剂稀释混于水中，随水灌入田中，如用48%毒死蜱乳油7 500mL/hm^2+50%辛硫磷乳油4 500mL/hm^2，随浇水灌入田间（李云岫，2018）；②喷灌玉米苗，即将药剂有针对性的灌或喷于受害玉米苗根部或附近，可选用48%毒死蜱乳油、30%乙酰甲胺磷乳油、4.5%高效氟氯氰菊酯乳油等具有胃毒、触杀作用的杀虫剂（张小龙等，2012）。应当注意的是，药剂灌根要求用药量较大，如果药量过小，不能接触到害虫，则无法起到杀虫的作用，要求至少保证药剂可渗透到玉米根围30cm左右的地方（李丽莉等，2012）。这种防治方法药剂使用量大，对土壤环境污染较大，因此虽然效果较好，但一般不宜采用。

4.6 生物防治

生物防治是一种环境友好型的防治措施，因该措施对环境安全，因此是害虫防治首选的方法。针对二点委夜蛾的防治，姜京宇等（2011）在玉米田间调查时发现有蚂蚁取食二点委夜蛾的幼虫，这或许对二点委夜蛾生物防治的发展有所帮助。中国科学院动物所根据二点委夜蛾雌虫释放信息素的主要成分所生产的性诱芯，对二点委夜蛾雄成虫有很好的诱杀效果，其中以35cm口径、绿色和设置在高出作物20~30cm位置的诱捕器诱蛾效果最好，最高日诱蛾量105头，最高日均诱蛾量40.25头（李立涛等，2012）。

Kim等（2016）在田间试验时发现双委夜蛾被皮暗斑螟 *Euzophera batangensis* 的性信息素所吸引，该信息素主要成分为Z9-14OH和Z9，E12-14OH（1∶9），这对双委夜蛾性诱剂的研究开发提供了借鉴。孙艺昕等（2019）在实验室内筛选获得对双委夜蛾致病力较强的白僵菌菌株YB8，其菌株在26℃下，产孢量1.094×10^7个/mL，孢子萌发率89.66%。当1×10^9孢子/mL 10天时双委夜蛾2龄幼虫死亡率达到100%，感染僵死率达到86.67%。YB8在玉米根中定殖率为44.44%，茎中定殖率为51.59%，叶片中定殖率为36.30%，因此在双委夜蛾生物防治上具有较大的开发潜力。

另外，宋萍等（2018）用含有4种不同Bt毒素蛋白的饲料饲喂二点委夜蛾，发现Cry1Ab和Cry1Ac对二点委夜蛾幼虫杀虫活性较高，且对幼虫中肠细胞的破坏作用较强。该研究结果有望为二点委夜蛾的防治策略增添新途径，为其防治增加新的更加安全科学的防治方法。

5 展望

对于二点委夜蛾的研究还处于起步阶段，对其生物学特性等很多方面的研究还不够具体甚至还是空白。双委夜蛾作为二点委夜蛾的近缘种，更类似于“进化版”的二点委夜蛾：其生活环境及习性等既与二点委夜蛾相似，又在成虫体型、寿命、产卵量及幼虫食量等方面与二点委夜蛾有差异，且为害潜力大。因此，今后应加强对这两种害虫的监测，开展发生规律甚至两种害虫的进化关系等基础性研究，通过研究发现发生规律中有利于防治的关键环节，为两种害虫的安全有效防治提供科学的理论依据。

参考文献

柴同海，梅成彬，翟晖，等 . 2012. 二点委夜蛾化学防治方法研究［J］. 植物保护，38（2）：167-170.

陈立涛，李秀芹，曹烁，等 . 2016. 播种行旋耕播种对玉米二点委夜蛾的控制效果［J］. 河北农业科学，20（5）：18-20.

丁金凤，徐春梅，张正群，等 . 2017. 溴氰虫酰胺对双委夜蛾生长发育、繁殖和营养利用的影响［J］. 中国农业科学，50（22）：4307-4315.

丁金凤，赵云贺，李北兴，等 . 2017. 双委夜蛾幼虫对不同类别杀虫剂的敏感性及中毒症状［J］. 农药学学报，19（4）：441-448

高玉华 . 2016. 二点委夜蛾防治技术探讨［J］. 农业灾害研究，6（4）：14-16.

郭芳，徐海涛，杨秀华，等 . 2011. 气象要素对玉米二点委夜蛾生活习性与发生规律的影响［J］. 农技服务，28（9）：1365-1366.

郭婷婷，门兴元，陈赛月，等 . 2018. 一种快速鉴别双委夜蛾蛹和成虫雌雄的方法［J］. 山东农业科学，50（10）：116-119.

郭婷婷，于志浩，门兴元，等 . 2016，双委夜蛾不同虫态耐寒性及体内生化物质含量变化［J］. 昆虫学报，59（12）：1291-1297.

姜京宇，席建英 . 2006. 河北省 2005 年农作物病虫新动态概述［J］. 中国植保导刊，26（7）：45-47.

姜京宇，李秀芹，刘莉，等 . 2011. 河北省二点委夜蛾的发生规律研究［J］. 河北农业科学，15（10）：1-3.

姜京宇，李秀芹，许佑辉，等 . 2008. 二点委夜蛾研究初报［J］. 植物保护，34（3）：123-126.

姜玉英 . 2012. 2011 年全国二点委夜蛾暴发概况及其原因分析［J］. 中国植保导刊，32（10）：34-37.

李宝国，李建华，张照坤，等 . 2018. 玉米二点委夜蛾的发生及防治措施［J］. 农技服务，35（2）：86.

李静雯，于毅，张安盛，等 . 2014. 山东省发现二点委夜蛾近似种——双委夜蛾［J］. 植物保护，40（6）：193-195.

李俊生 . 2018. 二点委夜蛾的防治技术［J］. 河北农业（8）：29-30.

李立涛，马继芳，董立，等 . 2012. 二点委夜蛾性诱剂诱芯的田间诱捕效果研究［J］. 中国植保导刊，32（4）：18-21.

李立涛，王新玉，董志平，等．2012. 二点委夜蛾成虫夜间活动规律及对不同杀虫灯管的趋性反应［J］. 中国植保导刊，32（5）：21-22.

李丽莉，赵楠，石洁，等．2012. 秸秆还田与药剂处理对夏玉米田二点委夜蛾发生数量的影响［J］. 山东农业科学，44（9）：95-97.

李秀芹，刘莉，勾建军，等．2018. 综合防治二点委夜蛾［J］. 农药市场信息（18）：49.

李云岫．2018. 二点委夜蛾对玉米的为害与防治［J］. 河北农业（6）：35.

栗红．2016. 夏玉米二点委夜蛾的发生为害及防治方法［J］. 河北农业（5）：43-44.

刘卫国．2012. 豫东地区玉米二点委夜蛾的发生与防治［J］. 现代农业科技（13）：143+149.

吕远．2018. 玉米田二点委夜蛾发生特点及防治措施［J］. 现代农村科技（7）：28.

马继芳，王新玉，李立涛，等．2012 二点委夜蛾的发生规律及其防治技术［J］. 中国植保导刊（5）：26-29.

潘立刚．1999. 农作物种衣剂技术［M］. 哈尔滨：黑龙江科技出版社．

宋萍，杨云鹤，南宫自艳，等．2018. 四种 Bt 毒素蛋白对二点委夜蛾幼虫毒力测定及中肠组织病理学变化［J］. 植物保护学报，45（6）：1349-1355.

宋月芹，李文亮，刘顺通，等．2015，双委夜蛾非典型嗅觉受体 Orco 的克隆、分子特征及表达［J］. 植物保护学报，42（6）：997-1003.

孙艺昕，门兴元，李超，等．2019. 双委夜蛾高致病力球孢白僵菌的筛选及在玉米内定殖率的测定［J］. 中国生物防治学报，35（1）：70-74.

王慧，宁波．2018. 浅谈玉米二点委夜蛾的发生与防治［J］. 种子科技，36（7）：100-101.

王静，于毅，陶云荔，等．2014. 山东省二点委夜蛾不同地理种群遗传结构分析［J］. 应用生态学报，25（2）：562-568.

王振营，石洁，董金皋．2012. 2011 年黄淮海夏玉米区二点委夜蛾暴发为害的原因与防治对策［J］. 玉米科学，20（1）132-134.

杨云鹤，石洁，张海，等．2017，一种二点委夜蛾微孢子虫的致病机理［J］. 中国生物防治学报，33（4）：571-574.

英伟．2012. 玉米二点委夜蛾的发生特点和防治技术［J］. 河北农业（7）：41-42.

喻健，李武业．2011. 黄淮地区二点委夜蛾的发生及防治［J］. 安徽农学通报，17（17）：108-110.

张海剑，张全国，李彦昌，等．2017. 种衣剂包衣对二点委夜蛾的防治效果及安全性评价［J］. 中国植保导刊，37（10）：60-63.

张全力，刘莉，陈哲．2012. 毒土、毒饵法防治二点委夜蛾研究初报［J］. 中国农学通报，28（12）：211-215.

张小龙，张艳刚，李虎群，等．2011. 二点委夜蛾发生为害特点发生规律及防治技术研究［J］. 河北农业科学，15（12）：1-4.

张艳．2017. 二点委夜蛾的发生规律和综合防治方法［J］. 农业科技通讯（3）：200-201.

赵俭．2013. 玉米二点委夜蛾的发生与防治［J］. 现代农村科技（11）：29.

Cho Y H，Kim Y J，Han Y G，*et al*. 2010. A faunistic study of moths on Wolchulsan National Park［J］. Journal of National Park Research，1（2）；108-126.

Kim J，Byun B K，Oh H W，*et al*. 2016. *Athetis dissimilis*（Lepidoptera：Noctuidae）is attracted to the sex pheromone of *Euzophera batangensis*（Lepidoptera：Pyralidae）［J］. Journal of Asia-Pacific Entomology，19（3），841-845.

水稻种衣剂应用研究进展*

俞 泉**，胡一鸿***
（湖南人文科技学院，娄底 417000）

摘 要：水稻在种子萌发期和苗期较为脆弱，易受病虫害和低温等因素影响，如果秧苗期出现问题，会造成大面积减产。种衣剂的作用是保护作物安全度过秧苗期。有研究表明，在使用种衣剂后对裂颖种子和低温胁迫下的种子有修复作用，对秧苗素质有一定的促进作用。水稻对种衣剂的耐水性和通透性要求较高，其核心技术是成膜助剂的选择，目前成膜剂主要是合成高聚物类成膜剂。在我国，水稻种植面积占作物种植总面积的1/4，但国内登记515种种衣剂仅有55种水稻种衣剂，水稻种衣剂行业发展潜力巨大。

关键词：水稻种衣剂；成膜助剂；裂颖；秧苗素质

Application Progress of Rice Seed Coating Agent*

Yu Quan**，Hu Yihong***
（*Hunan university of Humanities*，*Science and Technology*，*Loudi* 417000，*China*）

Abstract：Rice is vulnerable at seed germination stage and seedling stage and is susceptible to diseases and insect pests and low temperature. If rice is injured at the seedling stage，it will result in large-scale yield reduction. The main function of rice seed coating agent is to protect crops at the seedling stage. It was also found that the seed coating agent could repair the seeds of split glume and seeds under low temperature stress，It can promote seedling quality to a certain extent. There are higher water tolerance and more permeability requirements for rice seed coating agents. One of the core technology is the selection of film-forming agents，At present，the main film-forming agent is mainly synthetic polymer film-forming agent. In China，the rice cultivation area accounts for 1/4 of the total of the total crop cultivation area. However，there are only 55 rice seed coating agents registered in China，and the development potential of rice seed coating agents industry is huge.

Key words：Rice seed coating agent；Membrane agent；Hiding；Quality of seedlings

种子是农业生产的核心问题之一，种子质量的保证是农业安全生产的先决条件。农药的使用主要在成苗之后。但种子本身就带有一些病原菌，土壤中也存在着一些病虫害也能对种子形成威胁，生产上若未及时处理很容易造成大面积减产（颜启传，2001）。

种衣剂的本质是农药，主要包含两类关键成分：一类是活性物质，另一类是非活性

* 基金项目：教育厅创新平台开放基金（16K047）

** 第一作者：俞泉；E-mail：2660677412@ qq. com
*** 通信作者：胡一鸿；E-mail：huyhongwangyi@ 163. com

物质（高云英等，2012；刘振华和邢雪琨，2016）。种衣剂直接发挥作用的有效成分为活性物质，主要包括农药和一些营养物质、植物激素、微肥等能提高种苗素质的物质，能杀虫杀菌，并刺激苗期根茎的生长，从而提高抗逆性。非活性物质主要有成膜物质和其他助剂，其他助剂主要有稳定剂、分散剂、着色剂等。种衣剂开发主要针对棉花和玉米种子，现在在水稻、小麦、花生等其他种子上也得到了应用。

1 水稻种衣剂简介

1.1 过氧化物种衣剂

最初水稻种衣剂应用主要是作为药剂拌种，但粘着性差，药效流失非常大。直到1977年，日本的千叶馨研制出福美双种衣剂，克服了这一缺陷，种衣剂才真正用于水稻之上。1951年《日本作物学会纪实》就已报道了氧化钙作为植物氧源的试验（肖晓等，2008）。1980年日本三家公司联合开发出一种可用于直播栽培的水稻种衣剂，是一种35%粉剂型过氧化钙的种衣剂。Inayoshi对过氧化钙种衣剂进行改进，研制出用于水稻直播的丸化种衣剂，并在泰国、菲律宾等水稻种植区得到应用（杜光玲和赤国彤，2002）。

过氧化钙是一种安全无毒的固体氧源，原料易得。过氧化物与中和剂和触媒剂一起混入低密度石墨中使其固形化，所生产的固体与水接触能缓慢的产生氧气，其富氧状态有利于种子的呼吸作用，种子发芽后促进根的生长，提高水稻在种期、苗期的抗逆境能力。

1.2 化学种衣剂

化学农药防治效果好，见效快，杀菌、杀虫效果明显，我国水稻种衣剂研究早期，因为成膜效果不佳，对种子有轻微的毒害效果，还会造成环境污染。2000年中国农业大学首次研发出适用于水稻的化学种衣剂，但包衣后不能立即播种，必须药剂固化成膜后才能使用，否则会对种子产生药害（晏辉，2012）。化学种衣剂多用于杀菌，其次用于杀虫，很少一部分用于除草和植物生长调节（吴凌云，2007）。

1.2.1 杀菌剂

目前杀菌剂主要有福美双、克菌丹、萎锈灵、多菌灵、甲氧基丙烯酸酯类、三唑类杀菌剂等。冯铁瑛等（2013）用6种种衣剂防治水稻立枯病时，发现咯菌腈、苯醚甲环唑等高效广谱型杀菌剂防治效果远好于多菌灵等传统杀菌剂。新型高效广谱型杀菌剂杀菌效果良好，作用效果广。如甲氧基丙烯酸酯类杀菌剂嘧菌酯，几乎对所有真菌纲病害有很好的防治效果。三唑类的戊唑醇能极好地防治多种锈病、白粉病、根腐病等病害（吴凌云，2007）。

1.2.2 杀虫剂

目前，市面上主流的杀虫剂包括吡虫啉、噻虫嗪、噻虫胺、氟虫腈、七氟菊酯等。黄红霞等（2018）用吡虫啉·戊唑悬浮种衣剂、吡虫啉、3%克百威防治蓟马，结果表明各类种衣剂对蓟马都有防治效果，但吡虫啉·戊唑悬浮种衣剂防治效果更优于其他2种种衣剂。

1.3 生物种衣剂

随着化学农药的使用，造成环境污染、农药残留等问题。对人畜无害，环境无污染的生物农药越来越受重视，生物种衣剂也应运而生。邵宝富等（1995）首次在国内从自然界筛选出微生物处理种子，用活性菌剂与成膜物质混合配制成种衣剂，效果明显。

周元明等（2002）用生物种衣剂对清水浸泡后的水稻种子进行包衣，发现经过包衣后的水稻种子根数增加、茎宽增加、分蘖率提高7%~8%、平均增产7.4%。Nuri 等（2012）用硝酸钾（1 000mg/mL 和2 000mg/mL）和赤霉素（1 000mg/mL）对水稻种子包衣处理，经过2年的实验发现赤霉素处理的种子活力、秧苗素质更高，产量提升明显。

2 成膜剂等关键助剂

2.1 成膜剂

水稻种衣剂最主要的非活性物质为成膜剂，是种衣剂的核心技术所在。亲水性高分子材料由于其黏度高、成膜性较好、牢度较高而广泛用于旱地作物种衣剂成膜助剂（Akhtar and Sisken，1993）。但此类高分子材料并不适合水稻种子，水稻种衣剂需要良好的耐水性和通透性，对成膜材料要求很高。目前应用于水稻种衣剂成膜物质主要分为三大类：单一化成膜剂、合成高聚物类成膜剂和物理共混互补改性类成膜剂（杨琛，2012）。

2.1.1 单一成膜剂

单一成膜剂是指单一物质作为成膜物质。主要包括聚乙烯醇、壳聚糖、天然高分子、多糖和纤维素。聚乙烯醇成膜性良好，乳化性良好，但是易溶于水，容易造成药效流失（张琳琳等，2010）。经过改良后的壳聚糖成膜性能良好，能降低成分流失，但药剂易被水淋洗溶解，药剂浪费较大（吉伟之等，2001；刘鹏飞等，2004）。天然高分子类成膜剂优质环保，能促进根、茎生长，但是造价昂贵，成本较高。

2.1.2 合成高聚物类成膜剂

合成高聚物成膜剂因其优异性能是目前主流成膜剂，主要有甲酰胺、聚已内酯、聚乙烯醇、聚醋酸酯和聚丙烯酰胺（李海龙等，2018）。合成高聚物类成膜剂拥有良好的耐水性，药物缓释性好，且成本不高，是一类优良的水稻种衣剂成膜助剂。

2.1.3 物理共混互补改性类成膜剂

此类成膜剂是两种或多种物质，重新组合在一起，通过改变其化学结构，达到改变物理性质的目的。PVC 材料是这方面的研究热点，无论是与壳聚糖还是合成高聚合类材料，与 PVC 混配改性后。性能变得更加优秀适用。

2.2 其他助剂

种衣剂内除成膜剂外，还包括分散剂、悬浮剂、渗透剂、乳化剂、缓释剂、增韧剂和色料等其他助剂（高云英等，2012）。除常规助剂外，还有出现了一些新的助剂，如通过静电纺丝技术将聚合物纳米纤维应用于水稻种子，聚合物不影响种子活性，还能在一定程度上提高种衣剂内活性物质的效果（Castanfda *et al.*，2014）。

3 种衣剂对水稻种子的影响

3.1 对裂颖种子的修复

正常情况下，水稻谷粒内、外颖的两缘相互勾合包被着糙米，构成封闭的谷壳，对糙米有着保护作用，所含的抑制物（脱落酸和过氧化物酶等）决定着种子休眠（袁世礼，2000）。种子发生裂颖的原因有两个：一个是遗传因素；另一个是由于制种过程中造成的机械损伤。尽管可以通过二次精选的方法降低裂颖种子的比例，但是种子出现裂颖是不可避免的。种子出现裂颖之后会极大影响发芽率，裂颖种子也更易受霉菌侵染形成畸形苗，从而影响整体种子质量（刘立超等，2014；Jing，2012）。

研究表明，种衣剂对于水稻裂颖种子具有修复作用。Yin 等（2016）采用市售的20.5%吡・咪 FS、30.5%吡・咪 FS、23.0%噻・恶・咪 FS、锐胜 WS、适乐时 FS、亮盾 FS 等 6 种种衣剂，对含裂颖实粒的隆两优华占和 T 优 272 种子进行包衣，发现经过包衣处理后种子发芽率和成秧率显著提高。

3.2 提高种子抗寒能力

我国南方早稻和北方稻区在苗期经常受到寒潮和低温影响，造成水稻苗期大面积烂种、死秧。2002 年 4—5 月的低温曾造成早稻的大面积减产，减产约 18.9×10^{8}kg。无论是耐寒的粳稻还是籼稻，秧苗在经历 8℃低温胁迫后，都不能恢复正常生长。低温胁迫后，耐寒性较好的粳稻相较于籼稻，可溶性糖和脯氨酸等渗透物质积累更快、更高以增强酶活性，H_2O_2酶解后叶绿素、维生素 C 含量更高且 SOD 活性下降较少；而籼稻与之相反，低温胁迫解除后，H_2O_2和 MDA 大量积累，破坏细胞膜，加速细胞衰老（Rong-ping，2017；Tai-lu，2009；Hailin，2006；胡红远，2016）。

张海青（2005）利用烯效唑（HET）、诱抗剂（YKJ）、脱落酸（ABA）和复硝基酚钠（SNC）为抗寒剂，发现最适浓度分别为 20mg/L、2 000 mg/L、10mg/L 和 1 000mg/L，抗寒效果显著。2 000mg/L YKJ 和 1 000mg/L SNC 混配（YKZYJ）后效果最好，能有效提高秧苗抗寒和促长效果。肖武（2006）的实验发现，YKZYJ 种衣剂不仅对苗期效果有作用，还可用于苗期稻瘟病防治，对湖南常见的 14 种稻瘟病生理小种的抗菌频率为 75%~93.75%，诱导抗性具有广谱性。

3.3 水稻种衣剂对秧苗素质的影响

种衣剂的实质还是农药，在不同程度上会对秧苗产生抑制效果。张浩等（2015）通过检测种衣剂包衣处理后秧苗的 SOD、POD、GSH、MAD 活性和叶绿素荧光参数来探究种衣剂对幼苗的影响，发现种衣剂处理后，抗氧化酶活性提高，防止细胞膜过氧化，维持了细胞内的活性氧动态平衡。秧苗期由于种衣剂的副作用，导致秧苗内叶绿素含量降低，GSH 含量上升，在度过苗期后叶绿素含量上升，其他指标恢复正常水平。实验结果表明：水稻秧苗通过提高抗氧化酶活性和 GSH 含量来抵御种衣剂的药物胁迫。

王彦杰等（2012）调查了几种种衣剂和浸种剂对水稻种子发芽率和秧苗素质的影响，发现种衣剂和浸种剂都能有效降低病斑，与传统浸种剂相比种衣剂对秧苗素质有一定的提升，其中生物种衣剂对株高、根长等其他秧苗素质的促进作用明显。

4 展望

我国是最大的水稻种植国和生产国，常年种植面积超过3 146万 hm^2，年需种子约160 万 t。截至2016 年在国内登记的种衣剂有515 个，而已登记的水稻种衣剂较少（余露，2016），据统计，种子处理技术终端市场市值约 4.6 亿美元，而以水稻种衣剂处理的种子仅只占10%，水稻种衣剂的发展潜力巨大。我国登记的种衣剂品种众多，但有效成分大致相同，基本是克百威（carbofuron）、福美双（thiram）、多菌灵、吡虫啉几大类，作用效果较单一。由于成膜剂技术的限制，国内大部分水稻种衣剂，药效缓释能力不够，加大了药物使用，增加了成本。水稻新型种衣剂的研发仍然任重道远。

参考文献

杜光玲，赤国彤 . 2002. 种衣剂及其发展应用的研究［J］. 中国农学通报，18（1）：52-57

高云英，谭成侠，胡冬松，等 . 2012. 种衣剂及其发展概况［J］. 现代农药，11（3）：7-10.

黄红霞，吴良军，陈环球，等 . 2018. 吡虫啉・戊唑悬浮种衣剂防治水稻蓟马试验［J］. 湖北植保（6）：4-6.

冯铁瑛，赵海涛，越刚 . 2015. 不同水稻种衣剂防治立枯病试验［J］. 吉林农业（3）：71.

胡红远 . 2016. 水稻抗寒剂的制备及抗寒机理研究［D］. 长沙：湖南农业大学 .

吉伟之，张峻，熊何建，等 . 2001. 壳聚糖成膜特性的研究［J］. 食品科学（9）：33-35.

李海龙，方淑梅，孔祥森，等 . 2018. 种衣剂的研究应用现状与发展方向［J］. 贵州农业科学，46（9）：59-63.

刘立超，王宝力，张广彬，等 . 2014. 裂颖种子对水稻发芽及稻米品质的影响［J］. 农业科技通讯（3）：47-48.

刘鹏飞，刘西莉，张文华，等 . 2004. 壳聚糖作为种衣剂成膜剂应用效果研究［J］. 农药，43（7）：312~314，335

刘振华，邢雪琨 . 2016. 微生物农药助剂研究进展［J］. 基因组学与应用生物学，35（8）：2109-2113.

邵宝富，王忠明，陈希萍，等 . 1995. ZSB 系列种衣剂试验示范结果总结［J］. 浙江农业科学（1）：14-16.

王彦杰，洪秀杰，张凤伟 . 2012. 不同水稻种衣剂和浸种剂对苗期水稻生长的影响［J］. 农业科技通讯（8）：69-73.

吴凌云，李明，姚东伟 . 2007. 化学农药型种衣剂的应用与发展［J］. 农药（9）：577-579，590.

肖武 . 2006. 水稻抗寒种衣剂的生物学效应及应用效果评价［D］. 长沙：湖南农业大学 .

肖晓，王权，张海清 . 2008. 水稻种衣剂研究进展［J］. 作物研究，22（S1）：405-408.

晏晖 . 2012. 黑龙江省水稻种衣剂发展概况与前景展望［J］. 黑龙江农业科学（5）：3031

颜启传 . 2001. 种子学［M］. 北京：中国农业出版社 .

杨琛 . 2012. 水稻种衣剂及其成膜助剂研究［D］. 长沙：湖南农业大学 .

余露 . 2016. 水稻种衣剂登记产品逐年增加有望成为未来市场新看点［J］. 农药市场信息（16）：33.

袁世礼 . 2000. 裂颖杂交稻种的特点及其应注意的问题［J］. 作物杂志（2）：20-21.

张海清 . 2005. 水稻抗寒种衣剂的研制、作用机理及应用研究［D］. 长沙：湖南农业大学 .

张浩，高友丽，陈勇等 . 2015. 水稻种衣剂对秧苗生理生化及叶绿素荧光参数的影响［J］. 西北植物学报，35（2）：315-321

张琳琳，邵丽，崔园园等．2010. PVA 复合材料的研究进展［J］. 化工新型材料，38（1）：8~10.

周元明，高爱红，李超．2002. 水稻生物种衣剂应用效果［J］. 现代化农业（11）：16.

Akhtar I A，Sisken H R. 1993. Cellulosic polymer-base dflexible coatings for seeds［P］. WO Patent：9302148（2）：4.

Castanfda L F，Genro C，Roggiai，*et al*. 2014. Innovative Rice Seed Coating（*Oryza sativa*）with polymer nanofihres and microparticles using the electro - spinning method［J］. Journal of Research Updates inPolymer Science，3（3）：33-39.

Jing W，Yue-Ming G，Shi-Cai W，*et al*. 2012. Tentative Exploration on Germination Feature of Glume-open Hybrid Rice Seeds［J］. Hubei Agricultural Sciences，51（11）：2174-2176，2179.

Yin L，Tang J，Jin C，*et al*. 2016. Effect of Seed-coating Agents on Rice Seeds with Dehiscent Glumes［J］. Agricultural Science and Technology（6）：1383-1467.

Gevrek M N，Atasoy G D，Yigit A. 2012. Growth and Yield Response of Rice（*Oryza sativa*）to Different Seed Coating Agents［J］. International Journal of Agriculture and Biology，14（5）：826-830.

Tai-Lu F U，Jun M A，Min L I，*et al*. 2009. Comprehensive Evaluation and Screening Identification Indexes of Cold Tolerance at Seedling Stage in Rice［J］. Southwest China Journal of Agricultural Sciences（3）：608-614

HuY H，Wang M L，Yuan S J，*et al*. 2013. Effects of Glutaraldehyde Stress on Photosynthesis and Antioxidase Activity of *Hydrilla verticillata*［J］. Journal of Agro - Environment Science，32（6）：1143-1149.

虫粪的生态学功能*

杨晓杰**，游秀峰，李为争，高超男，盛子耀，张少华，原国辉***
(河南农业大学植物保护学院，郑州 450002)

摘 要：虫粪是昆虫在自然界取食活动留下的主要印记，影响昆虫与同种或异种生物之间的相互作用。本文：①描述了虫粪的类别、来源和排泄行为；②全面综述了虫粪内含的物理因素、化学因素和微生物因素对排泄者自身的影响；③综述了虫粪对种内或种间的成虫个体产卵选择行为、栖境定向、聚集和栖境质量评测的影响；④虫粪对第一营养层的植物和第三营养层的天敌生长表现或者行为的影响；⑤虫粪在昆虫寄主专化性维持中的功能。

关键词：虫粪；生态学功能

Ecological Significance of Insect Frass*

Yang Xiaojie**, You Xiufeng, Li Weizheng, Gao Chaonan, Sheng Ziyao, Zhang Shaohua, Yuan Guohui***
(*College of Plant Protection*, *Henan Agricultural University*, *Zhengzhou* 450002)

Abstract: The frass of insect is the main markings remained in the environment after insect natural feeding, which affects broad interactions among intraspecific and interspecific insects as well as interactions among insects, natural enemies, and host plants. In this paper, the author: ①describes the types, origins, and excretion behaviors; ②comprehensively reviewed the effects of frass contents such as physical factors, chemical factors, and microorganisms on the excretors themselves; ③reviewed the effects of insect frass on ovipositional choice response, habit location, aggregation of intra-and inter-specific adults; ④the effects of insect frass on the performance or behaviors of the first trophic level (plants) and the third trophic level (natural enemies); and ⑤ the function of insect frass in the maintainness of host specificity.

Key words: Frass; Ecological function

生物在自然界留下的印记，通常能作为信息化合物的载体，造成其他生物一连串的行为反应。当前，昆虫性信息素和植物挥发性气味生态学功能的研究，是化学生态学的主流。很显然，昆虫取食之后留下的主要产物虫粪，也是另一大类信息化合物的重要释放源，但是目前关注的不多。有限的研究，主要来自寄生蜂、捕食性瓢虫在寄主或猎物

* 基金项目：自然科学类青年创新基金（KJCX2018A12）
** 第一作者：杨晓杰，硕士研究生；E-mail：xiaojieyang923@163.com
*** 通信作者：原国辉；E-mail：hnndygh@126.com

定向利用的信息化合物方面。本文致力于综合探讨虫粪的生态学功能，包括在生态系统中不同营养层次的生物的影响，主要包括捕食者—猎物相互作用、卫生、栖境定向和评测、繁殖、营养和避难所构建等，最后讨论了虫粪对人类的负面影响和人类对虫粪的正面利用途径。虫粪在英文中有下述几类表达方式：Frass，fecula，excrement，ordure，ejecta，rejectamenta，dejecta，excreta，dung，drop-pings，dejections，feces。通常多数昆虫学家和生态学家利用的术语“frass”多数指的是固体排泄物（Weiss，2006），本综述也包括同翅目昆虫产生的蜜露等产物。

1 虫粪的类别

昆虫对食物的消化往往是不彻底的，虫粪中往往含有肠道食物残渣和马氏管分泌的尿酸，以固体或液体形式从肛门排泄出来。虫粪的形态与昆虫种类、虫态、龄期、口器类型、肠道和肛门的结构、食物类型等因素有关。取食植物汁液的昆虫产生含有糖和氨基酸的液体废物，吸血昆虫产出潮湿的深棕色或者黑色的粪便；取食植物固体材料的昆虫产生绿色到棕色粪粒，而取食动物组织饲料的昆虫产生深色的、通常是黏性或硬的排泄物。鳞翅目幼虫取食叶片产生粪粒，而成虫专门吸食花蜜，排泄液体废物。另外，同样的虫态取食不同食物类型产生的粪粒也有很大的差异。例如，取食禾本科植物的蝗虫产生的粪球是长纺锤形的，而取食阔叶植物的蝗虫产生的粪粒有皱纹、不对称的。天蚕蛾将叶片挤压成较大的、尺寸均匀的片状，而天蛾幼虫撕裂和压碎食物，因此粪粒由相对完整的叶碟小块组成。粪球上纵沟的数目和形状是直肠垫的数量和形状决定的，粪球大小也能可靠地判断特定昆虫种类的幼虫龄期。上述特征均能作为物种诊断依据，包括森林食叶昆虫、蝗虫、吸血蝽、取食白垩的昆虫和家具害虫等，甚至从6 500万年前的化石中也能够鉴别天蛾和甲虫的粪便（Weiss，2006）。

2 虫粪对排泄者自身的影响

从进化角度讲，粪便作为被生物抛弃的废物，多数情况下对生物自身是不利的。就植食性昆虫而言，食物成分经过消化道之后，营养成分多数在中肠中被吸收，剩余的部分没有什么营养价值或者含有大量有害的植物源毒素。然而，这并不是说虫粪对于排泄者自身没有生态学意义。某些昆虫利用固体虫粪材料建造巢穴，另一些昆虫则通过食粪行为循环利用虫粪中的微生物辅助食物的消化。

2.1 虫粪物理因素对排泄者自身的影响

树栖性白蚁利用纸质材料建筑巢穴，真菌伴生的白蚁利用粪便结合唾液来建筑真菌的坟墓、廊道和巢穴壁。蛾类、蝇类和甲虫幼虫中只有很少种类利用粪便建筑栖息场所。缀叶性鳞翅目幼虫，如甘薯麦蛾吐丝将虫粪和叶片缀在一起构成巢穴外壁，一些螟蛾的幼虫用粪球装饰丝质的管。蝇类幼虫可以建造粪球壳体或者将粪球整合入它们的叶片潜道内。叶甲科 *Camptosomata* 属的幼虫生活在虫粪由腺体分泌物缀结成的移动式壳体中。昆虫也能将废物结合进茧中。在潜叶昆虫中，利用虫粪在潜道内建造休息区域和蛹室是鳞翅目和鞘翅目广泛的行为，但双翅目或膜翅目明显不存在这种行为。粪球装饰的茧在几种外部取食的鳞翅目昆虫中发现，一些独居性蜂将排泄物涂布在茧内或茧外

(Weiss, 2006)。

许多同翅目昆虫排泄大量蜜露，会粘住低龄的或不能移动的昆虫，滋生的霉菌将粘住的昆虫包裹起来，并杀死这些昆虫。在虫瘿中栖居的蚜虫面临着潜在严重的问题，因为它们排泄的大量蜜露可能在虫瘿内堆积，将虫体完全包裹起来，或者将蚜虫冲走，虫瘿中蜜露废物的移除对于虫瘿内个体的存活是关键的。

昆虫有多种多样的方式避免虫粪对自身的污染。例如，粉虱有独特的结构皿状孔，通过上面的小舌把蜜露从身体上刷掉。蚜虫有多种行为可以防止自身排泄的蜜露污染身体：①第六腹节两侧的一对腹管往往上翘；②在排泄时直肠肌肉突然收缩并把蜜露滴弹射到较远的地方；③蚜虫的后足也能把蜜露拨拉走；④尾片具有扫除蜜露的功能。栖居虫瘿中的某些蚜虫会产生脂溶性蜡粉覆盖在蜜露表面，使黏性大大下降，从而可以被兵蚜或幼龄蚜虫轻易地清理掉（Weiss, 2006)。

2.2 虫粪的化学因素对排泄者自身的影响

钻蛀性昆虫与虫粪紧密伴生，可以把虫粪排出栖居场所或生活在虫粪堆中。一些鳞翅目和鞘翅目的潜叶性昆虫积极地在潜道外面排泄。通常从潜叶昆虫的潜道外面就能看到虫粪，甚至根据虫粪存在与否、分布和物理特征可以鉴定到物种的水平上。在鳞翅目幼虫中，一些种类通过钻孔或者刻槽来排出虫粪（如冠潜蛾科)，另一些昆虫肛门节伸出进入孔之外排泄。鳞翅目幼虫通常潜道中央有虫粪，双翅目幼虫的潜道中粪便在两侧，这是因为取食时幼虫方向不同造成的。潜叶昆虫通常垂直隔离废物，在细胞的栅栏组织层中取食但是将虫粪和排泄物堆积在叶肉组织下面。钻蛀性昆虫靠近虫粪可能是对自身有害的，包括直接感染、虫粪分解的气体污染潜道空气、虫粪分解产物污染植物组织作为食物和栖居场所的适合度等。许多研究证实，虫粪不仅营养成分已经被大量吸收利用，而且还存在着大量的植物源毒素，如欧洲玉米螟 *Ostrinia nubilalis* 取食玉米之后虫粪中的异羟肟酸类物质丁布（Campos *et al.*, 1989）和门布（Campos *et al.*, 1988)。为了防止循环利用虫粪作为食物，许多昆虫虫粪中存在着抑制同类取食的拒食剂，目前主要在林木害虫的虫粪中发现。例如，欧洲松树皮象 *Hylobius haroldi* 虫粪的拒食剂是芳香族化合物如 2，4-二甲氧基苯甲酸甲酯、2，4-二甲氧基苯甲酸异丙酯、2-羟基-3-甲氧基苯甲酸甲酯、3，5-二甲氧基苯乙酸甲酯和 2，5-二甲氧基苯乙酸甲酯（Unelius *et al.*, 2006)。松大根茎象 *Hylobius abietis* 雌虫在自身所产的卵附近排粪，用这些材料粘合一块根皮将卵密封起来，可以防止同类相食。源于木质素的成分拒食活性较强，如甲基茴香醚、愈创木酚、白藜芦醇、二羟基苯类和二羟基松柏醇（Borg-Karlson *et al.*, 2006)。

2.3 虫粪中的微生物因素对排泄者自身的影响

多数昆虫的肠道中存在非致病性的微生物如细菌、真菌和原生动物等，与昆虫的关系从共栖到互利。粪球是后肠共生菌、微生物蛋白和寄主源的酶、代谢产物的重要来源。许多白蚁和蟑螂的食粪习性能确保它们回收最适合协助消化食物的肠道微生物。水体环境中的滤食性黑蝇幼虫通过食粪习性提高了觅食效率。这些微生物通过对基质的脱毒和软化提高食物利用率（Weiss, 2006)。所有与真菌伴生的蚂蚁能用虫粪为生长中的菌丝体施肥，废物中存在的真菌酶系有助于降解植物基质事实上，粪便中不兼容性的化合物也能防止无关真菌的生长，造成每个蚂蚁巢穴中的真菌单作现象。

3 种内和种间驱避产卵或引诱产卵的功能

如果植食性昆虫能够识别已被种内或种间竞争者占据的植物，就能减弱相互竞争，虫粪是产卵驱避剂的来源之一（Rostás and Hilker, 2002; Li and Ishikawa, 2004）。凡是幼虫虫粪已经证明能驱避产卵的鳞翅目昆虫，全部是寡食性或多食性种类。多食性种类对产卵位置的接受可能是普遍性的绿叶气味或驱避剂的缺乏指引的（Anderson *et al.*, 1995）。一些种类如寄生蜂和取食果实种子的昆虫，将卵产在仅能支持有限后代存活的寄主或寄主结构内部，雌虫利用同种幼虫粪便或其他雌虫驱避信息素标记信息鉴别已被占据的寄主（Janz, 2002）。

海灰翅夜蛾 *Spodoptera littoralis* 幼虫虫粪中的产卵抑制信息素在-10℃的黑暗环境中密封 395 天仍有效，但涂在棉叶上持效期仅 2 天（Hilker *et al.*, 1989）。除了海灰翅夜蛾以外，其他植食性昆虫的虫粪生物活性维持期比较长。例如，欧洲玉米螟、粉纹夜蛾 *Trichoplusia ni* 虫粪中的产卵抑制剂能保持活性至少 3 天，樱桃绕实蝇 *Rhagoletis cerasi* 的虫粪活性至少 12 天。大菜粉蝶 *Pieris brassicae* 雌虫产生的产卵抑制剂在室温下干燥 7 周仍然有活性（Hilker *et al.*, 1989）。后来这些驱避产卵的活性物质被鉴定为 4 种芳香族（苯甲醛、香荆芥酚、丁香酚和百里香酚）和 2 种萜类（橙花叔醇和植醇），6 种物质起着协同增效作用（Anderson *et al.*, 1993）。取食饲料和棉叶的棉铃虫幼虫虫粪水悬液或已烷提取物对同种雌虫均有显著驱卵作用，相应食物源本身无效。极性脂质馏分含数种脂肪酸，主要是棕榈酸和油酸，比例接近 1∶1。人工模拟自然比配制的脂肪酸混合物再现驱卵效果。因此，棉铃虫幼虫产生 2 类驱卵剂：一种是非特异性脂肪酸混合物，与幼虫食物无关；另一类特异性，仅取食棉花的幼虫才产生（Xu *et al.*, 2006）。Mitchell 和 Heath（1985）发现，绿穗苋 *Amaranthus hybridus* L. 不同溶剂提取物以及取食绿穗苋的甜菜夜蛾 *Spodoptera exigua*、南部灰翅夜蛾 *Spodoptera mauritia* 幼虫虫粪不同溶剂提取物，喷洒在甜菜夜蛾喜欢的寄主绿穗苋上之后，能驱避甜菜夜蛾产卵（Tingle and Mitchell, 1986）。草地黏虫的产卵也能被虫粪水提取物抑制（Hilker *et al.*, 1989）。粉纹夜蛾虫粪的驱卵作用不仅涉及气味信息还涉及非挥发性信息（Renwick and Chew, 1994）。

北美家天牛 *Stromatium longicorne* 幼虫粪便气味对未交配成虫起次级引诱作用，主成分马鞭烯酮是雌虫最有效刺激剂（Fettköther *et al.*, 2000）。松墨天牛 *Monochamus alternatus* 幼虫虫粪涂布的赤松木栓上雌虫产卵显著减少（Anbutsu and Togashi, 2002）。瓢虫喜欢在集团内捕食几率低的地方产卵，回避同种或异种幼虫足迹和虫粪（Seagraves, 2009）。异色瓢虫 *Harmonia axyridis*（Pallas）怀卵雌虫和龟纹瓢虫 *Propylaea japonica* 怀卵雌虫在面对同种粪便时均减少取食和产卵率，而且龟纹怀卵雌虫对异种的粪便也有此行为反应，但异色瓢虫的虫粪信息强于龟纹瓢虫本身（Agarwala *et al.*, 2003）。虫粪除了调节同种雌虫的产卵行为之外，还能调节种间雌虫的产卵行为。例如，萝卜蝇 *Delia floralis* Fallen 的产卵能被寄主叶上鳞翅目甘蓝野螟幼虫虫粪所抑制（Baur *et al.*, 1996）。

4 虫粪对栖境定向、聚集和栖境质量的评测的影响

虫粪的存在有助于昆虫的栖境定向或者刺激聚集。例如，蟑螂利用自身粪便中存在的化学成分来定向和返回休息地点（Weiss，2006）。花绒寄甲 *Dastarcus helophoroides* 成虫主要利用天牛幼虫蛀食树木时排出的虫粪所释放的挥发性化合物找到寄主所在的微栖境进而寄生天牛的老熟幼虫和蛹（姜莉，2010）。虫粪中的一些化合物激发一些甲虫和蟑螂的聚集反应，蝗虫排泄物中含有的肠道微生物菌落产生的气味能引导它们聚集（Weiss，2006）。后来，王海建（2013）经过研究分析了西藏飞蝗虫粪提取物中聚集信息素的成分。西藏飞蝗 *Locusta migratoria tibetensis* 成虫、蝗蝻虫粪粗提物中均有 11 种物质与东亚飞蝗聚集信息素一致，依次为己醛、2-己烯醛、环己醇、庚醛、2，5-二甲基吡嗪、苯甲醇、苯甲醛、壬醛、癸醛、2，6，6-三甲基环己烯-1，4-二酮和 4-（2，6，6-三甲基环己烯基）-3-丁烯-2-酮。而西藏飞蝗虫粪提取物中还存在与东亚飞蝗聚集信息素不同的物质，如（*E*）-3，7，11，15-四甲基-2-十六碳烯醇、3-苯基-2-丁醇、1-乙基-3-甲基环戊烯和 2，2′-亚甲基双-（4-6-叔丁基苯酚）等，其中(*E*)-3，7，11，15-四甲基-2-十六碳烯-1-醇含量较高。此外，虫粪及其挥发性成分也能提供一个被占领的或者不适合取食或者产卵的栖境的信息。虫粪中的物质可以有效地抑制同种昆虫雌虫或生态位相近的他种个体在取食为害过的场所产卵，因而可以避免或减少同种个体在有限的食物和空间资源上的竞争（孟国玲等，2000）。

5 虫粪与植物间的相互影响

虫粪信息化合物对植物有潜在的影响。茉莉酸是植物防卫诱导的一种重要的信号功能的分子。烟芽夜蛾 *Heliothis virescens* 摄入过量的茉莉酸之后，会将茉莉酸排泄在虫粪中。在茉莉酸浓度较低时，幼虫泌出的茉莉酸较少，并在其组织中富集大量的茉莉酸（Tooker and de Moraes，2006）。同翅目昆虫排泄的蜜露造成植物煤污病，严重影响光合作用。蚂蚁和白蚁可以利用虫粪为寄主植物施肥。

反之，寄主植物也能影响昆虫虫粪挥发物的组分和虫粪对天敌的引诱力。取食不同寄主植物（桑树、柘树和构树）的桑天牛 *Apriona germari* 两性成虫的虫粪挥发物对桑天牛卵啮小蜂 *Aprostocetu sprolixus* 均具有显著的引诱作用。桑天牛虫粪挥发物主要包括炔类、酮类、醛类、酯类和萜类等化合物；取食柘树和构树的桑天牛虫粪挥发物组分相同，但取食桑树桑天牛的虫粪挥发物组分明显多于取食柘树和构树桑天牛的虫粪。取食同一寄主植物的两性桑天牛的虫粪挥发物的组分及其含量大致相同，表明寄主植物对桑天牛虫粪挥发物的组分有重要影响（温艳菊，2010）。花绒寄甲 *Dastarcus helophoroides* 对光肩星天牛 *Anoplophora glabripennis* 取食不同寄主树如垂榆 *Ulmus pumila*、新疆杨 *Populus alba* var. *pyramidalis* Bge、小美旱杨 *Populus simonii* ×（*Populus pyramidalis* + *Salix matsudana*）'*Poparis*'、垂柳 *Salix babylonica*、金丝柳 *Salix x aureo-pendula*、复叶槭 *Acer negundo* 后排出的虫粪表现出不同的趋向性，但对复叶槭的虫粪未表现出趋向性。萜烯类是虫粪挥发物的主要成分，且源自不同寄主树木虫粪的萜烯释放量相差显著。检测到的所有化合物中，只有 α-古巴烯在源于复叶槭的光肩星天牛虫粪中含量极微，而在源

于其他 5 种寄主树的虫粪中含量均较大，α-古巴烯能够显著地吸引花绒寄甲（魏建荣，2015）。大豆尺夜蛾 *Pseudoplusia includens* 虫粪和其寄主植物叶片的挥发物对毁侧沟茧蜂 *Microplitis demolitor* 都具有显著的引诱作用，其原因是由于两者中都含有信息物质辛-3-酮和愈创木酚所致（Ramachandran *et al.*，1991）。

此外，施用虫粪有机肥可以促进植物生长和发育。黄粉虫粪可以提高油菜的生物量（骆洪义等，2011）也能促进黄瓜幼苗的生长（王久兴等，2003）。黑水虻虫粪可以提高油菜的叶片宽度和长度（李卫娟等，2016）。白星花金龟幼虫虫粪能够促进樱桃萝卜肉质根的生长和地上部物质向根部的运输（刘福顺等，2018）。这 3 种虫粪有机肥均能提高番茄的叶绿素含量、产量、维生素 C 含量，白星花金龟粪和黑水虻虫粪的效果最好（吴翔等，2019）。虫粪有机肥中的有机质含量较高，施入土壤后，土壤微生物会分解有机质产腐殖酸，腐殖酸能通过根、茎、叶进入植株体内，提高叶片叶绿素含量，减缓叶片衰老速度（郭文琦等，2010），促进植物生长，同时腐殖酸对植物根系也有促进作用，尤其是在次生根的生长和提高根系活力上有明显作用（惠云芝，2003），提高植株对营养物质的吸收能力，从而提高果实的产量与品质。昆虫肠道中大量的微生物在转化过程中使虫粪有机肥中含有大量的活性物质（喻国辉，2010），它们能够调节植物体内激素的含量比例，促进植物的生长和发育（郭文琦等，2010）。

6 虫粪信息化合物及排泄行为对天敌或栖境卫生的影响

一些昆虫利用自己的粪便防卫天敌，但常见的情况是捕食者和寄生者利用来自虫粪的信息定向寄主或猎物。天敌对虫粪的研究发现了信息化合物的 3 个来源：寄主植物饲料，昆虫自身或者昆虫粪便中的微生物。寄生性的膜翅目和双翅目昆虫通过本能或习性反应对寄主粪便进行学习，虫粪本身也能作为植物气味联系性学习中的奖励物。对于膜翅目昆虫，虫粪的气味能提供寄主定向的远距离信息，而与虫粪接触则启动了寄主搜索反应。寄生蜂能利用虫粪的气味鉴别寄主龄期或寄主种类和非寄主种类。虫粪的气味也能远距离引诱寄生蝇，其跗节与虫粪或虫粪的提取物接触能造成限域搜索或在幼虫上产卵的行为。捕食性甲虫、食虫线虫、蚂蚁和造纸胡蜂对猎物虫粪有积极的反应（Weiss，2006）。

虫粪中的信息化合物能影响天敌对寄主的定向。赤眼蜂 *Trichogram matid*、菜蛾盘绒茧蜂 *Cotesia vestalis* 和普通草蛉能利用小菜蛾虫粪的气味进行寄主定向（Reddy *et al.*，2002）。红足侧沟茧蜂 *Microplitis croceipes* 雌虫接触过寄主谷实夜蛾 *Helicoverpa zea* 幼虫粪便后能逆风定向，雌蜂用触角接触粪便时学会再认寄主（Lewis and Tumlinson，1988），与寄主粪便接触后能学会对粪便特有气味的反应（Turlings *et al.*，1989）。缘腹绒茧蜂 *Cotesia marginiventris* 雌蜂与寄主（包括草地夜蛾、粉纹夜蛾和实夜蛾属）或寄主副产物短暂接触后，对寄主有良好的搜索行为（Turlings *et al.*，1989）。云杉大小蠹 *Dendroctonus micans* 成虫和幼虫粪便中的单萜类混合物强烈引诱大唼蜡甲 *Rhizophagus grandis* 成虫（Wainhouse *et al.*，1991）。甜菜夜蛾取食利马豆叶产生的气味及其产物（主要是虫粪）的气味显著引诱捕食性的智利小植绥螨 *Phytoseius persimilis* Athias-Henriot，但捕食者显著躲避虫害叶（Shimoda *et al.*，1999）。花绒寄甲在搜索栗山天牛

Massicus raddei（Blessig）过程中，天牛幼虫排出的虫粪起重要指示作用，其中所释放的挥发性物质 R-（+）-limonene 能引诱天敌（Wei *et al.*，2008）。谷象 *Sitophilus granarius* 幼虫粪便正已烷或二氯甲烷提取物激发米象金小蜂 *Lariophagus distinguendus* Forster 触角触探行为，主要活性物质是 α-生育醇、β-生育醇、β-生育三烯醇、胆固醇、麦角甾烯醇和 β-谷甾醇（Steidle and Ruther，2000）。天敌在食料植物上对蚜虫寄主的定向主要受蚜虫告警信息素 E-β-法尼烯、蜜露或蚜虫自身的气味的指引（Hatano *et al.*，2008）。细扁食蚜蝇 *Episyrphus balteatus* 在柑橘黑蚧 *Parlatoria zizyphus* 和橄榄星室木虱 *Pseudophacopteron canarium* 排泄的蜜露上生长表现最好（Villa *et al.*，2017）。

基于粪便的防卫，包括粪球覆盖物、提供避难所的粪球结构或者直接对威胁反应的防卫。许多叶甲幼虫用粪便覆盖物装饰自己，这些覆盖物包括无结构的包被、硬化的粪片或者机动的粪便避难所。研究发现带有完整粪便覆盖物的幼虫防卫捕食者的能力比去除粪便覆盖物的幼虫强。某些案例中防卫的本质是机械性的，因为捕食者不能通过粪便覆盖物接触到幼虫或被粪球弹打回去。而另一些案例中，粪便覆盖物含有来自寄主植物的拒食剂或驱避剂。沫蝉生活在肛门分泌的混有黏多糖、多肽等泡沫状流体中，研究表明去掉泡沫的个体容易被捕食者叼走。取食木质部的昆虫如叶甲，能用粪便覆盖自身获得保护（Weiss，2006）。

昆虫不仅利用粪便作为保护性的覆盖物，也能作为防卫捕食者的避难所。例如蛱蝶低龄幼虫在叶腋顶端取食时，留下叶片中脉，与虫粪和丝缀合起来形成虫粪链，有助于防卫爬行性的捕食者尤其是蚂蚁。幼虫也能将虫粪棒锚定在寄主叶片边缘，如几种螟蛾和雕蛾用 3~4 个粪丝组成保护囊，每头幼虫可以把 50 粒粪球缀在一起。幼虫休息时头部在圆形的逃避孔附近，受到扰动能快速通过小孔进入到叶片上面（Weiss，2006）。姬黄带土蜂 *Campsomeriella annulata* 利用红铜丽金龟 *Anomala rufocuprea* 幼虫利它素、表皮残留物或在土中串行沉积的虫粪搜索寄主（Inoue and Endo，2008）。少数案例中，昆虫直接利用自己的粪便驱避潜在天敌。蝉和沫蝉受到扰动的时候，能朝着趋向的动物抛洒肛门液体。被寄蝇攻击时，烟草天蛾 *Manduca sexta* 幼虫分泌液体粪便，用粪便污染身体的后半部分，接触到粪便液体的寄蝇马上撤离（Weiss，2006）。

看家行为在鳞翅目幼虫中相当普遍，至少 17 个科的幼虫能积极地把废物和它们自身分离开来。弹道发射式的虫粪排泄在弬弄蝶科多数种类展示的行为中表现得尤其剧烈，幼虫发射粪粒达体长的 20 多倍，甚至达到体长的 38 倍，4cm 长的幼虫粪粒发射距离达到 153cm，速度至少是 1.5m/s。发射粪球的弄蝶在肛板下面有骨化梳或叉，这些结构相当于流体静压弹射系统，幼虫血液的压力驱动了弹射，这种行为好像在许多不同的种类中存在，它们具有相似的肛门梳子和伴随的排粪行为（Weiss，2006）。许多鳞翅目幼虫移动粪球的距离较近，有的用头部顶撞粪球，有的用肛门、大颚、胸足等将粪球推到远处或者掉落到叶片下。并不是所有隐蔽生活或者位置忠实性的幼虫都弹射粪便或者丢弃粪便。至少一个案例中，昆虫的废物似乎提供了物理化伪装，使得猎物不容易发现它们的捕食者。专门取食白蚁的暗杀蝽若虫用一些“伪装”纸覆盖在背上，这是一种白蚁肛腺流体和部分消化的木材的混合物，硬化之后形成了类似于白蚁巢穴的覆盖物一样的结构。纸伪装也能隐蔽暗杀蝽，使其免受其他依赖视觉信息捕食的昆虫取食它

（Weiss，2006）。

7 虫粪对互利共生者的影响

许多半翅目或同翅目种类与蚂蚁共生，分泌的蜜露能被蚂蚁取食。反过来，蚂蚁能保护它们免受天敌攻击，减弱种间竞争（Ando and Ohgushi，2008），还能减少蜜露对这些昆虫的污染和真菌侵染（Weiss，2006）。

8 虫粪在世代发育链上对维持寄主专化性的意义

植物性材料是由纤维素、半纤维素和木质素构成的。很显然，这些材料在通过昆虫消化道的过程中，纤维素和半纤维素被降解为单糖或者低聚糖，能够代表特定寄主植物的、化学性质稳定的物质被分泌在虫粪或者蛹便中，很有可能作为寄主植物专化性维持的重要信息物质。例如，Orth *et al.*（2007）通过分析烟芽夜蛾成虫的消化道，发现了烟碱的代谢产物可替代结合态的棉酚，通过大量的种群样本分析，就可以知道这些蛾在幼虫期取食的历史。这些幼虫期取食过的、存留在蛹附近的或者成虫血淋巴中的物质，很有可能构成“化学遗产”，使得羽化后的成虫能迅速定位自身幼虫期取食过的寄主植物。

9 结语

许多昆虫的排粪行为，不仅仅是清除虫粪，还具有一定的生态学功能。遗留在生态系统中的虫粪会影响昆虫与生物环境、非生物环境之间的相互作用。例如，一些昆虫清除虫粪是因为虫粪能为天敌提供信息，另一些昆虫依赖废物作为防卫物、建筑材料、化肥、营养和信息化合物的来源。影响虫粪代价和收益平衡的因素，包括产生或运输粪便覆盖物的时间和能量、昆虫大小和易感染性、虫粪作为植物或者微生物生长基质的适合度、栖境微气候、虫粪自毒性、天敌趋向废物气味的概率等。种内和种间排粪行为的比较，有助于理解虫粪处置的生态学情境和进化历史。例如，龟甲类群系统发育树分析发现，在叶片潜道中或卷叶为害的习性是祖先时形成的，而暴露取食习性是衍生习性，粪球鞘与暴露取食习性的出现是同步的。虫粪在世代发育链上对维持寄主专化性也有影响。昆虫身体上、体内或身体周围的微生物及其废产物起着非常重要的作用。虫粪附近生活的某些幼虫会分泌抗生素或杀真菌剂。昆虫肠道和粪便中微生物活性的研究，以及其他昆虫对伴随的微生物副产物反应的研究，能全面揭示排粪生态相互作用（Weiss，2006）。

参考文献

郭文琦，陈兵林，刘瑞显，等 . 2010. 施氮量对花铃期短期渍水棉花叶片抗氧化酶活性和内源激素含量的影响［J］. 应用生态学报（1）：53-60.

姜莉，魏建荣，乔鲁芹，等 . 2010. 利用固相微萃取技术分析锈色粒肩天牛幼虫虫粪所含的挥发物成分［J］. 环境昆虫学报，32（3）：357-362.

李卫娟，周文君，杨树义，等 . 2016. 黑水虻虫沙对白菜生长性能的影响［J］. 安徽农业科学，

44（10）：111-112，115.

刘福顺，冯晓洁，席国成，等.2018. 白星花金龟幼虫虫粪对樱桃萝卜生长情况的影响［J］. 湖北农业科学，57（4）：44-50.

骆洪义，王虹，王琦.2011. 黄粉虫粪沙不同用量对油菜生长及品质的影响［J］. 山东农业科学（8）：75-77.

孟国玲，肖春，龚信文.2000. 昆虫产卵抑制素的研究及应用［J］. 昆虫学报，43（2）：214-224.

王海建，李彝利，李庆，等.2013. 西藏飞蝗虫粪粗提物的成分分析及其活性测定［J］. 生态学报，33（14）：4361-4369.

王久兴，董爱花，张慎好，等.2003. 黄粉虫粪在黄瓜育苗中的应用［J］. 河北职业技术师范学院学报（1）：20-22.

魏建荣，苏智，董丽君.2015. 花绒寄甲辨别光肩星天牛蛀食不同树木所产生虫粪的挥发性化学信号［J］. 生态学杂志，34（10）：2814-2820.

温艳菊，李继泉，韩永峰，等.2010. 取食不同寄主植物桑天牛的虫粪挥发物对桑天牛卵啮小蜂的引诱活性及其组分分析［J］. 昆虫学报，53（11）：1281-1286.

吴翔，胡从勇，蔡瑞婕，等.2019. 虫粪有机肥对番茄生长及品质的影响［J］. 北方园艺（3）：60-64.

喻国辉，牛春艳，何国宝，等.2010. 黑水虻幼虫肠道和体表产酶细菌的分离和鉴定［J］. 昆虫知识，47（5）：889-894.

Agarwala B K，Yasuda H，Kajita Y. 2003. Effect of conspecific and heterospecific feces on foraging and oviposition of two predatory ladybirds：role of fecal cues in predator avoidance［J］. J. Chem. Ecol.，29（2）：357-376.

Anbutsu H，Togashi K. 2002. Oviposition deterrence associated with larval frass of the Japanese pine sawyer，*Monochamus alternatus*（Coleoptera：Cerambycidae）［J］. J. Insect Physiol.，48：459-465.

Anderson P，Hilker M，Hansson B S，*et al.* 1993. Oviposition deterring components in larval frass of *Spodoptera littoralis*（Boisd.）（Lepidoptera：Noctuidae）：a behavioral and electrophysiological evaluation［J］. J. Insect Physiol.，39：129-137.

Anderson P，Hilker M，Löfqvist J. 1995. Larval diet influence on oviposition behaviour in *Spodoptera littoralis*［J］. Entomol. Exp. Appl.，74：71-82.

Ando Y，Ohgushi T. 2008. Ant and plant-mediated indirect effect induced by aphid colonization on herbivorous insects on tall goldenrod［J］. Population Ecology，50：181-189.

Baur R，Kostal V，Städler E. 1996. Root damage by conspecific larvae induces preference for oviposition in cabbage root flies［J］. Entomol. Exp. Appl.，80：224-227.

Borg-Karlson A K，Nordlander G，Mudalige A，*et al.* 2006. Antifeedants in feces of pine weevil *Hylobiu sabietis*：identification and biological activity［J］. J. Chem. Ecol.，32：943-957.

Campos F，Atkinson J，Arnason J T，*et al.* 1989. Toxicokinetics of 2，4-dihydroxy-7-methoxy-1，4-benzoxazin-3-one（DIMBOA）in the European corn borer，*Ostrinia nubilalis*（Hübner）［J］. J. Chem. Ecol.，15（7）：1989-2001.

Campos F，Atkinson J，Arnason J T，*et al.* 1988. Toxicity and toxicokinetics of 6-methoxybenzoxazolinone（MBOA）in the european corn borer，*Ostrinia nubilalis*（Hübner）［J］. J. Chem. Ecol.，14（3）：989-1002.

Fettköther R，Reddy G V P，Noldt U，*et al.* 2000. Effect of host and larval frass volatiles on behavioural response of the old house borer，*Hylotrupes bajulus*（L.）（Coleoptera：Cerambycidae），in a wind tunnel bioassay [J]. Chemoecology, 10: 1-10.

Hatano E, Kunert G, Michaud J P, *et al.* 2008. Chemical cues mediating aphid location by natural enemies [J]. Eur. J. Entomol., 105: 797-806.

Hilker M, Klein B. 1989. Investigation of oviposition deterrent in larval frass of *Spodoptera littoralis* (Boisd.) [J]. J. Chem. Ecol., 15 (3): 929-938.

Honda K. 1995. Chemical basis of differential oviposition by lepidopterous insects [J]. Arch. Insect Biochem. Physiol., 30: 1-23.

Inoue M, Endo T. 2008. Below-ground host location by *Campsomeriella annulata* (Hymenoptera: Scoliidae), a parasitoid of scarabaeid grubs [J]. J. Ethol., 26: 43-50.

Janz N. 2002. Evolutionary ecology of oviposition strategies [J]. Chemoecology of insect eggs and egg deposition, 13: 349-376.

Lewis W J, Tumlinson J H. 1988. Host detection by chemically mediated associative learning in a parasitic wasp [J]. Nature, 331: 257-259.

Li G Q, Ishikawa Y. 2004. Oviposition deterrents in larval frass of four *Ostrinia species* fed on an artificial diet [J]. J. Chem. Ecol., 30 (7): 1445-1456.

Mitchell E R, Heath R R. 1985. Influence of *Amaranthus hybridus* L. allelochemics on oviposition behavior of *Spodoptera exigua* and *S. eridania* [J]. J. Chem. Ecol., 11: 609-617

Orth R G, Head G, Mierkowski M. 2007. Determining larval host plant use by a polyphagous lepidopteran through analysis of adult moths for plant secondary metabolites [J]. J. Chem. Ecol., 33: 1131-1148.

Ramachandran R, Norris D M, Philips J K, *et al.* 1991. Volatiles mediating plant-herbivore-natural enemy interactions: soybean looper frass volatiles, 3-octanone and guaiacol, as kairomones for the parasitoid *Microplitis demolitor* [J]. J. Agric. Food Chem., 39: 2310-2317.

Reddy G V P, Holopainen J K, Guerrero A. 2002. Olfactory responses of *Plutella xylostella* natural enemies to host pheromone, larval frass, and green leaf cabbage volatiles [J]. J. Chem. Ecol., 28 (1): 131-143.

Renwick J A A, Chew FS. 1994. Oviposition behavior in lepidoptera [J]. Annu. Rev. Entomol., 39: 377-400.

Rostás M, Hilker M. 2002. Feeding damage by larvae of the mustard leaf beetle deters conspecific females from oviposition and feeding [J]. Entomol. Exp. Appl., 103: 267-277.

Saad A A B, Bishop G W. 1976. Attraction of insects to potato plants through use of artificial honeydews and aphid juice [J]. Entomophaga, 21: 49-57.

Seagraves M P. 2009. Lady beetle oviposition behaviour in response to the trophic environment [J]. Biological Control, 51: 313-322.

Shimoda T, Dicke M. 1999. Volatile stimuli related to feeding activity of nonprey caterpillars, *Spodoptera exigua*, affect olfactory response of the predatory mite *Phytoseiulus perimilis* [J]. J. Chem. Ecol., 25 (7): 1585-1595.

Steidle J L M, Ruther J. 2000. Chemicals Used for Host Recognition by the Granary Weevil Parasitoid *Lariophagus distinguendus* [J]. J. Chem. Ecol., 26 (12): 2665-2675.

Tingle F C, Mitchell E R. 1986. Behavior of *Heliothis virescens* in presence of oviposition deterrents from elderberry [J]. J. Chem. Ecol., 12: 1523-1531.

Tooker J F, de Moraes C M. 2006. Jasmonate in lepidopteran larvae [J]. J. Chem. Ecol., 32: 2321-2326.

Turlings T C J, Tumlinson J H, Lewis W J, *et al.* 1989. Beneficial arthropod behavior mediated by airborne semiochemicals. Ⅷ. Learning of host-related odors induced by a brief contact experience with host by-products in *Cotesia marginiventris* (Cresson), a generalist larval parasitoid [J]. J. Insect Behav., 2 (2): 217-225.

Unelius C R, Nordlander G, Nordenhem H, *et al.* 2006. Structure-activity relationships of benzoic acid derivatives as antifeedants for the pine weevil, *Hylobius abietis* [J]. J. Chem. Ecol., 32: 2191-2203.

Villa M, Santos S A P, Mexia A, *et al.* 2017. Wild flower resources and insect honeydew are potential food items for *Elasmus flabellatus* [J]. Agron. Sustain. Dev., 37: 15.

Wainhouse D, Wyatt T, Phillips A, *et al.* 1991. Response of the predator *Rhizophagus grandis* to host plant derived chemicals in *Dendroctonus micans* larval frass in wind tunnel experiments (Coleoptera: Rhizophagidae, Scolytidae) [J]. Chemoecology, 2: 55-63.

Wei J R, Yang Z Q, Hao H L, *et al.* 2008. (R) - (+) -limonene, kairomonef or *Dastarcus helophoroides* (Fairmaire), a natural enemy of long horned beetles [J]. Agricultural and Forest Entomology., 10: 323-330.

Weiss M R. 2006. Defecation behavior and ecology of insects [J]. Annu. Rev. Entomol., 51: 635-661.

Xu H Y, Li G Q, Liu M L, *et al.* 2006. Oviposition deterrents in larval frass of the cotton boll worm, *Helicoverpa armigera* (Lepidoptera: Noctuidae): chemical identification and electroantennography analysis [J]. J. Insect Physiol., 52: 320-326.

玉带凤蝶的研究概况*

汪　洋**，李　幸，周　琼***

（湖南师范大学生命科学学院，长沙　410081）

摘　要：玉带凤蝶（*Papilio polytes* L.）是芸香科植物的重要害虫。本文从玉带凤蝶的形态特征和拟态行为、雌虫的寄主选择、蛹的颜色和雌性生殖系统等方面综述了玉带凤蝶生物学特性，并概述了成虫挥发物、线粒体基因组和有丝分裂基因组的研究。为进一步研究玉带凤蝶的寄主定位、性信息素、翅多态的进化以及防治等提供基础资料。

关键词：玉带凤蝶；芸香科；挥发物；拟态

The Research Situation of *Papilio papilio* *

Wang Yang**, Li Xing, Zhou Qiong***

(*Hunan Normal University*, *College of Life Sciences*, *Changsha Hunan* 410081, *China*)

Abstract: *Papilio polytes* L. is an important pest of Rutaceae plants. This paper reviews the biological characteristics of *P. polytesf* from the aspects of its morphological characteristics, the color of pupa selected by the host of mimetic behavior and the female reproductive system. The study on the adult volatiles, the mitochondrial genomes and itsmitotic genome arealso summarized. So as to provide basic information for further study on thehost location, sex pheromone andcontrollingof this pest insect.

Key Words: *Papilio polytes*; Rutaceae; volatile; Mimic

玉带凤蝶（*Papilio polytes* L.）最早于 1758 年由 Linnaeus 记录命名，是凤蝶科（Papilionida）凤蝶属（*Papilio*）昆虫，幼虫主要以芸香科植物柚、柑、橘类植物的叶片为食，是芸香科柑橘属植物的重要害虫之一（孙兴全等，2002；尹小刚等，2015）。玉带凤蝶分布广泛，各地生活史各异。在国内，从两河流域至台湾、海南等共 19 个省份均有分布，长江以北地区一般为 3~4 代，年平均温度较高地区则可发生 5~6 代，均以蛹越冬（叶黎红等，2008）。国外主要分布于印度、日本、马来西亚半岛和美国等地（Shobana *et al.*, 2010；Suwarno *et al.*, 2010；Honda *et al.*, 2012；Clarke *et al.*, 1972）。

---

* 基金项目：生态环境部—生物多样性保护专项（SDZXWJZ01074-2018）；湖南省生态学重点学科建设项目（No. 0713）.

** 第一作者：汪洋，硕士研究生，主要从事蝴蝶多样性及其化学生态学研究；E-mail：278962620@ qq. com

*** 通信作者：周琼，教授，主要从事昆虫化学生态学研究；E-mail：zhoujoan@ hunnu. edu. cn

1 生物学特性

1.1 玉带凤蝶的形态特征

玉带凤蝶雄虫整体黑色，前翅外缘7~9个黄白色斑纹，后翅中部从前缘向后缘横列着7个大型黄白色斑纹，前后翅斑点连接形似玉带，故名；后翅外缘呈波浪形，有尾突（周尧，1994；叶黎红等，2008）。玉带凤蝶的雌虫后翅斑纹多型，叶黎红等（2008）将玉带凤蝶雌虫分为黄纹型与赤纹型，黄纹型与雄蝶相似，后翅近外缘有数个半月形深红色小斑点；而赤纹型的雌蝶前翅外缘无斑纹，在后翅中部有4个白斑点，外缘有6个半月形斑。李品汉（2015）将玉带凤蝶雌虫分为两型：一型与雄蝶相似；另一型后翅外缘具半月形红色小斑点数个，在臀角处有深红色眼状纹，中央有横列的少数红、黄、白色斑。尹小刚等（2015）根据雌蝶后翅中域红、白斑数量和排布将分为：白斑型 *P. polytes mandane*，后翅中域有2~6个白斑，近后缘2个斑红色；红斑型 *P. polytes pammon*，后翅中域无白色斑，近后缘有2个长型大红斑（周尧，1994）。

卵呈球形，刚产出新鲜卵为黄白，后颜色逐渐变深，至孵化前为紫黑色（叶黎红等，2008）。也有学者研究发现卵圆形，颜色橙黄色且有光泽，卵期7天左右，孵化前卵呈灰白色（尹小刚等，2015）

幼虫有5龄，各龄幼虫体色差异较大：1龄黄白色；2龄淡黄褐色；3龄黑褐色；4龄鲜绿色，个体明显变大，具白色斑；5龄绿色，进入老熟幼虫阶段（李品汉，2015；叶黎红等，2008）。

蛹呈菱角形，体色各异，有多种颜色，灰黄、灰绿、灰褐等，头两侧及胸背部均有1个突起，胸背突起两侧稍突出，胸部顶角突出，形成头胸部向后仰的姿态（李品汉，2015；叶黎红等，2008；尹小刚等，2015）。

1.2 玉带凤蝶的翅拟态和蛹色

体色在被捕食动物的生存中起重要作用，研究表明捕食者会避免取食具有警戒色不适口（distasteful）的猎物（Gittleman *et al.*，1980；Yachi *et al.*，1998），而被捕食者所喜食的动物有时候因模仿有毒动物的颜色或行为而避免被捕食，称为贝氏拟态（Batesian mimetic）（Poulton，1890；Rojas *et al.*，2015）。贝氏拟态广泛存在于凤蝶属（*Papilio*）的许多昆虫中，Low等（2018）研究了玉带凤蝶雌虫的择偶选择，发现玉带凤蝶雄虫翅背面的白斑对雌虫无性吸引力。Kitamura等（2010）研究了被捕食者所喜食的（palatable）非拟态（non - mimetic）柑橘凤蝶（*Papilio xuthus*）、所厌恶（unpalatable）的有毒的红珠凤蝶（*Pachliopta aristolochiae*）和所喜食的多态型（palatable polymorphic）玉带凤蝶雌虫的翅拍动（wing stroke），发现红珠凤蝶与贝氏拟态的玉带凤蝶雌虫的翅最低位置角（Minimum positional angle）显著大于柑橘凤蝶和非拟态的玉带凤蝶雌虫，且红珠凤蝶与拟态玉带凤蝶雌虫的翅最低位置角差异不显著；红珠凤蝶和拟态玉带凤蝶雌虫的翅振动频率（Wingbeat frequency）与柑橘凤蝶及非拟态玉带凤蝶雌虫明显不同，因此认为在贝氏拟态中存在的翅振动频率是穆勒拟态（Müllerian mimicry）（Müller，1879），这是在贝氏多型拟态中首次被证实的行为拟态。Nishikawa等（2013）研究发现玉带凤蝶的雌虫拟态行为可以免受捕食者的伤害；对非拟态玉带凤蝶雌虫翅膀淡黄色和拟态玉带凤蝶雌虫红色区域的犬尿氨酸（Kynurenine）和 N-β-丙氨酸多巴胺（N-β-alanyldopamine）进行化学分析和基因表达分析，RNA 测序显示 2 种化合物的合成基因在拟态雌虫红色区域特异表达，表明这 2 种基因在玉带凤蝶雌虫翅淡黄色和红色区域表达的改变，可使翅颜色在拟态模式与非拟态模式之间转换，从而躲避捕食者。

早期报道中指出，一些物种蛹的颜色是由幼虫定居准备化蛹后的最初几个小时决定的（Poulton，1892），而蝴蝶蛹的伪装（camouflage）对其生存具有重要意义（Baker，1970）。Merrifield（1899）认为蝶蛹颜色的多态性由它们所处环境的背景颜色决定。Clarke 等（1972）研究了玉带凤蝶在不同环境下绿色蛹和褐色蛹的后代，发现在绿色背景下，无论是绿色蛹还是褐色蛹，其后代均以绿色蛹占大部分，仍有部分褐色蛹；而在褐色背景下，则是褐色蛹占绝大多数，而绿色蛹极少，他们进一步的分析认为，是幼虫对化蛹位置的选择导致上述结果，而非环境转换机制决定蛹的颜色。

1.3 玉带凤蝶雌性生殖系统的组织形态学研究

鳞翅目昆虫生殖器官的组织学研究为鳞翅目昆虫分类形态提供广阔的前景（Mathur，1966）。内外生殖器的解剖不仅在分类学、形态学上有意义，同时生理学家根据生殖解剖还可以阐明生殖系统的功能（Engelmann，1970），因此鳞翅目昆虫的生殖器官的相关研究有着重要意义。Gaikwad 等（2014）将玉带凤蝶 5 龄幼虫和刚羽化 3~4 天处女雌蝶，通过在林格液中解剖，并用布安氏（Bouin's）固定液固定，同时苏木精（Haematoxylin）和伊红（Eosin）染色，研究发现玉带凤蝶 5 龄幼虫中卵巢是唯一的生殖器官，观察到幼虫卵巢是白色的，在 4 个发育不完全的卵巢中都含有生殖细胞、卵母细胞和卵泡上皮；雌成虫生殖系统由突出的卵巢、侧输卵管、中输卵管、阴道、受精囊、交配囊和附腺组成，观察解剖其生殖系统可为害虫综合管理提供依据。

2 玉带凤蝶对寄主植物的选择及其发育

Nakayama 等（2004）研究发现山小橘（*Glycosmis citrifolia*）树叶萃取分离的两种化合物 trans-4-hydroxy-N-methyl-proline 和 2-C-methylerythronic acid 可引诱玉带凤蝶在叶片上产卵，而从九里香中鉴定的葫芦巴碱（N-甲基吡啶-3-羧酸）有化学防御作用，抑制玉带凤蝶在叶片上产卵。Suwarno 等（2010）研究了玉带凤蝶在柑橘（*Citrus reticulata*）、莱蒙（*Citrus aurantifolia*）、箭叶橙（*Citrus hystrix*）和九里香（*Murraya koenigii*）4 种芸香科寄主植物的成虫产卵行为和幼虫的生长情况，发现玉带凤蝶在柑橘产卵最多，但与在莱蒙上的产卵量差异不显著，而与箭叶橙和九里香产卵量差异显著，九里香产卵量最少。5 龄幼虫的发育历期，以取食柑橘的最短，与取食九里香的差异显著，但 3 种柑橘属的种类间差异不显著；4 种植物叶片中氮的含量差异极显著，其中柑橘最高含 4.52%，其次是莱蒙（4.37%）、箭叶橙（4.29%）和九里香（3.73%），水含量最低的是九里香（71.72%），3 种柑橘属植物从 76.38%~79.12%，差异不明显。相对消耗率（Relative consumption rate，RCR）、5 龄幼虫的粪便干重以取食九里香的最高，与其他 3 种柑橘属植物差异极显著；而取食九里香的蛹的干重、相对生长率和消化的有效转化率均明显低于 3 种柑橘属植物，说明柑橘是 3 种柑橘属植物中最好的寄主植物，而九里香是最不喜嗜的寄主植物。Honda 等（2012）采用 N^{15}标记研究发现，外源 N^{15}在玉带凤蝶雄虫的精细胞、精液蛋白和胸肌中发现，在雌性卵蛋白也发现 N^{15}，结果表明玉带凤蝶将外源氮作为营养物质，而且更偏好取食氮含量高的寄主。Nakayama 等（2010）研究发现玉带凤蝶雌虫对 4 种寄主植物包括飞龙掌血（*Toddalia asiatica*）、九里香（*Murraya paniculata*）、三叶蜜茱萸（*Melicope triphylla*）、黄柏（*Phellodendron amurense*）的叶片、甲醇提取物，以及这些植物提取物馏分的反应，还研究了在这些植物中幼虫的存活率，发现飞龙掌血的叶片和甲醇提取物可引诱雌虫产卵，而对黄柏有中度（moderately）反应，只微弱的接受三叶蜜茱萸，完全拒绝九里香，进一步的研究发现飞龙掌血含有很强的产卵刺激剂，该成分在九里香含量微弱；幼虫同样在飞龙掌血和黄柏上生长良好，在九里香和三叶蜜茱萸的死亡率较高，说明三叶蜜茱萸和九里香含有对幼虫拒食或有毒性的物质。

3　成虫分泌的挥发性气味物质

昆虫会利用其分泌物进行种间和种内交流，鳞翅目许多蛾类的雌虫可分泌性信息素进行求偶和交配（赵远，2006），研究发现有些蝴蝶成虫的雄性也会释放多种化学挥发物进行求偶和交配（Boppre，1984）。玉带凤蝶成虫散发香气（faint scent），而且雄虫比雌虫强烈，Ômura 等（2005）利用二氯甲烷分别从玉带凤蝶成虫前翅（Forewings）、后翅（Hind wings）和身体（Body）萃取溶液，经过 GC/MS 分析出有芳樟醇（Linalool）、壬醛（Nonanal）和癸醛（Decanal）等挥发性较高的化合物，发现雄虫芳樟醇平均含量比雌虫高，并且挥发物集中在翅上，而不是身体上；在羽化 3 天的成虫整体的提取物中，（Z）-7-tricosene 和十二酸（Dodecanoic acid）在雄性中含量显著高于雌性，（Z）-7-pentacosene 和二十七烷（n-heptacosane）在雌性中含量显著高于雄性，表明玉带凤蝶的挥发物成分存在性二型；同时，羽化后 3 天内，每个成虫散发的大部分已鉴定化合物的含量平均增加 2 倍。

4　玉带凤蝶的线粒体基因组和有丝分裂基因组研究

Yang 等（2014）利用 PCR 扩增和保守引物法测定了玉带凤蝶线粒体基因组全序列，研究表明，线粒体基因组长度为 15 260 bp，除 COI 外，所有蛋白编码基因均以 ATG 和 ATT 作为起始密码子，而 ATP8、ATP6、ND3、ND5、ND4L、ND6、Cytb 和 ND1 均以 TAA 和 TAG 为终止密码子，整个线粒体基因组碱基含量分别为 A39. 51%、T40. 75%、C11. 86%、G7. 88%，GC 总含量 19. 74%。

Wang 等（2014）研究了玉带凤蝶有丝分裂（Mitogenome）基因组，测序结果表明环形基因长度为15 256bp；有 13 个蛋白编码基因（PCGs）、22 个转运 RNA（tRNAs）、2 个核糖体 RNA（rRNAs）和一个 D 环区（D-loop region）。除线粒体基因（COI）外所有的蛋白编码基因都是由 ATN 密码子启动的，线粒体基因是 CGA 作为起始密码，除了一些编码蛋白的基因是 TAG 为终止密码子或不完整的密码子 T（COI、COII）外，其他均使用 TAA 作为终止密码子；核苷酸含量高度不对称，其中 A39. 6%、T41. 5%、G7. 5%、C11. 4%，GC 总含量为 18. 9%。

5 玉带凤蝶的为害与防治

在浙江金华市，玉带凤蝶被果农称为“老虎虫”，其幼虫是芸香科植物佛手（*Citrus medica L.*）的主要害虫之一，幼虫主要以佛手叶片、嫩枝和嫩芽为食，暴发严重时可将植物叶片吃光，对佛手的生长和结果造成严重的影响（王明鑫，1999）。在国内柑橘产区均有玉带凤蝶分布，而刚孵化的幼虫取食柑橘、花椒和其他芸香科植物的叶肉，对果园寄主的枝梢抽发有严重影响，低龄幼虫还可通过拟态行为自我保护，因此需要对其发生及防治十分重视，可通过人工捕杀、保护和利用天敌，以及利用药剂进行防治。幼虫大量发生的时期，应优先使用生物农药，常用药剂包括 BT 乳剂、青虫菌还可使用吡虫啉可湿性粉剂、虫脲可湿性粉剂、氯氰菊酯乳油、溴氰菊酯乳油、莫比朗乳油、苦参碱水剂、晶体敌百虫、毒死蜱乳油（李品汉，2015）。研究发现利用阿维菌素、乙酰甲胺磷药剂防治有良好的灭除效果（孙兴全等，2002），但化学药剂对生态环境会有影响。研究表明在玉带凤蝶卵期发现有凤蝶赤眼蜂（*Trichogramma sericini*）、广赤眼蜂（*Trichogramma evanescens*），蛹期有凤蝶金小蜂（*Pteromalus puparum*）、野蚕黑瘤姬蜂（*Coccygomimus luctuosus*）、广大腿小蜂（*Brachymeria lasus*）等寄生性天敌（李品汉，2015；钟仕田，1995），而凤蝶赤眼蜂和凤蝶金小蜂对玉带凤蝶有显著控制作用（李品汉，2015）。

6 小结与展望

综上所述，有关玉带凤蝶的研究，更多的集中于雌虫的拟态行为与其生存进化的关系、蛹色的控制因素、寄主挥发物和营养与该虫产卵选择的关系；同时，已报道的玉带凤蝶成虫分泌的挥发物成分存在性二型，是否与该虫的性信息素有关，这是人们感兴趣的。同时玉带凤蝶在我国历史上曾作为越剧中“梁山伯与祝英台”的化身，有一定寓意，该虫还可作为观赏昆虫。因此，研究玉带凤蝶与寄主植物的相互关系及其性信息素，对于该虫的防治和利用有重要意义。

参考文献

李品汉 . 2015. 柑橘玉带凤蝶的为害及其防治技术［J］. 科学种养（9）：30-30.

孙兴全，陈志兵，陈晓琳，等 . 2002. 玉带凤蝶生物学特性及其防治的初步研究［J］. 上海师范大学学报自然科学版（增）：40-43.

王明鑫 . 1999. 佛手害虫——玉带凤蝶［J］. 浙江柑橘（2）：27.

叶黎红，孙兴全，孙越，等 . 2008. 玉带凤蝶发生规律及其人工饲养技术［J］. 安徽农学通报（20）：172-174.

尹小刚，程方，刘良源 . 2015. 南昌地区玉带凤蝶饲养及生物学特性研究［J］. 江西科学，33（1）：75-78+105.

赵远 . 2006. 鳞翅目昆虫性信息素合成的分子机制研究进展［J］. 蚕业科学，32（4）：550-556.

钟仕田 . 1985. 宜昌地区玉带凤蝶寄生性天敌种类［J］. 生物防治通报（4）：42.

周尧 . 1994. 中国蝴蝶分类与鉴定［M］. 郑州：河南科学技术出版社 .

朱晓林 . 1995. 生物拟态［J］. 生物学通报，30（1）：10-11.

Baker R R. 1970. Bird predation as a selective pressure on the immature stages of the cabbage butterflies, *Pieris rapae* and *P. brassicae* [J]. Proceedings of the Zoological Society of London, 162 (1): 43–59.

Clarke C A, Sheppard P M. 1972. The genetics of the mimetic butterfly *Papilio polytes* L. [J]. Philosophical Transactions of the Royal Society of London, 263 (855): 431–458.

Engelmann F. 1970. The physiology of insect reproduction [J]. Quarterly Review of Biology, 247–299.

Fryer J C F. 2010. Pupal coloration in *Papilio polytes* L. [J]. Ecological Entomology, 61 (2): 414–419.

Gaikwad S M, Koli Y J, Bhawane G P. 2014. Histomorphology of the Female Reproductive System in *Papilio polytes* L. 1758 (Lepidoptera: Papilionidae) [J]. Proceedings of the National Academy of Sciences, India Section B: Biological Sciences, 84 (4): 901–908.

Gittleman J L, Harvey P H. 1980. Why are distasteful prey not cryptic? [J]. Nature, 286 (5769): 149–150.

Honda K, Takase H, Mura H, *et al.* 2012. Procurement of exogenous ammonia by the swallowtail butterfly, *Papilio polytes*, for protein biosynthesis and sperm production [J]. Naturwissenschaften, 99 (9): 695–703.

KitamuraT, Imafuku M. 2010. Behavioral Batesian Mimicry Involving lntraspecific Polymorphism in the Butterfly *Papilio polytes* [J]. Zoological Science, 27 (3): 217–221.

Low X H, Monteiro, Antónia. 2018. Dorsal Forewing White Spots of Male Papilio polytes (Lepidoptera: Papilionidae) not Maintained by Female Mate Choice [J]. Journal of Insect Behavior, 31 (1): 29–41.

Mathur L M L. 1966. Morphology and histology of the male reproductive organs of *Utetheisa pulchella* L. (Lepidoptera: Arctiidae) [J]. Proceedings of the Indian Academy of Sciences Section B, 63 (3): 133–144.

Merrifield F. Poulton E. B. 1899. The colour-relation between the pupae of *Papilio machaon*, *Pieris napi* and many other species, and the surroundings of the larvae preparing to pupate, etc. Trans. ent. SOC. Lond. 369–433.

Nakayama T, Honda K, Hayashi N. 2010. Chemical mediation of differential oviposition and larval survival onrutaceous plants in a swallowtail butterfly, *Papilio polytes* [J]. Entomologia Experimentalis Et Applicata, 105 (1): 35–42.

Nakayama T, Honda K. 2004. Chemical basis for differential acceptance of two sympatric rutaceous plants by ovipositing females of a swallowtail butterfly, *Papilio polytes* (Lepidoptera, Papilionidae) [J]. Chemoecology, 14 (3–4): 199–205.

Nishikawa H, Iga M, Yamaguchi J, *et al.* 2013. Molecular basis of wing coloration in a Batesian mimic butterfly, *Papilio polytes* [J]. Scientific Reports, 3 (1): 3184.

Ômura H, Honda K. 2005. Chemical composition of volatile substances from adults of the swallowtail, *Papilio polytes* (Lepidoptera: Papilionidae) [J]. Applied Entomology and Zoology, 40 (3): 421–427.

Poulton E B. 1892. Further experiments upon the colour relation of certain lepidopterous pupae, larvae, cocoons and imagines and their surroundings. Trans. ent. SOC. Lond. 292–487.

Poulton E B. 1890. The colours of animals: their meaning and use, especially considered in the case of insects vol LXVII. The International Scientific Series. D. Appleton and Co. , New York.

Shobana K, Murugan K, Kumar A N. 2010. Influence of host plants on feeding, growth and reproduction of *Papilio polytes* (The common mormon) [J]. Journal of Insect Physiology, 56 (9): 1065-1070.

Suwarno, Salmah M R C, Ali A, *et al.* Oviposition Preference and Nutritional Indices of *Papilio polytes* L. (Papilionidae) Larvae on Four Rutaceous (Sapindales: Rutaceae) Host Plants [J]. Journal of the Lepidopterists Society, 64 (4): 203-210.

Wang L, Du X J, Li X F. 2014. The complete mitogenome of the Common Mormon *Papilio polytes* (Insecta: Lepidoptera: Papilionoidea) [J]. DNA Sequence, 27 (1): 2.

Yachi S, Higashi M. 1998. The evolution of warning signals [J]. Nature, 394 (6696): 882-884.

Yang X W, Hou L X, Zhang Y, *et al.* 2014. The complete mitochondrial genome of *Papilio polytes* (Lepidoptera Papilionidae) [J]. DNA Sequence, 27 (2): 2.

基于花粉鉴别的夜蛾补充营养寄主研究*

郑运祥**，赵 曼，郭线茹，王高平***
（河南农业大学植物保护学院，郑州 450002）

摘 要：许多开花植物要靠昆虫作为其传粉媒介，而夜蛾科大多数昆虫羽化后卵巢并未发育完全，需以花蜜中碳水化合物为能源、通过补充营养来更好地完成其发育和繁殖。部分种类夜蛾（如东方黏虫）在羽化后仅吸食清水则无法产卵或产下极少量无法孵化的卵，没有补充营养的成虫其飞行能力和寿命都会下降。本文主要概述了花粉与蛾类的关系、补充营养对成虫的影响，列举了虫携花粉鉴别在夜蛾补充营养寄主研究方面的实例，探讨了今后研究方向。

关键词：花粉；补充营养；夜蛾

Study on Host Plants of Adult Noctuidae Based on Pollen Identification*

Zheng Yunxiang**, Zhao Man, Guo Xianru, Wang Gaoping***
(*College of Plant Protection*, *Henan Agricultural University*, *Zhengzhou* 450002, *China*)

Abstract: Many flowering plants rely on insects as their pollinators. Most noctuid insects are not fully developed after emergence. The nectar serves as energy source for these moths and supply carbohydrates to promote their development and reproduction. Some species of noctuids, such as *Mythimna separata*, can only lay eggs after emergence or produce a small amount of eggs that cannot be hatched. The flying ability and life expectancy of adults without supplemental nutrition will decrease. This review mainly focuses on the relationship between pollen and moths, the effects of supplemental nutrition on adults. The host plants determination based on identification of moth-borne pollen is reviewed for future study on adult noctuid host plants.

Key words: Pollen; Supplementary nutrition; Noctuid moth

开花植物高度依赖昆虫传粉者以确保其种群延续，为了吸引访花昆虫，植物通常通过提供营养丰富的食物（如花粉和花蜜）来奖励它们（Kevan and Baker，1983）。花粉或花蜜的成分也可以影响到传粉者的状态，因为它们影响昆虫（如蜜蜂）的生活史特征，包括生长发育、繁殖力和生存（Burkle and Irwin，2009）。昆虫发育需要各种营养元素，如氨基酸、碳水化合物、脂类、脂肪酸、甾醇、维生素等。花粉或花蜜中的微量

* 基金项目：国家公益性行业（农业）科研专项（201403031）；国家粮食丰产增效科技创新重点专项（2017YFD0301104）

** 第一作者：郑运祥，硕士研究生；E-mail：zhengyunxiang1210@163.com
*** 通信作者：王高平；E-mail：cnhnzzwang@126.com

元素可以满足它们的生长发育（Schoonhoven *et al.*，2005）。花粉被认为是蛋白质等氮基化合物的主要来源，但它也含有淀粉、甾醇、脂类和维生素（Roulson and Cane，2000）。这些物质由植物提供以吸引传粉者，在传粉过程中昆虫也可从中受益（Wäckers *et al.*，2007）。Bennett（1883）最早从取食不同的花来描述昆虫是传粉者：他观察了6种蝶类、2种蛾类和3种蜜蜂，发现有些昆虫身上有花粉，而另一些则没有；有些昆虫携带不止一种花粉，有些则只携带一种花粉。鳞翅目是昆虫纲第三大目，按照羽化后雌蛾生殖系统的发育程度，补充营养存在3种类型：一是卵细胞已经明显发育，达到成熟，成虫期比较短且不需要进行额外的取食，仅仅将自身储存的能量消耗殆尽，常见的昆虫如家蚕；二是卵细胞尚在发育过程中，并没有完全成熟，需要进行额外的补充营养，如蛾类中的黏虫 *Mythimna separata*、棉铃虫 *Helicoverpa armigera*、小菜蛾 *Plutella xylostella*、二点委夜蛾 *Athetis lepigone* 等；三是卵巢尚未进行到发育阶段，如大部分的蝶类等（王竑晟等，2004）。夜蛾科的总数超过40 000种，被学者公认为是目前鳞翅目昆虫中最大的一个科，也是目前为害和影响农业生产的主要科（Wagner，2001）。羽化后的夜蛾，如黏虫、棉铃虫、二点委夜蛾、甜菜夜蛾 *Spodoptera exigua* 等，其雌蛾卵巢仍在发育过程中，卵细胞并未全部成熟，需要额外的补充营养来完成产卵和生殖活动。补充营养可以补充夜蛾飞行活动的能量消耗，有助于扩展其栖息地范围、增大其种群数量。鉴于蛾类晚间活动、难于观测的特性，分析夜蛾体内外出现的花粉种类及其数量，是补充营养研究的重要技术手段之一。因此，研究夜蛾的补充营养寄主种类及其作用，有利于揭示夜蛾类害虫的种群动态机制，提高虫情监测水平。

1　夜蛾补充营养研究

1.1　补充营养对夜蛾生殖和寿命的影响

组成卵黄的物质，一部分是由成虫取食的营养物质转化而来的，还能为成虫提供新陈代谢所消耗的能源，提供卵形成所需的能量（Leahy and Andow，1994）。鳞翅目中许多昆虫，如棉铃虫在经过成虫期的补充营养之后，其产卵量、卵的孵化率等指标均得到了明显提高，与此同时，成虫的生长寿命也得到了延长。棉铃虫雌蛾羽化后，必须取食某些植物的花蜜来补充营养，卵细胞和卵巢才能逐渐发育达到成熟阶段，只有补充营养后才能够进行正常的产卵和繁殖（Zalucki *et al.*，1986），才能加速棉铃虫的卵巢发育进度（吴孔明等，1997；李哲，2006；Colvin and Gatehouse，1993）。取食含糖物质显著提高了棉铃虫生育能力和成虫寿命，食用蔗糖的雌虫产卵总数和卵的质量明显较高。喂食蔗糖的处理中，卵孵化的水平总是较高的，但是无论蔗糖浓度如何，卵孵化率都会随着时间的推移而降低。以糖溶液为食的夜蛾产卵高峰期推迟、延长，产卵量增加，因而成虫饲养提高了雌蛾的繁殖力，对提高棉铃虫个体后代的适应性具有重要作用（Song *et al.*，2007）。

由于黏虫雌蛾羽化时卵子发育尚未完全成熟，必须补充营养后方能发育成熟（吴秋雁等，1963）。黏虫的产卵活动并不能在黏虫刚羽化以后立即发生，此时的黏虫雌蛾卵巢并没有完全发育，需要进行外界的补充营养来促使卵巢发育成熟完全；在实验室中观察发现，黏虫需要在室温下补充糖溶液4天左右才能逐渐出现产卵现象（郭郛等，

1964)。钦俊德等（1964）用7种不同的成虫饲料喂黏虫雌蛾，发现取食麦芽糖的雌蛾产卵量最大。郭郛和刘金龙（1964）研究发现，在单糖中以葡萄糖、果糖、半乳糖对黏虫的营养效应较大，双糖中以麦芽糖的营养效应较大，雌蛾产卵量较高；以混合糖类饲喂成虫，雌蛾产卵量皆比饲喂单一糖类产卵量的高。赵玉婉等（2017）发现，取食10%蜂蜜水的黏虫雌、雄蛾寿命均最短，取食糖醋酒液的雌蛾长，取食0.2mo/L麦芽糖的雄蛾寿命最长；取食10%葡萄糖溶液、0.2mo/L麦芽糖溶液、糖醋酒液的雌蛾寿命显著比取食10%蜂蜜水的长，其余处理间雌蛾寿命差异不显著；不同补充营养处理对雄蛾寿命影响不显著。

党志红等（2000）研究发现，补充5%蔗糖水显著延长了二点委夜蛾成虫产卵前期，补充10%蜂蜜水缩短了二点委夜蛾成虫产卵期和雌成虫寿命，补充5%蜂蜜水能够明显提高二点委夜蛾成虫的总产卵量和单日产卵高峰及卵孵化率。二点委夜蛾在幼虫阶段饲喂人工饲料的情况下发育正常，雌蛾和雄蛾羽化后不对其进行补充营养，仅饲喂蒸馏水的条件下仍然可以进行正常的交配和产卵，但是补充营养后其成虫的产卵历期和产卵量有显著提高（江幸福等，2015）。

1.2 补充营养对夜蛾飞行的影响

成虫羽化后能否取食足够的补充营养对黏虫飞翔能力影响极大，且取食不同糖类对飞翔效应有显著差异。飞行初期主要动用糖类物质（海藻糖、糖原），30min以后主要以甘油三酯为能源物质。黏虫体内能源物质含量的多少直接影响其飞翔能力。曹雅忠等（1995）在补充营养对黏虫飞翔力效应的研究中发现：不论是连续吊飞（48h和60h），还是夜飞昼息吊飞（60h），取食蔗糖和蜂蜜的成虫飞翔时间与飞翔距离都最好，取食甘露醇时的飞翔能力几乎与蒸馏水一样，实验所测甘油酯的结果与此一致。飞行能力的强弱与甘油酯多少的一致性从理论上阐明了不同补充营养物对黏虫飞行影响的实质。黏虫在羽化后3天内，雄蛾对补充营养物的取食量比雌蛾少，对大多数的糖利用率比雌蛾低，但其干重的营养效价却较高，其体内积累的甘油酯也都比雌蛾多，同时其飞翔时间、距离也比雌蛾长。黏虫生殖在蛹期已经发育完成，但雌蛾卵粒内卵黄尚未沉积，需要取食糖类作为补充营养后，才能发育成熟。羽化后，雌蛾的营养积累多用于卵黄的沉积，其体重也比雄蛾重，呼吸消耗自然较大，因此，雌雄蛾在能源物质的积累和飞翔能力方面有很大差异（罗晨等，2000）。

甜菜夜蛾的成虫具有较强的飞行能力，3日龄蛾在24h的吊飞过程中，最远飞行距离可达110.8km，最大飞行速度为1.89m/s。研究表明，成虫期补充营养对甜菜夜蛾的生殖没有显著影响，但取食5%蜂蜜水的成虫，其飞行距离、飞行时间、飞行速度都明显高于取食清水的成虫（江幸福等，2000）。

棉铃虫成虫在羽化后4~5天可达到取食高峰，对棉铃虫进行个体吊飞测定结果表明甘油酯和糖原是其飞行的主要能源物质。对4日龄成虫进行吊飞66h，飞翔时间37.9943h，累积飞行216.8650km，累积消耗能量218.72J，其中甘油酯占85.87%，糖原占14.13%，蛋白质的含量与其飞行能力没有明显的关系（吴孔明等，1998）。

2 基于花粉鉴别的夜蛾补充营养寄主植物研究

大多数鳞翅目成虫会用喙来探测和取食花蜜，如蜂鸟鹰蛾 *Macroglossum stellatarum* 在取食时用足抓住花束，喙在伸出大约 1/3 的长度后出现一个不连续的弯曲，使其能够调整到不同的深度，当摄入花蜜时，头部可能会保持片刻静止，当吸食停止时，喙被拔出；在取食过程中花粉粒活跃地聚集在喙管外侧。取食到花粉后，通过盘绕和展开喙部运动，将其在流体中搅动数小时。由此产生的液体被摄入体内，但花粉粒仍留在体外。在此过程中，从花粉粒中提取必需的氨基酸（Krenn，2010）。

2.1 植物花粉形态在蛾类补充营养寄主种类判别中的意义

花粉在拉丁语中是粉状物质和灰尘的意思，由于其个体非常小（被子植物花粉大多在 25~50μm，裸子植物在 100~200μm），并且同一个科的植物，花粉相似性很大；好在目前已有不少植物花粉扫描电镜图谱方面的专著可供鉴别使用。大部分昆虫的成虫以花蜜为食来满足发育繁殖的营养需求。这种取食活动，会让昆虫携带这种植物的花粉，鉴定出花粉的种类，可以确定昆虫的寄主植物（Jones and Jones，2001）。张庭龙等（2010）研究分析表明，百合花粉的形态特征是多种多样的，其表现形式主要包括花粉的极性、大小、形状、萌发孔类型和外壁纹饰等，并且其大小和外壁纹饰受环境影响会有较大差异。花粉的轮廓在赤道视图中是椭圆形或圆形，在极视图中是椭圆形或三角形，通过对花粉形态结构的研究，论证了利用花粉分离分类群的可行性。对菥蓂属 *Thlaspi* L. 特征研究表明是一个天然的系统群，此外，孢粉学特征有助于鉴定形态相似的类群（Mehmet and Osman，2019）。通过扫描电镜观察，虫媒花粉与风媒花粉相比更倾向于长球形，个体普遍偏大；其外壁较为粗糙，一级雕纹深刻，多数具次级雕纹，有些还会具有刺状或疣状凸起（周凌瑜等，2008）。

暴露于空气中的虫携花粉，其大小、形状通常与植物分类学家直接采自花药的花粉有差异；从补充营养寄主植物附近采集到的蛾类，尽管其携带的花粉与植物学花粉扫描图片极为接近，往往也只能鉴别到属；需要结合植物的地理分布和花期等信息来判断补充营养寄主植物的具体种类。近年来，应用分子生物学手段可以鉴别部分花粉至种，鉴于野外蜜源植物分子生物学数据的缺乏，其应用还不是十分普遍。

2.2 可供夜蛾利用的补充营养寄主植物种类

蜜源植物是指能产蜜或花粉，能供蜜蜂或其他蛾类昆虫采集食用的植物，Wang 等（2006）在数据分析的基础上发现主要蜜源植物对黏虫（夜蛾科）的迁飞和生殖具有很大促进作用，春季蜜源植物紫云英的面积剧增、地理分布扩大是 20 世纪 70 年代黏虫频繁特大暴发的关键因子。自然界的蜜源植物有：经济作物如油菜、棉花、柑橘、向日葵、水稻等；紫薇、百合科、菊科等观赏植物；蔷薇科、蝶形花科、蓼科等野生植物或杂草（郑涛等，2018）。蝶类成虫对花蜜资源的利用明显偏向于草本植物，特别是多年生草本植物，而不是木本植物，因此，生态环境中草本植物物种丰富度对其蜜源植物物种的丰富度起着核心作用，蜜源植物丰富度是支撑其成虫物种丰富度的重要因素（Kitahara *et al.*，2008）。理论上看，蝶类成虫的补充营养寄主也有可能成为夜蛾的，这两类昆虫存在时间生态位上的分离。

对某种夜蛾而言，应用成虫携花粉鉴别技术能否判别出其所有的补充营养寄主？目前还无确定性结论。对夜蛾进行标记回收发现：在野外取食向日葵后，几乎在所有夜蛾的喙中都提取到了花粉，96h 后仍保留 50%（Alice and Peter，2001）。而将黏虫成虫置于笼罩的花期紫云英上，12h 后观测，仅在极个别成虫喙外表面发现有紫云英花粉。

2.3 利用花粉确定补充营养寄主种类的研究实例

兰科 Orchidaceae 植物是自然界中物种丰富的重要蜜源植物之一，通常由鳞翅目昆虫传粉。由于天蛾 *Macroglossum corythus* luteata 的喙较长（长 26.3mm），与花的刺长相匹配，更容易携带花粉且数量较多，相比之下，莴苣冬夜蛾 *Cucullia fraterna* Butler 和中金弧夜蛾 *Thysanoplusia intermixta* 具有短的喙（15～16.4mm），携带花粉较少（Tao *et al.*，2018）。蛾类花粉是一种天然的标记物，可以避免人工标记物的大部分困难。来自不同植物的花粉通常在形态上是独特的，并且如果它们来自的植物的分布是已知的，则可以追溯到地理起源。Alice 等（2001）发现花粉具有形态上的独特性，来自具有已知分布的植物的花粉，可用于跟踪几公里距离内昆虫的局部运动，以及在以前的研究中使用该技术的长距离迁移。通过标记捕获夜蛾发现，部分夜蛾的喙部携带有向日葵和荠菜的花粉，这些花粉也会随着时间变长而减少。

2.3.1 利用体外携带花粉确定补充营养寄主种类

夜蛾科成虫昼伏夜出的访花习性，给寄主植物种类的分析带来了很大困难。依赖昆虫授粉的植物，花粉很容易黏附在昆虫体表（花粉主要附着在喙上，在眼睛、腿和触角上的频率降低），因此花粉可以作为一种工具用来研究蛾类取食花蜜范围和长距离迁徙运动（Hendrix and Showers，1992）。Loublier 等（1994）通过用硫酸冲洗 36h，然后乙酰溶解它们，检查了小地老虎 *Agrotis ypsilon* Rottemberg 成虫的整个头部所携带的花粉。利用外部花粉技术可判断出夜蛾的主要活动场所，将传统的分析方法与 DNA 条形码相结合，鉴定了黄地老虎 *Agrotis segetum* 成虫所携带的花粉粒，有山毛榉科 Fagaceae Dumort、木犀科 Oleaceae、豆科 Leguminosae、菊科 Asteraceae、松科 Pinaceae Spreng、蔷薇科 Rosaceae Juss 等 26 科植物，包括柑橘 *Citrus reticulata* Blanco、橄榄 *Canarium album*、女贞 *Ligustrum lucidum*、刺槐 *Black locust*、短刺锥 *Castanopsis echidnocarpa*、苦楝 *Melia azedarach* 等常见树种，推断出黄地老虎向北春季迁徙之前在或许这些地区的植物上觅食（Chang *et al.*，2018）。徐广等（1999）对收集的 637 头棉铃虫成虫进行分析，携带花粉的占总数的 15.92%，喙的末端是携带花粉的主要部位，扫描电镜观察发现一般 1 头成虫只携带 1 种花粉，少数携带有 2 种以上花粉。黏虫是一种长距离迁飞的害虫，为了对黏虫夏季补充营养寄主种类研究，采用诱捕器捕获了 1 237只黏虫，其中有 228 个携带花粉的个体，对候选蜜源植物的地理分布、开花期及相对丰度的分析表明，香椿、女贞是 2 种重要的蜜源植物（Guo *et al.*，2018）。

外部花粉鉴定技术虽然较为方便，但从成虫体表提取的花粉种类并不能很好的证明是其补充营养的寄主，大部分花粉可能由于成虫的活动而被附着在体表。因此，从昆虫体内提取花粉是必要而且准确的。

2.3.2 利用体内含有花粉确定补充营养寄主种类

这项技术可能是困难的，因为夜蛾取食的花粉非常少，光镜下很难发现。目前做的较多的依旧是从成虫喙部提取花粉，对消化道或嗉囊内花粉检测少有记载。花粉在夜蛾科成虫体内会随着时间滞留量也会减少，对 100 头取食过花粉的棉铃虫解剖发现，0h 的棉铃虫肠道内携带花粉的有 63%，而 24h 后在棉铃虫体内未发现花粉粒（Jones and Greenberg，2009）。利用体内花粉提取技术判断成虫补充营养种类是比较精确的，能够直观的展示出昆虫的取食行为。这就需要从昆虫的消化道内提取花粉，并进行观察。理论上，光学显微镜和扫描电镜都应该并且可以使用，每种类型的显微镜都有优缺点，扫描电镜的分辨率要比光学显微镜好得多。但是，扫描电镜比较昂贵，研究人员可能无法轻易使用，而且比较耗时（Jones and Bryant，2007）。

对黏虫成虫所携带的花粉进行电镜扫描，共检测出植物种类有 14 属，其中以香椿属（*Toona*）和女贞属（*Ligustrum*）最高，分别为 59.65%和 27.19%。在 3 只雌蛾和 7 只雄蛾的喙上发现附着有紫丁香花粉；对喙管进行解剖，在电镜扫描下发现在单头蛾喙管内壁上附着有 20 多个丁香花粉粒（Guo *et al.*，2018）。这表明这些个体能够吸取大量丁香花蜜。

3 体内花粉提取的方法

花粉可以从昆虫的消化道（肠道、消化道、作物等）（内部）或从它们的外骨骼（腿、眼睛、嘴部、体表等）中提取（外部）。根据以前的研究，光镜用于检测内部组织中的花粉，而扫描电镜则用于检查外部发现的花粉。为了寻找棉铃虫的食物来源，可从昆虫的消化道检测花粉（Jones and Lopez，2001）。Mikkola（1971）认为，对鳞翅目昆虫消化系统的花粉检测可能有助于鳞翅目昆虫取食的研究。然而，取食时花粉可以被吸入消化系统的想法并不经常被研究。Turnock 等（1978）在鳞翅目喙管内发现了花粉，但他们没有检查嗉囊（昆虫器官，是食物的容器）或消化系统的其他部分是否有花粉。Jones 和 Lopez（2001）利用这项技术对成年棉铃虫的嗉囊进行了乙酰裂解。他们发现了内部不同与外部的花粉组合。

以下是从昆虫组织中提取花粉的一种方法：

1）取昆虫组织，加入 95%乙醇在 1 060×g 离心 3min，去除上清液，混合 15s，如果可能的话，将组织压碎。用冰醋酸冲洗；

2）重复上述步骤一次；

3）向样品中加入乙酰裂解混合物，在沸腾的热水浴中放置 5~15min；

4）用冰醋酸冲洗；用蒸馏水冲洗产生的花粉残渣 3 次，每次离心、倾倒和混合；

5）加入 1mL 95%乙醇，离心，倒出上清液；

6）加入 2~5 滴番红 O 染色剂，混合均匀；

7）加入 1mL 95%乙醇，离心，转移花粉残渣；

8）向花粉残渣中加入 2~3 滴甘油，将样品放在 20~25℃下让乙醇蒸发，等样品没有乙醇气味时可用花粉残留物制作玻片进行观察。

4 展望

授粉是生态系统中一个重要的动植物相互作用，而夜蛾（鳞翅目）是一个分布广泛、物种丰富的传粉种群。在温带农业生态系统中，夜蛾很可能对作物授粉不太重要，但它们可以促进部分非作物的授粉，这对维持这些生态系统的生物多样性至关重要。总的来说，夜蛾作为传粉者的作用被大大低估了，因为目前对夜蛾传粉的研究太少，夜蛾野外补充营养寄主植物鉴别的工作还很薄弱，制约了夜蛾种群动态机制研究的深入开展。而为了解决其丰富度和群落组成的时间波动，长期的生态系统规模研究是必须的（Hahn and Bruhl，2016）。

夜蛾科携带花粉鉴别对其补充营养研究是很有意义的，花粉与鳞翅目成虫关系的研究可以帮人们更加了解成虫生长发育的情况、成虫生活习性、补充营养与产卵的关系等。通过花粉来确定夜蛾科的补充营养寄主植物种类，进而可以揭示一些迁飞型害虫的发生规律，提高预测预报的水平。但是目前关于花粉和夜蛾关系的研究还比较薄弱，特别是从昆虫体内提取花粉技术做的比较少。随着研究的深入、技术的提高、设备的完善，花粉作为一个“标记”，对夜蛾科成虫补充营养的研究也必将对害虫的监测、防治等提供重要的依据。

参考文献

曹雅忠，罗礼智，李光博，等 .1995. 黏虫飞翔能源物质及其消耗［J］. 昆虫学报，38（3）：290-295.

党志红，李耀发，安静杰，等 .2017. 成虫期补充不同营养对二点委夜蛾实验种群繁殖力的影响［J］. 中国植保导刊，37（8）：13-16.

高旭，曹林，肖治术，等 .2009. 补充营养对枹栎象成虫寿命的影响［J］. 昆虫知识，46（5）：718-721.

郭郛，刘金龙 .1964. 黏虫生殖的研究Ⅱ. 补充营养对生殖力的效应［J］. 昆虫学报（6）：785-794.

郭郛，吴秋雁，蔡惠罗，等 .1963. 黏虫生殖的研究 I. 成虫的一般特性［J］. 昆虫学报，12（5-6）：565-577.

郭培，郭线茹，王高平 .2016. 轨迹分析和花粉标记在迁飞昆虫研究中的应用现状与前景［J］. 华中昆虫研究，12：136-142.

郭培，王高平，金利杰，等 .2017. 黏虫夏季补充营养蜜源植物种类初步研究［J］. 华中昆虫研究，13（00）：242.

江幸福，姚瑞，林珠凤，等 .2011. 二点委夜蛾形态特征及生物学特性［J］. 植物保护，37（6）：134-137.

李哲 .2006. 棉铃虫寄主一致性的稳定同位素评估与交配选择研究［D］. 北京中国科学院动物研究所 .

罗晨，曹雅忠，李克斌 .2000. 补充营养对黏虫成虫能源物质含量的影响［J］. 昆虫学报（S1）：207-210.

钦俊德，魏定义，王宗舜 .1964. 黏虫营养的研究：成虫对于糖类的取食和利用［J］. 昆虫学报，13（6）：775-784.

王竑晟，徐洪富，崔峰 .2004. 成虫期营养对甜菜夜蛾生殖力及卵巢发育的影响［J］. 西南农业学报（1）：34-37.

吴孔明，郭予元 .1997. 土壤含水量对不同地理种群棉铃虫羽化及抗寒能力的影响［J］. 植物保护学报，24（2）：142-146.

吴孔明，郭予元. 1998. 棉铃虫飞翔的能源物质及消耗［J］. 昆虫学报（1）：16-21.

徐广，郭予元，吴孔明. 1999. 棉铃虫成虫携带花粉的分析［J］. 中国农业科学（6）：63-68.

张延龙，张启翔，谢松林. 2010. 秦巴山及其毗邻地区 8 种野生百合孢粉学研究［J］. 西北农业学报，19（1）：144-146.

赵玉婉，成卫宁，仵均祥. 2017. 补充营养及产卵底物颜色对黏虫生殖的影响［J］. 应用昆虫学报，54（4）：609-614.

郑涛，苟光前，叶红环，等. 2018. 贵州锦屏野生蜜源植物资源调查及分析［J］. 山地农业生物学报，37（6）：41-46.

周凌瑜，刘群录，邵邻相. 2008. 虫媒花与风媒花花粉形态的比较［J］. 上海交通大学学报（农业科学版）（3）：177-182.

Alice P Del Socorro, Peter C Gregg. 2001. Sunflower (*Helianthus annuus* L.) pollen as a marker for studies of local movement in *Helicoverpa armigera* (Hübner) (Lepidoptera: Noctuidae) [J]. Australian Journal of Entomology, 40 (3): 257-263.

Bennett AW. 1883. On the constancy of insects in their visits toflowers. Linnean Journal of Zoology, 17: 175-185.

Burkle L, Irwin R. 2009. Nectar sugar limits larval growth of solitary bees (Hymenoptera: Megachilidae). Ecol. Entomol. 38: 1293-1300.

Chang H, Guo J L, Fu X W, *et al*. 2018. Molecular-assisted pollen grain analysis reveals spatiotemporal origin of long-distance migrants of a noctuid moth [J]. International Journal of Molecular Sciences, 19 (2).

Colvin J, Gatehouse A G. 1993. The reproduction-flight syndrome and the inheritance of tethered-flight activity in the cotton-bollworm moth, *Heliothis armigera* [J]. Physiological Entomology, 18 (1): 16-22.

Guo P, Wang G P, Jin L J, *et al*. 2018. Identification of summer nectar plants contributing to outbreaks of *Mythimna separata* (Walker) (Lepidoptera: Noctuidae) in North China [J]. Journal of Integrative Agriculture, 17 (7): 1516-1526.

Haber W A. 1984. Pollination by deceit in a mass - flowering tropical tree (*Plumeria rubra* L. *Apocynaceae*). Biotropica, 16: 269-275.

Hahn M, Bruhl C A. 2016. The secret pollinators: an overview of moth pollination with a focus on Europe and North America [J]. Arthropod-plant Interactions, 10 (1): 21-28.

Hendrix W H, Showers W B. 1992. Tracing Black Cutworm and Armyworm (Lepidoptera: Noctuidae) Northward Migration Using *Pithecellobium* and *Calliandra* Pollen [J]. Environmental Entomology, 21 (5): 1092-1096.

Jones G D, Greenberg S M. 2009. Cotton pollen retention in boll weevils: a laboratory experiment [J]. Palynology, 33 (1): 157-165.

Jones G D, Jones S D. 2001. The uses of pollen and its implication for entomology [J]. Neotropical Entomology, 30: 341-350.

Jones G D, Bryant V M Jr. 2007. A comparison of pollen counts: light versus scanning electron microscopy [J]. Grana, 46: 20-33.

Jones G D, Lopez J D Jr. 2001. Pollen analysis of the crop of corn earworm adults [M]. In: Goodman D G, Clarke R T, editors. Proceedings of the Ninth International Palynolo - gical Congress. American

Association of Stratigraphic Palynologists, Dallas. p: 505-510.

Kevan P G, Baker H G. 1983. Insects as flower visitors and pollinators [J]. Annu. Rev. Entomol. , 28: 407-453.

Kitahara M, Yumoto M, Kobayashi T. 2008. Relationship of butterfly diversity with nectar plant species richness in and around the Aokigahara primary woodland of Mount Fuji, central Japan [J]. Biodiversity and Conservation, 17 (11): 2713-2734.

Krenn H W. 2010. Feeding mechanisms of adult Lepidoptera: structure, function, and evolution of the mouthparts [J]. Annual Review of Entomology, 55 (1): 307-327.

Leahy T C, Andow D A. 1994. Egg weight, fecundity, and longevity are increased by adult feeling in *Ostrinianubilalis* (Lepidoptera: Pyralidae) [J]. Annals of the Entomological Society of America, 87 (3): 342-349.

Lederhouse R C. 1990. Adult nutrition affects male virility in *Papilio glanucus* L. [J]. Functional Ecology, 4: 743-751.

Loublier Y, Douault P, Causse R, *et al.* 1994. Utilisation des spectres polliniques recueillis sur *Agrotis* (*Scotia*) *ipsilon* Hufnagel (Noctuidae) comme indicateur des migrations [J]. Aix en Provence, Grana, 33: 276-281.

Mehmet Cengiz Karaismailoğlu, OsmanErol. 2019, Pollen morphology of some taxa of *Thlaspi* L. sensu lato (Brassicaceae) from Turkey, and its taxonomical importance [J]. Palynology, 43 (2) .

Mikkola K. 1971. Pollen analysis as a means of studying the migrations of Lepidoptera [J]. Annales Entomologici Fennici, 37: 136-139.

Roulson T H, Cane J H. 2000. Pollen nutritional content and digestibility for animals [M]. In: Dafni A, Hesse M, Pacini E (eds) Pollen and pollination. Springer, Vienna, pp: 187-209.

Schoonhoven L M, Van Loon J J, Dicke M. 2005. Insect-plant biology [M]. Oxford University Press, Oxford.

Song Z M, Li Z, Li D, Xie B Y, Xia J Y. 2007. Adult feeding increases fecundity in female *Helicoverpa armigera* (Lepidoptera: Noctuidae) [J]. European Journal of Entomology, 104 (4): 721-724.

Tao Z B, Ren Z X, Bernhardt P, *et al.* 2018. Nocturnal hawkmoth and noctuid moth pollination of *Habenaria limprichtii* (Orchidaceae) in sub-alpine meadows of the Yulong Snow Mountain (Yunnan, China) [J]. Botanical Journal of the Linnean Society, 187 (3): 483-498.

Turnock W J, Chong J, Luit B. 1978. Scanning electron microscopy: a direct method of identifying pollen grains on moths (Noctuidae: Lepidoptera) . Canadian Journal of Zoology, 56: 2050-2054.

Wackers F L, Romeis J, Van Rijn P. 2007. Nectar and pollen feeding by insect herbivores and implications for multitrophic interactions [J]. Annual Review of Entomology, 52 (1): 301-323.

Wagner D L. 2001. Moths. In Encyclopedia of Biodiversity [M]. Levin S A. Academic Press: San Diego, CA, USA, Volume 4, pp: 249-270.

Zalucki M P, Daglish G, Firempong D. 1986. The biology and ecology of *Heliothis armigera* (Hubner) and *H. punctigera* Wallengren (Lepidoptera: Noctuidae) in Australia: What do we know? [J]. Australian Journal of Zoollogy (34): 779-814.

植物抗虫性的诱导及病毒诱导作用研究现状

吴 娟*，李 想，竺锡武**
（湖南人文科技学院农业与生物技术学院，娄底 417000）

摘 要：植物的诱导抗虫基因主要有防御蛋白基因类、防御物质合成基因类、信号途径基因类。植物诱导抗虫基因的表达主要受外界胁迫因子及植物体内生化因子调控。病毒诱导植物对害虫抗性的研究主要是研究病毒影响植物对媒介昆虫的抗性，而病毒影响植物对非媒介昆虫的抗性的研究很少；不同植物种类的生理生化性质不同，对病毒诱导植物抗不同类型昆虫的分子机制仍需要广泛深入研究。

关键词：植物抗虫性；诱导；病毒诱导

Research Advance on Induced and Virus-induced Plant Resistance to Insect

Abstract: The induced insect-resistant genes in plants are classified into three categories, which are defense genes, defense compound synthesis genes and signal pathway genes. The expression of induced insect-resistant genes is regulated by external stress factors and biochemical factors in plants. The research of virus-induced plant resistance to pests is mainly to study the effects of viruses on plant resistance to vector insects, and little research on the effects of viruses on plants against non-vector insects; The physiological and biochemical properties of different plant species are different, and the molecular mechanism of virus-induced plant resistance to different types of insects still needs extensive and deep research.

Key words: plant resistance to insect; Virus-induced resistance; Induced resistance

1 植物抗虫性诱导研究现状

植物的抗虫性诱导研究以前大多集中在昆虫取食或受机械损伤后植物受到诱导产生的抗虫性方面（娄永根等，1997；杨广等，2007；陈晨等，2010）。这里仅简介与诱导抗虫基因相关的研究。

至目前已发现的诱导抗虫基因主要有防御蛋白基因类、防御物质合成基因类、信号途径基因类（杨广等，2007）。防御蛋白基因：如蛋白酶抑制剂基因、半胱氨酸蛋白酶抑制剂基因、丝氨酸蛋白酶抑制剂基因、胰岛素蛋白酶抑制剂基因、黑芥子酶结合蛋白基因。防御物质合成基因如：过氧化物酶基因、多酚氧化酶基因、细胞色素 P450 单氧

* 第一作者：吴娟；E-mail：172324305@ qq. com
** 通信作者：竺锡武；E-mail：zhuxw9999@ aliyun. com

酶基因、黑芥子酶基因、(3S)-(E)-nerolidol 合成酶基因、3-羟基-3-甲基戊二酰-辅酶 A 还原酶基因、亮氨酸氨基肽酶基因、萜烯合成酶类基因、类萌芽素蛋白基因、Dirigent(DIR)基因。信号途径基因:如多聚半乳糖醛酸酶基因、脂肪氧合酶基因、丙二烯氧化合成酶基因、过氧化氢裂解酶基因、过氧化氢酶基因。近年来又发现 SGT1 基因(Meldau *et al.*, 2011)、BAK1 基因(Yang *et al.*, 2011)、*LeMPK*1、*LeMPK*2 和 *LeMPK*3 基因(Kandoth *et al.*, 2007),等等。

植物诱导抗虫基因的表达主要受外界胁迫因子及植物体内生化因子调控(娄永根等,1997;杨广等,2007;陈晨等,2010;War *et al.*, 2012)。各种生物因子如昆虫取食(Hettenhausen *et al.*, 2014),真菌、细菌(Shavit *et al.*, 2013)、病毒侵染;非生物诱导因子如水杨酸、茉莉酸和茉莉酸甲酯、脱落酸、乙烯及其衍生物、Phenylpropanoid、Systemin(一种 18 氨基酸多肽)、12-氧络-植物二烯酸、(Z)-3-己烯醇、寡糖、精胺、脂类如 FAC 类物质(Hettenhausen *et al.*, 2014)(fatty acid-amino acid conjugates)(Hettenhausen *et al.*, 2014)、温度(Huang *et al.*, 2012)、紫外线、水胁迫、机械损伤、杀虫剂、除草剂、金属离子、盐胁迫、酒精、甲醛等调控。

2 病毒诱导植物对害虫抗性的研究现状

病毒诱导植物对害虫抗性的研究大都在病毒—植物—害虫互作的研究中进行(叶健等,2017)。典型例子之一是 CMV—烟草—蚜虫的互作关系研究。Ziebell 等(Ziebell *et al.*, 2011)报道,删除 2b 基因序列的人工突变体病毒 CMV△2b 诱导了烟草植株对桃蚜的强烈抗性,但蚜虫个体生长速率与对照没有差异;CMV 侵染促进蚜虫存活和繁殖,但抑制蚜虫个体生长。而张玲等(2007)、马丽娜等(2007)的研究结果与之不同,CMV 侵染烟草抑制蚜虫生长和繁殖,有待分析原因。Westwood 等(2011)报道,由于植物的差异,CMV-拟南芥-蚜虫互作结果与烟草中试验结果不一致,CMV、CMV△2b诱导拟南芥合成受 CYP81F2 基因调控的阻碍桃蚜取食的物质 4-methoxy-indol-3-yl-methylglucosinolate(4MI3M),抑制蚜虫个体生长速率;CMV 的 2a 蛋白触发防卫信号,导致增加了 4MI3M 的积累;2b 蛋白增强 CMV 和另外一些病毒蛋白的积累,抑制植物 AGO1 蛋白的活性,而 AGO1 蛋白正向调节 4MI3M 的生物合成和负向调节对桃蚜有毒物质的积累。然而,1a 蛋白调节 2b 介导的对 AGO1 蛋白的抑制。1a、2a、2b 三个病毒蛋白相互作用平衡病毒繁殖扩散的需要。Westwood 等(2011)报道,所有病毒的沉默抑制子可能都抑制本生烟植株中茉莉酸诱导的基因表达,但并不总是与桃蚜生长繁殖表现结果相关:CMV-Fny 在本生烟中抑制桃蚜的生长速率,但对桃蚜的繁殖没有显著影响;而转基因 2b 株系对桃蚜的生长和繁殖都没有显著影响。综合这些研究表明有的是正向作用,有的是负向作用,病毒 CMV 通过这些基因在植物中作用的综合平衡,病毒 CMV 的一些基因通过不同途径对植物的抗虫性起着诱导作用,可能因植物种类不同而结果不同,仍需进一步研究。

在双生病毒影响植物对烟粉虱的抗性研究方面,Zhang 等(2012)研究发现,番茄黄化曲叶病毒 TYLCCNV 与 β 卫星共侵染抑制植物的茉莉酸防卫通路,卫星编码的致病性因子 βC1 负责对植物防卫的抑制的起始,从而实现病毒、媒介昆虫的互利共生。当带病毒的烟粉虱取食病毒已侵染的烟草时，病毒促进了烟粉虱快速而有效的取食行为（He *et al.*，2015）。Li 等（2014）研究发现，TYLCCNV 的 *βC1* 基因直接与植物的 *MYC2* 基因相互作用，抑制了 *MYC2* 基因介导的萜烯类化合物的活性，从而导致减少了植物抗性，促进了媒介昆虫与病毒的互利共生。这个研究结果探明了病毒基因 *βC1* 诱导植物降低对烟粉虱抗性的分子机制。

还有一些报道也表明，植物病毒改变了寄主植物的性状和生理生化指标，从而影响媒介昆虫对寄主植物的选择行为，促进病毒的传播和扩散（赵锟等，2013；Ingwell *et al.*，2012）。

与上述研究植物病毒影响植物-媒介昆虫的互作不同。Thaler 等（2010）研究了 TMV—植物—媒介昆虫及非媒介昆虫的互作，发现 TMV 侵染番茄增加甜菜夜蛾幼虫的生长速率的 20%，而减少蚜虫的生长速率和繁殖量；TMV 侵染番茄不影响番茄中茉莉酸含量，但显著影响水杨酸含量；并认为被病原物诱导调节的水杨酸诱导了对咀嚼式昆虫的敏感性和对蚜虫的抗性。Kersch-Becker MF 等（2012）报道，马铃薯 Y 病毒（*Potato virus* Y，PVY）的 3 个株系都诱导寄主植物的水杨酸通路，其中 PVY（NTN）诱导一种强烈而长久的反应。在 PVY 侵染的植物上，蚜虫的繁殖力和密度增加了。相反，PVY（NTN）侵染减少了植物对 2 种非媒介草食昆虫 *Trichoplusia ni*、*Leptinotarsa decemlineata* 的抗性，增加了这 2 种昆虫的生长速率。

3 展望

综合病毒影响植物对昆虫的抗性研究的报道，这方面的研究总体还是较少，并且主要是研究病毒影响植物对媒介昆虫的抗性，而病毒影响植物对非媒介昆虫的抗性的研究很少；不同植物种类的生理生化性质不同，对病毒诱导植物抗不同类型昆虫的分子机制仍需要广泛深入研究。病毒编码的生物活性寡肽是否影响植物的抗虫性？这方面还有待研究。

植物的抗虫性诱导研究在减少化学农药用量，实施绿色防控的今天，显得非常有意义。其中病毒诱导的植物抗性已得到一部分专家的关注，已成为作物病虫害的导向性防控的重要研究内容（叶健等，2017）。病毒—昆虫—植物三者之间的关系，需要进一步扩大认识和探讨，并使之能为绿色防控、无害化防控病虫害服务。

参考文献

陈晨，于福才，范秀琴，等. 2010. 植物诱导抗虫性研究与应用［J］. 河北林果研究，25（4）：394-398.

娄永根，程家安. 1997. 植物的诱导抗虫性［J］. 昆虫学报，40（3）：320-331.

马丽娜，刘映红，张玲，等. 2007. 不同病毒接种烟株对烟蚜生长发育和繁殖的影响［J］. 植物保护学报，34（1）：10-14.

杨广，关雄，WANG-PRUSKI，等. 2007. 植物诱导抗虫基因研究进展［J］. 农业生物技术学报，15（1）：157-166.

叶健，龚雨晴，方荣祥. 2017. 病毒—媒介昆虫—植物三者互作研究进展及展望［J］. 中国科学院院刊，32（8）：845-855.

张玲，刘映红，马丽娜，等 . 2007. 温度及烟草 CMV 病株对烟蚜生长发育的影响 [J]. 中国农学通报，23 (6)：341-344.

赵锟，等 . 2013. 病毒-植物互作对同翅目媒介昆虫生物学及其传毒机制的影响 [J]. 天津师范大学学报 (自然科学版)，33 (4)：49-55.

Hettenhausen C，Heinrich M，Baldwin I T，*et al.* 2014. Fatty acid-amino acid conjugates are essential for systemic activation of salicylic acid-induced protein kinase and accumulation of jasmonic acid in Nicotiana attenuate [J]. BMC Plant Biol，14：326.

He W B，Li J，Liu S S. 2015. Differential profiles of direct and indirect modification of vector feeding behaviour by a plant virus [J]. Sci Rep，5：7682.

Huang L，Ren Q，Sun Y，*et al.* 2012. Lower incidence and severity of tomato virus in elevated CO (2) is accompanied by modulated plant induced defence in tomato [J]. Plant Biol (Stuttg)，14 (6)：905-913.

Ingwell L L，Eigenbrode S D，Bosque-Pérez N A. 2012. Plantviruses alter insect behavior to enhance their spread [J]. Sci Rep，2：578.

Kandoth P K，Ranf S，Pancholi S S，*et al.* 2007. Tomato MAPKs LeMPK1，LeMPK2，and LeMPK3 function in the systemin-mediated defense response against herbivorous insects [J]. Proc Natl Acad Sci U S A，104 (29)：12205-12210.

Kersch-Becker M F，Thaler J S. 2014. Virus strains differentially induce plant susceptibility to aphid vectors and chewing herbivores [J]. Oecologia，174 (3)：883-892.

Li R，Weldegergis B T，Li J，*et al.* 2014. Virulence Factors of Geminivirus Interact with MYC2 to Subvert Plant Resistance and Promote Vector Performance [J]. Plant Cell，26 (12)：4991-5008.

Meldau S，Baldwin I T，Wu J. 2011. SGT1 regulates wounding-and herbivory-induced jasmonic acid accumulation and Nicotiana attenuata's resistance to the specialist lepidopteran herbivore Manduca sexta [J]. New Phytol，189 (4)：1143-1156.

Shavit R，Ofek-Lalzar M，Burdman S，*et al.* 2013. Inoculation of tomato plants with rhizobacteria enhances the performance of the phloem-feedinginsect Bemisia tabaci [J]. Front Plant Sci，4：306.

Thaler J S，Agrawal A A，Halitschke R. 2010. Salicylate-mediated interactions between pathogens and herbivores [J]. Ecology，91 (4)：1075-1082.

War A R，Paulraj M G，Ahmad T，*et al.* 2012. Mechanisms of plant defense against insect herbivores A [J]. Plant Signal Behav，7 (10)：1306-1320.

Westwood J H，Groen S C，Du Z，*et al.* 2013. A trio of viral proteins tunes aphid-plant interactions in Arabidopsis thaliana [J]. PLoS One，8 (12)：e83066.

Yang D H，Hettenhausen C，Baldwin I T，*et al.* 2011. BAK1 regulates the accumulation of jasmonic acid and the levels of trypsin proteinase inhibitors in Nicotiana attenuata's responses to herbivory [J]. J Exp Bot，62 (2)：641-652.

Ziebell H，Murphy A M，Groen S C，*et al.* 2011. Cucumber mosaic virus and its 2b RNA silencing suppressor modify plant-aphid interactions in tobacco [J]. Sci Rep，1：187.

Zhang T，Luan J B，Qi J F，*et al.* 2012. Begomovirus-whitefly mutualism is achieved through repression of plant defences by a virus pathogenicity factor [J]. Mol Ecol，21 (5)：1294-1304.

中国桦蛾科（鳞翅目）系统学研究进展*

陈梦悦[1**]，王明鉴[2]，杨　华[2]，张文武[2***]，王　星[1***]
（1. 植物病虫害生物学与防控湖南省重点实验室/湖南农业大学植物保护学院，长沙　410128；2. 湖南乌云界国家级自然保护区管理局，桃源　415700）

摘　要：桦蛾科 Endromidae 隶属于昆虫纲 Insecta 鳞翅目 Lepidoptera，全世界性分布，已知16属70种。桦蛾是一类中型蛾子，幼虫多取食植物叶片，有些种类为农林业、园艺园林业的重要害虫。因此，对其开展系统学研究，进行准确的种类鉴定对于农林业生产具有重要的研究价值和经济意义。目前世界范围内已开展的桦蛾科研究均为区域性工作，但仍缺少全面的区系研究和系统的分类修订工作。另外，桦蛾科是鳞翅目昆虫系统树上的关键点之一，对其进行深入的形态、分子研究，重建其系统发育以修订完善鳞翅目高级阶元分类系统，也将对中国鳞翅目系统分类研究提供参考，对农林害虫的防治工作提供借鉴。

关键词：桦蛾科；系统学；形态学；分子生物学；系统发育

Advances in Systematics of the Family Endromidae（Lepidoptera）from China

Chen Mengyue[1**]，Wang Mingjian[2]，Yang Hua[2]，Zhang Wenwu[2***]，Wang Xing[1***]
（1. *Hunan Provincial Key Laboratory for Biology and Control of Plant Diseases and Insect Pests / College of Plant Protection*，*Hunan Agricultural University*，*Changsha* 410128，*China*；
2. *Hunan Wuyunjie National Nature Reserve*，*Taoyuan* 415700，*China*）

Abstract：The family Endromidae（Insecta：Lepidoptera）is a medium-sized moth，which distributes worldwide consisting of about 16 known genera and 70 species. The larvae of Endromidae mostly feed on plant leaves，and some species are important pests of agroforestry and horticulture. Therefore，systematic study and accurate identification of Endromidae is of significant agroforestry importance. Recently，researches on Endromidae in the world mostly are regional works，which have important research value and lack of comprehensive floristic research and systematic classification revision. In addition，Endromidae is one of the key points in the phylogenetic tree of Lepidoptera，in-depth morphological and molecular studies were carried out to reconstruct its phylogenetic development so as to revise and improve the lepidoptera higher order metaclassification system，which will also provide reference for the classification research of lepidoptera in China and for the pest control work of agricultural and forestry pests.

Key words：Endromidae；Systematics；Morphological characteristics；Molecular characteristics

---

* 基金项目：湖南农业大学与湖南乌云界国家级自然保护区管理局合作研究项目
** 第一作者：陈梦悦，硕士研究生，主要从事昆虫分类学相关研究；E-mail：1125570748@qq.com
*** 通信作者：张文武，工程师，主要从事自然保护研究工作；E-mail：498197412@qq.com
王星，教授，主要从事昆虫系统分类学研究工作；E-mail：wangxing@hunau.edu.cn

桦蛾科（Endromidae Boisduval，1828）隶属于昆虫纲（Insecta）鳞翅目（Lepidoptera）有喙亚目（Glossata）蚕蛾总科（Bombycoidea），是一类中型蛾子。桦蛾成虫体型中等、粗壮，喙退化，前翅径脉5条，基部共柄；后翅Sc与R脉之间，接近中室处肩脉不明显，Sc+R1有一横脉与中室相连，M2从中室中下部伸出，距Cu1A脉较近。因其幼虫喜食桦树叶片，故将其命名为桦蛾。

桦蛾科昆虫同属之间外形差异小，相似及近缘种多，识别比较困难。早期研究大多局限于外形和体色描记，缺少生殖器特征记述；此外，该科缺乏世界性的系统研究专著，尤其是其分类地位的合理性受到怀疑或还远未澄清的类群，有关其独有的特征、种类的厘定、与相近类群系统关系的探讨等，许多仍是空白。桦蛾为植食性昆虫，部分种类为农林业、园艺园林业的重要害虫。如茶蚕蛾主要为害茶树，幼虫喜食枝端嫩叶，为害严重时只见树下老叶、枝稍仅留残脉；忍冬桦蛾主要为害金银忍冬和长白忍冬，取食叶片形成缺刻或全叶食光，仅留下短小的叶柄。随着对桦蛾科昆虫研究的发展，明确其生物学特性，可以在合适的时间进行防治，以减少农林业、园艺林业的经济损失。

桦蛾科为世界性分布，主要分布在埃塞俄比亚区、东洋区和古北区，目前世界范围内已记录70种，隶属于4亚科16属（Kitching *et al.*，2018）。其中我国桦蛾科昆虫已报道16属50种，约占世界种数的70%，隶属于4个亚科，其中齿翅蚕蛾亚科（Oberthuerinae）9属40种，钩蚕蛾亚科（Prismostictinae）4属7种，桦蛾亚科（Mirininae）1属2种，裘蛾亚科（Endromidinae）1属1种（陈树椿，1990；孙力华等，1987；Wang *et al.*，2015；Zolotuhin *et al.*，2000）。据统计，忍冬桦蛾亚科与裘蛾亚科中的物种总数目只占世界桦蛾科总数的1/10左右，因此种类较多的齿翅蚕蛾亚科与钩蚕蛾亚科成为最主要的研究对象。

我国地域辽阔，生态环境复杂多样，地跨古北区和东洋区，在世界动物地理区系中占有重要地位，但我国桦蛾科的系统分类工作相对模糊。因此，亟待对我国桦蛾科进行系统整理和分类订正，搞清种类和区系；明确各亚科、属间的系统发育关系及其地理分布格局的成因，提高中国桦蛾科的研究水平，并为其他相关研究提供准确的种类鉴定资料。本文对中国境内报道的桦蛾科昆虫历史沿革和研究现状进行回顾和总结，以期为我国桦蛾科昆虫资源的开发和利用提供基础数据。

1 桦蛾科昆虫形态学及生物学概况

1.1 成虫形态

成虫体型中等、粗壮，被厚鳞毛。雌性翅展通常比雄性大（Zolotuhin *et al.*，2012）。雄蛾触角大多数为双栉羽状，外侧羽长于内侧栉羽；雄蛾的栉枝明显长于雌蛾的栉枝。有些种雄的触角基半部为双栉形，上半栉齿形，雌蛾有些为单栉齿形、丝状（朱弘复，1996）。复眼黑色，无单眼。喙不发达；下唇须向上弯曲，灰黑色。足腿节、胫节具长毛；前足胫节内侧有一片状前胫突。胸部的前足短于中、后足，腿节及胫节上有密集的长毛，腿节内侧有梳器，后足胫足有一对很小的端距。翅宽大，一般前翅顶角稍外突呈钝圆形，也有些种外突较长并向下稍弯呈钩状。前翅有R脉5支，后翅基部Sc与Rs间有短脉相接，前、后翅上M2均出自中室端的中部或靠近上方，缺少1A或只留有痕迹，Sc+R1 与中室分离或由横脉相连。桦蛾的雌性外生殖器一般短而粗，肛瓣长圆形，被密毛，前表皮突长于后表皮突，交配囊管短而粗，导精管由靠近阴窦处进入囊导管，交配囊体较肥大，有些种的囊体内有不同形状的囊片。雄性外生殖器上的抱器大致为宽版型：钩翅蚕蛾属、齿翅蚕蛾属、透翅蚕蛾属、茶蚕蛾属，其中齿翅蚕蛾属、透翅蚕蛾属、茶蚕蛾属的抱器腹突明显而呈现不同的角度。各属间的爪形突也不大相同，爪形突上有一对杯状构造，一般可分为单爪型或双爪型两类。阳茎一般是短而粗的肘型（钩翅蚕蛾属、透点蚕蛾属、茶蚕蛾属等），其中钩蚕蛾属中的个别种为长条型。

1.2 幼虫形态及生物学

桦蛾科幼虫体态粗壮，通常呈圆筒形。某些类群的腹部末端具臀角，如齿翅蚕蛾幼虫（Zolotuhin *et al.*，2013），而有些种类通体具刚毛，如茶蚕蛾幼虫、忍冬桦蛾幼虫（Wang *et al.*，2011；Wang *et al.*，2015）。幼虫体色通常为黑褐色、灰褐色、棕黄色，少数为鲜艳的绿色和黄色，带色斑（Wang *et al.*，2015；陈树椿，1990）。但不同龄期会有一定变化，如忍冬桦蛾一龄幼虫体黑色，枝刺黑色；二龄幼虫体背黑色，两侧暗红色，枝刺黑色；三龄幼虫体背黑色，两侧淡绿色，气门下枝刺淡绿色，或者仅胸背面有一黑、白、红三色条斑，枝刺翠绿色，端部黑色；四龄幼虫每节体侧具粉绿色斜纹，腹部复面棕绿色（孙力华等，1987）。

幼虫在形态特征上因类群不同而有所特化，如齿翅蚕蛾亚科钩蚕蛾族的共同衍征为幼虫胸部侧板膨大成扇状、腹部侧板膨胀，其各属间腹部侧板特化程度不一，具有属级分类特征。窗蚕蛾亚科幼虫部分属种类的特化亦较为明显：如茶蚕蛾属幼虫普遍具有聚集性且体披绒毛状刚毛。部分桦蛾科的幼虫具有拟态，桦蛾亚科幼虫体具枝刺，枝刺长度由背向腹部渐短；在其腹 3、4 节足外侧基部各有一柱状翻缩腺，受惊时伸出模拟眼镜蛇，用来惊退天敌。桦蛾老熟幼虫大多数在寄主的叶片、枝条上结丝茧化蛹，但越冬代多数在老干缝隙或寄主附近的石壁及其他附着物上结茧。茧为椭圆形，多为白色，污白色或者淡黄色。

桦蛾卵块多产在叶片背面，其卵为扁圆形或扁椭圆形，有些物种的卵中央微凹。卵会随着时间的变化颜色逐渐加深，如忍冬桦蛾的卵初产为淡绿色，随时间而渐变为紫红色，最后在孵化前变为黑紫色并带有黄色花斑（孙力华等，1987）。

桦蛾科昆虫一般一年发生 2~3 代，有时因地区不同而稍有差异，如三线茶蚕蛾在浙江杭州一年发生 2 代，在福建崇安一年发生 3 代（朱弘复等，1996）。但不同属之间年发生世代差别明显，如一般透点蚕蛾发生 2 代；而忍冬桦蛾一年只发生一代。此外，桦蛾科昆虫的生活世代会因环境差异而有所不同，如炎热干旱天气不利于三线茶蚕蛾世代发生，而阴雨低湿且日照短的天气或会使其夏季蛹期缩短，从而使三线茶蚕蛾的发生世代增加（朱弘复等，1996）。

2 中国桦蛾科研究历史

自 20 世纪 90 年代以来，中国开始注重对桦蛾的研究，在世界已发现的 70 个种里面，中国发现新记录种 50 种（Wang *et al.*，2015；陈树椿，1990；陈树椿等，1993；孙力华等，1987）。中国桦蛾系统研究近年来逐渐增加，有些研究是将其归在蚕蛾科进行系统研究。部分成果记录在各地的昆虫名录、地方志或其他图书中。在《中国动物志》第五卷昆虫纲鳞翅目中记载了一部分的桦蛾科种类，包含了4个属，11个种，分别是钩翅蚕蛾属3个种、齿翅蚕蛾属2个种、透点蚕蛾属2个种、茶蚕蛾属4个种（朱弘复等，1996），至2015年，桦蛾科中齿翅蚕蛾亚科和钩蚕蛾亚科在中国被发现有所分布的有14个属47个种（Wang *et al.*，2015），该书籍详细描述各个种的历史沿革、标本检查、鉴定特征、分布。其他书籍包含桦蛾科的记录的有《广东南岭国家级自然保护区蛾类》和《中国蛾类图鉴》等。

3　桦蛾科昆虫系统发育研究

3.1　形态学系统发育研究

1887年Staudinger根据桦蛾成虫外型与大蚕蛾科昆虫相似，且幼虫具多数刚毛，将其置于大蚕蛾科Saturiidae中（Staudinger，1887）。在1901年Staudinger和Rebel发现忍冬桦蛾的前翅有R脉5支，而大蚕蛾科前翅的R脉仅有3支；忍冬桦蛾的导精管由靠近阴窦处进入囊导管而大蚕蛾类的导精管在靠近囊体处进入导囊管（Staudinger *et al.*，1901）。此外，桦蛾幼虫从1至5龄各个体节均生有刚毛但是在大蚕蛾科中还没有任何幼虫从1至5龄各个体节均生有刚毛（Munroe，1949）。

1982年据Fletcher和Nye同意Hampson曾将桦蛾属*Mirina*置于蚕蛾科中的这一观点。尽管蚕蛾属*Bombyx*及其邻近的一些蚕蛾科的属，前翅R脉亦有5支，但忍冬桦蛾属各支R脉的相互位置与蚕蛾科不同，尚未见到忍冬桦蛾属的幼虫有与蚕蛾科相似的，后者幼虫第8节腹节上只有一个不大的凸起（Seitz，1933），两者无论在整体外貌或者毛序方面均不相同。忍冬桦蛾属在外观上与白蚕蛾属*Ocinara*的成蛾相似（Dierl，1978），但在脉序与雄性外生殖器方面不同，白蚕蛾属的抱器强烈缩小，囊形突大，而忍冬桦蛾的雄性外生殖器中的颚形突缺少这一特点亦与古北界南部的蚕蛾科不同，因而将忍冬桦蛾属放入蚕蛾科中是不合适的。由于忍冬桦蛾属不具有鼓膜听器，雄性外生殖器缺少颚形突和抱握器等特征，因此与舟蛾总科Notodontoidea关系相近的论点，也很难成立。另外，忍冬桦蛾体刚毛以及毛序等特征也与舟蛾幼虫明显不同。

1970年Common提出的忍冬桦蛾属与夜蛾总科Notodontoidea以及天蛾总科Sphingoidea关系接近的意见，更显得缺乏充足的证据（Common，1970）。许多分类学者，如Staudinger和Seitz以及其他专家，将桦蛾属归于桦蛾科中。尽管裘蛾属与桦蛾属在成虫形态、幼虫以及蛹的构造上存在很大的差异，但他们之间的成虫脉序相似、触角构造类型一致均为双栉齿状、跗节类型相同、雄虫外生殖器具有共同特征以及幼虫毛序属于统一模式。在此以后，有许多分类学家将忍冬桦蛾的幼虫、蛹和成虫进行比较形态学研究后纷纷支持1982年Staudinger提出的观点，将忍冬桦蛾属放入桦蛾科中（Staudinger，1982），但该属在桦蛾科中处于孤立的地位，鉴于此情况，在1952年苏联分类学家Герасимов在当时扎实的研究基础上研究忍冬桦蛾的幼虫后，将忍冬桦蛾属以一新亚科等级忍冬桦蛾亚科包括桦蛾科中（Герасимов，1952）。

3.2　分子系统发育研究

随着细胞生物学和分子生物学的研究及技术手段不断发展，如DNA测序技术和

PCR 技术，昆虫系统发育及演化的研究已广泛应用于进化生物学的每一个领域，分子系统发育研究已经成为比较基因组研究必不可少的工具。生物体的外部形态、内部结构，以及行为习性等方面，归根结底都是由遗传基因决定的。因此，细胞生物学和分子生物学手段逐渐应用于分类研究。

2008 年 Regier 等利用 5 个编码蛋白质的核基因，分别为 *CAD*（单鞭毛生物的一段融合基因）、*DDC*（多巴脱羧酶基因）、*enolase*（烯醇化酶基因）、*period*（周期基因）、*wingless*（果蝇遗传突变体筛选中发现的可以导致翅膀组织缺失的基因），以 12 个科大约5 300物种进行分子系统发育分析（其中包括了 19 种桦蛾）进行分子系统发育分析，没有结合所研究材料的形态学特征。结果表明，钩蚕蛾族和齿翅蚕蛾族应分别独立成亚科，分别与裘蛾科、桦蛾科具有较近的亲缘关系（Regier *et al.*，2008）。在 2011 年 Zwick 等利用 20 个基因，以蚕蛾总科中的 25 个属（其中包括了 8 个属 21 种桦蛾）进行分子系统发育分析，没有结合所研究材料的形态学特征将蚕蛾总科分成 3 个科，包括蚕蛾科、桦蛾科、带蛾科，且将原属于蚕蛾科的窗蚕蛾属 *Prismosticta* 与齿翅蚕蛾属 *Oberthueria* 与忍冬桦蛾科 Mirinidae 归属于桦蛾科 Endromidae（Zwick *et al.*，2011）。到目前为止，这种重新限定的分类缺乏明确的形态学证明，一些作者认为这是不成熟的（Zolotuhin *et al.*，2011；Zolotuhin，2012；Wang *et al.*，2015）。然而，随后的分子系统发育研究如 Heikkil 等在 2015 年证明了 Zwick 等在 2011 年提出的观点。

4 讨论

桦蛾科所辖各级分类阶元的组成及其分类地位一直争论不休，当前大部分学者赞同其由裘蛾亚科、桦蛾亚科、钩蚕蛾亚科和齿翅蚕蛾亚科组成，但各亚科所辖属级阶元亦是众说纷纭。如 Owada 等（2002）将茶蚕蛾属置于钩蚕蛾亚科中；而 Zolotuhin（2012）和 Wang 等（2012，2015）则分别将茶蚕蛾属置于蚕蛾亚科、齿翅蚕蛾亚科中；Wu 和 Chang（2016）则直接将茶蚕蛾属置于广义蚕蛾科中。拟蚕蛾属 *Promustilia* Zolotuhin，2007、拟茶蚕蛾属 *Pseudandraca* Yang，1995、如钩蚕蛾属 *Mustilizans* Yang，1995、冬蚕蛾属 *Smerkata* Zolotuhin，2007、达赖蚕蛾属 *Dalailama* Staudinger，1896、钩蚕蛾属 *Mustilia* Walker，1865、瑟蚕蛾属 *Sesquiluna* Forbes，1955、斯蚕蛾属 *Theophoba* Fletcher and Nye，1982 等属的归属问题，也一直迟迟未定（Kitching *et al.*，2018；Wang *et al.*，2015；Zolotuhin and Dolgunov，2018）。根据前人研究结果（Kishida and Wang，2011；Lemarei and Minet，1999；Minet，1994），目前属于齿翅蚕蛾亚科和钩蚕蛾亚科的 13 个属中，至今仍有近半数的属的分类地位有待解决。

在桦蛾科中，有部分疑难属的物种多样性特别丰富，所辖物种的外部形态上观察显示其种内变异大、种间差异小，要实现诸如此类属种的准确鉴定特别困难，尤其是齿翅蚕蛾属、钩蚕蛾属、如钩蚕蛾属等所囊括物种的鉴定正确与否，急需全方位、多角度的技术手段进行核实、验证。如针对齿翅蚕蛾属昆虫，有研究者在日本九州、中国东北、四川、云南、西藏、台湾、华南等地区广泛取样，借助分子数据和形态特征，综合系统发育与谱系地理学分析发现，广布种咔齿翅蚕蛾的不同地理种群在 DNA 序列数据上并没有明显分化，但是在外部形态上却明显存在或多或少的差异，而区域性特有种台湾齿翅蚕蛾、伦齿翅蚕蛾等尽管在形态上与广布种咔齿翅蚕蛾的差异不太明显，但在 DNA 序列数据上差异很显著（Liao *et al.*，2018；Zolotuhin and Wang，2013）。

参考文献

陈树椿，王洪建.1993. 中国桦蛾科一新种（鳞翅目：桦蛾科）[J]. 昆虫学报（1）：85-87.

陈树椿.1990. 关于忍冬桦蛾 *Mirina christophi* Stgr. 的分类地位［J］. 北京林业大学学报（2）：1-5.

黄国华，王星.2004. 中国茶蚕蛾属 *Andraca* Walker，1865 记述［J］. 昆虫分类学报，26（1）：47-48.

孙力华，宋友文，单立华.1987. 忍冬桦蛾的初步研究［J］. 昆虫学报，30（4）：455-457.

王敏，岸田泰则.2010. 广东南岭国家级自然保护区蛾类［M］. Goecke and Evers，Keltern.

章士美.1973. 农林主要害虫的生物学及地理分布［M］. 南昌：江西人民出版社.

中国科学院动物研究所.1919 中国蛾类图鉴［M］. 北京：科学出版社.

中国科学院动物研究所.1981 中国蛾类图鉴.1［M］. 北京：科学出版社.

朱弘复，王林瑶.1996. 中国动物志——昆虫纲（第五卷）［M］. 北京：科学出版社：11-60.

Common IFB. 1970. Lepidoptera（moths and butterflies）［J］. Insects of Australia. Canberra，765-886.

Dierl W. 1978. Revision der orientalischen Bombycoidea（Lepidoptera）［M］. Spixiana，1（3）：255-268.

Ghorai N，Raut S，Bhattacharyya A. 2010. Behavioural ecology of a tea pest，Andraca bipunctata（Lepidoptera：Bombycidae），in the Sub-Himalayan climate of Darjeeling（India）［J］. Biological Letters，47（2）：65-80.

Heikkilä M，Mutanen M，Wahlberg N，*et al.* 2015. Elusive ditrysian phylogeny：an account of combining systematized morphology with molecular data（Lepidoptera）［J］. BMC Evolutionary Biology，15（1）：260.

Kishida Y，Wang X. 2011. Bombycidae. In：M. Wang and Y. Kishida（eds.）. Moths of Guangdong Nanling National Nature Reserve［J］. Goecke and Evers，Keltern，Germany. 137-139.

Kitching I，Rougerie R，Zwick A，*et al.* 2018. A global checklist of the Bombycoidea（Insecta：Lepidoptera）［J］. Biodiversity Data Journal，6：e22236.

Lemarei C，Minet J. 1999. The Bombycoidea and their relatives. In：N. P. Kristensen（ed.）Handbook of Zoology. Lepidoptera，Moths and Butterflies. 1. Evolution，systematics and biogeography［M］. de Gruyter，Berlin，321-353.

Liao M W，Gu X S，Xue J，*et al.* 2018. The complete mitochondrial genome of Oberthueria lunwan（Lepidoptera：Oberthuerinae）［J］. Mitocondrial DNA Part B，3（1）：17-18.

Minet J. 1994. The Bombycoidea-Phylogeny and higher classification（Lepidoptera，Glossata）［J］. Entomologica Scandinavica，25（1）：63-88.

Munroe E G. 1949. An unnoticed character in the Saturnioidea（Lepidoptera）［J］. Entomol News，60：60-65.

Myers N，Mittermeier R A，Mittermeier C G，*et al.* 2000. Biodiversity hotspots for conservation priorities［J］. Nature，403：853-858.

Regier J C，Mitter C，Zwick A，*et al.* 2013. A Large-Scale，Higher-Level，Molecular Phylogenetic Study of the Insect Order Lepidoptera（Moths and Butterflies）［J］. PLoS ONE，8（3）：e58568.

Regier J C, Cook C P, Mitter C, *et al*. 2008. A phylogenetic study of the 'bombycoid complex' (Lepidoptera) using five protein-coding nuclear genes, with comments on the problem of macrolepidopteran phylogeny [J]. Systematic Entomology, 33 (1): 175-189.

Regier J C, Zwick A, Cummings M P, *et al*. 2009. Toward reconstructing the evolution of advanced moths and butterflies (Lepidoptera: Ditrysia): an initial molecular study [J]. BMC Evolutionary Biology, 9: 280.

Seitz A. 1911. Die Gross-Schmetterlinge der Erde [M]. Stuttgart, 2: 193-194.

Staudinger O, Rebel H. 1901. Catalog der Lepidopteren des palaearktischen Faunengebietes. Theil I. Famil. Papilionidae-Hepialidae [J]. Berlin: Friedländer: 411.

Wang M. 2011. The genus Andraca (Lepidoptera, Endromidae) in China with descriptions of a new species [J]. Zookeys, 127 (127): 29-42.

Wang X, Chen Z M, Gu X S, *et al*. 2018. Phylogenetic relationships among Bombycidae s. l. (Lepidoptera) based on analyses of complete mitochondrial genomes [J]. Systematic Entomology, 20: 1-9.

Wang X, Wang M, Dai L Y. *et al*. 2012. A revised annotated and distributional checklist of Chinese Andraca (Lepidoptera, Oberthuerinae) with description of a new subspecies [J]. Florida Entomologist, 95 (3): 552-560.

Wang X, Wang M, Zolotuhin V V, *et al*. 2015. The fauna of the family Bombycidae sensu lato (Insecta, Lepidoptera, Bombycoidea) from Mainland China, Taiwan and Hainan Islands [J]. Zootaxa, 3989 (1): 001-138.

Wu S, Chang W C. 2016. Andraca yauichui sp n. , a new species endemic to mid elevation forests of Taiwan (Bombycidae sensu lato, Lepidoptera) [J]. Zootaxa, 4200 (4): 515-522.

Xing-ShiG, Li M, Xing W, *et al*. 2016. Analysis on the Complete Mitochondrial Genome of Andraca theae, (Lepidoptera: Bombycoidea) [J]. Journal of Insect Science, 16 (1): 105: 1-11.

Zolotuhin V V, Wang X. 2013. A taxonomic review of Oberthueria Kirby, 1892 (Lepidoptera, Bombycidae: Oberthuerinae) with description of three new species [J]. Zootaxa, 3693 (4): 465-478.

Zolotuhin V V, Witt T J. 2000. The Mirinidae of Vietnam (Lepidoptera) [J]. Entomofauna, suppl. 11 (2): 13-24.

Zolotuhin V V, Witt T J. 2009. The Bombycidae of Vietnam [J]. Entomofauna, (Suppl. 16): 231-272.

Zolotuhin V V. 2012. Taxonomic remarks on Andraca Walker, 1865 (Lepidoptera: Bombycidae) with descriptions of five new species [J]. Zootaxa, 3262: 22-34.

Zwick A, Regier J C, Mitter C, *et al*. 2011. Increased gene sampling yields robust support for higher-level clades within Bombycoidea (Lepidoptera) [J]. Systematic Entomology, 36 (1): 31-43.

Zwick A. 2008. Molecular phylogeny of Anthelidae and other bombycoid taxa (Lepidoptera: Bombycoidea) [J]. Systematic Entomology, 33 (1): 190-209.

Герасимов А М. 1952. Насекомые чешуекрылые [J]. Фауна СССР, 1 (2): 15-18. .

鱼藤酮的提取和应用概述*

俞　泉**，胡一鸿***

（湖南人文科技学院，娄底　417000）

摘　要：随着社会的发展，人们环保意识的加强，植物源农药的应用越来越多，需求越来越大。我国最早登记的植物源农药有大蒜素等。现在市场上常见的植物源农药有：苦参碱、印楝素、鱼藤酮、除虫菊酯。鱼藤酮就是其中一种。本文着重综述鱼藤酮的杀虫效果和不同种提取工艺，利用高效液相色谱（HPLC）鉴定鱼藤酮。鱼藤酮在化学品安全技术说明书中明确表明，鱼藤酮是一种中毒物质，对于鱼类和赤眼蜂等昆虫有一定的影响。但是由于其易光解（半衰期为2.3h），毒性特异性强，所以对于施药后的环境影响较小，是一种环境友好型农药，值得推广。

关键词：鱼藤酮；高效液相色谱；光解；赤眼蜂

Extraction and Insecticidal Effect of Rotenone*

Yu Quan**, Hu Yihong***

(*HunanUniversity of Humanities, Science and Technology, Loudi* 41700, *China*)

Abstract: With the development of society and the strengthening of people's awareness of environmental protection, the application of plant pesticides is increasing and the demand is increasing. The first registered botanical pesticides in China are allicin and so on. Now the common plant pesticides on the market are: matrine, azadirachtin, rotenone, pyrethroid. Rotenone is one of them. In this paper, the insecticidal effect of rotenone and the extraction techniques of rotenone were reviewed. The rotenone was identified by high performance liquid chromatography (HPLC). Rotenone was clearly indicated in the technical specification of chemical safety that rotenone was a toxic substance and had a certain effect on insects such as fishing areas and Trichogramma. But because of its ease of photolysis (The half-life is 2.3 h and the toxicity specificity is strong, so it has little influence on the environment after application, so it is a kind of environment-friendly pesticide, and it is worth popularizing.

Key words: Rotenone; High performance liquid chromatography; Photolysis; Trichogramma

现代化农业生产离不开化肥、农药的使用。21世纪以来随着人们的环保意识的增加，越来越倾心于低毒，易降解的生物农药。生物农药是通过生物资源研发的农药（韩如月，2017）。生物农药分为植物源农药、动物源农药、微生物源农药、天敌生物

* 基金项目：教育厅创新平台开放基金（16K047）

** 第一作者：俞泉；E-mail：2660677412@ qq. com

*** 通信作者：胡一鸿；E-mail：huyhongwangyi@ 163. com

农药、转基因生物农药5种（朱英慧，2018）。植物源农药发展前景巨大，有效成分提取自植物本身，对环境友好，毒性普遍较低，且不易产生抗性（刘慧雯，2018）。市面上常见的植物源农药有：苦参碱、印楝素、鱼藤酮、除虫菊酯。鱼藤酮系列产品开发较早，可与多种农药混配使用，利用广泛。本文重点综述鱼藤酮的杀虫效果、提取和检测方法、毒性。

1 鱼藤酮（rotenone）概述

1.1 应用情况

鱼藤酮（rotenone）广泛存在于地瓜子、苦檀子、鸡血藤等植物的根皮部，毒性专属性特别强，对哺乳动物低毒，对昆虫具有强烈的触杀和胃毒作用（尤龙等，2018）。鱼藤酮在紫外光下易降解，半衰期为2.3h，降解动力方程为$Ct=9.0851e-0.3008t$（张帅等，2007）。在自然光照条件下，鱼藤酮降解非常迅速，一般条件下不会出现残留现象，而产生毒害，极大减轻了施药后的环境压力，是一种环境友好型的农药。在19世纪中叶开始，鱼藤已经被当成杀虫剂使用，至今已经有100多年的发展历史，对于鱼藤酮的杀虫作用机理、生物活性研究的比较深入，有一套相对完善的理论体系。现如今做为一种成熟的生物源农药，主要剂型有：乳油、微乳剂、悬浮剂和其他农药混配。鱼藤酮单剂有2.5%、4%、7.5%的乳油和5%的除虫菊素·鱼藤酮乳油。主要用来防治蔬菜菜青虫、小叶蛾、蚜虫等昆虫（刘慧雯，2018）。

1.2 杀虫效果

用potter喷雾法（徐淑等，2018）筛选对板栗栗实蛾和小蛀果斑螟高效低毒的生物源农药时，发现其他生物源农药相比0.3%印楝素乳油和2.5%鱼藤酮乳油效果最佳，防治效果均在80%以上。杨菁菁等（2013）发现鱼藤酮对于昆虫的细胞增殖也有抑制效果。在同剂量下与印楝素和乌头碱相比效果更加明显。

鱼藤酮是一种优良的可混配型农药，能够与其他植物源农药或化学农药协同作用。由于鱼藤酮具有高效低毒特点，在和化学农药混配之后可以在达到杀虫目的的前提下，减少化学农药的用量，降低农药毒性和残留。

现如今病虫害的治理上越来越重视天敌生物的利用，所以一种农药的使用在和天敌生物的联动治理时，是否会产生影响也尤为重要。在生物杀虫剂对天敌昆虫的安全性（尹园园等，2018）试验中发现：在丽蚜小蜂、东亚小花蝽、食蚜瘿蚊、巴氏新小绥螨4种天敌昆虫中，鱼藤酮仅仅只对东亚小花蝽安全。因而在实际生活生产中，一定要避免鱼藤酮和其他几种天敌昆虫联用。

2 提取和检测

2.1 鱼藤酮的提取方法

在我国广西境内大量分布有毛果鱼藤和亮叶鱼藤两种鱼藤属植物。利用高效液相色谱对于两种鱼藤根中鱼藤酮含量进行分析（杨文杰，2011），发现毛果鱼藤、亮叶鱼藤中鱼藤酮的含量分别只有0.0031%和0.6536%用于商业化生产，生产成本高缺乏市场竞争力。所以寻找鱼藤酮含量高的鱼藤属植物，对于鱼藤酮类生物农药的生产也至关重要。

目前，国内外的鱼藤酮生产都是从鱼藤属等豆科植物的根部提取，鱼藤酮分子结构复杂，难以人工合成，鱼藤酮的提取可用的方式很多：如索氏提取法、超临界流体萃取法、超声波法、水蒸气蒸发法（曾智等，2011）。这些方法提取效率高，但是成本也高，所以工业生产提取鱼藤酮主要还是采用冷浸法。冷浸法提取效率相对较低，周期较长但是成本较低、操作简便适用于工业化生产。

在实验中发现利用95%的丙酮、99%的氯仿、乙醇和水（9：1）的混合加草酸（1mg/mL），3种不同溶剂体系提取鱼藤酮（Zubairi *et al.*，2004），发现丙酮的提取效率最高（Zubairi *et al.*，2004；Zubairi *et al.*，2014）。提取工艺流程大致为：以95%丙酮为溶剂，藤黄属植物的根茎干粉为原料，28~30℃浸提24h，每隔30min用高效液相色谱法检测一次，发现在10~12h的提取率最佳，提取率为1.65%。在后续的提取工艺优化中发现对粗提液进行蒸发浓缩，对于提取效率的结果有显著性的影响。在实验设计中利用旋转蒸发仪在50℃，80mbar的条件下浓缩，除去有机溶剂，但是结果表明蒸发浓缩应该将温度控制在40℃以下来保证鱼藤酮不会降解。

索氏提取法、冷浸，震荡抽提3种方法6种溶剂进行实验（黄继光等，2001），发现强极性的甲醇和非极性的石油醚的提取率最低，在苯、丙酮、乙酸乙酯的提取率较高，这可能与鱼藤酮在这几种溶剂体系下的溶解度有关。利用CO_2超临界萃取时发现，即使在加入夹带剂之后，CO_2超临界萃取的提取效率仍低于传统的有机溶剂浸提（黄继光等，2006）。虽然超临界萃取优点众多，但是超临界萃取的影响因素较多，如果想用于工业化生产，对于萃取条件必须反复探索才能找到最优配比。

鱼藤酮的传统浸提方式（刘淼，2004）：干燥鱼藤根粉用氯仿浸泡3次，氯仿液减压蒸发产物用乙醚溶解。不溶物中加入乙醇重结晶得鱼藤酮。可溶的乙醚液中加入少量5%的氢氧化钾震荡，用水洗除去树脂状物，脱水后蒸去乙醚，溶于四氯化碳，低温析出结晶，加入乙醇煮沸，放置结晶得鱼藤酮晶体。

2.2 高效液相色谱法检测

陈小军等（2015）对鱼藤植物属根及其产物，利用高效液相色谱法（HPLC）分析，建立色谱指纹图谱，能够给鱼藤酮的生产质量体系的建立提供了理论标准。色谱条件为C18色谱柱（250mm×4.6mm，5μm）；柱温30℃；检测波长254nm；流动相为甲醇-水（体积比为65：35），流速1.0mL/min，进样量10μL。鱼藤酮的保留时间为12min左右。

3 作用机理和毒性

鱼藤酮是生物细胞线粒体呼吸链中NADH到泛醌氧化还原酶的高效抑制剂，这也是该类化合物杀虫活性的主要机制（曾鑫年等，2002）。鱼藤酮是一种具有高度疏水性结构的化合物，不溶于水，易溶于有机溶剂，极易透过渗透膜，正是由于这种疏水亲酯的特性，能够透过血脑屏障，损伤神经系统（Bove and Peiter，2012）。近年研究发现，鱼藤酮有多巴胺神经元毒，可以使小鼠产生帕金森病相同的症状，出现运动迟缓、肌僵直、震颤等现象（李亚南和葛晓群，2009）。

化学品安全技术说明书中标明鱼藤酮对大鼠的经口急性毒性半数致死量（LD_{50}）为60mg/kg。鱼藤酮对不同性别大鼠的经口LD_{50}和对豚鼠的经皮LD_{50}都属于中等毒性（黄超培和赵鹏，2006）。虽然鱼藤酮毒害特异性效果强，对于哺乳动物毒害较低，但是也是一种中等毒性的物质，长期处于鱼藤酮生产环境的人，也应该做好完善的防护措施。

3.1 鱼藤酮对鱼类养殖的影响

野外寄生虫是挪威野生大西洋鲑鱼养殖的最大威胁之一，将鱼藤酮浓度控制在0.033mg/L的浓度时能杀死寄生虫（Sandodden *et al.*，2018），而不影响正常养殖，但是浓度过高时会影响鲑鱼正常生长繁殖，从而影响养殖业的生产。Sandvik 等（2018）等采用一种液相色谱与紫外分析相结合的方法可以快速、准确、简便的一种方法检测水中鱼藤酮的含量。在水体环境中，浮游类和隐翅类生物与贝壳类、十足类、蜗牛相比更加容易受到鱼藤酮影响（Dalu *et al.*，2015）。即使在非常低的浓度下，无脊椎浮游动物对于鱼藤酮依旧十分敏感。

3.2 鱼藤酮对赤眼蜂的寄生影响

在实验中发现在推荐剂量（RD）下鱼藤酮能100%降低寄生虫的感染，但是赤眼蜂幼虫和蛹处于在含有鱼藤酮的环境中的时候，会减少赤眼蜂的65.43%的数量（Sidi *et al.*，2013）。即便是微量的鱼藤酮对于赤眼蜂的毒性也很大。所以在寄生蜂的饲养区和应用区要避免鱼藤酮的使用。

4 应用研究现状

鱼藤酮作为一种植物源农药，具有高效、低毒的优良性质，十分契合社会对于绿色生态的要求。鱼藤酮虽然对昆虫有很强的特异性，但是也存在植物源农药普遍的一些缺点，如价格更高、相对于化学农药见效更慢、剂型单一等。解决这个问题的一个研究方向是：鱼藤酮与其他生物农药或者化学农药混配之后对杀虫效果的影响。现在有鱼藤酮与不同种化学农药的混配专利和论文，研究表明混配后，表现出良好的杀虫效果，减少了化学农药的使用，减低了农药的毒性、降低了农药残留的问题。

我国现在鱼藤酮的生产厂家数量呈递增形势，自1991年第一个鱼藤酮产品到2010共有11家企业18个厂家登记鱼藤酮产品（李颖和王朱莹，2010）。虽然鱼藤酮只是中毒农药，但是由于我国在这方面起步较晚，现有生产技术不过关，经常在鱼藤酮的生产过程出现零星中毒现象。所以在提取工艺上的探索和优化至关重要，在未能摸索出新道路之前，在生产过程中务必做好防范措施，避免出现中毒现象。

参考文献

陈小军，孟志远，王平，等.2015. 杀虫植物鱼藤根色谱指纹图谱研究［J］. 扬州大学学报（农业与生命科学版），36（2）：79-82，88.

韩如月.2017. 生物农药应用中存在的问题及对策［J］. 南方农机，48（18）：163.

黄超培，赵鹏.2006. 鱼藤酮原药的基础毒性研究［J］. 毒理学杂志（3）：205-206.

黄继光，徐汉虹，周利娟，等.2001 非洲山毛豆叶片中鱼藤酮的提取方法［J］. 华南农业大学学报（4）：29-32.

黄继光，周利娟，徐汉虹，等 . 2006. 非洲山毛豆中鱼藤酮 CO_2超临界流体的萃取效果［J］. 华中农业大学学报（1）：43-45.

李亚南，葛晓群 . 2009. 鱼藤酮毒性及含量测定方法研究进展［J］. 国际药学研究杂志，36（5）：366-369，396.

李颖，王朱莹 . 2010. 鱼藤酮应用与分析的研究进展［J］. 广西轻工业，26（11）：9-10.

刘慧雯 . 2018. 植物源农药品种及药效介绍［J］. 农村新技术（7）：40-41.

徐淑，董易之，姚琼，等 . 2018. 6 种生物源农药对板栗栗实蛾和小蛀果斑螟的室内毒效和田间防效［J］. 安徽农业科学，46（5）：154-156.

杨菁菁，蒋红云，张兰，等 . 2013. 几种植物源活性物质对昆虫细胞的毒力测定［J］. 植物保护，39（2）：112-116.

杨文杰 . 2011. 两种鱼藤植物中的鱼藤酮含量测定和鱼藤酮结晶比较［C］//吴孔明 . 植保科技创新与病虫防控专业化——中国植物保护学会 2011 年学术年会论文集 . 北京：中国农业科学技术出版社 .

尹园园，吕兵，林清彩，等 . 2018. 5 种生物杀虫剂对 4 种天敌昆虫的安全性评价［J］. 生物安全学报，27（2）：128-132.

尤龙，李曰鹏，任士伟 . 2018. 国内常见植物源农药的研究进展［J］. 广州化工，46（13）：12-13，19.

张帅，曾鑫年，熊忠华 . 2007. 表鱼藤酮光稳定性的研究［J］. 农药（4）：241-242.

朱英慧 . 2018. 生物农药应用中存在的问题及对策［J］. 南方农业，12（15）：62-63.

曾智，安玉兴，管楚雄，等 . 2015. 鱼藤酮制剂制备工艺现状及应用前景［J］. 农业灾害研究，5（11）：23-24.

曾鑫年，张善学，方剑锋 . 2002. 毛鱼藤酮与鱼藤酮杀虫活性的比较［J］. 昆虫学报（5）：611-616.

Bove J，Peiter C. 2012. Neurotoxin-based models of parkinson's disease［J］. Neuroscience，211：51-76.

Sandvik M，Waaler T，Rundberget T，*et al.* 2018. Fast and accurate on-site determination of rotenone in water during fish control treatments using liquid chromatography［J］. Management of Biological Invasions，9（1）：59-65.

Sandodden R，Brazier M，Sandvik M，*et al.* 2018. Eradication of *Gyrodactylus salaris* infested Atlantic salmon（*Salmo salar*）in the Rauma River，Norway，using rotenone［J］. Management of Biological Invasions，9（1）：67-77.

Sidi M B，Islam M T，Ibrahim Y. 2012. Effect of insecticide residue and spray volume application of azadirachtin and rotenone on *Trichogramma papilionis*（Hymenoptera：Trichogrammatidae）［J］. International Journal of Agriculture and Biology，14（5）：805-810.

Tatenda D，Ryan J，Wasserman M J. 2015. An Assessment of the effect of rotenone on selected non-target aquatic fauna［J］. PLoS ONE，10（11）：1-13.

Zubairi S I，Sarmidi M R，Aziz R A. 2014. A preliminary study of rotenone exhaustive extraction kinetic from *Derris elliptica* dried roots using normal soaking extraction（NSE）method［J］. Advances in Environmental Biology，8（4）：910-915.

Zubairi S I，Sarmidi M R，Aziz R A. 2004. Normal soaking extraction（NSE）of rotenone from *Derris elliptica*［C］. Proceeding of 'Simposium Kimia Analisis Kebangsaan'（Skam-17）. Pahang：Swiss

Garden Resort：26-28.

Zubairi S I，Sarmidi M R，Aziz R A. 2004. A Study into the effect of concentration process on the yield of rotenone from the extract of local plant species（*Derris elliptica*）[C]. Proceeding of ‘Seminar Sebatian Semulajadi Malaysia Ke-20’. Sarawak：Unimas：29-30.

Zubairi S I，Sarmidi M R，Aziz R A. 2004. Evaluation of kinetic for the extraction of bio - active compound（rotenone）form *Derris elliptica* and identification of optimum variables of the exhaustive extraction pocess [C]. Proceeding of Agriculture Congress. Kuala Lumpur：The Mines and Hotel Resort：4-7.

二点委夜蛾发生规律与综合防治技术

柴利粉*

(巩义市农业农村工作委员会，巩义 451200)

摘　要：二点委夜蛾是我国玉米上的一种新发害虫，巩义市于2011年6月下旬首次发现二点委夜蛾为害夏玉米，笔者通过近几年调查，基本明确二点委夜蛾成虫1年发生4代，其二代幼虫为主害代，主要为害夏玉米苗，为害高峰期为6月下旬至7月上旬，并提出农业防治、物理防治和化学防治相结合的综合防治策略。

关键词：二点委夜蛾；发生规律；综合防治

二点委夜蛾属鳞翅目夜蛾科，是从2011年起在我国河北、河南、山东、山西、安徽等黄淮海夏玉米主产区暴发为害的一种新发害虫（王振营，2012），巩义市于2011年6月下旬首次发现二点委夜蛾为害夏玉米。该虫具有暴发性、幼虫聚集性、为害隐蔽性、为害程度重、防治难度大等特征，一旦发生，对产量损失较大。为了更好地指导防治，笔者经实地调查及查阅相关资料，基本明确了二点委夜蛾成虫发生规律、幼虫的生活习性、为害规律等，并提出农业防治、物理防治和化学防治相结合的综合防治策略。

1　成虫发生规律

二点委夜蛾在巩义市小麦玉米连作区1年发生4代，其中越冬代成虫发生高峰期为4月中下旬至5月上旬，间歇性发生，蛾量较少；一代成虫发生高峰期为6月上中旬，蛾量较多；二代成虫高峰期为7月中下旬，以7月下旬蛾量最多；三代成虫高峰期为8月中下旬至9月中旬，蛾量居中，以后逐渐断蛾。而且越冬代以后各代存在世代重叠现象。

2　田间幼虫为害规律

二点委夜蛾一代幼虫发生期为5月上中旬，由于越冬代成虫蛾量少，发生不集中，在小麦等主要寄主田调查时，群体大，范围广，针对性较困难，不易在田间查到为害作物的幼虫。

6月下旬初，二代幼虫开始在玉米田前茬为小麦且地里散落麦秸、麦糠多的地块，碎麦秸覆盖物下为害夏玉米幼苗，龄期为3龄以下，为害状较轻。7月上旬，二代幼虫田间为害状加重，幼虫躲在堆积麦秸较多的玉米苗周围、碎麦秸下或地表处进行为害，呈聚集性分布，分布不均，少则1~2头，多则单株集中最高达10头以上，区域性较

* 作者简介：柴利粉，高级农艺师，主要从事农作物病虫害测报与防治工作；E-mail：787328111@qq.com

强，一般顺垄为害，有转株为害习性。虫龄大小很不整齐，1~5 龄幼虫均能查到。其中 5 龄左右的大龄幼虫占 50%以上，个别地块为害较重。二代幼虫钻蛀玉米苗茎基部造成枯心苗，或咬断大龄玉米苗周围气生根呈倒伏状，是二点委夜蛾为害夏玉米的主害代。除为害玉米外，二代幼虫还为害麦茬花生，咬食下扎的果针，个别麦秸覆盖物多的地块为害较重，其他作物田未查到其为害（姜京宇，2008）。

8 月上旬三代幼虫发生期，同样在个别玉米、花生田地查到幼虫为害，但作物为害状不明显，仅发现在碎麦秸下栖息、取食，幼虫量较少，龄期不整齐。分析原因可能由于受夏季高温、食源、栖息场所的复杂性等的影响，虽然二代成虫蛾量大，但在田间查到的三代幼虫量较少，对作物造成的为害很小。

9 月中旬，田间基本查不到四代幼虫为害玉米等秋作物。10 月下旬或 11 月上中旬，二点委夜蛾主要以 4 代老熟幼虫作茧后进行越冬，少数还能以未作茧的老熟幼虫及蛹进行越冬。

通过在二点委夜蛾发生期对大田各种作物调查表明，二点委夜蛾是以为害夏玉米苗期为主，二代幼虫为主害代，为害高峰期为 6 月下旬至 7 月上旬，同时田间存在虫龄不整齐、多虫态重叠现象。

3 幼虫的生活习性

3.1 幼虫的食性

二点委夜蛾幼虫食性复杂，寄主植物较广泛，主要以取食作物的叶、嫩茎、果实为主，如用玉米、花生、甘薯、芋头、西瓜、吊兰、野苋菜及狗尾草等的叶和茎进行室内饲养，均取食性较好，均能完成幼虫发育历期，尤其对玉米嫩茎取食量最大，生长发育最好。田间调查也发现幼虫取食花生下扎的果针、嫩果及干枯叶、碎麦秸、麦糠、麦粒等，是一种多食性害虫（李宝国，2018）。

3.2 幼虫的为害习性

二点委夜蛾幼虫喜阴暗潮湿的环境，白天喜欢躲在玉米幼苗周围的碎麦秸下或在 2cm 左右的土表层为害玉米苗；一般顺垄为害，有转株为害习性；具群居性，常常多头幼虫聚集在一株下为害，高者可达 10 多头；田间幼虫虫龄不整齐，1~5 龄幼虫同时存在。幼虫一遇到惊扰，虫体立刻卷缩成“C”字形，呈假死性，而后经过少许时间又恢复正常，开始爬行活动（刘杰，2013）。该虫在田间分布不均，麦秸和麦糠等覆盖物较多的地方虫量大，为害重，往往成行的玉米苗被害，引起田间缺苗断垄，甚至毁种；而没有麦秸的地方虫量很少，几乎查不到幼虫。

二点委夜蛾幼虫为害作物时常躲在玉米等作物的叶、茎之间等阴暗、背光处取食，傍晚开始取食频繁，3 龄后进入暴食期，或造成叶片缺刻破损，或嫩茎被咬破钻蛀成孔洞；具昼伏夜出性。

3.3 幼虫生长发育习性

二点委夜蛾幼虫老熟后体节缩短，不食不动，身体较僵直，或借作物吐丝黏连周围残渣碎屑结成椭圆形虫茧，并在茧内蜕皮、化蛹、羽化；或直接蜕皮化为裸蛹，再羽化为成虫。一般幼虫在室内自然条件下（平均室温 27℃左右），发育一个龄期为 3~4 天，蛹期为6~11天。温度高于30℃，过于干燥的气候不利于其生长发育，尤其是低龄幼虫很容易死亡（马继芳，2014；曹美琳，2012）。

4 综合防治技术

根据二点委夜蛾发生规律和外地防治经验，结合本地实际，在防治上贯彻“预防为主，综合防治”的方针，加强虫情监测，做到早防、早控。通过采取农业措施破坏其生存环境，成虫发生期及时采取杀虫灯、糖醋液等物理高效成虫灭杀技术，幼虫期治早、治小，大龄幼虫采用高效低毒药剂应急防控等综合防治技术，从而可以达到最大限度降低为害、减少产量损失的目的。

4.1 农业防治

小麦收获后随即清理田间麦秸及杂草等覆盖物，集中到田外，或用于秸秆回收再利用；可人工借助钩、耙等农具，局部清理播种沟的麦秸和麦糠，露出播种沟，使玉米出苗后茎基部无覆盖物，消除二点委夜蛾的适生环境（牛博英，2017）。

4.2 物理防治

二点委夜蛾具有一定的趋光性和趋化性，可在成虫发生高发期，于田间悬挂杀虫灯、糖醋液或杨树枝把诱杀成虫，压低田间成虫基数，减少落卵量，减轻为害。

4.3 化学防治

4.3.1 喷雾法

在玉米3~4叶期，幼虫3龄之前，可选用甲氨基阿维菌素苯甲酸盐、毒死蜱、氯虫苯甲酰胺、甲维盐·高氯、阿维·氯虫苯甲酰胺等药剂，避免单独使用菊酯类农药。在傍晚进行全田均匀喷雾，注意加大喷水量，保证药液喷淋到玉米苗根茎部，同时兼治玉米黏虫、棉铃虫等（柴同海，2012）。

4.3.2 毒饵、毒土法

对大龄二点委夜蛾幼虫发生较重地块采用毒土、毒饵法防治。

毒饵法：每667m^2用4~5kg炒香的麦麸或粉碎后炒香的棉籽饼，与对少量水的90%晶体敌百虫或48%毒死蜱乳油500g拌成毒饵，于傍晚撒于距离玉米苗茎基部约5cm处，每株一小撮，重点撒施在有较多麦秸覆盖包围的玉米苗附近。

毒土法：每亩用80%敌敌畏乳油300~500mL拌25kg细土，于傍晚顺垄撒在玉米苗茎基部周围，围棵保苗。注意毒饵、毒土均不要撒到玉米植株上，要与玉米苗保持一定距离，以免产生药害（李俊生，2018）。

注意已用过除草剂烟嘧磺隆的田块，慎用有机磷类农药（安全间隔期7天以上）。同时对倒伏的大苗，及时培土扶苗，促使以后的气生根健壮，恢复正常生长。

参考文献

曹美琳，陶晡，刘顺，等.2012. 温度对二点委夜蛾实验种群的影响［J］. 植物保护学报（6）：531-535.

柴同海，梅成彬，翟晖，等.2012. 二点委夜蛾化学防治方法研究［J］. 植物保护（2）：167-170.

姜京宇，李秀芹，许佑辉，等 . 2008. 二点委夜蛾研究初报［J］. 植物保护（3）：123-126.

李宝国，李建华，张照坤，等 . 2018. 玉米二点委夜蛾的发生及防治措施［J］. 农技服务（2）：86.

李俊生 . 2018. 二点委夜蛾的防治技术［J］. 河北农业（8）：29-30.

刘杰，姜玉英，曾娟，等 . 2013. 2012 年二点委夜蛾发生特点和原因分析［J］. 中国植保导刊（9）：25-28.

马继芳，李立涛，甘耀进，等 . 2014. 湿度对二点委夜蛾生长发育及繁殖的影响［J］. 中国植保导刊（7）：46-50.

牛博英，马洪亮，魏淑艳，等 . 2017. 夏玉米二点委夜蛾的为害与生态防治方法研究［J］. 安徽农业科学（33）：166-167.

王振营，石洁，董金皋，等 . 2012. 2011 年黄淮海夏玉米区二点委夜蛾暴发为害的原因与防治对策［J］. 玉米科学（1）：132-134.

青藏高原熊蜂属 *Bombus* 资源及地理分布*

王保海[1**]，翟　卿[1,2]，曹　龙[2]，梁　妍[3]，赵轶琼[4]，王文峰[1]，
张亚玲[1]，杨小波[1]，李晨阳[5]，范瑞英[1]
(1. 西藏自治区农牧科学院，拉萨　850000；2. 河南农业大学植物保护学院，郑州　450002；3. 兰州大学，兰州　730000；4. 漯河市郾城区农业农村局农业技术推广站，漯河　462300；5. 西南林业大学，昆明　650224)

摘　要：熊蜂属为膜翅目蜜蜂总科的昆虫，熊蜂授粉是一项绿色增产技术，能够显著提高作物产量和品质。本文将青藏高原熊蜂水平分布划分 2 个大区，11 个小区，垂直分布划分 6 个带，简述每个小区的自然概况，分析了每个小区的熊蜂资源的组成。

关键词：熊蜂；资源；地理分布；青藏高原

Resources and Geographical Distribution of *Bombus* in the Qinghai-Tibet Plateau

Wang Baohai[1**], Zhai Qing[1,2], Cao Long[2], Liang Yan[3], Zhao Yiqiong[4], Wang Wenfeng[1],
Zhang Yaling[1], Yang Xiaobo[1], Li Chenyang[5], Fan Ruiying[1]
(1. *Tibet Academy of Agricultural and Animal Husbandry Sciences*, *Lasa* 850000; 2. *College of Plant Protection*, *Henan Agricultural University*, *Zhengzhou* 450002, *China*; 3. *Lanzhou University*, *Lanzhou* 730000, *China*; 4. *Agricultural Technology Extending Station*, *Luohe Yancheng Bereau of Agriculture and Countryside*, *Luohe* 462300, *China*; 5. *Southwest Forestry University*, *Kunming* 650224, *China*)

Abstract: Bumblebees is a kind of insect belong to Apoidea. Bumblebee pollination is a green production technology, can significantly increase crop yield and quality. In this article, the Tibetan plateau was divided into two regions, 11 village, vertical distribution divide six zones, on the basis of the horizontal distribution. The general situation of the natural in every community was briefly described, and the composition of bumblebee in every community resources was analysed.

Key words: Bumblebee; Resources; Geographical distribution; the Tibetan plateau

1　青藏高原的范围

本书中所指的青藏高原范围，依据张镱锂等（2002）的研究成果，包括我国西南的西藏自治区、四川省西部以及云南省部分地区，西北青海省的全部、新疆维吾尔自治

---

* 基金项目：科技基础性工作专项（2014FY210200）；中国博士后科学基金项目（2016M602935）；西藏自治区科技计划重点研发及转化项目：西藏茶树主要害虫成灾机理及绿色防控技术研究

** 第一作者：王保海；E-mail：wangbh@ taaas. org

区南部以及甘肃省部分地区，占我国陆地总面积的26.8%，整个还包括国外的不丹、尼泊尔、印度、巴基斯坦、阿富汗、塔吉克斯坦、吉尔吉斯坦的部分或全部。青藏高原总面积近300万平方千米，平均海拔4 000~5 000m，有“世界屋脊”和“第三极”之称，是亚洲许多大河的发源地。

2 青藏高原熊蜂的地理分区

从行政上西藏的墨脱、察隅、喜马拉雅山以南部分区域属于中国西藏的范围，但不属于青藏高原的范围，而且生态系统相差极大。西藏的墨脱、察隅、喜马拉雅山以南部分区域面积虽小，但昆虫种类及其丰富；青藏高原面积虽大，但昆虫种类颇少。两区域合并进行昆虫区系分析，必然造成相互影响，不能反应两区域昆虫区系的实质，故单独进行昆虫区系分析。1992年，笔者进行西藏昆虫聚类分析时，西藏的墨脱、察隅、喜马拉雅山以南部分区域的昆虫区系属性与广大高原的昆虫区系属性也是完全不一样的，故单独进行分析是合理的。即西藏的墨脱、察隅、喜马拉雅山以南部分区域称东洋区，分1个亚区，2个小区；青藏高原称青藏区，分2个亚区，9个小区，垂直分布划分为6个带（王保海，1992；2006）。

3 青藏高原熊蜂资源水平分布

3.1 东洋区

本区位于青藏高原西藏的中南部边缘，北部以中、东喜马拉雅山脉和岗日嘎布山脉主脊线南缘为界，东部以伯舒拉岭为界，南部直达西藏或青藏高原的边缘，是西藏或青藏高原的南斜面，也是西藏或青藏高原海拔最低的区域，属于热带、亚热带常绿阔叶林地带。本区在中喜马拉雅山南翼的我国境内，分布不相连接，行政区划上包括林芝地区的墨脱县、察隅县，山南地区错那县的勒布、门隅，洛扎县的拉康，日喀则地区的亚东，聂拉木的樟木，吉隆的吉隆区等地。本区仅为一个亚区，即藏南缘亚区。本亚区含2个小区，即墨脱、察隅小区和南缘小区（王保海，2011；2015）。

藏南缘亚区

墨脱、察隅小区　北部以中、东喜马拉雅山脉和岗日嘎布山脉主脊线南缘为界，东部以伯舒拉岭为界，南部直达西藏或青藏高原的边缘，属喜马拉雅山东段南缘的低山地，行政区划上包括墨脱、察隅等地。墨脱县属喜马拉雅山东侧亚热带湿润气候区。四季如春，雨量充沛，年均温16℃，1月均温8.4℃，7月均温22.6℃，年极端最低气温2℃，最高气温33.8℃，年降水量在2358mm以上。南部最大降水量可达5 000mm。察隅县属喜马拉雅山与横断山过渡地带的藏东南高山峡谷区。梅里雪山位于云南迪庆藏族自治州德钦县和西藏察隅县交界处。它北连西藏阿冬格尼山，南与碧罗雪山相接，冰峰接踵，雪峦桓亘，其主峰卡瓦格博海拔6 740m。本区种植业有两个重要特点：一是冬播作物并普遍复种，一年两熟或三熟；二是种植水稻和茶树。当地小麦、玉米、甘薯、棉花、花生、大豆、芝麻、谷子、桑、苹果、芭蕉、柑橘等均能生长良好（王保海，2016；2017；中国科学院青藏高原综合考察队，1981a；1980b；1988a；1988b）。本区域主要熊蜂有：橘背熊蜂 *Bombus atrocinctus* Smith、短头熊蜂 *Bombus breviceps* Smith、萃

熊蜂 *Bombus eximius* Smith、白背熊蜂 *Bombus festivus* Smith、黄熊蜂 *Bombus flavescens* Smith、葬熊蜂 *Bombus funerarius* Smith、颊熊蜂 *Bombus genalis* Frison、红尾熊蜂 *Bombus haemorrhoidalis* Smith、弱熊蜂 *Bombus infirmus*（Tklcu）、饰带熊蜂 *Bombus lemniscatus* Skorikov、明亮熊蜂 *Bombus lucorum* Linnaeus、泥熊蜂 *Bombus luteipes* Richards、斑模熊蜂 *Bombus mimeticus turneri* Richards、颂杰熊蜂 *Bombus nobilis* Friese、贞洁熊蜂 *Bombus parthenius* Richards、红束熊蜂 *Bombus rufofasciatus* Smith、鸣熊蜂 *Bombus sonani* Frison、三条熊蜂 *Bombus trifasciatus* Smith、西藏丽熊蜂 *Bombus xizangensis* Wang、波希拟熊蜂 *Bombus bohemicus* Seidl。

中喜马拉雅小区　本小区位于中喜马拉雅山南部，北部以中、东喜马拉雅山脉主脊线为界，分布不相连接，属低山峡谷，行政区划上包括山南地区错那县的勒布、门隅，洛扎县的拉康，日喀则地区的亚东，聂拉木的樟木，吉隆等。就种植而言，这些地区地形险阻，土地面积狭窄，加上地理位置偏远，交通困难，民主改革之前，农业生产极其落后。现在已发生根本性变化，农业生产水平有很大提高，但人口、耕地为数极其有限。主要农作物为玉米、荞麦、青稞、小麦、谷子等（王保海，2016；2017；中国科学院青藏高原综合考察队，1981a；1980b；1988a；1988b）。本区域主要熊蜂有：橘背熊蜂 *Bombus atrocinctus* Smith、宽胸熊蜂 *Bombus eurythorax* Wu、白背熊蜂 *Bombus festivus* Smith、葬熊蜂 *Bombus funerarius* Smith、灰熊蜂 *Bombus grahami* Frison、饰带熊蜂 *Bombus lemniscatus* Skorikov、小雅熊蜂 *Bombus lepidus* Skorikov、明亮熊蜂 *Bombus lucorum* Linnaeus、雪熊蜂 *Bombus niveatus* Kriechb、贞洁熊蜂 *Bombus parthenius* Richards、伪猛熊蜂 *Bombus personatus* Smith、火红熊蜂 *Bombus pyrosoma* Morawitz、雀熊蜂 *Bombus richardsiellus* Tkalcu、红束熊蜂 *Bombus rufofasciatus* Smith、鸣熊蜂 *Bombus sonani* Frison、窄胸熊蜂 *Bombus stenothorax*、三条熊蜂 *Bombus trifasciatus* Smith、滇熊蜂 *Bombus yunnanicola* Bischoff。

3.2 青藏区

青藏高原的全部，柴达木以西、以南、经鄂拉山折向、玛多、巴颜喀拉山主峰、龙玛达、尺宰日、那曲、唐古拉主峰、桑桑、达珠穆朗玛峰划线，以东为藏东区，以西为藏西区。

3.2.1 藏东亚区

本区界限，柴达木以西、以南、经鄂拉山折向、玛多、巴颜喀拉山主峰、龙玛达、尺宰日、那曲、唐古拉主峰、桑桑、达珠穆朗玛峰划线，以东为藏东区。

柴达木小区　东界以青海南山、鄂拉山为界、东北以疏勒南山东段木里，托勒南山野牛沟为界；西界以柴达木盆地西边缘为界，北界与青藏高原边缘同一界线；南界以昆仑山西段主脊线，布尔汗布达山、鄂拉山主峰为界。主要包括青海的柴达木盆地，及柴达木盆地以西的区域和甘肃的一部分区域。为中国三大内陆盆地之一。地貌呈同心环状分布，自边缘至中心，洪积砾石扇形地（戈壁）、冲积—洪积粉砂质平原、湖积—冲积粉砂黏土质平原、湖积淤泥盐土平原有规律地依次递变。青海省采取多种手段，加快生态治理步伐，柴达木盆地的绿洲面积不断扩大，据卫星遥感监测显示，柴达木盆地沙区风蚀荒漠化程度趋缓（王保海，2016；2017；中国科学院青藏高原综合考察队，1981a；

1980b；1988a；1988b）。本区域主要熊蜂有：昆仑熊蜂 *Bombus keriensis* Morawitz、小猛熊蜂 *Bombus meinertzhageni* Richards、镰珠尾熊蜂 *Bombus miniatocaudatus falsificus* Richards、红西伯熊蜂 *Bombus morawitzi*（Radoszkowski）、欧熊蜂 *Bombus oberti* Morawitz、伪猛熊蜂 *Bombus personatus* Smith、华丽熊蜂 *Bombus superbus* Tkalcu。

青东川西小区西界的北段与柴达木小区东界同一界线。南段以阿尼玛卿山脉主峰，达年保玉则峰，自年保玉则峰向南至壤塘、石里；南界以茂县至石里国道北侧主脊线为界。主要包括青海东部及川西潘松高原。本区南部主要包括松潘高原，地处岷山山脉中段，属青藏高原东缘。地貌东西差异明显，以高山为主；地形起伏显著，相对高差比较大最高处岷山主峰雪宝顶海拔 5 588m。气候、降水由于地形复杂，海拔悬殊，导致松潘的气候具有按流域呈明显变化的特点，小气候多样且灾害性天气活动频繁。各地降水分布不均，但干雨季分明，雨季降水量占全年降水量的 72%以上，多年平均气温 5.7℃，年极端最低气温为-21.1℃，多年平均降水量 720mm。本区北部主要包括青海东部高山灌丛草甸区，为青海省的重要牧业区，局部地区为半农半牧区，种植青稞、小麦、蚕豆、油菜、马铃薯等。民和等地可种植玉米、大豆等。西宁以东可种植果树、蔬菜，如梨、苹果、茄子、辣椒等（王保海，2016；2017；中国科学院青藏高原综合考察队，1981a；1980b；1988a；1988b）。本区域主要熊蜂有：欧熊蜂 *Bombus oberti* Morawitz、伪猛熊蜂 *Bombus personatus* Smith、藏带熊蜂 *Bombus tenellus* Wang、四色熊蜂 *Bombus tetrachromus* Ckll。

藏东北青东南南小区　东界与川西小区同界；西界与高寒区同界；南界西段以念唐古拉山主峰为界，东段自八宿向西经昌都、江达、德格、甘孜、壤塘。本区域包括青海玉树、果洛两个自治州的杂多、囊谦、玉林、称多、玛多、达日、久治斑马等县；藏东北包括昌都北部的边巴、洛隆、丁青、类乌齐四县及四川西北部分域。本区属典型的高原高寒气候。全年无四季之分，只有冷暖两季之别，冷季长达 7~8 个月，暖季只有 4~5 个月。年平均气温为年均温 2.9~3.4℃，资料记载最高气温为 27℃，最低气温为-25℃，最大冻土层达 111cm，年均降水量为 641mm，没有明显无霜期。土地肥沃、气候宜人，盛产青稞、麦子和各种豆类。牧区牧业发达，有牦牛、黄牛、犏牛、山羊、绵羊、马、骡、驴等畜种。植物物种丰富，其中许多为药用植物，部分为稀有名贵药材，如虫草、知母、秦艽等（王保海，2016；2017；中国科学院青藏高原综合考察队，1981a；1980b；1988a；1988b）。本区域主要熊蜂有：橘背熊蜂 *Bombus atrocinctus* Smith、波希拟熊蜂 *Bombus bohemicus* Seidl、察雅丽熊蜂 *Bombus chayaensis* Wang、凸污熊蜂 *Bombus convexus* Wang、猛熊蜂 *Bombus difficilimus* Skorikov、小雅熊蜂 *Bombus lepidus* Skorikov、明亮熊蜂 *Bombus lucorum* Linnaeus、颂杰熊蜂 *Bombus nobilis* Friese、岷山密林熊蜂 *Bombus patagiatus minshanensis* Bischoff、帕里熊蜂 *Bombus phariensis* Richards、羽熊蜂 *Bombus peralpinus* Richards、伪猛熊蜂 *Bombus personatus* Smith、火红熊蜂 *Bombus pyrosoma* Morawitz、瑞熊蜂 *Bombus richardsi* Reing、红束熊蜂 *Bombus rufofasciatus* Smith、静熊蜂 *Bombus securus*（Frison）、越熊蜂 *Bombus supremus* Morawitz、藏带熊蜂 *Bombus tenellus* Wang、四色熊蜂 *Bombus tetrachromus* Ckll.、隐纹熊蜂 *Bombus waltoni* Ckll、滇熊蜂 *Bombus yunnanicola* Bischoff。

横断南部小区　东界以青藏高原边缘为界；西界北段以伯舒拉岭为界，南段以国境线为界；北界与藏东北青南小区同界；南界以青藏高原南界为界 主要包括云南的贡山、福贡县全部地区，德钦和中甸县的绝大部分地区，宁蒗、丽江、维西、兰坪、泸水等5县的部分地区；西藏的昌都、察雅、巴宿、左贡、江达、贡觉，芒康等区域及川西的一部份，云南的贡山、福贡县全部地区，德钦和中甸县的绝大部分地区，宁蒗、丽江、维西、兰坪、泸水等5县的部分地区。由于短距离内高差极大，峰谷间景色殊异。“一山有四季，十里不同天”垂直自然带分异明显。横断山脉气候上受高空西风环流、印度洋和太平洋季风环流的影响，冬干夏雨，干湿季非常明显，降雨少，日照长，蒸发大、空气干燥。气候有明显的垂直变化，南北走向的山体屏障了西部水汽的进入，如高黎贡山东坡保山，年降水量903mm左右，年均相对湿度70%，西坡龙陵分别为2 595mm左右和83%。区域内拥有高等植物460余科、2 800余属、18 000余种，科、属、种的数量分别占中国的95%、73%、65%，农作物资源丰富（王保海，2016；2017；中国科学院青藏高原综合考察队，1981a；1980b；1988a；1988b）。本区域主要熊蜂有：察雅丽熊蜂 *Bombus chayaensis* Wang、凸污熊蜂 *Bombus convexus* Wang、颊熊蜂 *Bombus genalis* Frison，灰熊蜂 *Bombus grahami* Frison、弱熊蜂 *Bombus infirmus*（Tklcu）、饰带熊蜂 *Bombus lemniscatus* Skorikov、小雅熊蜂 *Bombus lepidus* Skorikov、明亮熊蜂 *Bombus lucorum* Linnaeus、颂杰熊蜂 *Bombus nobilis* Friese、岷山密林熊蜂 *Bombus patagiatus minshanensis* Bischoff、帕里熊蜂 *Bombus phariensis* Richards、羽熊蜂 *Bombus peralpinus* Richards、伪猛熊蜂 *Bombus personatus* Smith、火红熊蜂 *Bombus pyrosoma* Morawitz、瑞熊蜂 *Bombus richardsi* Reing、红束熊蜂 *Bombus rufofasciatus* Smith、静熊蜂 *Bombus securus*（Frison）、越熊蜂 *Bombus supremus* Morawitz、四色熊蜂 *Bombus tetrachromus* Ckll.、隐纹熊蜂 *Bombus waltoni* Ckll、滇熊蜂 *Bombus yunnanicola* Bischoff。

林芝小区　东界以伯舒拉岭为界；西界自念唐古拉山主峰林提经措多、工布江达，加查达喜马拉雅山；北界沿念唐古拉山主峰为界与藏东北青南小区南界东段同界；南界以喜马拉雅山主峰南侧为界。行政区划上包刮林芝地区的工布江达、林芝、米林、朗县、波密，那曲嘉藜县的一部分，山南地区的加查县。气候概况：林芝地区农牧区年平均气温7~16℃，年总降水量400~1 200mm，年太阳总辐射5 460~7 530MJ/m^2。1981年《青藏高原气候区划》将本地区东南部划分为热带北缘和亚热带山地湿润气候区，其余地方划分为高原温带半湿润气候区，按照1984年《西藏气候》中划分气候区的标准，东南部属于热带、亚热带山地季风湿润地区，西部为高原温带季风半湿润地区，东北部为高原温带季风湿润地区。本小区农作物以一年一熟为主，种植有青稞、小麦、油菜等。果树有苹果、梨、桃、核桃等，品质优良（王保海，2016；2017；中国科学院青藏高原综合考察队，1981a；1980b；1988a；1988b）。本区域主要熊蜂有：橘背熊蜂 *Bombus atrocinctus* Smith、波希拟熊蜂 *Bombus bohemicus* Seidl、稀熊蜂 *Bombus dilutior* Pittion、白背熊蜂 *Bombus festivus* Smith、葬熊蜂 *Bombus funerarius* Smith、灰熊蜂 *Bombus grahami* Frison、弱熊蜂 *Bombus infirmus*（Tklcu）、饰带熊蜂 *Bombus lemniscatus* Skorikov、小雅熊蜂 *Bombus lepidus* Skorikov、明亮熊蜂 *Bombus lucorum* Linnaeus、颂杰熊蜂 *Bombus nobilis* Friese、贞洁熊蜂 *Bombus parthenius* Richards、火红熊蜂 *Bombus pyrosoma* Morawitz、

瑞熊蜂 *Bombus richardsi* Reing、静熊蜂 *Bombus securus*（Frison）、鸣熊蜂 *Bombus sonani* Frison、苏氏熊蜂 *Bombus sushkini*（Skorikov）、西藏丽熊蜂 *Bombus xizangensis* Wang、滇熊蜂 *Bombus yunnanicola* Bischoff、西藏拟熊蜂 *Bombus tibetanus*（Morawitz）、贝加尔拟熊蜂 *Psithyrus transbaicalicus*（Popov）。

藏南小区　东界与林芝小区西界同界，西界与高寒亚区东界同界；北界与高寒亚区南界同界，南界以喜马拉雅山东段，青藏高原边缘（喜马拉雅山主脊线）为界。行政上隶属日喀则、拉萨市的全部及山南地区除加查以外的全部。本小区气候属高原温带半干旱季风气候区，年日照时数 3 000h，比邻省四川省省会成都市多 1 800h，比中国最大的东部城市上海市多 1 100h，在全国各城市中名列前茅，故有“日光城”美称。年降水量为 200~510mm，集中在 6—9 月，多夜雨。最高气温 29℃，最低气温-15℃。空气稀薄，气温低，日温差大，冬春干燥，多大风，年无霜期 100~120 天。相对而言，4—10 月气候温暖而湿润，是西藏的主要农业区，种植青稞、小麦、油菜、蚕豆等（王保海，2016；2017；中国科学院青藏高原综合考察队，1981a；1980b；1988a；1988b）。本区域主要熊蜂有：猛熊蜂 *Bombus difficilimus* Skorikov、基黄腹熊蜂 *Bombus flaviventris ochrobasis* Richard、镰珠尾熊蜂 *Bombus miniatocaudatus falsificus* Richards、银珠熊蜂 *Bombus miniatus* Bingham、羽熊蜂 *Bombus peralpinus* Richards、伪猛熊蜂 *Bombus personatus* Smith、火红熊蜂 *Bombus pyrosoma* Morawitz、红束熊蜂 *Bombus rufofasciatus* Smith、越熊蜂 *Bombus supremus* Morawitz、莺熊蜂 *Bombus tanguticus* Morawitz、四色熊蜂 *Bombus tetrachromus* Ckll.、隐纹熊蜂 *Bombus waltoni* Ckll。

3.2.2　藏西亚区

西边缘小区　东界沿西喜马拉雅山主脊线向北达喀喇昆仑山，沿喀喇昆仑山主脊线向北，沿国境线达列宁峰；西界、北界、南界达青藏高原的边缘。包括国外的印度、巴基斯坦、阿富汗、塔吉克斯坦、吉尔吉斯坦的部分或全部，即主要为克什米尔和帕米尔高原。南北气候差异很大，降水量自西南向东北递减：查谟达 1 150mm，东北部最少仅 50~80mm；气温自南而北递降，查谟 1 月平均为 14℃，列城在 0℃以下。矿藏有煤；多矿泉与温泉。森林占总面积 1/8。克什米尔河谷地与查谟地区是重要农业地区，产稻米、玉米、小麦和油菜籽、苹果。畜牧业以养羊和牛为主，所产羊毛世界闻名，牦牛是山区重要交通工具。有毛织、丝织、地毯、坎肩和木雕等工业和手工业。还发展了旅游业（王保海，2016；2017；中国科学院青藏高原综合考察队，1981a；1980b；1988a；1988b）。本区域主要熊蜂有：短头熊蜂 *Bombus breviceps* Smith、猛熊蜂 *Bombus difficilimus* Skorikov、红尾熊蜂 *Bombus haemorrhoidalis* Smith、昆仑熊蜂 *Bombus keriensis* Morawitz、拉达克熊蜂 *Bombus ladakhensis* Richards、饰带熊蜂 *Bombus lemniscatus* Skorikov、小猛熊蜂 *Bombus meinertzhageni* Richards、黑尾熊蜂 *Bombus melanurus* Lepeletier、红西伯熊蜂 *Bombus morawitzi*（Radoszkowski）、雪熊蜂 *Bombus niveatus* Kriechb、欧熊蜂 *Bombus oberti* Morawitz、伪猛熊蜂 *Bombus personatus* Smith、火红熊蜂 *Bombus pyrosoma* Morawitz、四色熊蜂 *Bombus tetrachromus* Ckll.、三条熊蜂 *Bombus trifasciatus* Smith、土耳其斯坦熊蜂 *Bombus turkestanicus* Skorikov。

北边缘小区　东界以柴达木盆地西边缘为界；西界以国境线为界；南界沿昆仑山主

脊线为界；北界达青藏高原的边缘。主要为喀喇昆仑山、昆仑山北坡的区域，包括新疆的塔什库尔干县全部地区，乌恰、阿克陶、莎车、叶城、皮山、墨玉、策勒、于田、民丰、且末和若羌等 11 县部分地区，主要包括阿尔金山脉以西，昆仑山以北青藏高原北界以南的区域。本区冬季漫长酷寒，夏季短暂，多风、干燥。一般 9 月中旬开始飞雪结冰，冰雪期长达 9 个月。山下戈壁年平均气温 3.5℃，1 月平均最高气温-9.2℃，6 月平均最低气温-10.8℃，7 月平均最高气温 16.7℃。年平均降水量为 110.0mm，但分布很不均衡，海拔 4 000m 左右的山地年降水量 200~250mm，海拔 2 900m 左右的苏干湖年降水不足 50mm。年平均蒸发量为 2 495.2mm，是年平均降水量的 20 倍以上。主要代表植物有：合头草、昆仑蒿、驼绒蒿和玉柱琵琶柴等。海拔 2 300~ 3 000m 河谷中疏生少量植物，如沙棘、短穗柽柳、盐穗木、花花柴、疏叶骆驼刺、胀果麻黄、喀什霸王等。低海拔区域农作物种类丰富，有小麦、玉米等（王保海，2016；2017；中国科学院青藏高原综合考察队，1981a；1980b；1988a；1988b）。本区域主要熊蜂有：拜城亚西伯熊蜂 *Bombus asiaticus baichengensis* Wang、波希拟熊蜂 *Bombus bohemicus* Seidl、惑熊蜂 *Bombus incertus* Morawitz、昆仑熊蜂 *Bombus keriensis* Morawitz、明亮熊蜂 *Bombus lucorum* Linnaeus、黑尾熊蜂 *Bombus melanurus* Lepeletier、镰珠尾熊蜂 *Bombus miniatocaudatus falsificus* Richards、红西伯熊蜂 *Bombus morawitzi*（Radoszkowski）、欧熊蜂 *Bombus oberti* Morawitz、散熊蜂 *Bombus sporadicus* Nylander、三纹熊蜂 *Bombus trilineatus* Wang、土耳其斯坦熊蜂 *Bombus turkestanicus* Skorikov。

羌塘小区　东界与高寒亚区同界；西界以喀喇昆仑山主脊线及国境线为界；南界以冈底斯山主脊线为界；北界以昆仑主脊线为界。主要包括西藏的阿里地区、那曲地区、日喀则地区的部分地区。藏北高原西部等地域往往百里不见人烟，且黑阿公以北的羌塘高原北部更被称作“无人区”，因而成为珍稀野生动物的天然保护区，它包括冈底斯山—念青唐古拉山山脉以北，以及昆仑山脉以南的广阔地区。该区地势高亢，平均海拔 4 500m 以上，区内湖泊星罗棋布。高等植物约有 400 种。由紫花针茅为主组成的高寒草原是高原上分布最广的地带性植被。随着寒旱化的增强，青藏苔草在羌塘北部有较大的比重。高寒草甸在本区呈斑状局限分布于高山阴坡。高山草原土土层浅薄，砂砾含量高，腐殖质含量少，剖面中有碳酸盐存留且呈碱性反应。这一地区除海拔 4 600m 以下局部小气候环境下可种植春青稞作物外，其余地区均为游牧区。因草场载畜量低，只适于饲养耐干寒、耐粗放的藏绵羊。但辽阔的羌塘高原却是野牦牛、野驴、藏羚与藏原羚等珍稀野生动物成群栖息场所（王保海，2016；2017；中国科学院青藏高原综合考察队，1981a；1980b；1988a；1988b）。本区域主要熊蜂有：猛熊蜂 *Bombus difficilimus* Skorikov、短角地下熊蜂 *Bombus duanjiaoris*、基黄腹熊蜂 *Bombus flaviventris ochrobasis* Richard、黑侧熊蜂 *Bombus heicens* Wu、黄侧熊蜂 *Bombus huangcens*、昆仑熊蜂 *Bombus keriensis* Morawitz、拉达克熊蜂 *Bombus ladakhensis* Richards、小猛熊蜂 *Bombus meinertzhageni* Richards、镰珠尾熊蜂 *Bombus miniatocaudatus falsificus* Richards、雪熊蜂 *Bombus niveatus* Kriechb、欧熊蜂 *Bombus oberti* Morawitz、帕里熊蜂 *Bombus phariensis* Richards、伪猛熊蜂 *Bombus personatus* Smith、火红熊蜂 *Bombus pyrosoma* Morawitz、华丽熊蜂 *Bombus superbus* Tkalcu、藏带熊蜂 *Bombus tenellus* Wan、四色熊蜂 *Bombus tetrachromus*

Ckll.、三纹熊蜂 *Bombus trilineatus* Wang、隐纹熊蜂 *Bombus waltoni* Ckll、札达熊蜂 *Bombus zhadaensis*。

4 青藏高原熊蜂资源垂直分布

笔者仅以西藏东南部，包括察隅、墨脱、波密等地温热地区的昆虫垂直带谱作简单介绍。这些地区由于河流强烈下切，出现许多很低的河谷，在很短的距离内，出现巨大的高差，昆虫垂直分布极为明显。

4.1 低山热带雨林带季雨林带

海拔在 1 200m 以下，年平均气温 18~28℃，降水量2 000mm 左右。植被具有热带雨林季雨林的特点。有婆罗双林、龙脑香、千果揽仁树、栲类、竹类等。主要熊蜂有：短头熊蜂 *Bombus breviceps* Smith、萃熊蜂 *Bombus eximius* Smith、葬熊蜂 *Bombus funerarius* Smith、红尾熊蜂 *Bombus haemorrhoidalis* Smith、斑模熊蜂 *Bombus mimeticus turneri* Richard、三条熊蜂 *Bombus trifasciatus* Smith。

4.2 山地亚热带常绿阔叶林带

海拔在 1 200~ 2 200m，年平均气温 15~20℃，降水量 2 500~ 3 000mm。植被类型以山地亚热带常绿阔叶林为代表，以壳斗科和樟科树种占优势，还有一些木兰科、山茶科等植物。主要熊蜂有：橘背熊蜂 *Bombus atrocinctus* Smith、短头熊蜂 *Bombus breviceps* Smith、萃熊蜂 *Bombus eximius* Smith、白背熊蜂 *Bombus festivus* Smith、黄熊蜂 *Bombus flavescens* Smith、葬熊蜂 *Bombus funerarius* Smith、颊熊蜂 *Bombus genalis* Frison、灰熊蜂 *Bombus grahami* Frison、红尾熊蜂 *Bombus haemorrhoidalis* Smith、泥熊蜂 *Bombus luteipes* Richards、火红熊蜂 *Bombus pyrosoma* Morawitz、鸣熊蜂 *Bombus sonani* Frison、三条熊蜂 *Bombus trifasciatus* Smith、滇熊蜂 *Bombus yunnanicola* Bischoff。

4.3 山地温暖带针阔叶混交林带

海拔在 2 200~3 200m，年平均气温 8~11℃，降水量 800~ 1 500mm。植被以铁杉、油麦吊杉、高山松和高山栎为主。主要熊蜂有：橘背熊蜂 *Bombus atrocinctus* Smith、白背熊蜂 *Bombus festivus* Smith、黄熊蜂 *Bombus flavescens* Smith，葬熊蜂 *Bombus funerarius* Smith、灰熊蜂 *Bombus grahami* Frison、小雅熊蜂 *Bombus lepidus* Skorikov、明亮熊蜂 *Bombus lucorum* Linnaeus、泥熊蜂 *Bombus luteipes* Richards、颂杰熊蜂 *Bombus nobilis* Friese、贞洁熊蜂 *Bombus parthenius* Richards、火红熊蜂 *Bombus pyrosoma* Morawitz、瑞熊蜂 *Bombus richardsi* Reing、鸣熊蜂 *Bombus sonani* Frison、藏带熊蜂 *Bombus tenellus* Wang、三条熊蜂 *Bombus trifasciatus* Smit、滇熊蜂 *Bombus yunnanicola* Bischoff。

4.4 亚高山寒带针叶林带

海拔在 3 200~4 200m，年平均气温 2℃，降水量 800~ 1 000mm。植被类型以暗针叶林，包括云杉和冷杉等，并有少量的次生林，如杨、桦等。主要熊蜂有：橘背熊蜂 *Bombus atrocinctus* Smith、波希拟熊蜂 *Bombus bohemicus* Seidl、察雅丽熊蜂 *Bombus chayaensis* Wang、稀熊蜂 *Bombus dilutior* Pittion、宽胸熊蜂 *Bombus eurythorax* Wu、白背熊蜂 *Bombus festivus* Smith、弱熊蜂 *Bombus infirmus* （Tklcu）、饰带熊蜂 *Bombus lemniscatus* Skorikov、小雅熊蜂 *Bombus lepidus* Skorikov、明亮熊蜂 *Bombus lucorum* Linnaeus、颂杰熊蜂 *Bombus nobilis* Friese、贞洁熊蜂 *Bombus parthenius* Richards、帕里熊蜂 *Bombus phariensis* Richards、火红熊蜂 *Bombus pyrosoma* Morawitz、瑞熊蜂 *Bombus richardsi* Reing、红束熊蜂 *Bombus rufofasciatus* Smith、静熊蜂 *Bombus securus*（Frison）、鸣熊蜂 *Bombus sonani* Frison、华丽熊蜂 *Bombus superbus* Tkalcu、苏氏熊蜂 *Bombus sushkini*（Skorikov）、四色熊蜂 *Bombus tetrachromus* Ckll.、三纹熊蜂 *Bombus trilineatus* Wang、西藏丽熊蜂 *Bombus xizangensis* Wang、西藏拟熊蜂 *Bombus tibetanus*（Morawitz）、贝加尔拟熊蜂 *Psithyrus transbaicalicus*（Popov）。

4.5　高山寒带灌丛草甸带

海拔在 4 200~5 200m，年平均气温 0~2℃，降水量 500mm 左右。常见植物有杜鹃、高山柳、杞子木、圆柏和嵩草等。主要熊蜂有：察雅丽熊蜂 *Bombus chayaensis* Wang、稀熊蜂 *Bombus dilutior* Pittion、弱熊蜂 *Bombus infirmus*（Tklcu）、饰带熊蜂 *Bombus lemniscatus* Skorikov、明亮熊蜂 *Bombus lucorum* Linnaeus、奇异熊蜂 Bombus mirus、颂杰熊蜂 *Bombus nobilis* Friese、贞洁熊蜂 *Bombus parthenius* Richards、火红熊蜂 *Bombus pyrosoma* Morawitz、红束熊蜂 *Bombus rufofasciatus* Smith、鸣熊蜂 *Bombus sonani* Frison、雄拉熊蜂 *Bombus xionglaris* Wu、西藏丽熊蜂 *Bombus xizangensis* Wang。

4.6　高山寒冻风化带

海拔在 5 200m 以上，年平均气温-2℃，降水量 400mm 左右。常见植物仅有一些垫状植物，如蚤缀等。雄蜂有莺熊蜂 *Bombus tanguticus* Morawitz，也是目前熊蜂分布最高纪录为 5 630m。

熊蜂是青藏高原重要的经济昆虫，分布广，种类多，特有种占比种大，对于林木，作物、蔬菜，牧草、中草药以及野生植物的传粉起一定的作用，特别是对牧草的传粉效果显著。尤其是在青藏高原不仅可提高植物生命力，改善环境，而且是自然环境的一种良好的指标动物，对于动物地理学和自然地理学的研究均有一定意义。

参考文献

王保海 . 1992. 西藏昆虫区系及其演化［M］. 郑州：河南科学技术出版社：1-366.

王保海 . 2006. 西藏昆虫分化［M］. 郑州：河南科学技术出版社：1-540.

王保海 . 2011. 青藏高原天敌昆虫［M］. 郑州：河南科学技术出版社：1-319.

王保海，王翠玲 . 2016. 青藏高原农业昆虫［M］. 郑州：河南科技出版社：1-172.

王保海，张亚玲 . 2015. 青藏高原昆虫区系独特性研究［J］. 西南农业学报，28（1）：328-332.

王保海，张亚玲 . 2017. 青藏高原昆虫地理分布［M］. 郑州：河南科技出版社：1-971.

张镱锂，李炳元，郑度 . 2002. 论青藏高原范围与面积地理研究［J］. 地理研究，21（1）：1-8.

中国科学院青藏高原综合考察队 . 1981. 喀喇昆仑山昆虫［M］. 北京：科学出版社：1-349.

中国科学院青藏高原综合考察 . 1981. 西藏昆虫（一）［M］. 北京：科学出版社：1-508.

中国科学院青藏高原综合考察队 . 1981. 西藏昆虫（二）［M］. 北京：科学出版社：1-508.

中国科学院青藏高原综合考察 . 1988. 横断山区昆虫［M］. 北京：科学出版社：1-865.

中国科学院青藏高原综合考察队 . 1988. 西藏南迦巴瓦峰地区昆虫［M］. 北京：科学出版社：1-621.

石榴园桃小食心虫的发生规律和防治措施

刘　宁*，柴利粉
（巩义市农业农村工作委员会，巩义　451200）

摘　要：桃小食心虫近年来在我市石榴园造成严重为害，对我市石榴产业造成一定威胁，本文探讨了石榴园桃小食心虫为害症状、形态特征、发生规律、防治方法，以期为巩义市石榴园防治桃小食心虫提供参考。

关键词：石榴；桃小食心虫；发生规律；防治方法

巩义市石榴种植面积666.7hm²，形成了以“南河渡石榴”为品牌的石榴产业，然而桃小食心虫是石榴种植过程中常见的虫害，近年来桃小食心虫对石榴为害趋于严重，给巩义市石榴产业发展造成了很大威胁，若得不到科学防控，损失将逐渐扩大，笔者通过探讨桃小食心虫发生规律和防治技术，以期为巩义市石榴桃小食心虫防治提供一定的技术指导。

1　为害症状

桃小食心虫幼虫多从石榴果实胴部或底部蛀入果内，不吃果皮，蛀入果后，果面上留下微小蛀果孔（蔡平等，1990），呈黑褐色凹点，入果4~5天后，被蛀果实出现直径约2.5cm的近圆形浅红色晕，以后颜色加深，此红晕在背阴的果面上尤为明显。幼虫蛀入石榴后在果肉纵横穿食为害，虫道弯曲，充满红褐色虫粪，形似豆沙馅，到幼虫老熟将要脱果前3~4天从果实胴部咬1个2~3mm的脱果孔，向外排出粪便，粪便黏附在孔口周围，此时虫果最易被发现。幼虫脱果后，虫孔可引发石榴软腐脱落。从7月上旬到采收时均能看到虫果，采果时仍有许多幼虫未脱果（张党部，2015）。

2　形态特征

2.1　成虫

成虫灰白色或灰褐色，体长7~8mm，翅展16~18mm，前翅中央近前缘处有一个近三角形蓝黑色大斑，雌成虫较雄成虫长。复眼红褐色至深褐色，触角丝状，雄成虫触角各节腹面两侧有纤毛，雌成虫无纤毛。下唇须，雄成虫短而向上弯曲，雌成虫则长而直伸。

2.2　卵

初产卵黄白色渐变成桃红色至深红色，桶形，底部黏附于果实上，卵顶部环生2~3

* 第一作者及通信作者简介：刘宁，硕士研究生，农艺师，主要从事农作物病虫害测报与防治工作；E-mail：ninglius2008@163.com

圈“Y”形刺状物，卵壳上有不规则略成椭圆形的刻纹。

2.3 幼虫

初孵幼虫黄白色，头黑色，老熟幼虫体长13~16mm，全体桃红色，肥胖不活泼。

2.4 蛹

蛹体长6~8mm，刚化蛹时黄白色，渐变灰黑色。体壁光滑无刺。翅、足及触角端部不紧贴蛹体而游离，后足端至少达第5腹节后缘，并明显超出翅端很多。

2.5 茧

茧分为两种，冬茧为扁圆形的越冬茧，由幼虫吐丝结织而成，外黏合土粒，丝质紧密，长5~6mm；夏茧为纺锤形的蛹化茧，丝质疏松，长8mm左右，一端有孔，蛹在内形成，成虫羽化后从孔口钻出（雷喜红，2010）。

3 发生规律

桃小食心虫在巩义市每年发生1~2代，以老熟幼虫在根颈周围3~13cm深的土壤中做越冬茧越冬，第二年5月下旬至6月上中旬，当地面土壤湿润，5cm处地温在20℃左右时越冬幼虫大量出土作茧化蛹（李定旭，2010）。一般越冬代成虫盛期在6月下旬到7月上旬，第1代成虫盛期在8月前后。成虫寿命3天左右，夜晚活动，午夜交尾，卵产在石榴果面上，每只雌虫产卵30~40粒，卵期7~8天。幼虫孵化后很快蛀入果内取食为害，幼虫在果内一般为害25天左右，然后从蛀孔脱出，脱出后部分幼虫在树下背阴处结夏茧化蛹，羽化成虫，继续产卵繁殖为害，另一部分幼虫，入土做冬茧越冬（于洁，2007）。

4 防治方法

根据桃小食心虫在树上蛀果为害和在土壤中越冬的特点，防治石榴园桃小食心虫以树下防治为主要，树上防治作辅助，应狠治第1代，控制第2代，采取园内防治与园外防治相结合、化学防治与生物防控相结合的综合防治措施，全面控制其为害。

4.1 树下防治措施

4.1.1 人工挖越冬茧

早春时节，在围绕树干0.5m范围内，深挖13cm的土壤，筛出越冬茧集中处理。如果条件不足，也可缩小取土量，于每年冬季和早春，翻动树冠及树干周围的土壤，把根际附近的土壤，挖开撒开，使虫茧翻到土表，失水干燥而死（陈国跃，2005）。

4.1.2 树盘覆地膜

根据越冬幼虫80%以上集中在树干周围半径为1m以内的特点，在越冬幼虫出土之前，可在树冠下树干两边顺树行覆盖地膜，以阻止越冬代成虫羽化后飞出，抑制成虫交配产卵。

4.1.3 清除落果

第一代幼虫蛀入幼果后常引起落果，此时果实脱落时幼虫尚未脱果，若能见到落果可经常捡拾，及时深埋处理，以消灭大量第一代幼虫。

4.1.4 农药土壤处理

幼虫出土达到始盛期在土壤表面喷洒药剂或撒一层药土，可有效防治出土幼虫。具体方法是：每年5月上旬至6月中旬各施药1次，每次用50%辛硫磷胶囊缓释剂或0.3%苦参碱水剂均匀喷于树冠下，或使用以上药剂对水拌细土制成毒土，撒于树冠下，施用后及时覆一层薄土以防止光解。特别是在幼虫出土期间，如遇天降透雨后2~3天施药，效果更佳（杨华，2012）。

4.2 树上防治措施

4.2.1 人工摘除虫果

桃小食心虫老熟幼虫从8月中旬开始脱果入土准备越冬，所以可在幼虫脱果之前，采摘虫果集中深埋或剪开虫果杀死幼虫。

4.2.2 果实套袋

选用优质专用果袋对石榴进行套袋，防止成虫产卵于果面，果实成熟前7天去袋，可避免为害。

4.2.3 化学防治

抓住树上防治适期，把幼虫消灭在蛀果前。当卵果率达到1%~1.5%时向树上喷药，以果实胴部或底部为主。桃小食心虫的防治药剂要有良好的触杀性和杀卵效果，6月下旬至7月上旬喷药防治建议用20%氰戊菊酯乳油2 500倍液，或用20%灭幼脲可湿性粉剂1 200~1 600倍液，或2.5%高效氯氟氰菊酯乳油4 000~5 000倍液。

4.3 信息素诱杀和灯光诱杀

桃小食心虫雄性成虫对人工合成的桃小食心虫性信息素有较强的趋性，在5月下旬至6月上旬出现10mm以上降水，或果园浇水后，可在果园设置桃小食心虫性信息素诱捕器诱杀，也可设置频振式杀虫灯诱杀桃小食心虫成虫（李兴军，2000）。

参考文献

蔡平，丁文正．1990. 桃小食心虫为害石榴研究简报［J］. 中国果树（2）：35-37.

陈国跃，康丽雪．2005. 果树食心虫综合防治技术［J］. 福建农业（8）：24.

雷喜红，高灵旺，李定旭，等．2010. 桃小食心虫生物学及生态学研究回顾与展望［J］. 中国农业科技导报，12（4）：39-43.

李定旭，康照奎，王佳阳，等．2010. 桃小食心虫的发育起点温度和有效积温［J］. 应用昆虫学报，47（5）：923-926.

李兴军，刘增金，张新永，等．2000. 桃小食心虫性诱剂测报和防治应用研究［J］. 山东林业科技（6）：21-23.

杨华，彭玉基，韩秀梅，等．2012. 桃小食心虫发生规律及防控技术研究进展［J］. 中国园艺文摘（5）：39-42.

于洁，孙耀武，黄春红，等．2007. 主要气象因子对桃小食心虫越冬代成虫发生期的影响及模拟模型［J］. 农业科学研究（4）：20-23.

张党部，郭孟媚，段喜涵．2015. 石榴园桃小食心虫发生规律与防治措施［J］. 西北园艺：果树（2）：31-32.

昆虫资源产业化的前景与问题

王小云[1,2*]，雷朝亮[1]，朱 芬[1**]
（1. 华中农业大学植物科学技术学院，武汉 430070；
2. 广西大学农学院，南宁 530004）

摘 要：昆虫是营养丰富且高度可持续发展的资源。许多昆虫富含优质蛋白质、多种维生素、纤维和矿物质，可以作为人类食物的主要来源，有助于缓解当前全球粮食和饲料短缺问题。本文就传统昆虫产业化发展状况、产业化发展新方向及产业化过程中存在的问题进行了综述，以期为昆虫的产业化发展规划提供借鉴。

关键词：昆虫资源；产业化；前景；问题

1 前言

昆虫资源是指那些昆虫本体或行为或产物能直接或间接为人类提供生产资料或生活资料的天然来源（雷朝亮，2011）。昆虫资源的产业化是指在市场经济条件下，以具有利用开发价值的昆虫为产品，以需求为导向，以效益为目标，依靠专业服务和质量管理，形成的一系列品牌化的经营和组织形式。并且，产业化的过程包含了产前研发、产中技术规范以及产后商品化等各个环节。昆虫资源的产业化是充分实现昆虫资源利用的效益最大化、发挥其生态服务功能的必然趋势。

目前，解决饥饿是人类生存发展的重大议题。食物和饲料保障是世界性的需求之一。根据联合国（UN）统计项目，全世界的人口总数在2050年将达到90亿，这给食物和饲料的生产提出了严峻的要求，引起了全球食品安全的大讨论（FAO，2016）。早在2013年，联合国粮食及农业组织（FAO）发布了一项名为《可食用昆虫：食物和饲料保障的未来前景》的报告，指出昆虫或可解决饥饿与能源短缺等重大问题。2015年，世界银行也发布了专题报道《昆虫：人类未来食物?》，报告指出养殖昆虫或可满足全球食物需求、缓解环境压力。2018年FAO提出了在2030年实现全球零饥饿。因此，食用、饲用昆虫产业化成为昆虫资源利用的发展方向之一。

另外，害虫引起的全球粮食损失在25%~80%，足以满足超过10亿人的食物总量（Birch *et al.*，2011）。仅是针对入侵昆虫一项，全球每年的投入最少达700亿美元，相关的健康消耗可达69亿美元（Bradshaw *et al.*，2016）。受农药抗药性及环境变化的压力，“以虫制虫”的生物防治措施在害虫综合治理中的地位逐渐增加。因此，天敌产业成为昆虫资源产业化的其中一个方向。

* 第一作者：王小云；E-mail：wxy8771@163.com
** 通信作者：朱芬；E-mail：zhufen@mail.hzau.edu.cn

昆虫是世界上种类最多的类群之一。其威胁粮食安全、传播疾病等方面的害虫属性，常常成为饥饿、健康危机等社会经济压力的主要诱因，从而阻碍“消除饥饿、消除贫穷”这一全球议题的实现。并且，全球气候变暖、战争、人类迁移和灾难性事件等也可能会加剧贫穷（Bradshaw *et al.*，2016）。而事实上，昆虫的物种资源丰富，拥有多样的生态服务功能，充分挖掘可利用昆虫的产业化潜能，在环境保护及经济创收中有广大前景。我国利用昆虫的历史悠久，传统的昆虫产业持续发展。此外，新型的昆虫资源产业化的过程中，国内外在政策导向、基础研究、人工饲养及社会认可等方面均存在不同程度的问题。相关问题的有效解决能促进昆虫资源产业利用的综合利益最大化，促进传统昆虫资源产业的革新与新兴昆虫资源产业的建设。

2 昆虫资源产业化的前景

2.1 传统昆虫产业稳定发展

中国是世界上最早利用昆虫资源的国家之一，许多昆虫产业的历史达上千年。例如，蚕丝、昆虫蜡质、中国五倍子和蜂蜜等。丝绸、虫白蜡和紫胶等资源昆虫产业是我国传统的创汇农业的重要组成部分（雷朝亮，2011）。

人类养蜂的历史超过 6 000年。蜂产品是重要的食品添加成分，工业化程度发达（蜂蜜工业网址：Honey | Honey Industry，https：//www. honey. com/honey-industry）。近年来，我国的蜂蜜社会总产值一直在稳步增加，但是增长速度放缓（图 1）。除了产蜜之外，蜂类也是具有代表性的传粉昆虫。虽然，我国是蜂业大国，但并非蜂业强国，在蜂产业发展上应将传统经营模式转变为以授粉为主、蜂产品为辅的运营模式，以期实现效益最大化（吴樱和王国梁，2017）。近年来，我国蚕丝的社会总产值增加稳步，但是增长速度有所放缓（图 2）。蚕丝的品质与家蚕的遗传多样性密切相关，现在也已实现通过遗传基因改良来改善蚕丝品质（Ruiz and Almanza，2018）。

2.2 昆虫资源产业化的新方向

2.2.1 食用、饲用昆虫产业

2018 年 5 月 15—18 日，第二届“昆虫养育世界”国际会议在中国武汉隆重举行。“食虫”“用虫”成为学者讨论的重大议题。昆虫作为世界上最大的动物类群，可作为人类最大的生物资源，除了食用、饲用，其利用类型多样。至今，据记录有 130 个国家的 2 086种昆虫可供食用（Rumpold and Schlüter，2013）。养殖或采集昆虫为食是亚洲、非洲、南美洲和中美洲的饮食传统。据悉，我国记载的可食用昆虫种类达 100 多种。

食用、饲用昆虫可作为大众创业项目，具有低成本、高收益的特点。例如，黄粉虫因养殖技术简单、易于饲养与管理且创业成本低，特别适合家庭创业。近几十年来，以黄粉虫为对象的专利申报呈阶梯式上升（图 3a，黄粉虫）。但是，大部分家庭创业产业化程度较低、产品较少，实现的经济效益有限。因此，昆虫食品及昆虫饲料工业是正在变革中的新产业。以韩国为例，其食用昆虫市场，包括食物、药物和动物饲料等的产值约为达 1.43 亿美元（Han *et al.*，2017）。

利用废弃物转化昆虫实现资源的循环利用来生产生物质是近年来昆虫资源产业化的一个潮流。可供利用的昆虫主要有黑水虻、家蝇、大头金蝇等的幼虫等。近年来，蝇蛆

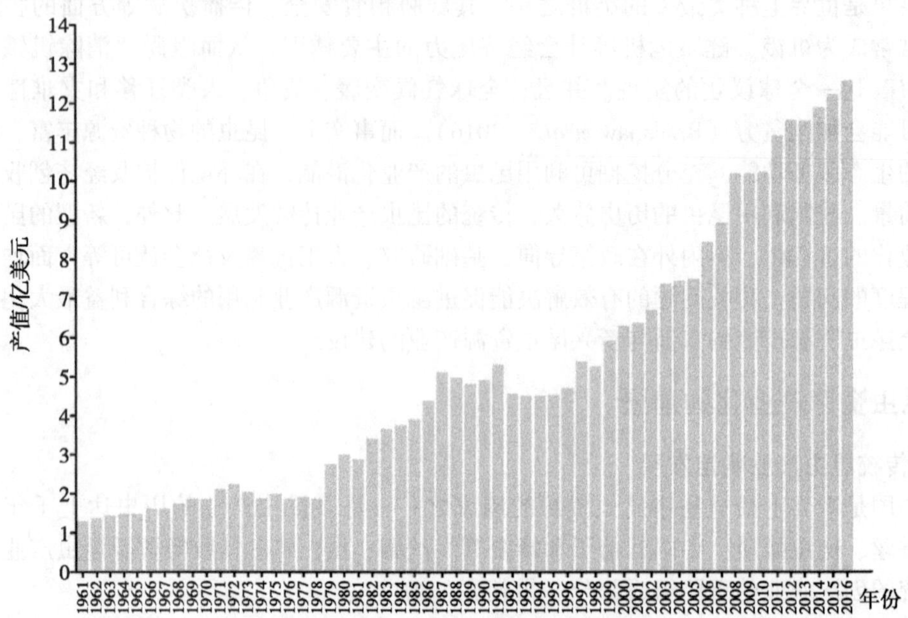

图 1　我国 1961—2016 年的蜂蜜产值（亿美元）

注：统计数据来源于 FAO。

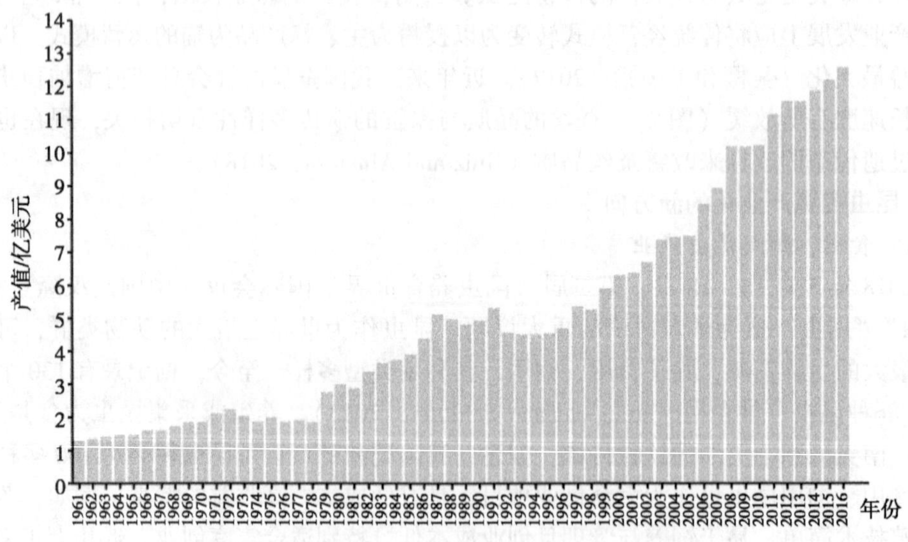

图 2　我国 1961—2016 年的生丝产值（亿美元）

注：统计数据来源于 FAO。

相关专利的申请显著增加（图 3b，蝇蛆）。特别是在经济欠发达地区，清洁昆虫产业可能是解决环境及饥饿问题的有效方法之一（Vernooij and Veldkamp，2018）。蚕蛹、黄粉虫、蝇蛆、黑水虻和蝗虫等昆虫已作为优质饲料在畜禽、水产饲料研发中被广泛研究与利用，不但对畜禽生产性能有积极的作用，而且能够显著提高畜禽产品品质。

清洁昆虫的食性使得其在污染治理方面有广泛前景，如昆虫修复。昆虫修复（entomoremediation）类似于植物修复（phytoremediation），指的是使用特定的昆虫及其共生微生物来利用、提取、隔离、无害化处理来自土壤、沉积物和有机质中污染物的修复方式（Ewuim，2013）。重金属在黑水虻体内的分布有一定规律性（Gao *et al.*，2017），可用于重金属治理。将在重金属污染的土壤上种植的玉米叶作为基质饲养黑水虻后，经检测，重金属生物质中的含量显著降低，并且镉主要积累在蛹壳中，锌主要在成虫中。因此，以黑水虻幼虫作为重金属中转分流体治理土壤重金属污染，可能是昆虫修复的一种重要形式（Bulak *et al.*，2018）。

2.2.2 天敌产业

环境、生态和食品安全问题需要绿色病虫害综合治理措施。根据国家重点研发专项“化学肥料和农药减施增效综合技术研发专项”的要求，力争到2020年，项目区氮肥利用率由33%提高到43%，磷肥利用率由24%提高到34%，化肥氮磷减施20%；农药利用率由35%提高到45%，减施30%。随着该项目的开展，生物防治在病虫害综合治理中的地位显著提高。近几十年来，中国天敌昆虫相关的专利申请呈大跨越式前进（图3D，天敌昆虫）。昆虫天敌资源的产业化是生物防治中的重要一环。社会需求带动了行业的发展，使得天敌产业成为使传统植物保护工作优化升级的新型产业（董杰等，2012）。

天敌昆虫主要分为寄生性天敌和捕食性天敌。我国实现产业化的天敌种类主要有瓢虫、草蛉、赤眼蜂等。我国天敌昆虫生产企业只有20多家，且较为分散，能够大规模生产的天敌种类仅20多种。试验表明，天敌昆虫应用主要集中在温室农业系统的害虫防治上。天敌昆虫应用面积仅占病虫害总防控面积的1.4%，在蔬菜上仅占0.08%（数据来源于中国科学报，2018-07-11第7版）。目前，我国的天敌产业正处在蓬勃发展阶段，较发达的欧美国家，还有一定的距离。而国外的天敌昆虫商品化生产企业超过500家，销售的天敌昆虫产品种类超过180种，几乎所有的害虫都有对应的天敌产品，且有相应的配套技术（董杰等，2012），如规范化的天敌购买和释放指南技术规程（LeBeck and Leppla，2018）。

2.2.3 传粉昆虫产业

最近的蜂群崩溃日益严峻。美国，蜜蜂种群崩溃有一定的社会原因，大多数的养蜂人不拥有蜜源植物土地，蜜蜂能否获得蜜源，经常由政治、经济、社会和生态过程决定的（Durant，2019）。目前，以野生蜂类为代表的自然授粉正在向人工保育蜂类进行转变。韩国通过参加欧洲熊蜂的人工饲养项目（编号FAO/TCP/ROK/8921）来尝试解决蜜蜂种群衰落的问题，同时也增加了传粉及经济收益（Kwon，2008）。同时，国内外也积极开展熊蜂、切叶蜂和壁蜂等其他传粉昆虫的筛选与应用。

2.2.4 昆虫生态旅游业

随着全球资源的紧缺及群众对环境保护意识的提高，昆虫资源产业化逐渐有了一些变化。以昆虫为特色的旅游产业，是昆虫资源产业化的新兴形式。蝴蝶标本及其工艺品全世界每年成交额超过1亿美元。近年来，以蝴蝶和萤火虫等观赏昆虫为主要营销热点的生态旅游业正在兴起，此类昆虫资源的产业化多依托自然保护区等景观形式。例如，中国台北的虎山溪建造了萤火虫的栖息地及赏萤步道，使得萤火虫已经成为台湾旅游的特色招牌。环境良好优美的欠发达乡村也可作为潜在的观赏昆虫培育基地，帮助当地进行脱贫致富等。例如，湖北省守望萤火虫研究中心通过建立萤火虫繁育基地、举办特色赏萤旅行等，实现了当地生态与经济效益的共赢。

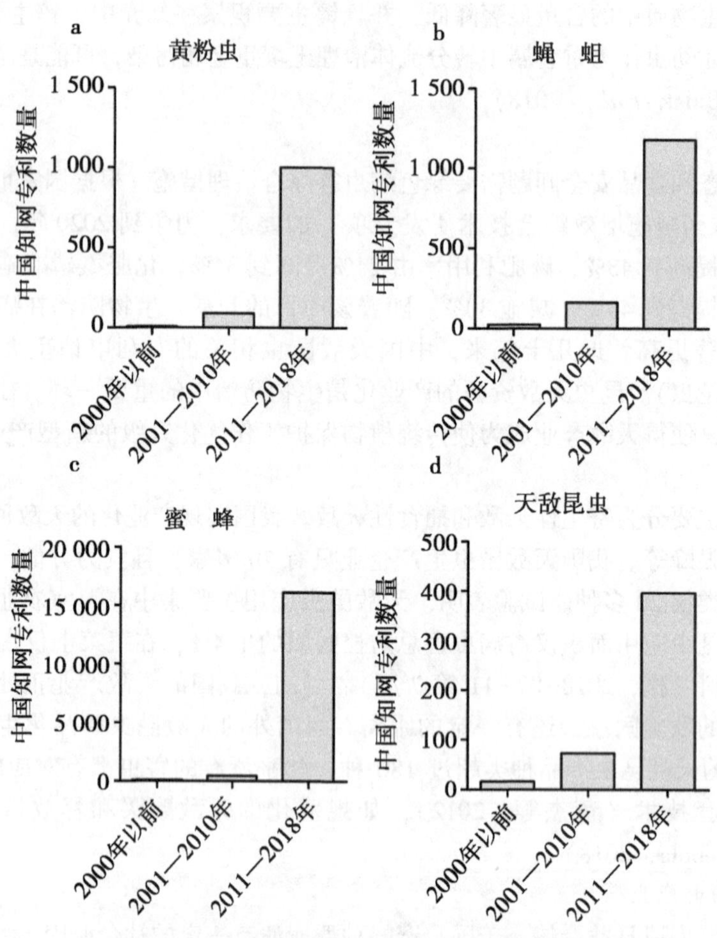

图 3 四类资源昆虫在中国知网中的专利情况

3 昆虫资源产业化的问题

昆虫资源产业化需要着眼于产前、产中及产后的各个环节。例如，饲用、食用昆虫产业及天敌产业化，均需要全链条的系统工程外共同完成经济与生态环境利益的最大化。这个链条包含了政府部门、科研机构、生产商、推广部门等关键环节。只有齐心合力，逐一突破政策和行业导向、基础研究和技术突破、人工饲养和社会接收度等方面的问题，粘合昆虫资源产品从启动、研发、生产、应用到融入市场之间的断层，最终推动昆虫产业化发展及规模化应用，实现经济效益和生态环境的双赢。

3.1 政策和行业导向

为了更好地使昆虫资源服务于社会，帮助解决饥饿和贫穷等全球性问题，昆虫资源产业化需持续的政策指引和良好行业指标。目前，国际范围内响起了让“昆虫养育世界”的号召。欧美地区对食用昆虫的接受程度普遍偏低，在这些地区推广食用昆虫，有利于推动世界食品经济在这方面的发展。欧洲政府提出食用昆虫的倡导，有利于昆虫资源在欧美国家的推广。中国国内越来越重视生态环境安全，“绿水青山”“美丽乡村”“大国担当”等文字持续地出现在政府工作报告中。目前国内的政策导向促进了社会资源和投资的倾斜，进一步促进昆虫资源的产业化。天敌产业等是需要观察长期生态效应的行业，在推广初期还需要政府的政策扶持，如北京等地已经展开了试点工作（董杰等，2012）。

政府及相关职能部门也应加大市场监管力度。例如，药用昆虫的质量、价格体系以及饲料等原料的定价等。另外，相关昆虫行业也应形成行业联盟制定行之有效的行业规范。

3.2 基础研究和技术突破

我国昆虫资源产业化的基础研究主要依托于高校、科研单位和技术推广部门，而缺乏真正的企业化运行单位。所以很多昆虫资源利用的研究停留在实验室，而没有有效地转化为产业。基础研究、技术实现以及后续服务并没有实现良好连接。昆虫资源产业化的问题不仅包含科学问题，也包含社会和经济问题。然而，后两者相关的调查研究相对薄弱。例如，消费者的购买意愿等（Mancini *et al.*，2019）。因此，呼吁在饥饿自然科学研究基础和技术问题的同时，也要同步开展社会和经济研究。目前，昆虫作为食品及饲料的安全问题、天敌昆虫发掘、饲养保育和释放等关键技术环节都相对薄弱。昆虫资源产业化需要基础和技术研究的双重突破。

3.3 人工饲养

昆虫实现大规模人工饲养是其产业化的关键，特别是蝇蛆以及天敌昆虫等。饲料价格、饲养流程、场地投入等都是实现昆虫资源产业化需要优化的关键点。目前，进入产业化商品化的昆虫资源，多具备较为简便、完善、经济的饲养体系。具有利用价值的昆虫人工饲养技术开发是昆虫资源产业化的重点。

3.4 社会问题

喜欢食用昆虫的人群主要集中在非洲、亚洲和拉美地区。大部分西方国家对于食虫普遍具有抗拒心理。对于昆虫作为未来食物的备选，人类的心理障碍也许是这一替代食物遇到的最大阻力。毕竟部分昆虫的野外生长环境让人难以接受，加之一些昆虫的“样貌”在很多人眼中可谓“丑陋”甚至“恶心”，所以很多时候，人们从心理上拒绝食用这种“替代食物”。而在部分贫穷国家和地区，昆虫是保证儿童摄入蛋白的主要来源。在我国的云南等地，昆虫甚至成为当地的特色美食之一。

3.4.1 心理认知接受度

昆虫作为人类食品也是今后的发展方向。人口的增加和食品缺乏是全球性的大挑战。事实上，几乎每个国家都有食用昆虫的实践，虽然主要发生在经济欠发达地区。另外，过敏和携带病原物的问题对于该项议题是个大挑战。西方国家对于昆虫的厌恶是最大的推广阻碍。但是，同样属于节肢动物的甲壳类动物，如虾、蟹、牡蛎等却是需求量极大的美食。显然，对昆虫是食物的逻辑认识的缺乏属于心理感知的范畴。学者和全球监管机构鼓励进一步的研究来促进昆虫融入食品体系（Patel *et al.*，2019）。

关于在欧洲国家，消费者对于昆虫食品的接受程度的文章比较少，仅探讨了研究的局限性和未来的建议，以便更好地调查消费者的接受程度（Mancini *et al.*，2019）。

调查显示，西方国家的消费者对含昆虫食物的食用意愿低，拒绝理由多认为“昆虫很恶心”。另外，在西方国家缺少食用昆虫的社会规范（Jensen and Lieberoth，2019），但在韩国食用昆虫正成为创新食品（Patel *et al.*，2019），如黄粉虫、蛋白面包，具有商业化前景（Roncolini *et al.*，2019），而且不需面对直观的昆虫虫体，人们的接受程度有所增加。

3.4.2　安全问题

由于昆虫也有自身的病原体：病毒、细菌、真菌等，也可能会给人类或者牲畜带来危险。而且食虫性总是伴随着过敏问题。在欧洲最近被允许可以全部或部分商品化黄粉虫 *Tenebrio molitor* 和蟋蟀 *Acheta domesticus*，由于粉虫和蟋蟀精氨酸激酶过敏原的交叉反应有限，增加了消费者对食虫的信心（Francis *et al.*，2019）。同时，规模饲养昆虫可以大大降低土地、水、肥料、农药、饲料、能源和其他资源的投入（Dossey *et al.*，2016）。但是关系人类健康的问题仍需持续研究。

4　展望

2015 年 9 月 25 日，联合国可持续发展峰会在纽约总部召开，联合国 193 个成员国在峰会上正式通过 17 个可持续发展目标，旨在从 2015 年到 2030 年间以综合方式彻底解决社会、经济和环境三个维度的发展问题，转向可持续发展道路（Nilsson *et al.*，2016）。

昆虫在生态系统中的服务功能也越来越受到重视（Dangles and Casas，2019）。生态系统服务关系人类生存的方方面面。因此，将生态系统服务整合到人类的可持续发展目标中非常有必要。昆虫资源产业化在生态系统服务中可巩固和加强其功能，如传粉和生物防治，在增加作物产量及病虫害防治中能起到重要作用（图 4）。

Dangles 和 Casas（2019）认为是时候开展昆虫生态系统服务的整合研究来实现全球的可持续发展，并认为昆虫在应对全球性问题上有很好的实用性，还可成为实现可持续发展目标的解决方案，鼓励建立以可持续发展为宗旨的昆虫生态系统服务机构，将已取得的学术成果进行应用转化。

昆虫资源的产业化应以高科技、高收益为特点，开展多层次、综合性研究利用。我国的天敌昆虫、传粉昆虫、观赏昆虫的商品化程度不高，产业化的昆虫种类不多。一方面是因为产品流通不顺，另一方面是因为加工业多限于初级产品，科技含量低，资源浪费大。要想使昆虫产业成为一个支柱产业，就必须以系统研究为先导，强调有关基础研究和应用基础研究的结合，以增强昆虫产业化的后劲。

另外，社会群体人类对食品的偏好与选择，需要一定的社会规范指导。将新事物昆虫引入饮食文化中需要一定的社会规范调节。在过去几年中，将昆虫纳入西方饮食中的

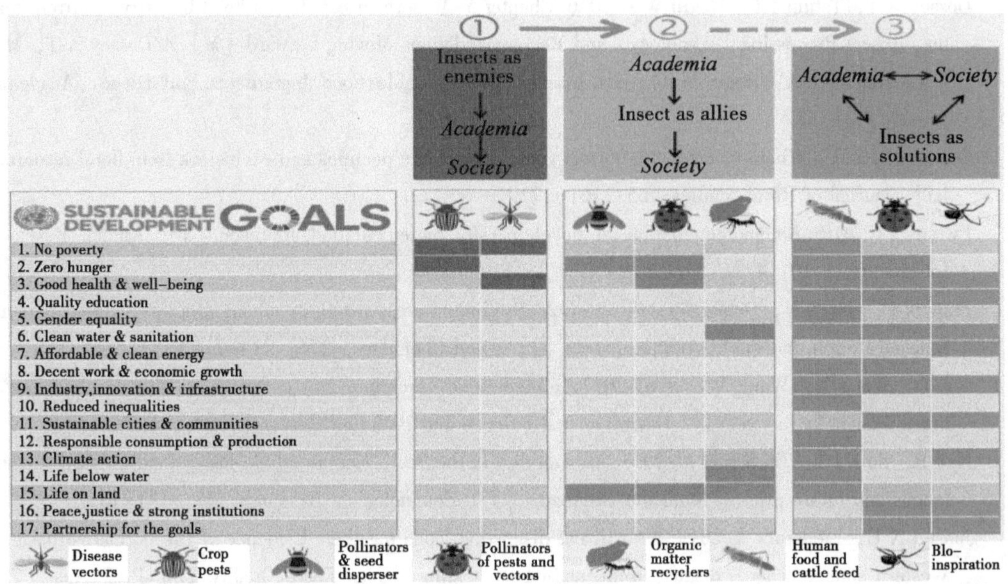

图 4　昆虫与人类 17 个发展议题关系密切

注：图片来源于 Nilsson *et al.* 2016

学术研究、商业和媒体关注显著增加。对食用昆虫进行正确的消费引导也是今后昆虫资源产业化重要的工作方向之一。如今，超过 40%的昆虫种类有灭绝的危险（Sánchez-Bayo and Wyckhuys，2019）。保护昆虫物种多样性也是今后昆虫资源利用及产业化的重点工作之一。

参考文献

董杰，张令军，郭喜红，等 . 2012. 北京市天敌昆虫产业的发展现状与对策［J］. 环境昆虫学报，34：377-381.

雷朝亮 . 2011. 昆虫资源学［M］. 武汉：湖北科学技术出版社 .

吕佳乐，王恩东，徐学农 . 2017. 天敌产业化是全链条的系统工程［J］. 植物保护，43（3）：1-7

吴凡，李德臣，郝瑜，等 . 2018. 转基因技术在家蚕中的应用研究进展［J］. 湖北农业科学，57（24）：15-18.

吴樱，王国梁 . 2017. 我国蜂蜜国际贸易竞争力分析［J］. 忻州师范学院学报，33（5）：51-54.

Birch A N E，Begg G S，Squire G R. 2011. How agro-ecological research helps to address food security issues under new IPM and pesticide reduction policies for global crop production systems［J］. Journal of Experimental Botany，62：3251-3561.

Bradshaw CJA，Leroy B，Bellard C，*et al.* 2016. Massive yet grossly underestimated global costs of invasive insects［J］. Nature Communications，7：12986.

Bulak P，Polakowski C，Nowak K，*et al.* 2018. Hermetia illucens as anew and promising species for use in entomoremediation［J］. Science of The Total Environment，633：912-919.

Dangles O，Casas J. 2019. Ecosystem services provided by insects for achieving sustainable development goals［J］. Ecosystem Services，35：109-115.

Dossey A T, Tatum J T, Mcgill W L. 2016. Chapter 5-Modern Insect-Based Food Industry: Current Status, Insect Processing Technology, and Recommendations Moving Forward [M] //Dossey A T, Morales-Ramos J A, Rojas M G, eds. Insects as Sustainable Food Ingredients. San Diego: Academic Press: 113-152.

Durant J L. 2019. Where have all the flowers gone? Honey bee declines and exclusions from floral resources [J]. Journal of Rural Studies, 65: 161-171.

Ewuim S C. 2013. Entomoremediation-A novel in-situ bioremediation approach [J]. Animal Research International, 10: 4.

Francis F, Doyen V, Debaugnies F, *et al.* 2019. Limited cross reactivity among arginine kinase allergens from mealworm and cricket edible insects [J]. Food Chemistry, 276: 714-718.

Gao Q, Wang X, Wang W, *et al.* 2017. Influences of chromium and cadmium on the development of black soldier fly larvae [J]. Environmental Science and Pollution Research, 24: 8637-8644.

Han R, Shin J T, Jin K, *et al.* 2017. An overview of the South Korean edible insect food industry: challenges and future pricing/promotion strategies [J]. Entomological Research, 47: 141-151.

Jensen N H, Lieberoth A. 2019. We will eat disgusting foods together-Evidence of the normative basis of Western entomophagy - disgust from an insect tasting [J]. Food Quality and Preference, 72: 109-115.

Kwon Y J. 2008. Bombiculture: A fascinating insect industry for crop pollination in Korea [J]. Entomological Research, 38: S66-S70.

Lebeck L M, Leppla N C: 2018. Guidelines for Purchasing and Using Commercial Natural Enemies and Biopesticides in North America [M] //Department of Entomology and Nematology, UF/IFAS Extension.

Mancini S, Moruzzo R, Riccioli F, *et al.* 2019. European consumers' readiness to adopt insects as food. A review [J]. Food Research International, in press.

Nilsson M, Griggs D, Visbeck M. 2016. Policy: Map the interactions between Sustainable Development Goals [J]. Nature, 534: 320-322.

Patel S, Rasul Suleria H A, Rauf A. 2019. Edible insects as innovative foods: Nutritional and functional assessments [J]. Trends in Food Science and Technology, in press.

Roncolini A, Milanović V, Cardinali F, *et al.* 2019. Protein fortification with mealworm (*Tenebrio molitor* L.) powder: Effect on textural, microbiological, nutritional and sensory features of bread [J]. PloS one, 14, e0211747-e.

Ruiz X, Almanza M, 2018. Implications of genetic diversity in the improvement of silkworm *Bombyx mori* L. [J]. Chilean Journal of Agricultural Research, 78: 569-579.

Rumpold B A, Schlüter O K. 2013. Potential and challenges of insects as an innovative source for food and feed production [J]. Innovative Food Science and Emerging Technologies, 17: 1-11.

Sánchez-Bayo F, Wyckhuys Ka G. 2019. Worldwide decline of the entomofauna: A review of its drivers [J]. Biological Conservation, 232: 8-27.

Vernooij A G, Veldkamp T. 2018. Insects for Africa; Developing business opportunities for insects in animal feed in Eastern Africa. In: Wageningen Livestock Research.

蚜虫寄主识别与搜索的研究进展*

杜袁文**，陈　功***
（湖南农业大学植物保护学院/植物病虫害生物学防控
湖南省重点实验室，长沙　410128）

摘　要：蚜虫对于寄主选择是在和寄主长期的协同进化中形成的，且有了一定的取食范围。近几年来，昆虫的寄主适应性研究逐渐成为昆虫学和昆虫-植物互作研究的热点，本文主要综述了蚜虫在对寄主植物的定向行为中，如何利用视觉、嗅觉、触觉等进行寄主定位。深入了解蚜虫和寄主植物的互作关系。从昆虫的行为控制中，为蚜虫的综合防治提供一些新思路，这对蚜虫的综合防治和对蚜虫的行为控制的研究具有重要意义。

关键词：蚜虫；寄主搜寻；定向行为；视觉；嗅觉；触觉

Advances in Host Identification and Search of Aphids

Du Yuanwen**，Chen Gong***
（*College of Plan Protection*，*Hunan Agricultural University Hunan Provincial Key Laboratory for Biology and Control of Plant Diseases and Insect Pests*，*Changsha* 410128，*China*）

Abstract：Aphids form host selection during long-term co-evolution with host and have a certain range of feeding. In recent years，the research on insect host adaptability has gradually become a hot topic in entomology and insect-plant interaction. This paper mainly reviews how aphids utilize vision and smell in the directional behavior of host plants. Tactile and so on carry on host localization. In-depth understanding of the interaction between aphids and host plants provides some new ideas for integrated control of aphids from insect behavior control which is of great significance to the study of integrated control of aphids and behavior control of aphids.

Key words：Aphid；Host search；Oriented behavior；Visual；Olfactory；Tactile

1　前言

蚜虫是指同翅目中的蚜科类昆虫，目前已发现有10科，4 700多种，我国大概1 100种，特有种500种左右（刘征等，2009）。其中菜蚜 *Lipaphis erysimi*（Kaltenbach）和桃蚜 *Myzus persicae*（Suler）主要为害果蔬类，麦二叉蚜 *Schizaphis graminum*（Ronani）

* 基金项目：湖南省财政厅科教支出项目（湘财教指［82］号201811000143）；湖南农业大学人才引进科研启动项目

** 第一作者：杜袁文，硕士研究生；E-mail：duyuanwen112@163.com
*** 通信作者：陈功，讲师，主要从事蔬菜害虫综合防治研究工作；E-mail：gongchen105@163.com

和棉蚜 *Aphis gossypii*（Glover）主要为害麦类和棉花等，是重要的经济类害虫。蚜虫分布范围广，寄主包括乔木、灌木、草本植物以及少数的蕨类和苔藓类。口器为刺吸式，由口针和下唇特化的喙组成。对寄主伤害主要是通过口针刺探叶、茎、嫩枝、嫩梢（方燕等，2006）并破坏组织，阻碍植物生长。蚜虫还是传播植物病毒的介体昆虫，有近160种可以进行传毒。根据其传播机制，可分为非持久性、半持久性和持久性病毒。蚜虫在选择寄主的过程中反复转移尝食，如黄瓜花叶病毒烟草花叶病毒以及马铃薯Y病毒就极易被传播，导致植物畸形，造成更大的为害。蚜虫一年可繁殖10~30个世代，世代重叠现象突出，并且雌性蚜虫还可以孤雌生殖，10天左右便可以繁殖一次，繁殖能力强大。在温度适宜的季节可快速生长。所以一旦蚜虫找到合适的寄主并进行生殖，蚜虫的数量将会急剧增加，对寄主造成更大的为害。因此，研究蚜虫在寄主识别和搜索过程中的影响因素，对蚜虫的防治具有重要意义。现在昆虫的行为生态学研究不断深入，并将其觅食、生殖、学习行为的研究应用到对害虫的综合防治中。利用其趋黄性使用黄色板引诱；利用其对银灰色的趋避性可铺地膜趋避（许文西，2012）；提取生物活性物质苦参素和苦楝素等研究出生物源农药(乔岩等，2015)。选用烟叶和橘子皮辣椒处理成水溶液喷洒，对蚜虫起触杀作用。在昆虫行为调控中，研究的方向主要有嗅觉、触觉、视觉、听觉、味觉（刘勇等，2011)。其中嗅觉在蚜虫寄主定位中的作用最为突出，植物的挥发性次生物质能够刺激蚜虫的选择（孔岑等，2006)。而对听觉和味觉的研究较少且不够深入，于是本文从蚜虫的嗅觉、视觉和听觉出发，就蚜虫对寄主植物搜寻机理进行一个概述。从而为蚜虫的综合治理提供新思路。

2 蚜虫搜寻寄主的行为

各类蚜虫都具有其固定的取食范围，这也是与寄主植物长期的协同进化形成的结果。昆虫对寄主的定向行为是指其在接受环境的化学和物理刺激后，调整其位置作出的反应（赵冬香等，2004)，以接受刺激和产生感觉的性质，分为嗅觉定向、视觉定向、听觉定向等。而蚜虫的寄主植物分为取食寄主和产卵寄主（董子舒等，2017)，大部分植食性昆虫取食主要分以下几个步骤：食物定位、发现食物、食物识别、食物接受和食物可适应性检验。这几个步骤都需蚜虫的各个感觉器官配合完成。首先在起飞前，会有植物次生物质的吸引，蚜虫利用嗅觉决定飞行方向；然后飞行后利用视觉对绿色植物反射光波的反应，从而定位寄主然后着落；降落到寄主上时利用触觉和味觉进行刺探以识别，将口针插入细胞吸取汁液感受化学刺激后再决定是否继续取食。感受器之间需要相互配合。神经中枢输送的内导感觉信息（尚惠艳等，2015）在这一过程中起着决定作用。而蚜虫在完成寄生以后，还可利用听觉传达信息给同类吸引其前来取食，对寄主植物造成更大的伤害。为了种群的发展，蚜虫会在合适的季节选择合适的寄主植物产卵（Holland *et al.*，2004)，而蚜虫在大部分时间以无翅孤雌蚜存在，迁移能力差，有翅蚜有较强迁移能力，但迁移的范围也有局限性（黄晓磊等，2005)。

3 蚜虫的寄主搜寻机理

3.1 嗅觉

嗅觉能在蚜虫搜寻寄主的过程中起重要作用是因为在受到植物挥发物的刺激后，它的触角中含有气味结合蛋白可感知味源的嗅觉感受器，其功能是运输脂溶性分子穿过水溶性淋巴液到达嗅觉神经元的膜结合受体。外界信息传达到蚜虫后会在嗅觉感受器的树突膜上转变成神经元内电刺激，产生膜信号后在更高的神经中心进行汇总，最后作出行为反应完成对信息的识别（宋慧华，2013）。而不同蚜虫的触角上有不同的感受器，如桃蚜就有钟形感器（campaniform sensillum）、毛形感受器（trichoid sensillum）、原生感觉圈（primary rhinarium）和次生感觉圈（secondary rhinarium），其中原生感觉器是感受报警信息素以及感受植物次生物质的主要部位。对于不同蚜虫种类，其感受器也存在很大差异，雄蚜的次生感受器感受性信息的部位，有翅雌蚜则还能感受植物次生物质的功能（Piickett *et al.*，1992），而无翅蚜的次生感觉圈则少甚至无（Anderson *et al.*，1987），这种差异性更加证明了感觉圈在蚜虫的寄主搜寻中的重要作用。寄主植物的次生代谢物质分为挥发性和非挥发性，其中挥发性气味物质会构成特别的“气味指纹谱”，其中最常见的就是萜类物质，在蚜虫搜寻寄主的过程中提供化学线索（李军，2005）。而在其蜜露和腹管分泌物中还常常可以检测到多种植物挥发性次生物质（周琼，2001）。有研究证实黑豆蚜 *Aphis craccivora*（Koch）对寄主植物有明显反应（Muller，1958），棉蚜 *Aphis gossypii*（Glover）也对西葫芦 *Cucurbita pepo* L. 有所吸引，但对非寄主植物马樱丹 *Lantana camana* L. 表现为忌避（Pospisi *et al.*，1972）。周围植物挥发物对蚜虫的行为也有影响，在对大豆蚜和黑豆蚜发诱集反应会因非寄主植物的混入而被打断（鲁玉杰，2011）。通过蚜虫的嗅觉感受的深入研究，发现了防治蚜虫的有效成分，如黄酮类、酚类和萜类等。研制出了相应的生物药剂，对其有毒杀、趋避和引诱等效果。更有研究利用蚜虫的趋味性将韭菜种植在蚜虫为害较重的区域可降低蚜虫的密度，利用杨柳枝可引诱蚜虫再集中消灭（孟庆平，2011）。

3.2 视觉

在蚜虫中，有翅蚜才具有单眼，并且复眼中的小眼数也多于无翅蚜，这就说明在飞行过程中视觉是起一定作用的（苏建亚，1987）。蚜虫的小眼需要感受不同的光线和色泽，光波进入小眼以后会进行叠加再通过各神经元轴突相互交叉，神经汇聚后传递给脑，综合感觉神经元之前获取的各类信息（冷雪等，2009），然后复眼会作为一个精致的定位导航仪可对获得的视觉信息进行实时分析。而蚜虫利用视觉前往寄主的位置是根据特定的趋性，陈春华等（2007）用黄色、绿色、白色、银灰色的纸片对蚜虫进行趋性的测定，结果显示，蚜虫对黄色和绿色有较强趋性，而对白色和银灰色无趋性。胡小敏等（2011）对蚜虫的系统研究发现，黄色色谱最佳诱蚜波长是575.0nm，不同种类蚜虫对寄主的偏好也有差异，如禾谷缢管蚜更偏爱绿色。有翅蚜对于颜色的反应还有季节差异，在寻找寄主的过程中收到的视觉信号并不是单一的，着落处的背景颜色也有辅助效果（杜光青等，2013）。利用其对颜色的趋性发明了粘卡色诱技术，来降低蚜虫数量和传毒概率，成为蚜虫综合治理中有效且安全的途径之一。

3.3 触觉

蚜虫依靠嗅觉和视觉到达寄主植物后，就会通过触觉感受器来识别寄主，判断是否合适寄生。它的虫体上有触觉感受器口器和感觉毛，在第四节尖端上有8对感觉锥围绕口针鞘出处的开口，感觉锥与神经相连，可感受口针在叶表面试探时的各种物理机械刺激（苏建亚等，1987）。蚜虫停在寄主植物上会用喙在植物表面组织上进行试探取食，吸取表皮细胞汁液来感受表皮细胞原生质内的化学刺激。它的前食窦有16个化学感受器，用于底物化合物的识别，在感受到负向刺激后汁液会被排出，口针就会抽出然后重新选择取食部位，如果是正向刺激，就会继续刺探。对于特异性物质，不同蚜虫的反应不同，黑芥子硫酸钾对菜蚜是一种取食刺激剂，而对豌豆芽就成了取食警戒剂。选择寄主植物时，蚜虫依靠触觉感受器的口针刺探行为是选择寄主的重要步骤，但这一行为也是造成植物病毒传播的途径。利用这一特性，将昆虫携带并表达释放病原微生物的有毒蛋白就可以阻碍病毒的传播，从而杀死病原微生物（仲崇翔，2006）。研究发现，沃尔巴克次体（Wolbachia）共生细菌可感染蔬菜蚜，通过调控其繁殖行为达到间接防治的效果。在对蔬菜蚜病原鉴定实验中发现了可以杀死蚜虫的虫霉真菌（马国兰，2006），这为防治蚜虫提供了科学依据。

4 总结和展望

本文通过对蚜虫的嗅觉、视觉、触觉在搜寻寄主时的作用只是进行简单的概述，而蚜虫搜寻寄主是一个更为复杂的过程，需要各种感觉器的共同协作才能完成。蚜虫是农林业中极为重要的经济害虫，所以对其的防治就显得尤为重要。但是越来越多的化学防治给环境带来不良后果，且蚜虫与寄主植物也在不断协同进化中，所以利用蚜虫的行为来控制蚜虫必然是朝着绿色植保的方向，如今对蚜虫的研究也在不断深入中，在蚜虫的取食行为中，就利用到了风洞技术和触电位技术（electroantennography，EGA）。在嗅觉行为中，利用气相色谱，气象色谱-质谱联用仪和高压液相色谱分析植物次生物质对蚜虫的影响。另外在基因工程方面也有进展，提高植物对蚜虫的抗性来进行防治，依据抗虫基因的抗虫谱和作用机制的差异，可以用两种互补的基因组建载体然后转入植物，具有转基因的植物就可以对其中一种毒素产生抗性（郑光宇，2006），而对另一毒素则继续保持植物的抗蚜能力，已有研究表明烟草同时感染蝎毒素基因和杀虫蛋白基因时，可以防治蚜虫产生抗性并提高抗虫能力。

蚜虫的感受器对寄主的搜寻起决定作用，所以采取一定措施干扰它的感受信息就成了防治蚜虫的重要手段。如利用蚜虫对颜色的特定趋性，可以研究出特定波长的黏虫板，种植诱集田等；利用蚜虫受寄主植物的挥发物质吸引，破坏植物特有的“气味指纹谱”，干扰其搜寻行为；对植物挥发物质的组分和生物活性的深入研究，可进一步开发有效的信息素诱捕以及趋避剂，而寄主植物本身在被取食以后也会发生生理变化，影响其进一步取食。虽说蚜虫对寄主的搜寻机理中，主要依靠视觉、嗅觉和触觉。但感受器还会接受来自味觉和听觉的信息，也同样对蚜虫的行为起着重要作用，在这一领域的研究尚浅且少。所以对蚜虫的寄主搜寻研究需要更宽的广度和深度，这涉及植物学、生物化学、昆虫生态学，化学生态学等各个学科。为了探索更为有效、更绿色和更持久的综合防治手段来治理蚜虫，还需要对蚜虫和寄主植物的相互关系进行更深入的研究。

参考文献

陈春华，王连平，茹水江，等 . 2007. 蚜虫和潜叶蝇对不同颜色的趋性［J］. 浙江农业科学（1）：101-102.

董子舒，张玉静，段云博，等 . 2017. 植食性昆虫产卵寄主选择影响因素及机制的研究进展［J］. 南方农业学报，48（5）：837-843.

胡小敏，王云虎，林星华，等 . 2011. 蚜虫对不同色卡敏感性及对不同波长黄色黏虫板趋性［J］. 西北农业学报，20（9）：190-193.

黄晓磊，乔格侠 . 2005. 蚜虫类昆虫生物学特性及蚜虫学研究现状［J］. 生物学通报（12）：5-6.

江幸福，王蕾，张蕾，等 . 2009. 蔬菜蚜虫感染沃尔巴克氏体的分子检测［J］. 植物保护，35（4）：63-65.

冷雪，那杰 . 2009. 昆虫复眼的结构和功能［J］. 沈阳师范大学学报（自然科学版），27（2）：241-244.

刘勇，孙玉诚，王国红 . 2011. 植物和刺吸式口器昆虫的诱导防御与反防御研究进展［J］. 应用昆虫学报，48（4）：1052-1059.

刘征，黄晓磊，姜立云，等 . 2009. 中国蚜虫类昆虫物种多样性与分布特点（半翅目，蚜总科）［J］. 动物分类学报，34（2）：277-291.

鲁玉杰，张孝羲 . 2001. 信息化合物对昆虫行为的影响［J］. 昆虫知识（4）：262-266.

马国兰，柏连阳 . 2006. 蚜虫的防治技术及应用新进展［J］. 安徽农业科学（14）：3406-3408.

马亚玲，刘长仲 . 2014. 蚜虫的生态学特性及其防治［J］. 草业科学，31（3）：519-525.

孟庆平，杨彪 . 2011. 蚜虫无公害防治十二法［J］. 吉林蔬菜（2）：53.

乔岩，董杰，王品舒，等 . 2015. 三种生物源农药对桃树蚜虫的防治效果研究［J］. 生物技术进展，5（6）：468-470.

尚慧艳，何恒果 . 2015. 蚜虫与寄主植物的相互关系［J］. 贵州林业科技，43（4）：51-56.

苏建亚，夏基康 . 1987. 蚜虫的寄主选择与取食行为［J］. 南京农业大学学报（2）：42-47.

许文西 . 2012. 果树蚜虫的防治［J］. 果农之友（4）：44.

赵冬香，高景林，陈宗懋 . 2004. 植食性昆虫对寄主植物的定向行为研究进展［J］. 热带农业科学（2）：62-68.

赵立静，班丽萍 . 2011. 蚜虫触角感受器结构及功能研究进展［J］. 应用昆虫学报，48（4）：1077-1086.

郑光宇，2006. 基因工程防治蚜虫研究进展［J］. 喀什师范学院学报（3）：54-60.

秦卓，康育光 . 2013. 植物挥发物对昆虫选择寄主行为的影响［J］. 现代农业（12）：42-45.

仲崇翔，陈建，乔静，等 . 2006. 灰飞虱体内沃尔巴克氏体生物学特性及其利用展望［J］. 植物保护（3）：12-16.

周琼，梁广文 . 2006. 植物挥发性物质在蚜虫寄主定位中的作用［J］. 昆虫知识（5）：334-336.

Bezemer T M，Jones T H. 1998. Plant-inset herbivore interactions in elevated atmospheric CO_2：Quantitative analyses and guild effects［J］. Oikos，82：212-222

Dawson G W，Griffith D C，Picket J A. 1987. Plant-derived synergy of alarm pheromone from turnip aphid［J］. Chemistry and Ecology（13）：1663-1671.

Gibson R W，Pickett J A. 1983. Wild potato repels aphids by release of aphid alarm pheromone. Nature，

302：608-609.

Miller P W. 1999. Aphid saliva [J]. Biological Reviews, 74 (1): 41-85.

Miles P W. 1956. Studies on the salivary physiology of plant bugs: the salvage of aphid [J]. Insects Physical, 11 (9): 1261-1268.

Tjillingii W F. 2006. Salivary secretions by aphids interacting with proteins of wound responses [J]. Experimental.. Botany, 57 (4): 739-745.

Pospisil J. 1972. Olfactory reaction of *Brevicoryne brassica* (L.) [J]. Swedish Journal of Agricultural Research, 3: 95-103.

Castelyn H D, Appelgryn J, Mafa M S. 2015. Volatile emitted by leaf rust infected wheat induced a defense response in exposed uninfected wheat seedlings [J]. Australasian Plant Pathology, 44 (2): 245-254.

植物化学通信研究进展*

易思佳[1**]，于宝桓[1]，廖用信[2***]

（1. 湖南农业大学植物保护学院/植物病虫害生物学与防控湖南省重点实验室，长沙 410128；2. 湖南省武冈市植保植检站，武冈 422400）

摘　要：人类之间、动物之间存在通信是毋庸置疑的。最近，越来越多的研究证明：植物与植物之间同样存在着化学通信。随着研究的开展，科学家们发现在植物与动物之间、与微生物之间，化学通信依旧存在。植物在受到生物性和非生物性的胁迫时会与邻株植物、植食性昆虫天敌之间发送信号；在非伤害条件下，植物化学通信同样存在。这些不同生物体之间的化学通信都是通过有机挥发性化合物介导进行的。植物化学通信的研究还处在前期，未来的发展空间及应用空间还很大；任何成果都会引起世界瞩目；因此，对植物化学通信研究的开展具有重大意义。

关键词：植物通信；化学信号；植物—植物；植物—动物；植物—微生物

Advance in the Research on Chemical Communication of Plants

Yi Sijia[1**], Yu Baohuan[1], Liao Yongxin[2***]

（1. *College of Plant Protection*, *Hunan Agricultural University / Hunan Provincial Key Laboratory for Biology and Control of Plant Diseases and Insect Pests*, *Changsha* 410128；2. *Plant Protection and Quarantine Station*, *Wugang City*, *Hunan Province*）

Abstract: The existence of communication between humans and animals is beyond doubt. Recently, more and more studies have proved that chemical communication also exists between plants. As the research went on, scientists discovered that chemical communication still exists between plants and animals, and between plants and microbes. Plants under biological and non-biological stress will send signals to neighboring plants and natural enemies of herbivorous insects. The chemical communication of plants also exists in non-invasive conditions. Chemical communication between these different organisms is mediated by volatile organic compounds. The research of chemical communication between plants is still in the early stage, and there is still a large space for its development and application in the future. Any achievement will attract the world's attention; Therefore, the research on chemical communication of plants is of great significance.

Key words: Communication of plants; Chemical signal; Plants－plant; Plants－animal; Plants－microorganism

* 基金项目：湖南农业大学与武冈市植保植检站合作研究项目

** 第一作者：易思佳，硕士研究生，主要从事农业昆虫与害虫防治研究；E-mail：1006343745@qq.com

*** 通信作者：廖用信，农艺师，主要从事植物病虫草害综合治理；E-mail：373249149@qq.com

1 前言

光合作用是利用太阳能制造有机物质和转化能量的复杂过程。大多数植物能进行光合作用，具有叶绿素，因而称为绿色植物，与之相对的为非绿色植物。绿色植物担负整个地球生命的营养合成，非绿色植物起矿化作用，使地球生机盎然，循环往复；动植物在人类生活中有着不可替代的重要地位。生物体从来都不是孤立存在的，生物个体与种群间必然存在着通信交流（孔垂华，2003）。自20世纪60年代对昆虫信息素的研究取得进展以来，对动植物之间的通信研究登上人类科学研究的舞台。人类和动物都存在着个体及种间的交流，同样地，植物个体及种间也存在着某种形式的交流。事实上，植物不仅与植物之间存在化学通信，与动物和微生物之间同样存在着信号交流。

植物被定义为是多营固着生活、具细胞壁和胚性细胞、能进行光合作用的绿色生物，植物由于不能自由行动，它们之间的信号交流与传递则是以挥发性有机化合物（Volatile organic chemicals，VOCs）介导进行。挥发性有机化合物是指在常温下，沸点50~260℃的各种有机化合物。植物挥发性有机化合物据其合成途径和代谢类型可分为挥发性萜类物质（单萜和倍半萜）、芳香族化合物（酚类、醚类、醛类）和脂肪酸衍生物（烷烃和烯烃及其氧化产物）三类（Dixon，2001；Dudareva and Pishersky，2000；安琼，2011）。不同种类的化合物有着不同的作用：常见的单萜和倍半萜类物质，它们不仅可以引诱昆虫，传递信号，而且还能杀菌、抑制邻近植物的行为，引起化感效应（安琼，2011）；芳香族化合物由于具有苯环结构，有特定香味，故可以决定植物及其挥发物的特征气味（何培青等，2005）；一些植物能利用脂肪酸类物质作为邻株及邻种植物的报警物质或昆虫的性引诱剂（何培青等，2005）；植物挥发性物质的许多成分都具有抗菌活性，在抵抗病菌的侵染方面起重大作用（何培青等，2005）。植物挥发性有机化合物可以由自身的生理活动产生，也可由多种因素协同诱导产生（左照江，2009）。尽管有些挥发性组分含量少，但在植物化学通信中起着关键作用。

2 植物与植物之间的交流

科学家们发现当植物处在生物性逆境和非生物性逆境中，会与邻近植株进行化学通信，使其进入防御状态。Farmer等（1990）将番茄苗栽种在2个隔室内，一个放置5g折断的山艾枝叶，不让其与番茄苗相接触，另一隔室内的番茄苗做对照；两天后发现番茄实验株体内的蛋白酶抑制剂含量明显高于对照株，证实了受害的山艾枝叶能产生并释放挥发性的茉莉酮酸甲酯诱导番茄叶产生抵御伤害的蛋白酶抑制剂。安琼等（2011）对玉米苗进行菌液、孢子和清水三种不同的处理，发现菌液处理后，病原菌的侵染会造成受害植株中释放某些挥发性物质，作为信号分子传导至感应组玉米苗，使其启动预警机制。胡永健等（2010）通过实验测定发现马尾松在受到马尾松毛虫为害后，会迅速释放出乙烯作为信号物质，使邻近植株获得系统防御。菟丝子 *Cuscuta chinensis* 是一种典型的茎全寄生植物，它们通过吸器吸收寄主的水分和营养物质。中国科学院昆明植物研究所发现当菟丝子受到蚜虫的胁迫后，能够产生一个抗虫系统性信号，此信号可移动至寄主，并诱导寄主产生抗虫性（Christian，2017）。

科学家们通过许多实验证明了植物在伤害条件下会与邻株植物进行交流；事实上，在非伤害条件的情况下，植株间也存在着化学通信。向日葵 *Helianthus annuus* 是菊科向日葵属的一年生草本植物，使用价值广泛，其花可为观赏用，其种子可制成零食，也可榨成食用油。Zhang 等（2013）研究了大豆对向日葵的化感作用，发现大豆能产生并分泌挥发性物质促进向日葵的萌发。Knoester（1998）在研究中发现：当烟草生长到接近相邻植株时便会停止生长，以避免相互间对光的竞争，主要由于烟草在接近时双方都会释放乙烯，当某一方感应到这种信号分子时便停止生长。值得一提的是，转基因烟草由于不能释放乙烯，彼此之间不能进行以乙烯为信号分子的交流。随着研究的深入发现，植物与植物间存在着化学通信交流是确切的。同时，科学家们还发现植物间交流信号的强弱与植株间的距离有关。研究证明，一种生存在沙漠里的野生烟草当与邻株烟草距离在 3~5m 时，邻株接受挥发性信号分子进入防御状态可降低 90%的伤害，当距离在 20m 时，邻株仅可减少 20%的伤害（Kessler and Baldwin，2001）。

藻类、菌类和地衣是植物界中出现比较早的，但又是比较低级的类型，所以合称为低等植物。低等植物生活在水中，与高等陆生植物相同，低等植物也可以通过分泌 VOCs 进行化学通信。以藻类植物为例，藻类 VOCs 既可自主分泌，也可在多种因素下诱导产生。光照、温度、营养环境、pH 等环境因子的变化会导致藻类植物次生代谢发生改变，并诱导 VOCs 的分泌与释放（左照江，2017）。VOCs 信号被接收者感应到后，其信号分子所携带的信息同样被接受者所捕捉并发挥作用，如提高藻细胞抗逆性、诱导进入防御系统、抑制藻细胞生长等（左照江，2017）。

3 植物与动物之间的交流

植物与动物在分类学上属于不同的界别，是完全不同类型的生物种群。尽管如此，植物与动物之间依然存在着多种形式的交流绿盲蝽是我国黄河流域、长江流域为害棉花的多种椿象的优势种。潘洪生等（2013）通过连续 3 年对 119 种植物开展研究，发现秋季绿盲蝽成虫在艾蒿、野艾蒿、猪毛蒿、黄花蒿和藿香的种群密度高于其余 114 种植物；在室内行为测定中发现：在盛花期时，菊科蒿类的艾蒿、野艾蒿和黄花蒿对绿盲蝽成虫的吸引力均高于非花期植物和对照组；通过 GC-ESD 测试结合 GC-MS 分析和测定发现：三种蒿类寄主植物在花期时均能分泌含有顺-3-己烯醇、间二甲苯、丙烯酸丁酯、丙酸丁酯、丁酸丁酯和乙酸顺式-3-己烯酯的植物挥发物；这些活性物质对吸引绿盲蝽有显著效果。徐彬等（2017）在调查中发现：在田间，异色瓢虫成虫偏好选择花期龙爪槐。经分析和测定后发现：龙爪槐花能够分泌一种 VOCs——壬醛，壬醛能与异色瓢虫成虫进行交流，引起触角电生理反应，进而吸引异色瓢虫。这些研究从一定程度上揭示了植食性害虫识别寄主植物的原理，及植食性害虫偏好某种植物的原因。

与植物相关联的动物除植食性害虫外，还有其天敌。在植食性害虫的侵害下，植物除了向同伴报警外，还会向害虫天敌发出求救信号。Shao 等（2014）研究了西蓝花植食性植物挥发物（Herbivore-Induced Plant Volatiles，HIPVs）对我国烟粉虱（Aleyrodidae）的两种优势天敌（*Encarsia formmosa* 和 *Serangium japonicum*）觅食行为的影响。用外源茉莉酸（Jasmonicacid，JA）模拟植物在受到植食性害虫的侵害后释放的 JA；在茎尖部位和根部位诱导产生的植物挥发物在吸引烟粉虱天敌方面有较高效率。前人在研究中发现：经菜粉蝶幼虫为害后的受损植物诱导产生的 HIPVs 与正常未受损植物释放的 VOCs 相比，受损植物会额外释放 4-甲基-3-戊烯醛和异硫氰酸丙酯两种组分，这两种组分对菜粉蝶的一种天敌寄生蜂（*Cotesia rubecula*）具有强烈的吸引力（杜家纬，2001）。以 HIPVs 为信号分子的求救信号，是受损植物与植食性害虫天敌的交流方式。植物释放的 HIPVs 在植物—植食性昆虫—天敌三级信息通信中起着重要地位。

4　植物与微生物之间的交流

微生物（microorganism）是指包括细菌、真菌、病毒和原虫等在内的一大类生物群体。它们通常个体微小，肉眼看不到或看不清楚，需要借助显微镜才能观察到。尽管微生物群体个体微小但并不影响其与植物两者之间进行交流。Ryu CM 等（2003）通过化学分析和植物生长数据显示，一些植物生长促进细菌（PGPR）能够释放含有挥发性成分的混合物，促进了拟南芥的生长；尤其是完全由两个不同菌株释放的 2，3-丁二醇和乙酰丁二醇能够触发最大程度的生长促进。这些细菌 VOCs 介导了植物与微生物信号通信的完成。2004 年，Ryu CM 等（2004）通过将拟南芥幼苗暴露在根杆菌的 VOCs 中，4 天后发现拟南芥的系统抗性（ISR）被诱导激活，证明了促进植物生长的根瘤菌与植物根系相结合，可诱导产生 ISR。张鹏鹏等（2013）通过分析 13 种植物根际促生细菌所产生的细菌 VOCs 组分，并通过单一气体对拟南芥生长影响的实验发现：1，3-丁二醇对拟南芥有显著的促生作用；癸醛不仅可以帮助拟南芥抑制病原菌的生长，对拟南芥自身也有很强的毒害作用，对此化合物还有待进一步研究。韩志校等（2014）以从白杨杂种 741 杨内生菌中分离得到的 P22（类芽孢杆菌 *Paenibacillus* sp.）和 S16（属寡养食单胞菌 *Stenotrophomonas* sp.）为研究对象，研究两种菌株对近缘种植物生根及生长促进能力。结果表明：两种菌株对三倍体毛白杨组培苗、欧美杨 107 和旱柳硬枝插条生根和生长的促进效果显著，这两种菌株均为 PGPR，可能具有诱导植物激素的分泌和固氮的作用。

以上研究均可证明，植物促生细菌产生的挥发性活性物质是植物与细菌微生物通信的信号分子，在植物生长发育过程中有着重要的地位。微生物界中大部分的细菌、真菌和病毒等都可通过空气、土壤等的传播方式以直接侵入、自然孔口侵入或伤口侵入的方式侵入寄主植物引起植物病害的发生与流行，往往会给农业生产造成重大损失、甚至带来灾难性后果。过去人们对微生物的认识主要集中在微小和为害两方面，但现在，以 PGPR 与植物之间的通信为契机，科学家们重新打开了认识微生物的大门。

5　展望与结论

生物个体（同种或异种）相互之间利用化学物质沟通彼此信息的现象叫做化学通信（Chemical communication）或信息素通信（Pheromone communication）（李绍文，2002）。在植物化学通信的研究中，植物面对各种胁迫自发做出的一系列防御措施是一大亮点，也是未来科学研究的重点之一。外来植物的入侵、田间害虫肆虐以及微生物的侵染对农业生产造成重大损失。在农业综合防治方面，是否应该从寄主植物与其他种群之间的化学通信入手，制定更为高效安全的综合防治策略？茶小绿叶蝉是我国茶树的重大害虫之一，蔡晓明等（2016）通过对非茶树（桃树、梨树）植物挥发物的分析研究，分别配制出两个引诱配方——引诱剂-P、引诱剂-G。茶园施用后发现："引诱剂-G"对茶园中的茶小绿叶蝉的引诱效果十分显著，但"引诱剂-P"没有；在加大引诱剂的释放量后，引诱效果得到显著提高；同时面引诱的持效期明显长于点引诱。除此之外，是否可以通过检测植物与植物之间的报警信号分子，及时的展开农业防治措施，减少植食性害虫肆虐带来的农业损失？是否通过培养 PGPR 群落用于促进植物生长发育，减少农业化肥的施用及其带来的土壤污染，打造新型绿色有机植物？总而言之，植物化学通信的研究之路还很长，舞台还很广。

综上所述，植物与植物、动物和微生物之间的化学通信均得到了科学研究的证明；但就目前的研究现状而言，除对植物挥发有机挥发物组分区域有所涉猎外，对其受体蛋白以及信号分子转导途径的研究还有很大空间。植物化学通信研究的开展为植物与其他生物体之间存在着化学通信提供了最直接的证据；人们也进一步地了解并认识到了其赖以生存的植物；为农业综合防治策略的制定与药剂的配制提供了更多机会与可能。植物化学通信研究开展的意义重大同时也面临着巨大的挑战。但无论如何，植物化学通信将是人类探索自然的新征程、新大门。

参考文献

安琼 . 2011. 玉米受大斑病菌侵染后与邻近株间化学通信的初步研究［D］. 吉林：吉林大学 .

Christian HH. 2017. 菟丝子在不同寄主间的系统性信号传递［C］//中国植物保护学会杂草学分会 . 第十三届全国杂草科学大会论文摘要集 .

蔡晓明 . 2016. 茶小绿叶蝉与植物间化学通信物质的鉴定与田间功能验证［D］. 北京：中国农业科学院 .

陈宗懋，许宁，韩宝瑜，等 . 2003. 茶树-害虫-天敌间的化学信息联系［J］. 茶叶科学（S1）：38-45.

代宇佳，罗晓峰，周文冠，等 . 2019. 生物和非生物逆境胁迫下的植物系统信号［J］. 植物学报，54（2）：255-264.

戴建青，韩诗畴，杜家纬 . 2010. 植物挥发性信息化学物质在昆虫寄主选择行为中的作用［J］. 环境昆虫学报，32（3）：407-414.

杜家纬 . 2001. 植物-昆虫间的化学通信及其行为控制［J］. 植物生理学报（3）：193-200.

耿辉辉 . 2012. 绿盲蝽偏好绿豆的选择行为及其机制［D］. 扬州：扬州大学 .

黄安平 . 2014. 虫害诱导植物挥发物介导的植物种内化学通信研究［J］. 湖南农业科学（15）：6-7，11.

韩志校，张泽坤，董研，等 . 2014. 杨树内生细菌 P22、S16 对近缘种植物生根和生长的影响［J］. 东北林业大学学报，42（7）：117-121，125.

胡永建 . 2010. 虫害马尾松邻株信号通讯及茉莉酸甲酯诱导的蛋白表达差异研究［D］. 北京：北京林业大学 .

黄安平 . 2014. 虫害诱导植物挥发物介导的植物种内化学通信研究［J］. 湖南农业科学（15）：6-7，11.

霍玉芹，刘福春 . 2014. 植物防御中的"演讲者"和"听众"［J］. 高师理科学刊，34（3）：

83-85.
何培青，柳春燕，郝林华，等. 2005. 植物挥发性物质与植物抗病防御反应［J］. 植物生理学通讯（1）：105-110.
孔垂华，胡飞. 2003. 植物化学通信研究进展［J］. 植物生态学报（4）：561-566.
孔垂华，徐涛，胡飞，等. 2000. 环境胁迫下植物的化感作用及其诱导机制［J］. 生态学报（5）：849-854.
孔垂华. 2017. 植物种间和种内的化学作用［C］//中国植物保护学会植物化感作用专业委员会. 中国第八届植物化感作用学术研讨会论文摘要集.
阚金红，方荣祥，贾燕涛. 2017. 植物与微生物之间的跨界信号调控［J］. 中国科学：生命学，47（9）：903-916.
刘清松，李云河，陈秀萍，等. 2014. 转基因抗虫植物-植食性昆虫-天敌间化学通信的研究进展［J］. 应用生态学报，25（8）：2431-2439.
李绍文. 2002. 生物的化学通信［J］. 生物学杂志（5）：1-4，32.
潘洪生. 2013. 绿盲蝽与秋季蒿类寄主的化学通信机制［D］. 北京：中国农业科学院.
任龙. 2013. 几种蔷薇科植物挥发物对多毛小蠹虫化学通信影响的研究［D］. 北京：北京林业大学.
吴楠. 2019. 植物气体信号分子介导小麦抗逆机理及研究进展［J］. 江西农业（4）：24-27.
吴鹏飞，臧国长，马祥庆. 2006. 逆境中植物化学通信机制的研究进展［J］. 亚热带农业研究（4）：271-277.
王月，周志豪，叶芯妤，等. 2018. 甲基乙二醛：植物中一种新的信号分子［J］. 植物生理学报，54（1）：10-18.
徐彬. 2017. 异色瓢虫偏好选择龙爪槐花的生态学机制［D］. 扬州：扬州大学.
夏志超. 2017. 根系分泌物介导的植物种间地下化学作用［D］. 北京：中国农业大学.
颜增光，王琛柱. 2005. 绿叶气味化合物介导的植物与植物间的相互作用——绿叶气味化合物引起玉米释放萜类化合物和衍生酯［C］//农业生物灾害预防与控制研究.
张毅华，方玮，崔为体，等. 2017. 甲烷：一种新的植物气体信号分子？［J］. 植物生理学报，53（7）：1192-1198.
张鹏鹏. 2013. 几株植物根际促生细菌释放的挥发性物质对拟南芥及病原菌的影响［D］. 泰安：山东农业大学.
左照江，张汝民，高岩. 2009. 植物间挥发物信号的研究进展［J］. 植物学报，44（2）：245-252.
左照江. 2017. 藻类挥发性有机化合物研究进展［J］. 水生生物学报，41（6）：1369-1379.
Baldwin I T，Schultz J C. 1983. Rapid changes in tree leaf chemistry induced by damage：evidence for communication between plants［J］. Science，221（4607）：277-279.
Blouin M. 2018. Chemical communication：an evidence for co-evolution between plants and soil organisms［J］. Applied Soil Ecology，123：409-415.
Castelyn H D，Appelgryn J J，Mafa M S，*et al.* 2015. Volatiles emitted by leaf rust infected wheat induce a defence response in exposed uninfected wheat seedlings［J］. Australasian Plant Pathology，44（2）：245-254.
Dixon R A. 2001. Natural products and plant disease resistance［J］. Nature，411：843-847.
Dudareva N，Pichersky E. 2000. Biochemical and molecular genetic aspects of floral scents［J］. Plant Physiology，122：627-634.
Farmer E E. 2001. Surface-to-air signals［J］. Nature，411（6839）：854-856.

Farmer E E, Ryan C A. 1990. Inter plant communication: airborne methyl jasmonate inhibitors in plant leaves [J]. Proceedings of the National Academy of Sciences, 87 (19): 7713-7716.

Hierro J L, Callaway R M. 2003. Allelopathy and exotic plant invasion. plant soil [J]. Plant and Soil, 256 (1): 29-39.

Knoester M, Hennig J, Bol J F, *et al.* 1998. Ethylene - insensitive tobacco lacks nonhost resistance against soil-borne fungi [J]. Proceedings of the National Academy of Sciences of the United States of America, 95 (4): 1933-1937.

Ryu C M, Farag M A, Hu C H, *et al.* 2003. Bacterial volatiles promote growth in Arabidopsis [J]. Proceedings of the National Academy of Sciences of the United States of America, 100 (8): 4927-4932.

Ryu C M, Farag M A, Hu C H, *et al.* 2004. Bacterial volatiles induce systemic resistance in Arabidopsis [J]. Plant Physiology, 134 (3): 1017-1026.

Ryu C M, Farag M A, Hu C H, *et al.* 2013. Dynamic chemical communication between plants and bacteria through airborne signals: induced resistance by bacterial volatiles [J]. Journal of Chemical Ecology, 39 (7): 1007-1018.

Shao J L, Su L R, Xia X, *et al.* 2014. Efficiency of plant induced volatiles in attracting Encarsia formosa and Serangium japonicum, two dominant natural enemies of whitefly Bemisia tabaci in China [J]. Pest Management Science, 70 (10): 1604-1610.

Zhang W, Ma Y Q, Wang Z, *et al.* 2013. Some soybean cultivars have ability to induce germination of sunflower broomrape [J]. PloS One, 8 (3): e59715.

植物挥发物的收集与分析*

袁格格**，陈　功***
（湖南农业大学植物保护学院/植物病虫害生物学与防控
湖南省重点实验室，长沙　410128）

摘　要：植物通过次生代谢合成并释放挥发性有机物质，它们能与环境相互作用从而影响大气质量。这些挥发物还能作为信息素在植物与植物之间和植物与动物之间起到通信交流的作用。近年来越来越多的学者对植物挥发物的研究日渐关注。本文对植物挥发物的收集方法与定性定量分析方法进行了综述，以期对未来的植物挥发物研究提供一定的参考，并对其研究前景开展讨论。

关键词：植物挥发物；溶剂提取；水蒸气蒸馏；超临界流体提取法；动态顶空采集；zNose™；SPME；GC；GC-MS

Collection and Analysis of Plant Volatiles*

Yuan Gege**，Chen Gong***
(*College of Plan Protection Hunan Agricultural University*，*Hunan Provincial Key Laboratory for Biology and Control of Plant Diseases and Insect Pests*，*Changsha* 410128，*China*)

Abstract：Plants synthesize and release volatile organic substances through secondary metabolism，which can interact with the environment and affect atmospheric quality. These volatiles also act as pheromones to communicate between plants and animals. In recent years，more and more scholars pay more and more attention to the study of plant volatiles. In this paper，the collection methods and qualitative and quantitative analysis methods of plant volatiles were reviewed in order to provide some reference for the future study of plant volatiles，and the research prospects were discussed.

Key words：Analysis VOCs；Extraction by solvent；Steam distillation；Supercritical fluid extraction；Dynamic headspace analysis；zNose™；SPME；GC；GC-MS

1　前言

植物挥发物（Volatile Organic Compounds；VOCs）是指植物通过次生代谢产生的低沸点、易挥发的小分子化合物（李军，2016）。目前，已经鉴别出数百种气味成分（程

* 基金项目：湖南省财政厅科教支出项目（湘财教指［82］号 201811000143）；湖南农业大学人才引进科研启动项目

** 第一作者：袁格格，硕士研究生；E-mail：gegeyuan206@163.com

*** 通信作者：陈功，讲师，主要从事蔬菜害虫综合防治研究工作；E-mail：gongchen105@163.com

彬等，2009）。这些挥发性物中的主要成分包括绿叶挥发物（高宇等，2012）、烯萜类化合物（高宇等，2012）、腈肟类化合物（Geervliet *et al.*，1997）、醇类、酚类、酯类化合物等（吴楚才等，2006）。在营养挥发物中，绿叶素能诱导植物生成相关防御基因和化合物，其诱导生成的植物挥发物（HIPVs）和花外蜜露（Extrafloral Nectar，EFN）能够在植株间传递预警信号、吸引或驱避植食性昆虫、与昆虫信息素产生协同或抑制作用、招引寄生蜂，还能影响病原微生物生长（李欣等，2003）。植物挥发物中研究最多的是组成萜类化合物的单体异戊二烯，它是从许多木本植物的叶子中释放出来的一种简单的五碳萜烯（Sharkey *et al.*，2001）。烯萜类化合物具有消毒性和皮肤渗透性，有促进免疫蛋白增加、调节精神、祛风保健功效（廖建军等，2016）。同时，该类挥发物能抑制病菌的生长，对昆虫寻找寄主、觅食和产卵等行为起着至关重要的作用。腈肟类化合物可用于树脂涂料固化剂和水系统脱氧剂。醇、酚类化合物具有杀菌、抗病毒、抗感染功效（谢祝宇等，2011）。酯类化合物是大自然天然清香剂，各种农产品的香味也与天然挥发物有关，故可用于生产辛香料和其他香料（张运涛，1996）。有关植物挥发性成分研究已有很长的历史了。早在1914年美国发明家电话发明者亚历山大·格雷厄姆·贝尔就提出过“If you are ambitious to find a new science，measure a smell”，他认为对气味进行测量和定量是一件非常具有挑战性的工作。因此针对植物挥发物，人们早在1964年便已开展了有关的研究。在我国，在1989年开始对植物挥发物进行研究。

在20世纪末，植物挥发物的提取技术多借鉴于食品风味化学研究（Bicchi *et al.*，2000）。其主要方法有：溶剂提取法、水蒸气蒸馏提取、吸附提取等。随着技术的发展和对其他领域技术的引入应用，植物挥发物的收集、分离、分析方法都取得了突破性新进展。现代植物挥发性有机化合物的提取技术有超临界流体提取法、动态顶空采集法、电子鼻采样法、固相微萃取（李军，2016）。植物挥发物的分析方法包括：气相色谱法、气相色谱-质谱联用技术、电子鼻分析技术。

2 植物挥发物的提取方法

2.1 溶剂提取法（Extraction by solvent）

利用挥发物能溶于有机溶剂的特点，将产生挥发物的植物组织或者器官浸泡在相应的有机溶液内或用有机溶液对其进行洗脱，将洗脱液进行浓缩过滤处理即得植物挥发物的浓缩液。（Shaver *et al.*，1997）。Robigvet在1835年首次用溶剂法成功浸提挥发油，并逐步实现了工业化。该提取方法的关键是要选择合适的溶剂，常见的溶剂有；甲醇、乙醇、丙酮、乙醚、氯仿、苯、石油醚等。孙晓玲（2006）选用不同的有机溶剂对小叶榆和白桦的韧皮部进行了萃取，发现提取出的挥发物不同。丁梦军（2016）在沙芥属蔬菜种子油提取实验中，发现以石油醚为浸提液时，沙芥种子有最高提油率为39.01%。而斧形沙芥种子油最优的提取溶剂为正己烷，其提油率为40.47%。石珂心（2015）在樱桃仁油的提取实验中用有机溶剂石油醚萃取取得较为乐观的结果。王元等（2009）曾用溶剂提取法成功提取出沙棘中的黄酮成分。此法成本低且操作简单，较适合工业化生产，但提取速度较慢，且有些溶剂危害人体健康（周欣等，2019）。

2.2 水蒸气蒸馏法（Steam distillation）

水蒸气蒸馏法是将含有挥发性的成分与水共同蒸馏，用水蒸气将目的物质从其与水组成的混合体系中提取出来，经冷凝分取挥发性成分的过程。该提取方法操作简单，能有效防止成分的分解和变质（毕寒等，2017）。但由于此种方法存在着与水相溶的物质、沸点低的物质提取困难等问题，因此应用并不普遍。孙海楠（2015）在菊花及近缘种属植物挥发性次生代谢物的鉴定及合成机制初步研究中，用水蒸气蒸馏法提取香蒿叶片的挥发物共获得 39 种挥发组分，江贵波等（2008）采用水蒸气蒸馏法成功提取入侵杂草三裂叶蟛蜞菊地上部分的挥发油。王猋（2007）用此方法从马尾松枝条挥发物中分离出 β-蒎烯、罗勒烯等 52 个组分。赵学丽等（2019）利用水蒸气蒸馏法提取红松松针挥发油，得出提取条件的最优组合。

2.3 超临界流体提取法（Supercritical fluid extraction）

超临界流体提取法是将 CO_2压缩调温（7.3MPa，31℃以上）达到超临界状态，用以萃取分离各种植物挥发性物质。在超临界状态下，目的产物溶于超临界流体，然后借助减压、升温的方法使超临界流体变成普通气体，被萃取物质则完全或基本析出，从而达到分离提纯的目的（丁一刚，2002）。该技术的应用始于 20 世纪 70 年代，由 Zosel 博士（2001）首次提出并将其成功运用于咖啡豆脱咖啡因的工业化生产，该技术萃取效率高，并且环境友好。因此目前该技术得到了广泛应用，并对传统技术难以萃取的物质有较好的提取效果。但温度、压力、时间、溶剂流速均会对萃取效果产生影响（刘一凡，2018）。Abdul Hakeem MEMON 等（2016）用传统溶剂提取法和超临界流体萃取法分别提取钟花蒲桃次生代谢产物，发现超临界流体萃取法省时又省成本且得到了较高回收率。张炜煜（2007）运用超临界流体提取技术提取当归油。邓启焕等（1999）建立了一套超临界流体小试、中试装置和实验方法，所得提取物中银杏黄酮含量和银杏内酯含量均高于国际现行公认的质量标准。

2.4 动态顶空采集法（Dynamic headspace analysis）

动态顶空采样法广泛应用于采集活体植物的 VOCs，是目前采集寄主植物挥发物最为常用的方法，由郑华等（2002）在国内首创。整个装置是一个密闭的气路。进行样品采集时，将植物组织放入已抽取空气的密闭容器中，将经吸附过的干净空气通入，在气泵的带动下使采样室的气体循环，使挥发物得到提取。常用的主要有吸附剂吸附法和利用不锈钢罐（如苏码罐）采集法（程彬，2009）。该采集方法是对活体植物直接提取故更接近于自然状态特征。伊丽萍等（2009）采用活体植株动态顶空套袋采集法，在循环密闭条件下高效富集白水栀鲜花自然释放的香气物质并结合 GC-MS 技术，共分析鉴定出了 21 种化合物。金荷仙等（2006）用动态顶空采样法采集分析了杭州满陇桂雨公园 4 个不同桂花品种的香气组分，确定了氧化芳樟醇、芳樟醇、β-紫罗兰酮、2H-β-紫罗兰酮、α-紫罗兰酮、香叶醇、罗勒烯等为桂花香气的主要挥发性有机成分。王自力（2010）用动态顶空采集法收集女贞挥发物用于研究白蜡虫寄生蜂趋性行为。

2.5 电子鼻采样法

电子鼻系统的概念由英国 Persaud 和 Dodd 在 1982 年首次提出，他们的电子鼻系统包括气敏传感器阵列和模式识别系统两部分。1994 年 Gardner 将电子鼻定义为：电子鼻是具有选择性的电化学传感器阵列和适当的识别方法组成的仪器，能识别简单和复杂的气味。如今，电子鼻可用于检测空气、土壤、水以及其他物质中所释放的气体，主要包括一个可移动的采样装置（由抽气泵接一根填充 Tenax 的吸附柱，并附有一个加热装置组成、一根短的气相色谱柱和一个表面声波检测器）。电子鼻是一台小型气相色谱仪，因此它不能像 GC-MS 那样通过质谱图和保留时间的配合进行定性分析，并且由于某些化学标准品很难获得以及很多物质的保留时间十分接近甚至相同，所以不适合直接应用 zNose™对未知样品进行定性分析。但是，通过比对 GC-MS 对未知样品的分析结果并结合化学标准品的保留时间，就可解决这个问题（蔡晓明等，2009）。潘洪生等（2010）采用电子鼻构建棉株挥发性化合物指纹图谱库，实时监测棉铃虫幼虫为害棉株后其代表性挥发性信息化学物质的释放节律，为深入明确棉花—棉铃虫—寄生蜂三营养级关系提供一定的技术支撑。何莲等（2019）通过电子鼻和固相微萃取—气相色谱质谱联用仪（SPME-GC-MS）探究了不同生长期花椒叶挥发性风味成分相对含量及其随生长期变化的规律。

2.6 固相微萃取（solid-phase microextraction）

固相微萃取（solid-phase microextraction，SPME）是近些年发展起来采集微量气体的新技术，集采样、萃取、浓缩为一体，SPME 由 Pawlisyn 首创，由手柄和萃取头两部分构成，萃取头是一根涂不同色谱固定相或吸附剂的熔融石英纤维，接不锈钢丝，外套细的不锈钢针管纤维头可在针管内伸缩，手柄用于安装萃取头，在提取过程中，VOCs 在植物表面、顶空、纤维涂层达到平衡，后将石英纤维直接注入气相色谱的进样口，挥发物被解离后进入色谱柱分离（Zhang Z，1994）。可控制萃取纤维的极性、厚度、维持取样的时间及调节酸碱度、温度等各种萃取参数，实现对被测组分的高重复性、高准确度的测定。但此方法因其萃取头价格昂贵，未能在实践中广泛使用（傅若农，2008；刘芳等，2009；孙凡等，2008）。沈鑫等（2018）通过固相微萃取从花叶艳山姜叶片一年中不同季节释放的挥发性有机物中共提取鉴定出 26 种化合物其中萜烯类化合物 12 种、醇类化合物 8 种，以及少量的酯类、酮类、酸类和其他化合物。毛静等（2019）采用固相微萃取结合 GC-MS 分析比较了除虫菊叶片与花序，以及花序 5 个开放时期挥发性次生代谢物的成分与释放规律。

3 植物挥发物的分析

3.1 气相色谱法

气相色谱法（gas Chromatography，简称 GC）是英国生物化学家 Martin 和 Jame 在研究液液分配色谱的基础上，于 1952 年创立的一种分离与分析方法，它是利用试样中各组分在气相和固定液相间的分配系数不同，将混合物分离、测定的一种分析方法。当汽化后的试样被载气带入色谱柱时，组分在两相之间进行反复多次分配，由于固定相对各组分的吸附或溶解能力不同，因此各组分在色谱柱中的运行速度就不同，经过一定的柱长之后，便彼此分离，按流出顺序离开色谱柱进入检测器（王慧丽，2015）。该方法用量少、分析速度快、灵敏性感，广泛适用于食品药品及环境检测领域。李志等（2019）运用气相色谱法分析了 14 种浓香型铁观音农药残留。胡凤杨（2017）以葡萄籽提取物为样品，用 GC 分析法分析其有机溶剂残留，结果发现其检出线均低于药典规定的限定值。

3.2 气相色谱-质谱联用技术（gas chromatography-mass spectrometry，GC-MS）

气相色谱-质谱联用技术气相色谱质谱联用技术是将气相色谱与质谱联用相结合的检测技术，将 GC 作为进样系统，将 MS 作为检测器，相互弥补对方的局限性：MS 分析需要满足单一组分，GC 需要更准确的对目标物进行定性。该两种技术相结合是强强的结合，可以充分发挥气相色谱法高分离效率和质谱法定性专属性强的特点。具有较强的分辨能力、较高的灵敏度、检测时间短等优势，尤其适用于分析分子量小、易挥发的化合物（郑伟颖，2016）。蔡晓明（2009）利用 GC-MS 从被害茶苗中检测出新产生的 16 种物质。所用色/质谱仪器为 GCNS-QP2101（岛津公司，日本），内接 DB-5（长 60m，内径 0.25nm，厚 0.25μm）毛细管柱。质谱采用 EI 电离方式，70eV 轰击电压，扫描频率 2 次/s，检索谱库为 NIST27 和 NIST147。白发平（2019）运用 GC-MS 技术从夏枯草挥发油中共鉴别出 21 个组分，其所用相关仪器设备为夏安捷伦 7890A/5975C 气相色谱-质谱联用仪、安捷伦 7693 自动进样器、附软件及 NIST11.0 标准质谱检索库。卢丹（2003）用挥发油提取器提取新鲜紫丁香叶中的挥发油，采用气相色谱-质谱计算机联用技术对挥发油成分进行了分析，共分离出 90 种化合物，经与标准图谱比较，检索出 25 种化学成分，用归一化法确定了各成分的相对百分含量，累计占挥发油总含量的 48.24%。Nor H 等（2018）运用气相色谱-质谱联用技术分析鉴定出 352 个 VOCs，71 个来自被动取样，281 个来自主动顶空取样。李瑞等（2019）用 GC-MS 技术分析水芹叶柄及茎、叶挥发物，共鉴别出 29 种挥发物。

3.3 电子鼻分析技术

1998 年面世的电子鼻 zNose™在一定程度上弥补了 GC-MS 的上述不足，zNose™集采样与样品分析于一身，可简化操作过程，而且 zNose™检测速度快，灵敏度高（可在 10s 内检测到浓度在 5pg 以下的物质），体积较小、便于携带并配有蓄电池，能够应用于野外长时间工作，从而为田间实时监测植物挥发性信息化合物提供了可能（潘洪生等，2010；蔡晓明等，2009）。Peter Watkins（2005）在葡萄香气成分分析中所用仪器型号为 zNose™4100（EST 公司，美国）。将采集得到的气体先用仪器（内置的 Tenax 吸附柱吸附，微型 DB-5 熔融石英毛细管柱）分离组分，后用振荡声表面波（SAW）检测器定量分析组分得出葡萄香气的主要成分。

4 目前存在的问题和展望

目前，挥发物的采集应尽量在植物活体状态下进行，使其能更贴合自然状态的特征。就上述几种常用的采集方法而言，溶剂萃取是利用溶剂与溶质间的亲和性的差异来实现分离；蒸馏是利用溶液中各组分的挥发度的不同来实现分离的。这两种方法虽操作简单易行，但可能分解某些挥发油成分，尤其是一些低沸点的物质。顶空采样 GC-MS 对 VOCs 中小分子物质的检测能力较差；而 SPME-GC-MS 不能对 VOCs 进行定量分析。此外，这两种技术在吸附柱的清洗与淋洗、萃取头的解吸以及取样等过程中都花费大量的时间。超临界 CO_2萃取是通过调节 CO_2的压力和温度来控制溶解度、蒸汽压参数进行分离，但该方法不适于野外操作。动态顶空收集法收集时植物可以免受损伤，但容易引入杂质也存在重现性差的弱点。综合各方面的考虑，顶空取样、固相微萃取还是目前应用最广的收集植物挥发物的方法，但在实际应用中，还要根据取样的目的和用途选择取样方法。GC-MS 分析挥发物种类受限。zNose^{TM}集采样分析与一体，缺陷较多，如：不能分析高沸点挥发物，受温度影响较大（蔡晓明等，2009）。至今，对植物挥发物的研究大都在实验室或者温室完成，今后如何在大田进行试验成为重点（穆丹等，2010）。故应加强分析方法朝适应情况多向、灵敏性高、分析简便快捷等方向创新发展。

参考文献

白发平，胡静，吉敬，等. 2019. 水蒸气蒸馏联合顶空进样气质联用分析夏枯草挥发油成分［J］. 环球中医药，12（2）：182-185.

毕寒，阎峰. 2017. 我国植物性天然香料提取技术的发展现状及趋势［J］. 辽宁化工，46（7）：714-716.

蔡晓明，孙晓玲，董文霞，等. 2003. 应用 zNose^{TM}分析被害茶树的挥发物［J］. 生态学报（1）：169-177.

程彬，付晓霞，谢朋，等. 2009. 植物挥发物的收集方法［J］. 吉林农业科技，38（4）：32-35.

丁梦军. 2016. 沙芥属蔬菜种子油提取工艺及成分分析研究［D］. 呼和浩特：内蒙古农业大学.

丁一刚，霍旭明. 2002. 超临界流体的技术与应用［J］. 医药工程设计，23（4）：3-6.

傅若农. 2008. 固相微萃取（SPME）的演变和现状［J］. 化学试剂（1）：13-22.

高宇，孙晓玲，金珊，等. 2012. 绿叶挥发物及其生态功能研究进展［J］. 农学学报，2（2）：11-23.

何莲，易宇文，彭毅秦. 2019. 基于电子鼻和气质联用分析不同生长期茂县花椒叶挥发性风味物质［J］. 南方农业学报（3）：641-648.

胡凤杨. 2017. 顶空进样-气相色谱法测定植物提取物中 17 种有机溶剂残留［J］. 现代食品（10）：124-128.

江贵波，陈实，曾任森. 2008. 入侵物种三裂叶蟛蜞菊挥发物质的鉴定及其抗菌活性［J］. 中国生态农业学报，16（4）：905-908.

金荷仙，郑华，金幼菊，等. 2006. 杭州满陇桂雨公园 4 个桂花品种香气组分的研究［J］. 林业科学研究，19（5）：612-615.

李军. 2016. 植物挥发性有机化合物研究方法进展［J］. 生态环境学报，25（6）：1076-1081.

李瑞，吴鹏，王燕等. 2019. GC-MS 法分析水芹挥发物成分［J］. 扬州大学学报，42：113-118.

李欣，白素芬. 2003. 寄主植物-植食性昆虫-天敌三重营养关系中化学生态学的研究进展［J］. 河南农业大学学报，37（3）：224-232.

李志焦，彦朝，王兴宁. 2019. 气相色谱法测定茶叶 14 种农药残留［J］. 农产品质量与安全（2）：57-61.

廖建军，齐增湘，李涛，等. 2016. 植物挥发性有机物研究进展［J］. 南华大学学报，30（3）：119-123.

刘芳，宋英，包善微，等. 2009. 灰飞虱对抗性粳稻品种稻株挥发物的行为反应及机制［J］. 植物保护学报，36（5）：444-449.

刘一凡. 2018. 超临界萃取技术在提取食品风味成分中的应用［J］. 当代化工研究（11）：124-125.

卢丹，卢爱平，李平亚 . 2003. 丁香属紫丁香叶挥发油成分的研究［J］. 特产研究（4）：41-42.

毛静，董艳芳，童俊，等 . 2019. 基于固相微萃取 GC/MS 联用的除虫菊挥发性次生代谢产物分析［J］. 中国农学通报（13）：130-135.

潘洪生，赵秋剑，赵奎军，等 . 2010. 电子鼻 zNose™构建棉花挥发物指纹图谱及被害棉花挥发物释放节律分析［J］. 应用与环境生物学报，16（4）：468-473.

沈鑫，陈艳敏，李永红，等 . 2018. 基于固相微萃取技术探究花叶艳山姜的挥发性成分及变化规律［J］. 江西农业大学学报，40（4）：769-779.

石珂心 . 2015. 樱桃仁油的提取及其氧化稳定性研究［D］. 西安：陕西师范大学 .

孙凡，鲁继红，李垒，等 . 2008. 采用固相微萃取-气谱质谱联用技术分析家榆挥发物组成成分［J］. 东北林业大学学报，36（5）：55-57.

孙海楠 . 2015. 菊花及近缘种属植物挥发性次生代谢物的鉴定及合成机制初步研究［D］. 南京：南京农业大学 .

孙晓玲 . 2006. 云杉八齿小蠹化学信息物质的研究［D］. 哈尔滨：哈尔滨东北林业大学 .

王慧丽 . 2015. 园林植物挥发物气相色谱实验技术与方法综述［J］. 安徽农学通报，21（5）：20-21.

王焱，叶建仁 . 2007. 固相微萃取法和水蒸气蒸馏法提取马尾松枝条挥发物的比较［J］. 南京林业大学学报，31（1）：78-80.

王元，王学军 . 2009. 正交试验法优选沙棘叶总黄酮的提取条件［J］. 甘肃科技，25（21）：159-160.

王自力 . 2010. 白蜡虫优势寄生蜂行为学特征研究［D］. 北京：中国林业科学研究院 .

吴楚材，吴章文，罗江滨 . 2006. 植物精气研究［M］. 北京：中国林业出版社 .

谢祝宇，胡希军，马晶晶 . 2011. 精气植物分类及其园林应用研究［J］. 广东农业科学（16）：42-44.

伊丽萍，吴文珊，黄美丽，等 . 2009. 福建白水栀鲜花香气的 GC/MS 分析［J］. 江西农业学报，21（3）：142-143.

张炜煜 . 2007. 超临界流体提取当归油及其包合工艺研究［J］. 吉林农业大学学报，29（4）：408-411.

张运涛，崔凤芝 . 1996. 植物挥发物的生态意义［J］. 世界农业（10）：25-26.

赵学丽，舒钰，高子为 . 2019. 水蒸气蒸馏法提取红松松针挥发油［J］. 安徽农业科学，47（2）：167-168.

郑华 . 2002. 北京市绿色嗅觉环境质量评价研究［D］. 北京：北京林业大学 .

郑伟颖 . 2016. 气—质联用技术在植物花叶挥发性成分分析中的应用［D］. 哈尔滨：哈尔滨理工大学 .

Arthur C L，Pawliszyn J. 1990. Solid phase microextraction with thermal desorption using fused silica optical fiber［J］. Analytical and Bioanalytical Chemistry，62：2145-2148.

Abdul H M，Mohammad S R H，Madeeha L，*et al.* 2016. A comparative study of conventional and supercritical fluid extraction methods for the recovery of secondary metabolites from *Syzygium campanulatum* Korth［J］. Biomedicine and Biotechnology，17（9）：683-691.

Bicchi C，Cordero C，Iori C，*et al.* 2000. Headspace sorptive extraction（HSSE）in the headspace analysis of aromatic and medicinal plants［J］. Journal of High Resolution Chromatography，23（9）：539-546.

Giuseppe P，Angelo C，Corrado L，*et al.* 2016. Relationships between volatile compounds and sensory characteristics in virgin olive oil by analytical and chemometric approaches [J]. Journal of the Science of Food and A2010, 16 (4): 468-473.

Geervliet B F, Posthumus M A, Louise E M, *et al*. 1997. Comparative analysis of headspace volatiles from different caterpillar infested or uninfested food plants of pieris species [J]. Journal of Chemical E-cology, 23 (12): 2952-2954.

GardnerJ M, Bartlett P N. 1994. A brief history of electronic noses [J]. Sensors and Actuators B (1): 210-211.

Ivanova V, Stefova M, Vojnoski B, *et al*. 2013. Volatile composition of macedonian and hungarian wines assessed by GC/MS [J]. Food and Bioprocess Technology, 6 (6): 1609-1617.

Nor H K, Nhat L, Richard M S. 2018. Identification of VOCs from natural rubber by different headspace techniques coupled using GC-MS [J]. Talanta, 191: 535-544.

Watkins P, Chakra W. 2006. Application of zNose^{TM} for the analysis of selected grape aroma compounds [J]. Talanta (32): 595-601.

Persaud K, Dodd G. 1982. Analysis of discrimination mechansis in the mammalian olfactory system using a model nose [J]. Nature, 299 (5881): 352-355.

Shaver T N, Lingren P D, Marshall H F. 1997. Night time variation in volatile contention of flowers the night bloom plant *Gaura drummondii* [J]. Journal of Chemica Ecology, 25 (12): 2673-2683.

Sharkey T D, Yeh S. 2001. Isoprene emission from plants [J]. Annual Review of Plant Biology (52): 407-436.

RasmussenR, Went F W. 1964. Volatile organic matter of plant origin in the atmosphere [J]. Science (144): 566.

Wise P M, Olsson M J, Cain W S. 2000. Quantification of odor quality [J]. Chemical Senses (25): 429-443.

Zhang Z, Yang M J, Pawliszyn J. 1994. Classification of the botanical origin of cinnamon by solid-phase microextraction and gas chromatography [J]. Analytical and Bioanalytical Chemistry (66): 844-853.

芝麻新品种‘上芝429’主要虫害发生规律与综合防控技术

刘世扬[1*]，郑治国[1]，刘大鹏[1]，王　磊[1]，周国友[2**]，
蔡富贵[2]，周　扬[2]，谢卫华[3]，张长河[4]
（1. 上蔡县执著芝麻研究所，驻马店　463000；2. 鄢陵县植保植检站，许昌　461000；
3. 上蔡县农技站，驻马店　463000；4. 河南校博种业有限公司，新乡市　453000）

摘　要：‘上芝429’是芝麻新品种，其抗病性、抗涝性、抗倒性突出，适应性广，增产潜力大，在全国芝麻主产区占有十分重要的地位。近年来，‘上芝429’种植面积不断扩大，害虫基数也逐渐增加，生产上迫切需要加强对‘上芝429’展开虫害监测和防控。本文阐述了小地老虎、蚜虫、斜纹夜蛾、甜菜夜蛾、棉铃虫等芝麻田害虫的发生规律、为害特征，综合实践防治经验，以期芝麻新品种为‘上芝429’主要害虫防治提供技术参考。

关键词：‘上芝429’；地老虎；蚜虫；芝麻荚螟；棉铃虫；甜菜夜蛾；发生；防控技术

芝麻种子含油量丰富，品质优良，是重要的油料作物。‘上芝429’是上蔡县执著芝麻研究所2002年选育成的芝麻新品种，该品种属单杆柳叶型，株高170~210cm，始蒴部位低，开花早、果节短、叶腋三花，蒴果四棱，种皮白色，千粒重33.18g。‘上芝429’丰产性好，抗逆性强，是全国芝麻生产区的更新换代产品。‘上芝429’生长季节为害较大的害虫主要有小地老虎、斜纹夜蛾、甜菜夜蛾、棉铃虫、蚜虫等，苗期害虫主要是小地老虎，蟋蟀在盛花期后进行为害，其他害虫全生育期都可进行为害。芝麻虫害的普遍发生，严重影响其产量和质量。

1　小地老虎

小地老虎别名地蚕、黑地蚕、切根虫，食性极杂，主要为害芝麻的幼苗，以幼虫咬断幼苗近地面的茎部，造成缺苗断垄。其寄主种类复杂、生存环境稳定、隐蔽性强，防治难度大，极易暴发成灾。

1.1　形态特征

小地老虎成虫是一种灰褐色的蛾子，体长17~23mm，翅展40~54mm，前翅棕褐色，有2对横线，并有黑色圆形纹、肾形纹各1个，在肾形纹外有1个三角形的斑点。雄蛾触角为栉齿状，雌蛾触角为丝状。幼虫虫体较大，长50~55mm，黑褐稍带黄色，体表密布黑色小颗粒凸起，腹部末端肛上板有1对明显的黑纹。

* 第一作者：刘世扬，农技推广研究员；E-mail：ylxzbzzgy@163.com
** 通信作者：周国友，农技推广研究员；E-mail：13903747818@163.com

1.2 为害特征

小地老虎幼虫在3龄以前，为害芝麻幼苗生长点的嫩叶，3龄以上的幼虫多为分散为害，白天潜伏在土中或杂草根系附近，夜出咬断幼苗。

1.3 防控技术

1.3.1 农业防控

清洁田园，铲除种植区域地边、田埂和路边的杂草；实行秋耕冬灌、春耕耙地、结合整地人工铲埂等，可杀灭虫卵、幼虫和蛹。种植诱集植物，可利用小黄地老虎喜产卵在芝麻幼苗上的习性，种植芝麻诱集产卵植物带，引诱成虫产卵，在卵孵化初期铲除并携出田外集中销毁。

1.3.2 物理防控

在田间设置糖醋盆，盆深3cm，直径25cm左右，盆内糖醋液成分比例为：白酒1份，水2份，糖3份，醋4份，90%晶体敌百虫5g，能够诱杀部分成虫。利用地老虎成虫趋光性强的特点在芝麻种植区安装频振式杀虫灯进行物理诱杀。

1.3.3 生物防控

保护天敌。利用天敌如鸦雀、蟾蜍、鼬鼠、步行虫、寄生蝇、寄生蜂及细菌、真菌等。寄生蜂和小茧蜂的寄生率达10%。

1.3.4 化学防控

小地老虎不同龄期的幼虫应采用不同的施药方法，幼虫3龄前用喷雾、喷粉或撒毒土进行防治，3龄后田间出现断苗，可用毒饵或毒草诱杀。每公顷可选用50%辛硫磷乳油750mL，或用2.5%溴氰菊酯乳油或40%氯氰菊酯乳油300~450mL、90%晶体敌百虫750g，对水750L喷雾。于傍晚前用48%毒死蜱乳油2 000倍液喷洒芝麻根部及周边土壤。喷药适期应在幼虫3龄盛发前。或选用2.5%溴氰菊酯乳油90~100mL，或用50%辛硫磷乳油或40%甲基异柳磷乳油500mL加水适量，喷拌细土50kg配成毒土，每公顷300~375kg顺垄撒施于幼苗根标附近。或选用90%晶体敌百虫0.5kg或50%辛硫磷乳油500mL，加水2.5~5L，喷在50kg碾碎炒香的棉籽饼、豆饼或麦麸上，于傍晚在受害作物田间每隔一定距离撒一小堆，或在作物根际附近围施，每公顷用75kg。或用90%晶体敌百虫0.5kg，拌碎鲜草75~100kg，每公顷用225~300kg。

2 蚜虫

蚜虫别名腻虫、桃赤蚜、烟蚜、菜蚜，是为害芝麻的主要害虫。

2.1 发生规律

蚜虫1年发生20多代，以卵在桃树的腋芽或裂缝中越冬。在春芝麻和夏芝麻上均有发生，以春芝麻发生较重，6月中下旬开始为害，7—8月是为害盛期，即芝麻现蕾前后和花期为害较重。9月向蔬菜上迁飞，10月上中旬产生有翅性蚜，迁飞至桃树上产生雌蚜，并和雄蚜在桃树上交配产卵越冬。蚜虫在芝麻上一年可发生1~4代，有世代重叠现象，并可传播病毒等多种病害。

2.2 为害特征

蚜虫以成虫、若虫群集为害芝麻，吸食芝麻嫩叶、嫩梢和花序的汁液，温暖季节成虫活跃，主要在幼嫩叶背活动和刺吸芝麻嫩茎嫩叶，叶片受害后，首先中脉基部出现黄色斑点，逐渐扩大后造成叶及叶片皱缩畸形，严重时干枯脱落。有时也咬断茎生长点，影响芝麻正常生长，严重时被害株后期仅剩光秆和少数畸形蒴果，造成产量大幅度降低。

2.3 防控技术

2.3.1 农业防控

蚜虫越冬卵多产在桃树外围枝梢上，在修剪时要疏除秋梢，短截春梢。清除树下修剪枝条，带出桃园，降低芝麻蚜虫虫卵越冬基数。

2.3.2 物理防控

利用蚜虫的趋黄性，用涂抹黄油的黄色板条对有翅成虫进行诱杀。

2.3.3 生物防控

保护天敌。蚜虫的天敌种类很多，对蚜虫的控制作用都很强。尽量少喷广谱性农药，保护蚜虫天敌，如草蛉、瓢虫、食蚜蝇等。大草蛉一生可捕食 4 000～5 000头蚜虫。对这些天敌加以保护，可适当减少施药次数。

2.3.4 化学防控

在10%芝麻植株有蚜，幼苗期百株平均蚜量150头左右，成株期百株平均蚜量500～1 000头时，施药防治。防控芝麻蚜虫，选用高效、低毒、低残留的药剂，并要多种农药轮换交替使用，以延缓蚜虫抗药性的产生。可喷25%噻虫嗪水分散粒剂3 000倍液，或用10%吡虫啉可湿性粉剂1 000倍液，或用3%高效氯氰菊酯乳油1 000倍液，或用20%氰戊菊酯乳油3 000倍液，或用2.5%溴氰菊酯乳剂3 000倍液，或用50%氟啶虫胺腈水分散粒剂10 000～12 000倍液，或用22%氟啶虫胺腈悬浮剂5 000～7 000倍液，或用50%吡蚜酮水分散粒剂2 500～5 000倍液，或用25%噻虫嗪5 000～10 000倍液，或用50%抗蚜威可湿性粉剂2 000倍液，或用2.5%敌杀死乳油8 000倍液，或用烯啶·吡蚜酮、氟啶·啶虫脒、高氯·马（马拉硫磷）等复配剂喷雾防控。对有抗药性的蚜虫，可用48%毒死蜱乳油，每亩用量100mL，对水均匀喷雾。

3 斜纹夜蛾

斜纹夜蛾又叫莲纹夜蛾、莲纹夜盗蛾，以幼虫食叶为主，也咬食芝麻嫩茎、叶柄，大发生时，常把叶片和嫩茎吃光，造成严重损失。

3.1 发生规律

斜纹夜蛾在华北大部分地区以蛹越冬，少数以老熟幼虫入土作室越冬。斜纹夜蛾在黄河流域时8—9月是其为害严重时期。第1代盛蛾期在6月中下旬，多在蔬菜、绿肥上为害，第2代在5月下旬至6月上旬，部分转到芝麻田产卵，第3、第4、第5代分别发生于7月上中旬，8月上中旬和9月上中旬，10—11月还可以发生第6代。幼虫由于取食不同食料，发育参差不齐，造成世代重叠现象严重。斜纹夜蛾生长发育最适宜条件为温度28～30℃，相对湿度75%～85%。38℃以上高温和冬季低温，对卵、幼虫和蛹的发育都不利。当土壤湿度过低，含水量在20%以下时，不利于幼虫化蛹和成虫羽化。1～2龄幼虫如遇暴风雨则大量死亡。蛹期大雨，田间积水也不利于羽化。如田间水肥好，作物生长茂盛的田块，虫口密度往往较大。土壤含水量在20%以下，对化蛹、羽化均不利。斜纹夜蛾成虫终日均能羽化，以下午18：00~21：00时为最多。羽化后白天潜伏于作物下部、枯叶或土壤间隙内，夜晚外出活动，取食花蜜作为补充营养，然后才能交尾产卵，未取食者只能产数粒。产卵前期1~3天，但也有少数成虫羽化后数小时即可交尾产卵。卵多产于高大、茂密、浓绿的边际作物上，以芝麻中部叶片背面叶脉分叉处最多。每雌可产卵8~17块，1 000~ 2 000粒，最多可达3 000粒以上。成虫飞翔力强，受惊后可做短距离飞行，一次可飞数十米远，高达10m以上。喜把卵产在高大茂密或浓绿的植株上，中部着卵多，顶部和基部较少，着卵部位主要在烟株中部叶片背面叶尖1/3处，叶片正面、叶柄及茎部着卵不多。斜纹夜蛾的卵发育历期，22℃约7天，28℃约2.5天。

3.2 为害特征

斜纹夜蛾幼虫晴天早晚为害最盛，中午常躲在作物下部或其他隐蔽处，阴天可整天为害。初孵幼虫群集为害，啃食叶肉留下表皮，呈窗纱透明状，也有吐丝下垂随风飘散的习性；成虫将卵产于叶背面，孵化初期幼虫集中在叶背啃食叶肉，3龄后分开进食并啃食全叶片，4龄后进入暴食期，占全幼虫期总食量的90%以上，当食料不足时有成群迁移的习性。幼虫发育历期21℃约27天，26℃约17天，30℃约12.5天。老熟幼虫入土作土室化蛹，入土深度一般为1mm，土壤板结时可在枯叶下化蛹。

3.3 防控技术

3.3.1 农业防控

及时翻犁空闲田，铲除田边杂草。在幼虫入土化蛹高峰期，结合农事操作进行中耕灭蛹，降低田间虫口基数。在斜纹夜蛾化蛹期，结合抗旱进行灌溉，可以淹死大部分虫蛹，降低基数。利用其初孵幼虫群集为害的习性，及时摘除卵块和低龄幼虫虫窝。

3.3.2 物理防控

糖醋液诱杀成虫：斜纹夜蛾成虫对黑光灯趋性很强，对有清香气味的树枝把和糖醋等物也有一定的趋性。可用糖5份、醋20份、白酒2份、水80份，将糖和水溶化在一起加热至沸，待糖液冷却后，再加上醋和酒混匀制成糖醋液，在6月上旬成虫羽化期，将制好的糖醋液倒入容器中（倒1/3即可），悬挂于行间，距地面1.5m高，3~5天加一次液体。捕杀成虫：6月下旬至7月上旬，是成虫的发生期，可利用成虫喜欢中午活动（中午12：00至下午14：00，成虫活动最盛）的习性进行人工捕杀。

3.3.3 生物防控

保护和利用天敌昆虫。可利用管氏肿腿蜂、壁虎和昆虫病原线虫（2.5万条/mL）等防治。涂白防虫：成虫产卵前，在主干和主枝上刷石灰硫磺混合剂并加入适量的触杀性杀虫剂，硫磺、生石灰和水的比例为1：10：40。

3.3.4 化学防控

在斜纹夜蛾卵块孵化到3龄幼虫前喷洒药剂防治，此期幼虫正群集叶背面为害，尚未分散且抗药性低，药剂防效高。药剂可选用15%茚虫威 4 000倍液，或用5%氯虫苯甲酰胺 1 000倍液，或用1.8%阿维菌素乳油2 000倍液，或用20%氰戊菊酯乳油1 500

倍液，或用 2. 5%功夫乳油 2 000倍液，或用 4. 5%高效氯氰菊酯乳油 1 000倍液，或用 2. 5%溴氰菊酯乳油 1 000倍液，或用 5%氟氯氰菊酯乳油 1 000~1 500倍液，或用 20%甲氰菊酯乳油 3 000倍液，或用 20%菊马乳油 2 000倍液，或用 5%来福灵乳油 2 000倍液，或用 48%毒死蜱乳油 1 000倍液，或用 10%联苯菊酯乳油 1 000~1 500倍液，采取挑治与全田喷药相结合的办法，重点防治田间虫源中心，喷药宜在午后及傍晚进行。每隔 7~10 天喷 1 次，共喷 2~3 次。

4 甜菜夜蛾

甜菜夜蛾又叫贪夜蛾、白菜褐夜蛾，以幼虫食叶成缺刻或孔洞，严重时把芝麻叶片吃光，仅剩下叶柄、叶脉，对芝麻产量影响很大。

4.1 发生规律

甜菜夜蛾每年发生的代数由北向南逐渐增加。华北 5 代，世代重叠。成虫在北方地区温室中越冬。

4.2 为害特征

甜菜夜蛾的初孵幼虫先取食卵壳，2~5h 后陆续爬出，群集叶背。3 龄前群集为害，但食量小，4 龄后食量大增，占幼虫一生食量的 88%~92%。昼伏夜出，有假死性，受惊扰即落地。虫口密度过大时，可成群迁徙和自相残杀。老熟幼虫有强的负趋光性，白天隐匿在叶背、植株中下部，有时隐藏于松表土中及枯枝落叶中，阴雨天全天为害。老熟幼虫一般入表土 3mm 处或在枯枝落叶中做土室化蛹。

4.3 防控技术

4.3.1 农业防控

合理轮作避免与寄主植物轮作套种。幼虫化蛹盛期进行灌溉或中耕，可减轻为害。铲除田间地边杂草，消灭杂草上的初龄幼虫，可降低虫口密度。

4.3.2 物理防控

在虫卵盛期结合田间管理，提倡早晨、傍晚人工捕捉大龄幼虫，挤抹卵块，有效地降低虫口密度。芝麻干旱时浇水，增大土壤的湿度，恶化甜菜夜蛾的发生环境，可减轻其发生。在甜菜夜蛾成虫始盛期，在芝麻田设置黑光灯、高压汞灯及频振式杀虫灯诱杀成虫。在甜菜夜蛾成虫盛发期用杨柳枝把诱蛾，消灭成虫，减少棉田落卵量。利用性诱剂诱杀成虫。

4.3.3 生物防控

保护和利用天敌昆虫。可利用管氏肿腿蜂、壁虎和昆虫病原线虫（2. 5 万条/mL）等防治。涂白防虫：成虫产卵前，在主干和主枝上刷石灰硫磺混合剂并加入适量的触杀性杀虫剂，硫磺、生石灰和水的比例为 1：10：40。

4.3.4 化学防控

甜菜夜蛾幼虫 3 龄以后抗药性增强，应掌握其卵孵盛期至 2 龄幼虫盛期开始喷药。注意把药喷到叶尖和幼荚上及叶背面，做到四面喷透，消灭虫卵。药剂可选用 15%茚虫威 4 000倍液，或用 5%氯虫苯甲酰胺 1 000倍液，或用 20%甲氰菊酯乳油 3 000倍液，或用 2. 5%高效氟氯氰菊酯乳油 1 000倍液，或用 10%氯氰菊酯乳油 1 500倍液，或用

50%辛硫磷乳油1 000倍液，或用90%晶体敌百虫1 000倍液。防治应注意喷雾时容易使幼虫假死落地，除注意要喷洒到芝麻叶背外，还应注意地面。连续施用2~3次，间隔5~7天喷1次。宜在清晨或傍晚幼虫外出取食活动时施药。注意不同作用机理的药剂轮换使用，以延缓抗药性的产生和发展。

5 棉铃虫

棉铃虫别名棉铃实夜蛾，广泛分布在中国及世界各地，中国棉区和蔬菜种植区均有发生。黄河流域棉区、长江流域为害较重。寄主植物有20多科200余种。

5.1 发生规律

棉铃虫在我国由北向南年发生3~7代，世代重叠。棉铃虫以蛹在寄主植物根际附近的土中越冬。当气温上升至15℃以上时，越冬蛹开始羽化。棉铃虫的幼虫历期在25~30℃时，为17~22天。老熟幼虫在3~9cm处的表土层筑土室化蛹。幼虫发育最适温度为25~28℃，最适相对湿度75%~90%。蛹发育历期：20℃时为28天，25℃时18天，28℃时13.6天，30℃时9.6天。

5.2 为害特征

棉铃虫的成虫多在傍晚至凌晨羽化，羽化后沿原道爬出土面后展翅。成虫昼伏夜出，白天躲藏在隐蔽处，黄昏开始活动，在开花植物间飞翔吸食花蜜，交尾产卵，成虫有趋光性和趋化性，对新枯萎的杨树枝叶等有很强的趋性。成虫羽化后当晚即可交配，2~3天后开始产卵，每雌终身可产卵1 000粒左右，最多可达3 000余粒。卵散产，产卵部位一般选择嫩尖、嫩叶等幼嫩部分。卵发育历期：15℃为6~14天；20℃为5~9天25℃为4天；30℃为2天。棉铃虫的初孵幼虫取食卵壳，第2天开始为害生长点和取食嫩叶；2龄后开始蛀食幼蕾；3~4龄幼虫主要为害蕾和花，引起落蕾；5~6龄进入暴食期。幼虫有转株为害习性，3龄以上幼虫有自相残杀习性。老熟幼虫一般在入土化蛹前数小时停止取食，从植株上滚落地面，多在落地处寻找疏松干燥的土壤钻入。

5.3 防控技术

5.3.1 农业防控

深翻冬灌，减少虫源。通过深耕，把越冬蛹翻入土层，破坏其蛹室。结合冬灌，降低越冬蛹成活率。在麦收后及时中耕灭茬，消灭部分一代蛹，降低成虫羽化率。

5.3.2 物理防控

诱杀成虫：采用杨树枝把诱蛾，在芝麻田中种植300~500株玉米或高粱等作物诱蛾前来产卵，集中杀灭，减少植株着卵量。也可利用黑光灯或高压汞灯诱杀成虫。每亩配高压汞灯1只，灯下用大容器盛水，水面撒柴油，效果比黑光灯更优。

5.3.3 生物防控

保护和利用天敌昆虫。棉铃虫的天敌种类很多，对卵或幼虫有一定抑制作用。卵寄生天敌有拟澳洲赤跟蜂、玉米螟赤眼蜂等。寄生幼虫的天敌有齿唇姬蜂、方室姬蜂、瘦姬蜂、螟铃绒茧蜂、红尾寄生蝇等。捕食性天敌有草蛉、螳螂、长脚黄蜂、小花蝽、蜘蛛等。

5.3.4 化学防控

提倡喷洒 Bt 乳剂（100 亿活孢子/mL）200~300 倍液，或用棉铃虫核型多角体病毒悬浮剂（20 亿个多角体病毒/mL）1 000倍液。或用 15%茚虫威悬浮剂 4 000倍液，或用 40%辛硫磷1 000倍液，或用 5%氟铃脲乳油 25~30mL/亩，或用 2.5%联苯菊酯乳油 3 000倍液，或用 1.8%阿维菌素乳油 4 000倍液，或用 10%吡虫啉可湿性粉剂1 500倍液，或用 5%氯氰菊酯乳油2 000倍液，或用 2.5%高效氟氯氰菊酯乳油2 000倍液，或用 2.5%溴氰菊酯乳油2 000倍液，或用 44%氯氰·毒死蜱乳油1 500 倍液等喷雾防治，每隔 7~10 天喷 1 次，共喷 2~3 次，注意交替轮换用药。

参考文献

崔苗青，李义芝，高新国，等 . 1999. 芝麻种质资源抗茎点枯病鉴定与评价［J］. 作物品种资源（2）：36-37.

李红梅，胡竹鹃 . 2009. 芝麻主要害虫及其综合防治技术［J］. 现代农业科技（22）：163-164.

李伟峰，杨光宇，宋玉峰，等 . 2011. 几种杀虫剂对芝麻虫害的防控效果［J］. 河南农业科学，40（7）：98-101.

刘文萍，吕伟，韩俊梅，等 . 2017. 西北芝麻病虫草害综合防控技术试验［J］. 农业科技通讯（8）：189-192.

王建华，刘世扬，等 . 2014.‘上芝 429’特征特性及栽培技术要点［J］. 中国农技推广（1）：17-18.

卫文星，卫双玲，张海洋，等 . 1999. 芝麻新品种豫芝 11 号的选育［J］. 河南农业科学（7）：3-4.

尹羽丰，王勇 . 2010. 襄阳区芝麻生产现状及对策［J］. 现代农业科技（8）：113-113.

张仙美，吴鹤敏，李玉莲，等 . 2005. 芝麻病虫害综合防治技术［J］. 中国种业（7）：52-53.

植食性昆虫与非寄主植物的关系及在害虫管理中的应用*

盛子耀**，李为争，游秀峰，高超男，杨晓杰，张少华，原国辉***
（河南农业大学植物保护学院，郑州　450002）

摘　要：利用行为活性物质调节害虫在农田的分布型，是实现“两减一增”可持续农业的关键。本文首先概述了昆虫与非寄主植物的关系，重点讨论了致死性诱集植物的案例及其进化学解释；然后论述了行为活性植物及其组分在农业害虫管理中的应用途径，包括模拟自然生态系统的农业间作系统设计，利用高秆作物构成物理屏障、利用信息化合物辅助或遗传改良的诱集植物富集害虫种群、利用驱除害虫产卵或干扰寄主搜索的活性成分、将昆虫行为的正面影响成分和负面影响成分结合形成 Push-pull 体系等应用途径；最后讨论了这些技术在农作物害虫防治中应当注意的问题。

关键词：诱集植物；驱避植物；Push-pull 体系；气味掩蔽；气味修饰

Relationships between Herbivorous Insects and Non-host Plants and its Application in Pest Management Practice

Sheng Ziyao，Li Weizheng，You Xiufeng，Gao Chaonan，Yang Xiaojie，Zhang Shaohua，Yuan Guohui
（*College of Plant Protection*，*Henan Agricultural University*，*Zhengzhou*，*Henan* 450002）

Abstract：The regulation of distribution pattern of insect pests by using behavioral-active components is the prerequisite of fulfillment of the concept of “Reductive using of pesticides and fertilizers while obtained high yield” . This paper firstly outlined the relationship between insect and non-host plant，focused on several cases of dead-end trap crop as well as their evolutionary explaination. Secondly，we discussed on the application approaches of natural bio-active components derived from plants and insect pests in pest management，including design of intercropping system mimicing natural eco-system，plantation of tall-stem plants around crop fields as barrier，aggregating of pest population using info-chemical aided or genetically modified trap crops，application of oviposition-deterring compounds or host-location disruptants，establishment of push-pull systems combined positive components and negative components. Filanny，we discussed on problems should be paid atttention during the application of these technologies in agricultural practice.

Key words：Trap crop；Repellent plant；Push-pull system；Odour masking；Odour modification

---

* 基金项目：粮食丰产增效科技创新重点专项（2018YFD0300706）；国家自然科学基金项目（31471772）；河南农业大学科技创新基金项目（KJCX2018A12）

** 第一作者：盛子耀，硕士研究生，主要从事昆虫生态学与害虫综合治理研究；E-mail：ziyaosheng@ 163. com
*** 通信作者：原国辉，教授；E-mail：hnndygh@ 126. com

1 引言

国家可持续农业和“两减一增”目标的基本实现方式，包括选育不选择性品种、农作物合理配伍和利用信息化合物等。抗性品种的选育是解决这一问题的基本途径之一，但存在着筛选成本高昂、抗虫性或抗病性与丰产性状、作物品质性状等不协调的情况。自然生态系统中很少暴发虫害，随着人口数量的迅速增加和食物需求量的扩大，需要不断扩大耕地面积并构建密集型的农业生态系统。然而，这种生态系统因群落结构过于简单，对害虫高度敏感。模拟自然生态系统的改造途径，期望能达到低投入、多样化、传统化的设计目标，以便最优化地调控农业生态系统中各生物之间的相互作用(Ratnadass *et al.*，2012)。针对害虫而言，既要减少农药的使用，又要实现增产，似乎是一对难以调和的矛盾。必须将现代化学生态学技术和信息融入害虫农业防治实践中，利用信息化合物调控昆虫的迁移模式或分布，使害虫富集在小面积引诱源点以便集中杀灭，才有可能实现施药减少的同时达到产量提高的目的。有关害虫信息化合物方面，国内外已经有了许多优秀的综述。如 Thompson 和 Pellmyr（1991）综述了鳞翅目的寄主偏好性和产卵行为的进化，Renwick 和 Chew（1994）以及 Honda（1995）综述了鳞翅目昆虫的产卵行为及其涉及的大量信息化合物，Cook 等（2007）全面综述了害虫防治推拉式体系（Push-pull）的各种成分及其应用。为了尽量避免和上述文献重复，作者结合当前中国关注的害虫绿色防控技术和“两减一增”的战略目标，着重论述实现这些目标的原理和途径，特别是昆虫与非寄主植物的关系以及在害虫绿色防控中应用的潜力。

2 昆虫与非寄主植物之间的关系

2.1 寄主植物与非寄主植物的定义

所谓寄主植物（host plant），指的是自然情况下某种昆虫的成虫会在上面产卵，并且其后代至少可以完成一个世代的植物（Cunningham and Zalucki，2014）。某些昆虫羽化后需要补充营养且在这些食料植物上产卵，但是幼虫却不能在这些植物上正常发育，习惯上称为食料植物（food plant）。例如，实夜蛾属一些雌成虫喜食萼距花属 *Cuphea*、马樱丹属 *Lantana* 和桉属 *Eucalyptus* 的花蜜（Cunningham and Zalucki，2014）。缺乏上述两个鉴别标准的植物，则称为非寄主植物（non-host plant），包括下述几类：①雌成虫拒绝产卵，但是室内饲养时幼虫可以成活的植物；②雌成虫可以接受产卵，但是其后代却不能利用的植物；③人工约束条件下雌虫可以产卵，但自然情况下并不接受产卵的植物。

在此需要澄清两点：①衡量一种植物的寄主地位，往往是通过测定雌成虫在多种植物共存条件下的产卵偏好性和幼虫的生长表现指标（通常最重要的是幼虫阶段的存活率、幼虫发育历期和蛹重 3 个指标）两方面来确定的。随着产卵偏好性—幼虫生长表现的关系的文献越来越丰富，研究者发现了许多二者关系不能匹配的现象。因此，广义的非寄主植物也应当包括天敌或竞争者丰富，以及自身能够产生标志着这些拮抗生物存在信息的植物种类；②事实上，“寄主植物”和“非寄主植物”是统一的连续体。根据昆虫适合度的差异，寄主植物又可分为优越寄主和次要寄主；非寄主植物又分为不接受产卵的植物、营养不平衡的植物、富含毒素的植物或杀虫活性的植物等。由于“致死性诱集植物”在自然界报道的相对较少，本综述的“非寄主植物”主要采用的是上述广义的概念。

Bohinc 和 Trdan（2012）在 2009 年和 2010 年测试了 3 种诱集植物对在杂交白菜上为害的两种害虫（白菜蝽 *Eurydema dominulus* 和跳甲 *Phyllotreta* spp.）的效果。试验证实了油菜是菜蝽引诱力最强的作物，而 2010 年跳甲对辣根有特异性偏好，但 2009 年无偏好。7 月初白菜上菜蝽为害开始加重，5 月末跳甲为害开始加重。杂交种‘Hinova’生育期更长，受害更重。2010 年为害比 2009 年重，因 2009 年之前样点附近没有种植十字花科。诱集植物种类不影响白菜产量，因为诱集植物上的害虫未用杀虫剂防治，所以说诱集植物仅能造成害虫分布变化，对总产量无影响。

2.2 致死性诱集植物的定义

致死性诱集作物（dead-end trap crop）是诱集作物的一种极端形式，是雌成虫对某种非寄主植物的产卵偏好性比常规自然寄主更强，但是后代完全不能在上面发育的植物，对某些昆虫兼具有“诱集”和“杀灭”的双重功能。例如，斑茅 *Saccharum arundinaceum* 的 28NG7 品系是甘蔗条螟 *Chilo sacchariphagus* 的致死性诱集植物，引诱成虫产卵并将低龄幼虫滞留在顶叶上，使其不能蛀入茎秆，有效降低幼虫存活率。这种植物插花种植在甘蔗田，甘蔗可平均增产 22%（Nibouche *et al.*，2011）。斑禾草螟 *Chilo partellus* 成虫非常喜欢在香根草 *Vetiveria zizanioides* 这种对幼虫具有致死作用的植物上产卵（Ndemah *et al.*，2002；Glas *et al.*，2007），豇豆荚螟 *Maruca testulalis* 会将卵产在对幼虫具有致死作用的非寄主植物菽麻 *Crotalaria juncea* 上（Jackai and Singh，1983）。欧洲山芥 *Barbarea vulgaris* 叶片中的三萜皂角苷对小菜蛾 *Plutella xylostella* 和豆荚螟 *Etiella zinckenella* 幼虫都有拒食活性，但其叶片中散发出能强烈吸引小菜蛾雌成虫产卵的气味（Agerbirk *et al.*，2003；Lu *et al.*，2004；吕建华和刘树生，2007；Nakajima *et al.*，2012）。甜菜夜蛾 *Spodoptera exigua* 幼虫嗜食存活率、发育历期和蛹重与旱芹 *Apium graveolens* 相比均无优势的墙藜 *Chenopodium murale*（Berdegue *et al.*，1998）。入侵植物遏蓝菜 *Thlaspi arvense*（又名菥蓂）与美国本土的一种粉蝶 *Pieris macdunnoughii* 的关系也是如此（Nakajima *et al.*，2012）。专食性的大棉铃虫 *Heliothis subflexa* 仅取食酸浆属植物的果实，但野外非寄主植物上“错误”产下的卵接近 20%，造成孵化的幼虫不能定殖寄主而死亡，估算这种错误产卵选择造成的适合度损失是 8%~17%（Benda *et al.*，2011）。尽管蛀茎螟虫严重在象草 *Pennisetum purpureum* 上产卵，但这种草产生一种胶状的黏性物质阻碍幼虫的发育，所以孵化出的个体极难存活（Cook *et al.*，2007）。

植食性昆虫为什么会在这些具有致死性诱集植物上产卵？目前许多学者提出了不同的假说（Benda *et al.*，2011；Larsson and Ekbom，1995；Mayhew，2001；Scheirs and Bruyn，2002；Janz，2002；Cunningham，2012），概括而言有以下几种。

（1）幼虫运动能力较强，可以通过爬行微调取食位置，纠正雌成虫错误的产卵选择。例如，海灰翅夜蛾 *Spodoptera littoralis* 在棉花植株上的产卵和取食位置选择就是如此（Sadek，2011）。

（2）这些植物能为成虫提供补充营养或交配收益。如果雌成虫对自身生存的需求超过了繁殖需求，并且取食活动和产卵活动交织在一起，就会发生这种现象，常见于鳞翅目蝶类。例如，用紫花苜蓿 *Medicago sativa* 饲养发育的卡纳蓝蝴蝶 *Lycaeides melissa* 成虫，只有加拿大黄芪 *Astragalus canadensis* 饲养个体大小的1/3，但这种蝴蝶在两种植物均处于开花期时落卵量相当（Forister *et al.*，2009）。室外笼罩中，小红蛱蝶 *Vanessa cardui* 在蜜源邻近斑块上觅食和产卵，蜜源存在与否造成的产卵量差异掩盖了丝路蓟 *Cirsium arvense* 和荨麻 *Urtica dioica* 寄主营养质量的差异（Janz，2005）。红襟粉蝶 *Anthocharis cardamines* 成虫在其幼虫不适合生长的蜜源寄主上大量产卵（Thompson and Pellmyr，1991）。最近报道，对金龟甲有潜在麻痹致死作用的蓖麻 *Ricinus communis* 可以提高两性成虫的抱对率（Zhang *et al.*，2018）。

（3）由于昆虫与这些植物形成进化联结的时间较短，成虫中枢神经系统尚未发育出识别这些负面信息的能力。一种植物常被选择产卵但幼虫表现不好，可能是由于该植物新近才进入栖境，自然选择没有给予雌虫充分的时间去辨识和规避。科罗拉多洲的暗脉菜粉蝶 *Pieris napi* 在7种十字花科寄主上产卵，包括2种幼虫致死性入侵种（Thompson and Pellmyr，1991）。Keeler 和 Chew（2008）分别在蒜芥 *Sisymbrium altissimum* 已定殖区和未定殖区研究了一种粉蝶 *Pieris oleracea* 产卵偏好性和生长表现之间的关系，发现蒜芥未定殖区采集的雌虫对蒜芥和本土寄主的产卵偏好性没有差异；而已定殖区采集的雌虫对蒜芥的偏好性比天然寄主强，但在蒜芥上存活下来的个体发育至蛹期大大延长，蛹重和正常寄主相比减轻了30%以上。

（4）偏好植物稀少，或者生长在不适合雌虫飞行或幼虫生长的栖境中。加州的棋盘格蛱蝶 *Euphydryas editha* 偏好在一种玄参 *Scrophularia* 上产卵，幼虫生长表现也比 *Diplacus aurantiacus* 上更好，但后者特别丰富，且落卵量比前者大得多。考察了寄主植物可获得性和田间植物种类的多样性对多食性花椒萤叶甲 *Galeruca tanaceti* 产卵反应的影响，然后研究了混合植物气味成分对叶甲产卵位置选择的影响。结果发现，花椒萤叶甲室内和野外均偏好在植被混杂的地方产卵（Randlkofer *et al.*，2007）。

（5）被测生长表现指标（存活率、幼虫发育历期、蛹重）未能完全涵盖昆虫整体适合度，如回避天敌或竞争者；或试验设计的生态学关联性不强。Ishihara 和 Ohgushi（2008）调查了无天敌时，柳兰叶甲 *Plagiodera versicolora* 幼虫生长表现的顺序为：宫部氏柳 *Salix miyabeana*>龙江柳 *S. sachalinensis*>杞柳 *S. integra*；天敌存在时，顺序则变为：宫部氏柳<龙江柳、杞柳。因此，成虫回避宫部氏柳产卵和取食的原因，是为了寻找无天敌空间。温室条件下，橙灰蝶 *Lycaena dispar batavus* 雌成虫在寄主和替代寄主上产卵的情愿程度相等，不对任何植物种类表现出偏好，但自然环境中自由扩散的雌虫卵仅产在一种蓼科植物 *Rumex hydrolapathum* 上。对此的解释是3种植物种类的近距离信息没有差别，但是在田间条件下长距离起作用的信息造成了这种寄主专化（Martin and Pullin，2004）。

（6）非寄主植物和寄主植物的化学物质相似。当非寄主植物与寄主植物释放的嗅觉或视觉信息极其相似时，有些昆虫会被这些非寄主植物的“假象”所“蒙骗”，从而做出“错误”判断，将卵产在不适合后代生存的致死性非寄主植物上（Thompson，

1988；Shelton and Badenes-Perez，2006；Wang *et al.*，2008；Janz *et al.*，2005）。雌虫可能偏好在允许其后代选储某些防卫物的植物上产卵，尽管幼虫生长较慢。对植物化合物的储存已在几种鳞翅目中发现，但以幼虫生长速度损失为代价的偏好并不明显（Thompson and Pellmyr，1991）。

我们认为，昆虫在这些致死性诱集植物上产卵的主要原因，一是由于这些植物的理化性状与昆虫的主要寄主植物非常相似，二是由于这是昆虫在种群水平上尝试寄主范围拓殖的重要方式，毕竟当前没有发现任何一种昆虫在致死性诱集植物和主要寄主共存时，全部将卵产在前者上，故构不成"进化陷阱（ecological trap）"。

3 植物源和害虫源活性成分在农业害虫管理中的应用

3.1 植物多样性与害虫防治的关系

生物多样性指的是生态系统内所有共存和相互作用的植物、动物和微生物的种类数和丰度。目前全世界有 1 440百万公顷以上的农业耕地，可这些土地上只种植了不到 70种的农作物（Altieri，1999）。多数混栽研究发现，单作田专食性害虫的丰富度高于复合种植系统。复合种植系统和间作系统中，多样化的天敌复合群能维持生态平衡，将害虫种群降低到经济阈值之下（Bengtsson *et al.*，2005）。目前一般看法是，多样化的植物背景对专食性害虫有效，但对多食性害虫无效，或者对后者效果很差（Finch and Collier，2000）。资源集中假说认为，专食性昆虫更喜欢搜索并停留在密植的、单作的寄主植物上。杂草丛生的甘蔗田粟灰螟 *Coniesta ignefusalis* 种群密度显著低于清除杂草的甘蔗田，甘蔗移栽后 75 天粟灰螟的种群密度仍然低于单作的甘蔗田（Srikanth *et al.*，2002）。不少研究者从宏观层面做了农田植被多样性对害虫影响的荟萃分析。Altieri（1999）发现，52%的害虫（287 种）在多样化生态系统中数量减少，仅 15.3%的害虫（共 44 种）在复合种植系统中种群密度更高。Bengtsson 等（2005）的荟萃分析发现，有机农业系统中生物丰度平均增加 50%，这种影响在样点和田块尺度上显著，但在景观中不显著。Bianchi 等（2006）间接分析了 150 篇大田研究论文，共 198 种昆虫，其中 53%害虫种类在间作田数量较少，18%害虫种类在间作田更丰富，9%种类无差异，20%种类种群数量变异较大。74%研究发现天敌种群在复杂生境中更高，45%研究发现害虫种群密度更低。

通过实施混作防治害虫的经典案例是 Visser（1986）发现萝卜菜跳甲 *Phyllotreta cruciferae* 在单作甘蓝田更丰富，在间作番茄和烟草的甘蓝田中为害轻。但 Renwick（1989）也发现杂草丛生的甘蓝田生长的甘蓝植株上菜粉蝶落卵量反而更多；Renwick 和 Radke（1985）发现，甜菜潜叶蝇 *Pegomyia hyosciami* 对甘蔗气味的反应距离在 50 m 以上，周围种植的番茄、白菜和洋葱等不能阻碍其搜索寄主。

天敌假说认为，多样化植被环境为天敌提供了良好的栖境，间接抑制了害虫种群。例如，诱集作物高粱能增加棉铃虫被玉米螟卵赤眼蜂 *Trichogramma ostriniae* 寄生的概率，糖蜜草 *Melinis minutiflora* 间作植物能增加绒茧蜂对多种蛀茎螟蛾的寄生率（Shelton and Badenes-Perez，2006）。烟草田插播的芋头 *Colocasia esculenta* 或蓖麻在成株期能强力招引斜纹夜蛾 *Spodoptera litura*，主要是芋头样地中斜纹夜蛾侧沟茧蜂 *Microplitis pro-*

deniae 和棉铃虫齿唇姬蜂 *Campoletis chlorideae* 对斜纹夜蛾的寄生率高于其他作物的样地（Zhou et al.，2010）。诱集作物苏丹草 *Sorghum sudanense* 也能增强蛀茎螟虫天敌的防治效果（Cook *et al.*，2007）。

但混作对于天敌保育来说并不是一定有效的，例如，白菜/芫荽 *Coriandrum sativum* 混作区小菜蛾种群密度和白菜单作区相比显著下降，但受半闭弯尾姬蜂 *Diadegma semiclausum* 寄生的比例则没有显著差异，是非寄主植物芫荽干扰了小菜蛾雌蛾的寄主搜索行为所致（Adati *et al.*，2011）。甘蓝地种蝇 *Delia platura* 幼虫阶段，间作田中步甲和隐翅甲等天敌是单作田的两倍多，但甘蓝地种蝇的卵量却没有下降，说明间作田中的捕食作用不是关键控制因素（Tukahirwa *et al.*，1982）。

3.2 利用高大的非寄主植物在作物周边构成物理性屏障

植株高大的植物可以阻碍害虫迁入农田。Sequeira 等（2001）研究了木豆 *Cajanus cajan* 田的伴生植物对铃夜蛾属产卵的影响。没有一种伴生植物能有效地降低木豆上的落卵量，木豆上棉铃虫 *Helicoverpa armigera* 幼虫占98.3%。然而，棉铃虫喜欢在穿过木豆植冠层生长较高的杂草上聚集产卵。反面的案例是，屏障植物象草种植在白菜田周围对小菜蛾的种群密度并没有影响（Adati *et al.*，2011）。

3.3 信息化合物辅助或遗传改良的诱集植物富集害虫种群

信息化合物辅助的诱集作物是指植物上补偿信息化合物强化引诱效果。最成功的案例之一是使用悬挂性信息素的树木引诱小蠹，信息素诱捕器悬挂在周边树木上防治木瓜园果蝇。由植物自身表达信息化合物，而不是以其他方式将信息化合物施用在植物上，将会克服信息化合物辅助的诱集作物被利用率较低的缺陷（Dicke，2000）。当前随着化学生态学的迅猛发展，鉴定出的引诱活性化合物非常多。为节约篇幅，这里仅给出各种害虫已经探明的活性物质和关键性综述供参考。葱伪菜蛾 *Acrolepiopsis sapporensis* 雄蛾受葱中的硫醚类物质引诱，欧洲玉米螟 *Pyrausta nubilalis* 雄虫受玉米花丝成分苯乙醛引诱。苹绕实蝇 *Rhagoletis pomonella* 雄虫受苹果气味异戊酸乙酯引诱，橘小实蝇 *Bactrocera dorsalis* 雄虫受丁香酚引诱，西瓜实蝇雄虫受4-甲基-2-丁酮引诱，大量有机硫化合物引诱葱蝇初孵幼虫，反式细辛酮和已醛混合对胡萝卜蝇引诱力更强，甘蓝地种蝇雄虫能被烯丙基异硫氰酸酯捕获。达摩凤蝶幼虫受柑橘叶气味主成分引诱。烯丙基异硫氰酸酯引诱大量取食十字花科的种类（如小菜蛾、甘蓝地种蝇、油菜露尾甲、蔬菜黄条跳甲、辣根猿叶甲）并刺激小菜蛾产卵。（Visser，1986）。

此外，与害虫伴生的微生物也会通过害虫的取食对植物释放的挥发物施加影响，进而影响害虫的寄主搜索。例如，石榴螟 *Ectomyelois ceratoniae* 偏好拟茎点霉侵染的角豆果实产卵，活性物质是真菌释放的几种短链醇类（乙醇、丙醇、2-丙醇、异丁醇和1-丁醇）（Renwick，1989）；南方松梢斑螟喜欢在湿地松或火炬松被松栎柱锈菌侵染所致梭形锈菌瘿上产卵；桑辛素C是真菌侵染的桑葚枝条中检测到的植物抗毒素，受害叶片中也会富集这种化合物，能作为桑绢野螟产卵刺激剂（Honda，1995）。某些霉菌气味也可以强化成熟果实气味儿对桃蛀螟的引诱力，霉菌感染后甚至不能接受的基质也成为可接受的（Thompson and Pellmyr，1991）。洋葱伴生细菌可以强化葱蝇趋向产卵，微生物产物可以与洋葱中的烷基硫醚类相互增效，如乙酸乙酯和四甲基吡嗪（Renwick，

1989）。

赋予诱集植物以杀虫活性的另一个手段是遗传工程。例如，季节早期种植的 Bt 马铃薯可作为致死性诱集作物引诱迁入的马铃薯甲虫种群，防止常规马铃薯田害虫的定殖。表达 Cry1Ac 蛋白的致死性诱集作物羽衣甘蓝既可以直接防治鳞翅目害虫。夏威夷的种植者有的利用抗性品种番木瓜作为诱集作物来减少番木瓜环斑病毒向其他非转基因的田块转移（Shelton and Nault，2004）。

3.4 合理利用驱除害虫产卵或干扰寄主搜索的活性成分

对昆虫寄主搜索有负面影响的成分，通常包括驱避害虫的植物及其挥发物，昆虫幼虫取食植物诱导的挥发物，昆虫卵壳释放的挥发物成分，昆虫—植物—微生物三者相互作用产生的抑制物质等。

3.4.1 植物源驱避产卵的物质

十字花科特异性强心苷是欧洲粉蝶和菜粉蝶驱卵剂。大菜粉蝶被十字花科非寄主 *Erysimum scoparium* 中带有毒毛旋花苷官能团的强心苷抑制产卵，近缘种的菜粉蝶拒绝在小花糖芥（含糖芥苷和桂竹糖芥苷）和屈曲花（含 2-O-P-D-葡萄糖基葫芦苦素 I 和 2-O-P-D-葡萄糖基葫芦苦素 E）上产卵（Honda，1995；Thompson and Pellmyr，1991）。白菜叶水蒸气蒸馏物驱避粉纹夜蛾产卵（Visser，1986）。白菜组织匀浆及其乙醚提取物喷洒在白菜上能驱避菜粉蝶在白菜上的产卵。菜粉蝶其他寄主的己烷提取物也能驱避产卵，但水作为提取溶剂没有效果。非寄主的极性和非极性提取物均抑制产卵。非寄主十字花科小花糖芥和荠菜中的极性驱避剂可以解释这些植物对菜粉蝶的驱避作用（Renwick and Radke，1985）。糖蜜草和金钱草会释放出虫害诱导的植物挥发物，包括（E）-β-罗勒烯和（E，E）-4，8-二甲基-1，3，7-壬三烯，兼有驱避蛀茎螟虫产卵和招引天敌的作用（Cook *et al.*，2007）。受害烟株模拟气味混合物与对照植株比较时驱避烟芽夜蛾产卵雌蛾（Cunningham and Zalucki，2014）。大豆感虫品种的 4-己烯醇乙酸酯、2，2-二甲基己醛和 2-己烯醛调控粉纹夜蛾雌虫定向，含量比抗虫品种高，而抗虫品种含驱避剂 3-十四烯和 1-十二烯（Honda，1995）。苏木叶粗提物强烈抑制小菜蛾取食、生长和成虫产卵，也能引诱其天敌菜蛾盘绒茧蜂（Egigu *et al.*，2010）。活体葱植株或葱的水、二氯甲烷、甲醇提取物能驱避菜豆蛇潜蝇产卵，另外豆科植物暴露于活体洋葱的气味下 7 天，即使去掉洋葱植株，发生过气味交换的豆科植物也有驱卵作用（Bandara *et al.*，2009）。将抗褐飞虱水稻品种的表皮蜡施用于敏感品种叶面上，增加了后者对褐飞虱的抗虫性。蜡层析发现这种活性物质存在于含有烃类和羰基化合物的馏分中，抗虫品种中短链和长链化合物比例更高（Chapman and Bernays，1989）。

3.4.2 利用气味掩蔽效应或气味修饰作用干扰害虫寄主搜索

气味掩蔽效应指的是某些植物气味本身对害虫没有行为活性，但与寄主挥发物混合后干扰害虫寄主搜索。生物多样性更丰富的植物群落释放出更多样化的植物气味，这可能会干扰昆虫的气味指引的寄主选择和交配行为，也就是所谓的“信息化合物多样性假说”。如木瓜草、花生、黑麦草或三叶草的气味谱与白菜挥发物混合能掩蔽白菜的气味，使白菜根蝇难以找到寄主。非寄主多毛番茄散发的气味本身对马铃薯叶甲没有行为学活性，但与马铃薯植株的气味混合起来之后，本身为引诱性的寄主气味变成行为学中性的了（Thiery and Visser，1986，1987）。后来发现，这种掩蔽作用的气味主要是一种绿叶气味反-3-己烯醇，在非寄主多毛番茄和甘蓝中都存在（Schroeder and Hilker，2008）。绿叶气味反-3-己烯醇、反-2-己烯醇、顺-2-己烯醇和反-2-己烯醛比例的细微变化就对马铃薯甲虫的寄主定向有显著影响，以不自然比例释放时失去引诱作用（Bruce *et al.*，2005）。Tosh 和 Brogan（2015）研究了各种寄主植物的顶空挥发物涂布在番茄植株上对温室白粉虱定殖、产卵和蜜露排泄的影响，以便给温室白粉虱提供超丰富的气味，从而起到掩蔽效果。生物测定数据与番茄提取出的挥发物 vs. 空气对照提供给温室白粉虱的情况下进行比较。结果发现，掩蔽效应在温室白粉虱的寄主选择行为中没有作用。处理松树下放置非寄主桦木枝条，会造成松异舟蛾信息素诱捕量和幼虫巢数下降。主要活性成分水杨酸甲酯的行为活性和桦木树皮、树叶效果类似（Jactel *et al.*，2011）。

寄主气味修饰作用指的是两种植物以环境为中介的相互作用，其中一种植物（地上部分或者根际分泌物）释放到环境中的化学物质能造成另一种植物气味的变化。如万寿菊的气味并不驱避害虫，但种植在农作物行间能抑制害虫数量，是因为万寿菊释放出大量根际分泌物被临近植物吸收，影响了害虫的取食、产卵。在洋葱气味下暴露过的马铃薯叶片散发的气味仍然能降低桃蚜的定殖率（Ninkovic *et al.*，2013）。间作植物也可能改变寄主植物的非挥发性化学成分，例如，与白菜间作的红车轴草能改变萝卜地种蝇寄主白菜的生理性状（生物量、碳氮含量、中性洗涤纤维含量和木质素含量），从而对萝卜地种蝇的发育造成负面影响（Björkman *et al.*，2009）。

当然，植物之间的气味相互作用也不能按照上述机制一刀切地看待，有时存在着一种以上的机制。例如，非寄主狭叶薰衣草精油与油菜共置能造成油菜露尾甲对油菜花的定殖率下降，是狭叶薰衣草气味的掩蔽效应和驱避作用共同造成的，与视觉信息和触觉信息无关（Mauchline *et al.*，2005）。有翅型黑豆蚜寄主叶气味配方与3-丁烯基异硫氰酸酯或4-戊烯基异硫氰酸酯混合时，不再受寄主豆叶气味引诱，3-丁烯基异硫氰酸酯或4-戊烯基异硫氰酸酯单独测试时也有驱避作用。在研究洋葱蚜对寄主洋葱气味的反应时，非寄主迷迭香或其释放的α-蒎烯能掩蔽引诱性寄主气味，但迷迭香和α-蒎烯单独测试时也有驱避洋葱蚜的作用。

3.4.3　昆虫源产卵抑制素

昆虫活动遗留的产物如信息素和粪便，是标志着昆虫存在的最直接信息（Dicke，2000）。昆虫产卵时往往会卵壳上分泌一些产卵抑制素（oviposition-deterring pheromone，ODP），促使后继的雌成虫将卵分散产在其他位置，避免后代之间的食物竞争。如果能对相关行为学活性成分进行化学分离，在农田创造一种寄主作物已经被占据的假象，也能干扰害虫的产卵行为，减轻作物受害。例如，樱桃绕实蝇合成的 N-（15-（β-D-葡萄糖吡喃基）-8-羟基棕榈酰牛磺酸喷洒在甜樱桃树上能驱避樱桃绕实蝇产卵（Cook *et al.*，2007）。促使卵均匀分布的 ODP 在许多鳞翅目昆虫例如橙尖粉蝶、葡萄花翅小卷蛾、欧洲玉米螟、欧洲粉蝶中发现。大菜粉蝶、菜粉蝶和暗脉菜粉蝶的卵壳溶剂洗涤物中存在3种生物碱类 ODP：反-2-［3-（3，4，5-三羟基苯基-烯丙基）-氨基-3，5-二氢苯甲酸（miriamide），和相对活性不强的 5-P-葡萄糖苷和 5-脱氧 miriamide

(Thompson and Pellmyr, 1991)。欧洲粉蝶和菜粉蝶的产卵抑制素与卵和附腺伴生，涉及气味和接触性化学刺激信息，这些反应由触角嗅觉感受器和跗节上的接触性化学感器的反应证实。欧洲粉蝶产卵抑制素中，活性最强的成分最后鉴定为新型结构的肉桂酸衍生物。欧洲粉蝶和菜粉蝶对对方产卵抑制素的回避，可能是某些条件下的种间干扰竞争机制，但该效应并未抑制二者在规模化种植的甘蓝上同域并发（Renwick and Chew, 1994)。欧洲玉米螟卵提取物驱避成虫产卵，ODP 是至少由 5 种碳链长度不等的饱和或不饱和脂肪酸甲酯类构成。欧洲玉米螟卵中的 5 种甲酯类没有特异性，也驱蜂蛾和地中海玉米螟产卵，是否可视为欧洲玉米螟的产卵抑制剂是有争议的。葡萄花翅小卷蛾卵中的 ODP 是 14~18 个碳原子的饱和脂肪酸同系物，以及 16~18 个碳原子的饱和脂肪酸或不饱和脂肪酸的甲酯类（Honda, 1995)。海灰翅夜蛾雌虫被同种幼虫虫粪强烈驱卵，ODP 是苯甲醛、香荆芥酚、丁香酚、百里香酚、橙花叔醇和植醇的增效性混合物（Honda, 1995)。

3.4.4 昆虫与植物相互作用产生的驱避产卵成分

幼虫移动能力较差的种类必须防止在有限资源上过度拥挤。因此，虫粪和幼虫取食破碎的植物组织也含有驱避进一步产卵的化合物。某些植食性昆虫为害植物之后可以释放出大量的挥发物（Herbivorer-induced plant volatile, HIPV)，主要是绿叶气味和萜类物质，对害虫的寄主搜索起到干扰作用（标志着种内竞争个体的存在和后代食物质量的下降)，或者通过引诱天敌达到间接防卫效果（Honda, 1995)。例如，粉纹夜蛾 *Plusia ni* 雌蛾受同种幼虫为害的棉株气味引诱，但到达受害植株后，并不在虫害株上产卵，而是搜索附近无虫害的植株株产卵，说明虫害株的气味提供了寄主斑块定向信息，使植物更显眼，但随后雌蛾在寄主选择中是积极回避种内竞争的（Dicke, 2000)。不相关的昆虫也受 HIPV 的影响。如菜薄翅野螟虫粪化合物驱避甘蓝地种蝇产卵（Renwick and Chew, 1994)。蜜草和银叶山绿豆本身就能释放出类似于 HIPV 的气味，在非洲与玉米间作可以创造一种“已经遭受严重为害”的氛围，迫使害虫离开主产作物玉米（Cook *et al.*, 2007)。HIPV 也可以用化学激发剂进行人工诱导，如水杨酸、茉莉酸及其甲酯类，(Z) -茉莉酮等（Cook *et al.*, 2007)。

3.5 将昆虫行为的正负面影响成分结合形成 Push-pull 体系

推拉式策略即是将两种行为学功能相反的刺激信息有机整合在一起，二者的加成性或增效性相互作用能使害虫或天敌行为调控效率最大化。采用掩蔽剂、驱避剂或拒食剂使害虫离开主产作物，同时利用引诱剂如信息素、诱集作物等使害虫局部聚集。诱集作物可以种植害虫偏好的作物种类或品种，或者早播部分主产作物使得害虫盛发期与其引诱力最强的生育期吻合，从而减轻害虫对主产作物的压力。推拉成分整合策略依被控制害虫对象（专食性程度、感觉能力和扩散能力）以及被保护的作物资源的不同而不同（Cook *et al.*, 2007)。在 Push-pull 体系中，吸引害虫的成分提供了替代性取食和产卵靶标会缓解昆虫的习惯化或抗药性，另外也有助于天敌和其他非靶标生物的保育。例如，长期剥夺葱蝇的产卵选择空间（驱卵剂处理洋葱幼苗）有可能造成其嗅觉适应，而用深埋的早播洋葱鳞茎作为引诱成分构成 Push-pull 体系，能够缓解这种嗅觉适应的产生（Miller and Cowles, 1990)。

哥伦比亚学者利用大蒜-辣椒提取物作为驱避成分，利用‘Roja Narinõ’品种的马铃薯作为诱集成分，在常规马铃薯田有效地治理了主要害虫马铃薯块茎蛾 *Phthorimaea operculella*（Isabel *et al.*，2009）。印度学者将诱集植物（秋葵和木豆）与楝树提取物结合，并在诱集植物上喷洒核型多角体病毒作为杀灭剂，在棉田有效地治理了棉铃虫对拟除虫菊酯类农药的抗性（Duraimurugan and Regupathy，2005）。当然，也有研究发现推拉式体系的效果并不如这些成分单独使用。例如，Meats *et al.*（2012）做了蛋白质诱饵喷雾与驱避性乳油喷雾的不同组合方式在番茄田对昆士兰实蝇的防效。驱避性乳油单独使用效果最理想。单独喷施蛋白质诱饵无效，且其与驱避性乳油喷雾构成 push-pull 体系并不比单独的乳油喷雾效果更好。该结果可能与两类刺激的作用距离或昆士兰实蝇的迁移运动特性有关（Meats *et al.*，2012）。

4　应用中存在的问题

在农业害虫管理中，决定某种昆虫是否适合诱集防治的最重要特征有以下几点：诱集作物是否对应害虫的龄期、昆虫运动能力的强弱、昆虫是否有迁移定殖行为和寄主搜索行为（降落前及降落后）。诱集作物能控制的龄期在设计高效诱集作物策略方面很关键：鳞翅目成虫选择植物产卵，但造成为害的通常是活动力较差的幼虫。

在利用诱集作物防治害虫的应用中，要注意植物气味和昆虫信息素在环境中出现的情境有明显差异：信息素是高特异性配比组成的点气味源，植物气味是释放量大、成分复杂、组成多变的面气味源，而且多数研究昆虫或天敌对资源标志性气味的行为反应的室内研究通常是在活性炭过滤的无气味的背景下进行的。但在自然界，资源标志性从来不是单独存在的，总是被背景气味包围着，未来的研究需要考察背景的气味的暴露期（适应或敏感化的时间）以及背景气味的质和量对昆虫对资源指示性气味信息反应的影响。

诱集作物的应用中还需要占用一定的耕地面积。多数情况下，为了达到有效防治害虫的目的，需要牺牲部分主产作物的耕地（一般占总作物面积10%左右）。例如为了抑制小菜蛾种群，应当预留5%~13%土地面积来种植诱集作物。

昆虫直接定向能力应当在诱集作物配置中考虑。寄主检测能力和定向能力较差的小体昆虫，不适合用诱集作物法防治，但可以在边界设置屏障植物。考虑到寄主搜索行为，滞留的强度似乎是影响昆虫降落前行为和降落后的寄主识别行为最重要的参数。

成功的诱集作物系统需要诱集作物、种植结构和靶标害虫特征之间的匹配。目前在农业生产中成功应用的诱集作物仅有 10 例，其中 3 例鞘翅目害虫，3 例半翅目害虫，3 例鳞翅目害虫，1 例同翅目害虫。诱集作物成功应用较少的原因还是在于多数情况下作物是被害虫复合群共同为害的，而诱集作物有一定种类特异性，在实践上和广谱性、代价低、不占用耕地的杀虫剂相比没有优势。农艺学和逻辑学因素如诱集作物和主产作物不同的种植期和施肥要求也限制了实践应用。最重要的是害虫管理策略要求防效稳定，一些诱集作物系统如小菜蛾案例的成功率变异很大，增加了种植者经济损失风险。诱集作物的应用实施较为复杂，需要结合潜在诱集作物时间和空间变化的引诱力的信息，才能使效果最优。某些情况下甚至需要农民之间的协作，因为害虫作物田块边界之间可以迁移（新型经营主体的政策相结合）。如果诱集作物滞留某些害虫和病原菌，对主产作物风险更大。最后，诱集作物不能制成产品出售，但可能在未来的“两减一增”等农业农村部政策引导下发挥出活力。

参考文献

Adati T, Susila W, Sumiartha K, *et al*. 2011. Effects of mixed cropping on population densities and parasitism rates of the diamondback moth, Plutellaxylostella. [J]. Applied Entomology and Zoology, 46: 247-253.

Agerbirk N, Olsen C E, Bibby B M, *et al*. 2003. A saponin correlated with variable resistance of Barbarea vulgaris to the diamondback moth *Plutella xylostella*. [J]. Journal of Chemical Ecology, 29 (6): 1417-1433

Altieri M A, 1999. The ecological role of biodiversity in agroecosystems. [J]. Agriculture, Ecosystems and Environment, 74 (1999) 19-31.

Bandara K A N P, Kumar V, Ninkovic V, *et al*. 2009. Can leek interfere with bean plant-bean fly interaction? Test of ecological pest management in mixed cropping. [J]. Journal of Economic Entomology, 102: 999-1008.

Benda N D, Brownie C, Schal C, *et al*. 2011. Field observations of oviposition by a specialist herbivore on plant parts and plant species unsuitable as larval food. [J]. Environmental Entomology, 40: 1478-1486.

Bengtsson J, Ahnström J, Weibull A C. 2005. The effects of organic agriculture on biodiversity and abundance: a meta-analysis. [J]. Journal of Applied Ecology, 42: 261-269.

Berdegue M, Reitz S R, Trumble J T. 1998. Host plant selection and development in Spodopteraexigua: do mother and offspring know best? [J]. EntomologiaExperimentalis et Applicata, 89: 57-64.

Bianchi F J J A, Booij C J H, Tscharntke T. 2006. Sustainable pest regulation in agricultural landscapes: a review on landscape composition, biodiversity and natural pest control. [J]. Proceedings of the Royal Society, 273, 1715-1727.

Björkman M, Hopkins R J, Hambäck P A, *et al*. 2009. Effects of plant competition and herbivore density on the development of the turnip root fly in an intercropping system. [J]. Arthropod - Plant Interactions, 3: 55-62.

Bohinc T, Trdan S. 2012. Trap crops for reducing damage caused by cabbage stink bugs (*Eurydema* spp.) and flea beetles (*Phyllotreta* spp.) on white cabbage: fact or fantasy? [J]. Journal of Food, Agriculture and Environmen, 10 (2): 1365-1370.

Bruce T J A, Wadhams L J, Woodcock C M. 2005. Insect host location: a volatile situation. [J]. Trends in Plant Science, 10 (6): 269-274.

Chapman R F, Bernays E A. 1989. Insect behavior at the leaf surface and learning as aspects of host plant selection. [J]. Experientia, 45: 215-222.

Cook S M, Khan Z R, Pickett J A. 2007. The use of push-pull strategies in integrated pest management. [J]. Annual Review of Entomology, 52: 375-400.

Cook S M, Rasmussen H B, Birkett M A, *et al*. 2007. Behavioural and chemical ecology underlying the success of turnip rape trap crops in protecting oilseed rape from the pollen beetle. [J]. Arthropod-Plant Interactions, 1: 57-67.

Cunningham J P, Zalucki M P. 2014. Understanding Heliothine (Lepidoptera: Heliothinae) Pests: What is a Host Plant? [J]. Journal of Economic Entomology, 107 (3): 881-896.

Cunningham J P. 2012. Can mechanism help explain insect host choice? [J]. Journal of Evolutionary Biology, 25: 244-251.

Dicke M. 2000. Chemical ecology of host-plant selection by herbivorous arthropods: a multitrophic perspective. [J]. Biochemical Systematics and Ecology, 28 (7): 601-617.

Duraimurugan P, Regupathy A. 2005. Push-pull strategy with trap crops, neem and nuclear polyhedrosis virus for insecticide resistance management in Helicoverpaarmigera (Hübner) in cotton. [J]. American Journal of Applied Sciences, 2 (6): 1042-1048.

Egigu M C, Ibrahim M A, Yahya A, *et al.* 2010. Yeheb extract deters feeding and oviposition of Plutellaxylostella and attracts its natural enemy. [J]. BioControL, 55: 613-624.

Finch S, Collier R H. 2000. Host-plant selection by insects a theory based on 'appropriate/inappropriate landings' by pest insects of cruciferous plants. [J]. Entomologia Experimentalis Et Applicata, 96: 91-102.

Forister M L, Nice C C, Fordyce J A, *et al.* 2009. Host range evolution is not driven by the optimization oflarval performance: the case of *Lycaeides melissa* (Lepidoptera: Lycaenidae) and the colonization of alfalfa. [J]. Oecologia, 160 (3): 551-561.

Glas J J, van den Berg J, Potting R P. 2007. Effect of learning on the oviposition preference of field-collected and laboratory-reared *Chilopartellus* (Lepidoptera: Crambidae) populations. [J]. Bulletin Of Entomological Research, 97 (4): 415-20.

Honda K. 1995. Chemical basis of differential oviposition by lepidopterous insects. [J]. Archives of Insect Biochemistry and Physiology, 30: 1-23.

Isabel M, Jime'nez g, Poveda K. 2009. Synergistic effects of repellents and attractants in potato tuber moth controL. [J]. Basic and Applied Ecology, 10: 763-769.

Ishihara M, Ohgushi T. 2008. Enemy-free space? Host preference and larval performance of a willow leaf beetle. [J]. Popuationl. ecology., 50: 35-43.

Jackai L E N, Singh S R. 1983. Suitability of selected leguminous plants for development of Marucatestulalis larvae. [J]. Entomologia Experimentalis Et Applicata, 34 (2): 174-178.

Jactel H, Birgersson G, Andersson S, *et al.* 2011. Non-host volatiles mediate associational resistance to the pine processionary moth. [J]. Oecologia, 166, 703-711.

Janz N. 2002. Evolutionary Ecology of Oviposition Strategies. pp: 349 - 376. In: Hilker M, Meiners T Chemoecology of insect eggs and egg deposition [M]. Blackwell, Berlin.

Janz N. 2005. The relationship between habitat selection and preference for adult and larval food resources in the polyphagous butterfly *Vanessacardui* (Lepidoptera: Nymphalidae). [J]. Journal of Insect Behavior, 18 (6): 767-780.

Keeler M S, Chew F S. 2008. Escaping an evolutionary trap: preference and performance of a native insect on an exotic invasive host [J]. Oecologia, 156 (3): 559-568.

Larsson S, Ekbom B. 1995. Oviposition mistakes in herbivorous insects: confusion or a step towards a new host plant? [J]. Oikos, 72: 155-160.

Lu J H, Liu S S, Shelton A M. 2004. Laboratory evaluations of a wild crucifer Barbarea vulgaris as a management tool for the diamondback moth *Plutella xylostella* (Lepidoptera: Plutellidae). [J]. Bulletin of Entomological Research, 94 (6): 509-516.

Lv J H, Liu S S. 2007. The effects of volatiles from Babarea vulgaris plants on choice response of Plutella female moths [J]. Journal of Plant Protection, 34 (4): 415-419.

Lynn A Martin, Andrew S Pullin. 2004. Host-plant specialisation and habitat restriction in an endangered insect, *Lycaena disparbatavus* (Lepidoptera: Lycaenidae) I. Larval feeding andoviposition preferences. [J]. European Journal of Entomology. , 101: 51-56.

Mauchline A L, Juliet O L, Martin A P, *et al.*. 2005. The effects of non-host plant essential oil volatiles on the behaviour of the pollen beetle *Meligethes aeneus*. [J]. Entomologia Experimentalis Et Applicata, 114: 181-188.

Mayhew P J. 2001. Herbivore host choice and optimal bad motherhood. [J]. Trends in Ecology and Evolution, 16: 165-167.

Meats A, Beattie A, Ullah F, *et al.* 2012. To push, pull or pushepull? A behavioural strategy for protecting small tomato plots from tephritid fruit flies [J]. Crop Protection, 36: 1-6.

Miller J R, Cowles R. 1990. Stimulo-deterrent diversion: a concept and its possible application to onion maggot control. [J]. Journal of Chemical Ecology, 16: 3197-3212.

Nakajima M, Boggs C L, Bailey S, *et al.* 2012. Fitness costs of butterfly oviposition on a lethal non-native plant in a mixed native and non-native plant community [J]. Oecologia, 172 (3): 823-832.

Ndemah R, Gounou S, Schulthess F. 2002. The role of wild grasses in the management of Lepidopterous stem- borers on maize in the humid tropics of western Africa. [J]. Bulletin Of Entomological Research, 92 (6): 507-519

Nibouche S, Tibère R, Costet L. 2011. The use of Erianthusarundinaceus as a trap crop for the stem borer *Chilo sacchariphagus* reduces yield losses in sugarcane: Preliminary results [J]. Crop Protection, 42: 10-15.

Ninkovic V, Dahlin I, Vucetic A, *et al.* 2013. Volatile exchange between undamaged plants - a new mechanism affecting insect orientation in intercropping [J]. PLoS ONE, 8 (7): e69431.

Randlkofer B, Obermaie E, Meiners T. 2007. Mother's choice of the oviposition site: balancing risk of egg parasitism and need of food supply for the progeny with ansemiochemical shelter? [J]. Chemoecology, 17 (3): 177-186.

Ratnadass A, Fernandes P, Avelino J, *et al.* 2012. Plant species diversity for sustainable management of crop pests and diseases in agroecosystems: a review. [J]. Agronomy for Sustainable Development, 32: 273-303.

Renwick J A A. 1989. Chemical ecology ofoviposition in Phytophagous insects [J]. Experientia, 45, 223-228.

Renwick J A A, Chew F S. 1994. Oviposition behavior in Lepidoptera [J]. Annual Review of Entomology, 39: 377-400.

Renwick J A A, Radke C D, Sachdev-Gupta K. 1985. Chemical constituents of Erysimumcheiranthoides deterring oviposition by the cabbage butterfly Pieris rapae [J]. Journal of Chemical Ecology, 15: 2161- 2169, 1985.

Renwick J A A, Radke C D. 1985. Constituents of host and non-host plants deterring oviposition by the cabbage butterfly, *Pieris rapae* [J]. Entomologia Experimentalis Et Applicata, 39: 21-26.

Sadek M M. 2011. Complementary behaviors of maternal and off spring *Spodoptera littoralis*: oviposition site selection and larval movement together maximize performance [J]. Journal of Insect Behavior, 24 (1): 67-82.

Scheirs J, de Bruyn L. 2002. Integrating optimal foraging and optimal oviposition theory in plant-insect research [J]. Oikos, 96: 187-191.

Schroeder R, Hilker M. 2008. The relevance of background odor in resource location by insects: A behavioral approach. [J]. BioScience, 58: 308-316. doi: 10.1641/B580406.

Sequeira RV, McDonald J L, Moore A D, *et al.* 2001. Host plant selection by *Helicoverpa* spp. in chickpea-companion cropping systems [J]. Entomologia Experimentalis Et Applicata, 101: 1-7.

Shelton A M, Badenes-Perez F R. 2006. Concepts and applications of trap cropping in pest management [J]. Annual Review of Entomology, 51: 285-308.

Shelton A M, Nault B A. 2004. Dead-end trap cropping: a technique to improve management of the diamondback moth, *Plutella xylostella* (Lepidoptera: Plutellidae) [J]. Crop Protection, 23 (6): 497-503.

Srikanth J, Salin K P, Easwaramoorthy S, *et al.* 2002. Incidence of sugarcane shoot borer under different levels of weed competition, crop geometry, intercropping and nutrient supply systems [J]. Sugar Tech, 4 (3/4): 149-152.

Thiery D, Visser J H. 1986. Masking of host plant odour in the olfactory orientation of the Colorado potato Beetle [J]. Entomologia Experimentalis Et Applicata, 41: 165-172.

Thiery D, Visser J H. 1987. Misleading the Colorado potato beetle with an odor blend [J]. Journal of Chemical Ecology, 13: 1139-1146.

Thompson J N. 1988. Evolutionary ecology of the relationship betweenoviposition preference and performance of offspring in phytophagous insects [J]. Entomologia Experimentalis Et Applicata, 47: 3-14.

Thompson J N, Pellmyr O. 1991. Evolution of oviposition behavior and host preference in Lepidoptera insects [J]. Annual Review of Entomology, 36: 65-89.

Tosh C R, Brogan B. 2015. Control of tomato whiteflies using the confusion effect of plant odours [J]. Agronomy for Sustainable Development, 35: 183-193.

Tukahirwa I E M, Coaker T H. 1982. Effect of mixed cropping on some insect pests of brassicas; reduced *Brevicoryne brassicae* in festations and influences on epigeal predators and disturbance of oviposition behaviour in Della brassicae [J]. Entomologia Experimentalis Et Applicata, 32: 129-140.

Visser J H. 1986. Host odor perception in phytophagous insects [J]. Annual Review of Entomology, 31: 121-144.

Wang H, Guo W F, Zhang P J, *et al.* 2008. Experience-induced habituation and preference towards non-host plant odors in ovipositing females of a moth [J]. Journal of Chemical Ecology, 34: 330-338.

Zhang H F, Li W Z, Luo Q W, *et al.* 2018. Fatal Attraction: Ricinus communis Provides an Attractive but Risky Mating Site for *Holotrichia parallela* Beetles [J]. Journal of Chemical Ecology, (2018) 44: 965-974.

Zhou Z, Chen Z, Xu Z. 2010. Potential of trap crops for integrated management of the tropical armyworm, *Spodoptera liturain* tobacco [J]. Journal of Insect Science, 10 (117): 1-11.

浅谈“人工智能+绿色防控”在热带作物中的应用及其局限性*

于宝桓[1**]，王　敏[2]，张文武[2***]

（1. 植物病虫害生物学与防控湖南省重点实验室/湖南农业大学植物保护学院，长沙　410128；2. 湖南乌云界国家级自然保护区管理局，桃源　415700）

摘　要：随着计算机领域的不断发展和国家对食品安全的不断重视，“人工智能+绿色防控”已经成为农业领域发展的新趋势。本文概述了人工智能及绿色防控的基本概念与目前的发展形势，主要就“人工智能+绿色防控”在热带作物中的应用进行了总结。

关键词：人工智能；绿色防控；热带作物

近年来，随着人工智能的快速发展，以及绿色防控技术在农业上的进一步普及，“智慧农业”作为计算机和农业领域的有机结合，已经逐渐被人们所接受。它主要是指应用现代信息、物联网、音视频、3S等高科技技术，来实现农业可视化、远程诊断、远程控制、灾变预警等智能管理（陈鸿等，2018）。众所周知，热带地区持续高温、降雨不稳定的气候特点，对于病虫害的发生十分有利，严重影响作物的产量和质量，这已经成为制约热带地区农业产业稳定发展的重要因素之一。“人工智能+绿色防控”作为当今科技的前沿技术，它的出现可以是说对热带作物的病虫害防治迈出了重要的一步。

1　人工智能

1.1　人工智能概述

人工智能（Artificial Intelligence，简称AI）是计算机学科的一门分支，是指通过产生一种模拟与人类相似的行为方式，将已有的知识、经验进行有效综合及高效运算，并将结果运用于各个具体的工作的智能技术（李灿强等，2019）。运算、搜索和表示是人工智能中最核心、最基本的功能，主要的研究领域集中在搜索与求解、学习与发现、知识与推理、发明与创造、感知与交流、记忆与联想等方面（刘现等，2013）。随着近年来该项技术的不断发展，在多项领域均取得了巨大的突破，如智能竞技：2016年3月由谷歌开发的人工智能程序AlphaGo与前围棋世界冠军李世石进行比赛，最终以四比一的总比分获得胜利；2017年5月，AlphaGo与现世界围棋冠军柯洁对战，最终以三比零的比分获胜，这也是人工智能与人类真正意义上的博弈。由此想象，在未来人工智能技术将会是人类的一大助力。

---

* 基金项目：湖南农业大学与湖南乌云界国家级自然保护区管理局合作研究项目

** 第一作者：于宝桓，硕士研究生，主要从事有害生物治理相关研究；E-mail：904643999@qq.com

*** 通信作者：张文武，工程师，主要从事自然保护研究工作；E-mail：498197412@qq.com

1.2 人工智能发展现状

人工智能作为当今科技的前沿技术已经逐渐参与到各行各业的工作中。早在 2017 年 7 月国务院发布的《新一代人工智能发展规划》中便设立了明确的目标：我国人工智能的基础理论研究要在 2025 年前实现重大突破，部分的技术水平要达到世界先进行列，根据数据显示人工智能的核心产业将超过 4 000亿元，带动相关的产业规模也超过 5 万亿元（林羽和刘斌琼，2018）。目前，人工智能已经走进人们的生活中，每个人都在接触着人工智能，享受着人工智能带来的便捷。如手机的指纹解锁，就是利用了人工智能的算法，将指纹多次收集，通过采取指纹的特征性进行算法处理，最后与保存在手机中的指纹特征图进行对比，判断与用户的指纹是否是一致的，进而解锁手机。整个过程用时很短，而且对用户的手机保护起到了至关重要的作用。

2 绿色防控

2.1 绿色防控概述

随着人们的生活水平的不断提高，人们对食品安全问题也越来越重视，发展绿色防控是解决食品安全问题的重要途经。所谓绿色防控是指在公共植保、绿色植保理念的基础上，根据预防为主、综合防治的植保方针，从农田生态系统出发，积极保护利用天敌，恶化病虫的生存条件，将危害损失降到最低限度（高俊涛和张天柱，2019），其主要的防治方法包括：农业防治、物理防治、生物防治、生态调控、科学用药等技术，在提高产品产量、品质的同时，达到保护农田生态环境和天敌、降低农药使用量的目的（肖永清，2019）。常见的农业防治主要是通过选择抗病品种，优化布局种植结构，降低病虫的发生率；物理防治则大多利用害虫的趋光性等生物学特点，配合诱捕器进行捕杀；生物防治主要利用生物天敌防治技术和昆虫信息素性诱剂防治技术，降低田间的虫口密度；生态调控主要是采用植树种草，绿化荒地，增加植被种植率，来破坏虫害的生活环境等方法；科学用药技术主要是在病虫害未发生之前或者发生初期通过喷施农药的技术对病虫害进行早期预防或防控。

2.2 绿色防控发展现状

我国作物种类较多，容易发生的病虫害类型也较多，防控难度也随之加大。据了解目前我国经常发生的病虫害种类达到 1 000种以上，其中 50 种以上虫害、40 种以上病害常年发生（霍新朋，2019）。因气候、地理环境等因素的影响，我国的作物种植区域比较固定，有很高的复重率，各区域不同的气候条件大大增加了作物病虫害发生的可能性，并且为害虫的繁衍提供良好的条件。近年来，在科技部 973 计划、国家自然科学基金和农业部行业专项基金的支持下，我国绿色防控领域对农业病虫害的基础研究取得了一系列的应用成果，据统计，全国绿色防控覆盖率达到 25.2%，同时也为减少化学农药和化学肥料使用量、降低作物的农药残留做出了巨大贡献（陈德来等，2019）。但是目前我国的绿色防控技术还需要提高，绿色防控尚未全面实施，距离国外发达国家的水平还有一定差距。

3 “人工智能+绿色防控”在热带作物中的应用

热带地区作物生产的环境条件具有高温、降雨不稳定、土地贫瘠以及病虫害严重等特点。利用“人工智能+绿色防控”在热带作物中的种植应用具有重大的意义。以“人工智能+绿色防控”为中心，以热带作物为主的作物生长及病虫害发生特点和规律为背景，通过原始收集、数据计算、实时传输、智能鉴定等人工智能技术和算法的实施应用，探索人工智能技术在病虫害绿色防控中应用。如图像识别：农业中有一项很重大的挑战就是无法准确判别农作物出现的病变是由什么引起的。如果可以通过人工智能的图像识别技术，利用摄像头实时拍摄图片然后上传到数据库中，再由机器通过图像识别将病变的植物的特征值提取出来，与自身的庞大的病虫害图片数据库匹配，可以更快且精准的判断农作物发生病变的类型和原因，再加上绿色防控领域的应用手段，从而可以避免农作物出现病害时采取错误的手段导致作物受损。还可以通过人工智能的实时传输和数据计算测定出热带天气中的温度和雨水天气的预警，提前做好预防的准备。

4 “人工智能+绿色防控”在热带作物上的应用出现的问题

“人工智能+绿色防控”在热带作物中的应用面临着很多的挑战，在作物种植的过程中需要面对很多不可预知的因素，从无法准确预测的天气情况、土壤质量的变化到作物发生病虫害的时间和位置，仅仅一个因素的出现，就可能对人工智能算法造成很大的影响。因此在一个特定的环境中测试成功的算法，换一个环境未必会有同样的效果。更何况在热带的气候中，要在作物种植中实现统计量化的目标是很困难的，“人工智能+绿色防控”面临的最大挑战就是当外部环境发生改变时，如何修改算法，怎样能够成功判别病虫害的发生，而且其工作量是非常巨大的。数据是人工智能的核心，也是一切智能应用的基础，然而数据库的建立是比较复杂和困难的，由于作物种植的生长周期长，病虫害发生的规律不确定，所以对数据的要求要更为精准。人工智能技术对于我国实现高质量的作物生长具有十分重要的推动作用，但是目前人工智能技术还处在初级阶段，所以面临的挑战还比较大。

5 结语

“人工智能+绿色防控”的潜力十分巨大，是现代农业的发展方向，将其应用于热带作物的防控中，将会提高热带农业生产的效率。我们相信“人工智能+绿色防控”相结合的未来是十分美好的，在不久的将来人工智能技术将大大改善人们的生活，带来巨大的经济效益。在它的引领下，作物生长的应用过程将普遍数字和信息化。

参考文献

陈德来，刘长仲，张挺峰．2019. 近10年来绿色防控技术在我国植物保护中的应用［J］. 安徽农业科学，47（5）：29-32.

陈鸿，梁芳，李玉香，等．2018. 人工智能在农业现代化中的应用研究［J］. 中外企业家（29）：145.

高俊涛，张天柱．2019. 我国绿色防控应用状况及发展对策［J］. 植物保护（9）：115-117.

霍新朋．2019. 浅谈蔬菜病虫害绿色防控对策［J］. 土肥植保（2）：36-37.

李灿强，夏志方，丁邡．2019. 基于人工智能技术的“数字政府”研究［J］. 中国经贸导刊（5）：

138-139.

林羽，刘斌琼 . 2018. 论人工智能在农业中的应用［J］. 农业开发与装备（7）：33-34.

刘现，郑回勇，施能强，等 . 2013. 人工智能在农业生产中的应用进展［J］. 福建农业学报，28（6）：609-614.

肖永清 . 2019. 绿色植保的生物防治技术［J］. 河北果树（2）：49.

研究论文

不同浓度噻唑膦防治香蕉根结线虫病效果*

赵佑柏[1,2**]，邓成军[1]，肖顺利[1]，罗泽伟，刘　秀[1,2]，
金晨钟[1,2]，周芸芸[1,2]，马银花[1,2]
（1. 湖南人文科技学院农药无害化应用重点实验室，娄底　417000；
2. 湖南省农田杂草防控技术与应用协同创新中心，娄底　417000）

摘　要：通过不同的噻唑膦浓度来对作物进行田间试验，将噻唑膦按照1 000倍液、1 500倍液、2 000倍液的浓度进行配药，分别作用在试验对象上，后期针对试验结果筛选出防治线虫的最佳浓度。结果显示：噻唑膦1 000倍液的死虫率达到74%、噻唑膦1 500倍液的死虫率达到93%、噻唑膦2 000倍液的死虫率达到62%。因此在防治香蕉根结线虫上噻唑膦药液的最适浓度为1 500倍液。

关键词：香蕉；根结线虫；噻唑膦；防治；最佳浓度

Thiazole Phosphine in the Prevention and Control of Banana Root Knot Nematode and the Optimal Concentration of Study

Zhao Youbai[1 **], Deng Chengjun[1], Xiao Shunli[2], Luo Zewei[2],
Liu Xiu[1,2], Jin Chenzhong[1,2], Zhou Yunyun[2], Ma Yinhua[2]
(*Key Laboratory of Pesticide Hamless Application/Hunan Provincial Collaborative Innovation Center for Field Weeds Control*, *Hunan University of Humanities*, *Science and Technology*, *Loudi* 417000, *China*)

Abstract: The banana plant root knot nematodes is harm to the one of the main pests. Root knot nematodes normal length is 0. 1-0. 5mm, difficult to observe to the naked eye. Main corrosion in the soil of root knot nematodes banana plant roots and make the root of the banana rot or tumor formation and prevent the absorption of nutrients, led to the deaths of withering leaves became brown and the plant. Thiazole phosphine is currently on the market one of the main agents, prevention and control of root knot nematodes by root, flooding make its role in the root systems of crops, kill nematodes in order to achieve the purpose of prevention and control. This article mainly through different thiazole phosphine concentration to field experiment, the crops will thiazole phosphonic according to 1 000 times, 1 500 times, 2 000 times the concentration of dispensing, respectively on the subjects, the late for prevention and control of the results out optimal concentration of nematodes. The result shows: the thiazole phosphonic 1 000 times liquid rate reached 74%, the death of thiazole phosphonic 1 500 times liquid rate reached 93%, the death of thiazole phosphonic 2 000

* 基金项目：湖南省高校双一流应用特色学科（植物保护）资助

** 第一作者/通信作者：赵佑柏，高级农艺师，从事农药无害化应用技术推广工作；E-mail：zhaoyoubai@qq. com

times liquid dead insect rate reached 62%. So on the prevention and control of root knot nematodes banana thiazole phosphonic solution of the optimum concentration for 1 500 times.

Key words: Banana; Root knot nematode; Thiazole phosphine; Prevention; Optimal concentration

据现有文献报道，根结线虫主要有4种根结线虫（陈强等，2014）。它们分别是花生根结线虫、爪哇根结线虫和南方根结线虫以及北方根结线虫。其中，为害最严重的是南方根结线虫（黄金玲等，2011）。

根结线虫（Root-knot nematode）雌雄异体，大小为0.1~0.5mm。幼虫呈细长蠕虫状。雄成虫呈线状，尾端稍圆，无色透明。研究表明，根结线虫（崔林开等，2006）发病为害慢慢的越来越普遍。香蕉根结线虫的发生程度也越来越严重，线虫的发生导致农作物的死苗率不断地增加，这一结果使农作物减产严重，庄稼的品质变低，基本上已经严重影响到了农作物在生产上的减产。根结线虫是发生在香蕉上最严重的病虫害之一。香蕉根结线虫是属于专性寄生的一种线虫，它主要是寄生在香蕉根部的侧根或须根上（李树庆，2002），本文主要研究香蕉根结线虫的生活习性、生长规律和发生的情况以及防治方法，对根结线虫有一定的了解和认识，采用不同浓度噻唑膦防治香蕉根结线虫，是为了探究达到最佳防治效果的最适噻唑膦浓度。

1 材料与方法

1.1 供试药剂和工具材料

40倍显微镜、塑料杯、15kg配药桶、载玻片、胶头滴管、噻唑膦（河北三农农用化工有限公司产品，75%乳油）。

1.2 试验方法

试验于2018年11月在广东省徐闻县进行，在当地香蕉抽蕾前，选择历年根结线虫发生中等或偏重程度的香蕉地块，且分布比较均匀的地块进行。采用等量水、不等量的药剂进行试验。

在香蕉抽蕾前，分别取0~10cm、10~20cm、20~30cm深度的土壤为样品各取100g，混匀后取100g作为试验观察的样板。将取来的样品用纸裹住置于塑料杯中并加水静止24h，使样品完全浸入水中。然后将得到的根结线虫液斜置10min，用胶头滴管取一滴水在显微镜下观察计数，取5次液取平均数。计算试验前的线虫数目、试验后的线虫数目和线虫死亡率。

确定试验对象：在香蕉抽蕾前（秦一统，2009），选择根结线虫发生中等或偏重时期（吴发红等，2009）的香蕉地块且容易观察和取样的地块进行试验。

试验分组：将试验地块里面的区域平均分为四组，每一组在10m² 左右，并命名为试验组一、试验组二、试验组三、空白对照组。

取样：挖取已经确定的试验地块的区域的土样，将土样用纸裹住置于塑料杯中并加水完全浸泡24h。

观察：24h后将土样轻轻取出，剩下杯子里的是根结线虫液，把每一组中剩下的根结线虫液用显微镜观察平均一滴根结线虫液中的线虫数量，并记录每一个试验组的线虫基数。

配药：在等量的水中（15kg）将噻唑膦按照1 000倍液、1 500倍液、2 000倍液的浓度进行配药。

施药：将配制的药液分别作用在试验组一、试验组二、试验组三的香蕉地块，空白对照组地块施加等量的水，并一一标注试验对象。

1.3 数据处理

所有的数据处理和分析都使用SPSS软件。

2 结果与分析

由表1可知1 500倍液的平均死虫率为93%，2 000倍液的平均死虫率为62%，而清水组线虫死虫率变化不大。3种浓度的噻唑膦中，1 500倍浓度的噻唑膦防治效果最为显著，最高防效高达94.45%；2 000倍浓度的噻唑膦防效相对较低，最低为59.42%。

表1 使用噻唑膦前后根结线虫数量调查结果

处理	药剂浓度/倍液	试验前线虫数量/条	试验后线虫数量/条	死虫率/%	校正防效/%
实验一	清水	70	65	7.1	
	1 000	73	20	72.6	70.50
	1 500	65	5	98.3	91.72
	2 000	69	26	65.3	59.42
实验二	清水	65	63	3.1	
	1 000	53	14	73.6	72.75
	1 500	72	4	94.4	94.27
	2 000	61	24	60.6	59.41
实验三	清水	68	72	-5.8	
	1 000	67	15	77.6	78.86
	1 500	75	6	92.0	92.44
	2 000	71	27	61.9	64.08
实验四	清水	56	56	0	
	1 000	46	12	73.9	73.91
	1 500	53	4	92.4	92.45
	2 000	39	15	61.5	61.54

（续表）

处理	药剂浓度/倍液	试验前线虫数量/条	试验后线虫数量/条	死虫率/%	校正防效/%
实验五	清水	62	68	-9.7	
	1 000	61	17	72.1	74.59
	1 500	49	3	93.8	94.42
	2 000	58	21	63.7	66.99

由表2可知，3种浓度的噻唑膦对香蕉根结线虫都有不错的防效，其中1 500倍液的平均防效最高，高达93.06%，稀释2 000倍液的防效相对较低，平均防效仅有62.29%，1 000倍液与2 000倍液防效差异达显著水平，稀释1 500倍液与其他浓度防效差异达极显著水平。

表2　不同浓度对香蕉根结线虫防治的差异显著性

药剂浓度	防效平均值/%	差异显著性	
		0.05水平	0.01水平
1 500倍液	93.06	a	A
1 000倍液	74.12	b	B
2 000倍液	62.29	c	C

3　试验结果分析

根结线虫是香蕉生产中相当难防治的有害生物，它是具有高度专化型的杂食性植物病原线虫。一般而言，只有物理方法、化学防治以及生物调控相结合，才能有效防控其为害。

噻唑膦具有内吸性，对香蕉根结线虫有着良好的触杀功能。本试验采用1 000倍液、1 500倍液和2 000倍液三种不同浓度的噻唑膦进行香蕉根结线虫的防效比较。在使用噻唑膦2 000倍液的试验中，药剂含量较低，线虫活动区域很少接触到药剂，药剂的量不足以杀灭香蕉根结线虫，而使得部分根结线虫没有完全死亡；在使用噻唑膦1 000倍液的试验中，药剂的量偏高，且在试验的过程中间隔时间长，使得香蕉根结线虫对药剂产生了抗性，时间越久，抗性越高，根结线虫越不容易杀灭，影响了整个试验的效果；而在使用噻唑膦1 500倍液的试验中，药液能够完全进入根结线虫的活动区域，使得更多的根结线虫接触到药液，因此能够较好的杀灭根结线虫，所以效果就会比前两组好。从试验结果中可知：使用噻唑膦1 500倍液的效果远远高于噻唑膦1 000倍液和2 000倍液的效果。在实际生活生产中，可选用1 500倍液的噻唑膦进行对香蕉根结线虫的防治。

参考文献

陈强，李钟明．2014. 无线美防治香蕉线虫试验初报［J］. 黑龙江农业科学（1）：65-66.

崔林开 . 2006. 蔬菜根结线虫生物防治的研究进展 [J]. 安徽农业科学 (22): 5907-5908.
黄金玲, 刘志明, 陆秀红, 等 . 2011. 广西香蕉植物线虫病发生情况调查 [J]. 植物保护, 37 (6): 191-193.
黄金玲, 刘志明, 陆秀红, 等 . 2011. 广西香蕉线虫病发生情况调查初报 [C] //中国植物病理学会学术年会 . 北京: 中国农业科学技术出版社 .
李树庆 . 2002. 香蕉根结线虫生物学特性及防治研究 [D]. 南宁: 广西大学 .
李树庆, 刘志明, 韦刚 . 2003. 香蕉根结线虫生物学特性研究 [J]. 西南农业学报, 16 (2): 66-69.
林艳婷 . 2011. 福建省香蕉根结线虫病的发生与防治研究 [D]. 福州: 福建农林大学 .
刘志明, 秦碧霞, 陈永惠, 等 . 2005. 中国香蕉根结线虫病研究进展 [J]. 植物保护, 31 (1): 19-21.
马珍莲, 曾永平, 杨自琼, 等 . 2009. 线敌植物活化炭对香蕉根结线虫的防治效果试验 [J]. 南方农业学报, 40 (10): 1315-1317.
潘萍红 . 2008. 广西香蕉种质资源的收集及抗南方根结线虫的抗性鉴定 [D]. 南宁: 广西大学 .
秦一统 . 2009. 甘肃省土壤线虫鉴定及种群变化规律的研究 [D]. 兰州: 甘肃农业大学 .
吴发红, 黄东益, 黄小龙 . 2009. 香蕉根结线虫病的生物防治研究进展 [J]. 安徽农业科学 (24): 11614-11616.
肖雅敏 . 2014. 福建省香蕉病原线虫种类调查与鉴定 [D]. 福州: 福建农林大学 .
周峡, 林艳婷, 刘国坤, 等 . 2013. 福建省香蕉根结线虫病调查与病原鉴定 [J]. 热带作物学报, 34 (11): 2251-2255.
钟爽, 马蔚红, 曾会才, 等 . 2010. 香蕉植物线虫病的防治技术 [C] //中国植物病理学会 . 中国植物病理学会 2010 年学术年会论文集 . 北京: 中国农业科学技术出版社 .
赵艳, 张晓波, 阮云泽, 等 . 2015. 海南省不同地区香蕉根结线虫病的种类及发生情况 [J]. 江苏农业科学, 43 (2): 128-130.
Arias P, Dankers C, Liu P, *et al.* 2003. The world banana economy 1985-2002 [M]. Rome: Food and Agriculture Organization of the United Nations.

防治豆角蓟马的化学药剂筛选研究*

赵佑柏**，张　万，周　琦，雷　琪，刘　秀，金晨钟，赵　强
(湖南人文科技学院农药无害化应用重点实验室，湖南省农田杂草防控技术与应用协同创新中心，娄底　417000)

摘　要：为帮助徐闻县的豆角种植户解决蓟马为害带来的损失，选用当地5种常用的化学农药进行防治豆角蓟马的效果试验。结果表明：5%甲维盐+20%啶虫脒复配试剂对于豆角蓟马防治效果最好，虫口减退率达到78.46%，校正防效为81.00%；20%啶虫脒防治后虫口减退率可以达到66.20%，校正防效是70.17%，但是持效期有所下降；效果不太理想的是5%的吡虫啉，虫口减退率只有46.15%，校正防效是52.49%，持效期较短。这几种试剂对豆角的生长和发育都不会造成影响，属于高效低毒的杀虫剂。

关键词：豆角；蓟马；防治；化学农药

Effects of Several Chemicals on the Control of the Bean Thrips

Zhao Youbai**, Zhang Wan, Zhou Qi, Lei Qi, Liu Xiu, Jin Chenzhong, Zhao Qiang
(*Key Laboratory of Pesticide Hamless Application/Hunan Provincial Collaborative Innovation Center for Field Weeds Control, Hunan University of Humanities, Science and Technology, Loudi* 417000, *China*)

Abstract: In order to help bean growers in Xuwen County to solve the losses caused by thrips, five commonly used local chemical pesticides were selected to compare the effects of the prevention and control of thrips. After using five kinds of reagents, the rate of insect population decline and the effect of correction and prevention were analyzed and summarized. The results showed that the combination reagent of 5% Emamectin Benzoate and 20% Acetamiprid had the best control effect on the bean thrips, with the decrease rate of the insect population reaching 78.46% and the correction control effect being 81.00%. The effect was still significant after the 5th day, so it was the best choice for the control of the bean thrips both in the rate of the decrease of the insect population and the effective period. Secondly, the control effect is better is a single dose of 20% Acetamiprid, the rate of decline can reach 66.20%, the corrected control effect is 70.17%, but the duration has decreased. The less ideal effect was 5% Imidacloprid, with a decrease rate of 46.15% and a correction effect of 52.49%, with a short duration. These reagents do not affect the growth and development of the bean, which is a highly effective and low-toxic insecticide.

Key words: Beans; Thrips; Prevention; Chemical pesticide

---

* 基金项目：湖南省高校双一流应用特色学科（植物保护）资助

** 第一作者/通信作者：赵佑柏，高级农艺师，从事农药无害化应用技术推广工作；E-mail：zhaoyoubai@qq.com

蓟马是缨翅目（Tysanoptera）昆虫的统称，是一个具有经济意义的类群，蓟马身体为小型，身体比较细长，一般为 0.5~5mm，头的形状是锥形，略呈后口式，口器为锉吸式，这种锉吸式可以轻易挫破植物的表皮，然后吸允表皮里面的汁液，取食植物汁液或真菌，不对称（欧远军，2015；唐良德等，2016；王彭等，2016；魏书艳等，2012；袁伟方，2014；朱祥林等，1996；赵成银等，2011）。存在于豆角中的蓟马主要是花蓟马，它主要是为害豆角的嫩叶，使得叶片变薄和卷曲，有时还会出现叶片的变形。而花内主要是大量的成虫和若虫，它们吸食花内汁液，造成花瓣白化，之后在阳光的照射下变成黑褐色，最后萎蔫。叶受害后呈现银白色条斑，严重的枯焦萎缩。在干旱高温时节，豆角蓟马会造成豆角秧苗叶片畸形、茎尖萎缩、果实脱落等病症，严重影响豆角的产量及品质。

通过在广东省湛江市徐闻县下农村观察豆角田实践中，发现豆角受到蓟马为害较为严重，许多种植户都在为应付此种害虫而费尽心思，因此，选用 5 种当地常用的药剂在对防治豆角上蓟马的效果比较，以期筛选出对防治豆角蓟马效果最好的一种或者多种药剂。

1　材料与方法

1.1　供试药剂

5%吡虫啉乳油，5%甲氨基阿维菌素苯甲酸盐水分散粒剂（购自惠州银农科技股份有限公司，以下简称为甲维盐），20%丁硫克百威乳油（购自苏州富美实植物保护剂有限公司），20%啶虫脒微乳剂，5%甲维盐+20%啶虫脒（购自广东中迅农科股份有限公司）。

1.2　试验方法

试验地点是广东省湛江市徐闻县下桥镇的豆角田。以每行 10 株豆角设为 1 个处理，每个处理都重复 3 次，按当地的用药情况、用药习惯、施药手法进行用药，喷雾器使用的是当地普遍常用的 15L 背负式喷雾器。分别以稀释倍数 750、1 000、1 500进行用药。在施药当天天气晴朗，没有明显的刮风现象，施药时间是在 7: 00—9: 00，根据豆角花瓣早上盛开黄昏闭合的生理情况，在此时间段施药最佳，能让隐藏在花心内的蓟马充分接触到试剂。施药时没有明显的药剂飘逸现象，每一株豆角的叶片和花瓣都喷撒通透，药剂覆盖面大，施药后到 3 天没有明显的降雨现象。

采取随机取样的方法，每一个重复为 10 株豆角，每一株豆角随机选取 2 朵花瓣，分别对选取的花瓣进行虫口基数统计。在施药前和施药后 6h、24h、3 天、5 天观察施药的效果和虫口数，特别观察在用药后是否有发生药害现象。

1.3　数据处理

所有的数据处理和分析都是使用 Microsoft Office 正规专业的软件进行的。

$$\text{虫口减退率}(\%) = \frac{\text{虫口总基数} - \text{虫口基数}}{\text{虫口总基数}} \times 100$$

$$\text{校正防效}(\%) = \left[1 - \frac{\text{处理区药后活虫数} \times \text{对照区药前活虫数}}{\text{处理区药前活虫数} \times \text{对照区药后活虫数}}\right] \times 100$$

2 结果与分析

这5种试剂在用药后的第3天都达到了防治豆角蓟马的最好防治效果，且与空白对照组相比，可以看出每种试剂在用药后的6h都有一定的防治效果，尽管刚开始防治时药效一般，但是说明豆角中的蓟马对这5种试剂的敏感度较高。

由表1可知，稀释1 500倍药剂的虫口衰退率比稀释750倍和1 000倍的药剂要低一些，可见这几种药剂的稀释浓度不易过高。

在用药后的第3天，稀释了750倍和1 000倍的5%甲维盐+20%啶虫脒的复配试剂防治的效果最好，虫口减退率分别达到了78.46%和75.76%，就算是到了用药后的第5天，虫口减退率也分别有47.69%和48.48%。所以5%甲维盐+20%啶虫脒的复配试剂无论对豆角中蓟马的触杀性还是持效性都是最高的。此外，稀释750倍和1 000倍的5%甲维盐单剂和同样稀释了750倍和1 000倍的20%啶虫脒单剂对豆角中蓟马同样具有不错的防治效果，虫口减退率也在57%~66%。

表1　五种化学试剂对防治豆角蓟马效果数据统计

试剂	稀释倍数	虫口总基数/头	用药后6h		用药后24h		用药后3天		用药后5天	
			虫口基数/头	虫口减退率/%	虫口基数/头	虫口减退率/%	虫口基数/头	虫口减退率/%	虫口基数/头	虫口减退率/%
5%吡虫啉	750	39	25	35.90	22	43.59	21	46.15	27	30.77
	1 000	57	38	33.33	32	43.86	31	45.61	40	29.82
	1 500	36	25	30.56	21	41.67	20	44.44	27	25.00
5%甲维盐	750	67	37	44.78	32	52.24	28	58.21	44	34.33
	1 000	54	30	44.44	26	51.85	23	57.41	37	31.48
	1 500	43	26	39.53	24	44.19	20	53.49	31	27.91
20%丁硫克百威	750	41	25	39.02	22	46.34	19	53.66	29	29.27
	1 000	35	22	37.14	19	45.71	17	51.43	25	28.57
	1 500	81	52	35.80	47	41.98	42	48.15	59	27.16
20%啶虫脒	750	71	38	46.48	32	54.93	24	66.20	41	42.25
	1 000	65	35	46.15	29	55.38	23	64.62	38	41.54
	1 500	38	22	42.11	19	50.00	15	60.53	24	36.84
5%甲维盐+20%啶虫脒	750	65	31	52.31	23	64.62	14	78.46	34	47.69
	1 000	33	16	51.52	13	60.61	8	75.76	17	48.48
	1 500	83	43	48.19	35	57.83	25	69.88	45	45.78
空白对照	无	45	44	2.22	50	-11.11	51	-13.33	43	4.44

由表 2 可以看出，稀释倍数 750 倍的 5%甲维盐+20%啶虫脒的复配试剂是药后 3 天的防效高达 81.00%，也是实验中防效最好的。至于 5%吡虫啉和 20%丁硫克百威无论是稀释最高倍数1 500倍还是最低倍数 750 倍，效果都不是特别的突出，最高校正防效是 59.11%，不难看出豆角中蓟马对于这两种试剂的敏感度相对于其他几种试剂不是特别的高，触杀性和持效性也是这五种试剂中最低的。

试验中的 5 个处理中的稀释倍数都是 750 倍、1 000倍、1 500倍，可以看出不管哪个处理，稀释倍数 750 倍和1 000倍的校正防效相差不大，但是1 500倍液的校正防效则相对低于稀释 750 倍液和1 000倍液。

表 2　五种化学试剂施药后的防效统计

药剂	稀释倍数	用药后 6h 校正防效/%	用药后 24h 校正防效/%	用药后 3 天 校正防效/%	用药后 5 天 校正防效/%	用药后的 平均防效/%
5%吡虫啉	750	34.44	42.31%	52.49	27.55	28.73
	1 000	31.82	49.47	52.01	26.56	39.97
	1 500	28.98	47.50	50.98	21.51	37.24
5%甲维盐	750	43.52	57.01	63.13	31.27	48.73
	1 000	43.18	56.67	62.42	28.29	47.64
	1 500	38.16	49.76	58.96	24.55	42.86
20%丁硫克百威	750	37.64	51.71	59.11	25.98	43.61
	1 000	35.71	51.14	57.14	25.25	42.31
	1 500	34.34	47.78	54.25	23.77	40.04
20%啶虫脒	750	45.26	59.44	70.17	39.57	53.61
	1 000	44.93	59.85	68.78	38.82	53.10
	1 500	32.72	55.00	65.17	33.90	46.70
5%甲维盐+20%啶虫脒	750	51.22	68.15	81.00	45.26	61.41
	1 000	50.41	64.55	78.61	46.09	59.92
	1 500	47.02	62.05	73.42	43.26	56.44

由表 3 可以看出，使用的药剂种类对蓟马的防效达到了极显著水平。而药剂种类及药剂与浓度之间的互作对蓟马的防效影响不显著，同时药剂浓度对蓟马的防效也不显著。在实际生活生产中，应注意药剂种类的选择来防治豆角蓟马，从而到达最好的防治效果。

表 3　校正防效方差分析表

变异来源	df	SS	S^2	F	$F_{0.05}$	$F_{0.01}$
药剂	4	3 103. 331	775. 833	3. 803**	2. 58	3. 78
浓度	2	251. 152	125. 576	0. 615	3. 21	5. 12
药剂×浓度	8	39. 578	4. 947	0. 024	2. 16	2. 95
误差	45	9 181. 119	204. 025			
总计	60	148 046. 148				

3　结论

蓟马是我国南方地区瓜菜类作物上的重要害虫，其繁殖力强，种群增长迅速，目前防治方法主要依赖于化学防治（陈雪林等，2011）。在本试验中5%甲维盐加上20%啶虫脒的复配试剂在防治豆角蓟马最为突出，结合这两种试剂的特点和优点，将它们的作用最大化发挥出来。至于5%吡虫啉和20%丁硫克百威在防治豆角蓟马上的效果不佳，这两种试剂在蓟马的敏感度上的表现是存在的，但是敏感度比较低，分析原因可能是当地种植户长期的使用它们来进行豆角蓟马防治，使得豆角上的蓟马对这两种试剂都产生了不同程度上的抗性，所以尽管药效得到了充分的发挥，对蓟马产生了毒力，但是还不足以让豆角上的蓟马死亡，导致了对它的防治效果不佳，持效期更是几乎没有。结合试验分析结果表明，用于试验五种试剂中，对于防治豆角蓟马效果最好的是在稀释倍数750倍和1 000倍下的5%甲维盐+20%啶虫脒。目前建议豆角种植户在防治豆角蓟马的时候，可以采用5%甲维盐+20%啶虫脒的复配试剂进行化学防治。

参考文献

曹宇，李灿，马恒，等 . 2015. 五种杀虫剂对西花蓟马的室内毒力测定［J］. 湖北农业科学（16）：3939-3944.

彩万志，庞雄飞，花保祯，等 . 2001. 普通昆虫学［M］. 北京：中国农业大学出版社，307.

陈雪林，杜予州，王建军，等 . 2011. 西花蓟马抗药性研究进展［J］. 植物保护，37（5）：34-38.

陈雪林，孙蓉，杜予州，等 . 2011. 阿维菌素与三种杀虫剂对西花蓟马的联合毒力［J］. 植物保护（5）：206-209.

李荣云，赖廷锋，欧李坚，等 . 2011. 合浦县豇豆蓟马为害特点及防治技术［J］. 现代农业科技（19）：211.

李现玲，宋娜 . 2012. 60g/L 乙基多杀菌素悬浮剂防治豇豆蓟马田间药效试验［J］. 广西植保（3）：18-19.

刘奎，唐良德，李鹏，等 . 2014. 几种杀虫剂对豆大蓟马的毒力测定及复配增效作用［J］. 热带作物学报（8）：1615-1618.

刘毅 . 2013. 豆角的主要病害和防治方法［J］. 农村实用技术（7）：28.

穆常青，杨海霞，谷培云，等 . 2014. 9 种试剂对温室彩椒西花蓟马的田间防效评价［J］. 中国蔬菜（10）：37-39.

欧远军. 2015. 北海市铁山港区南康镇豆角蓟马的发生与防治［J］. 现代农业科技（22）：148-150.

唐良德，赵海燕，付步礼，等. 2016. 海南地区豆大蓟马田间种群的抗药性监测［J］. 环境昆虫学报（5）：1032-1037.

王彭，刘叙杆，黄正谊，等. 2016. 5种试剂对不同地区蓟马田间优势种群的敏感度测定［J］. 农药（7）：527-529.

魏书艳，陆德玲，曲耀训，等. 2012. 五种试剂对芒果及豆角田蓟马的防效试验［J］. 环境昆虫学报（4）：519-524.

袁伟方，罗宏伟. 2014. 蔬菜蓟马防治技术研究进展［J］. 热带农业科学（9）：69-74.

朱祥林，韩殿高，韩正光，等. 1996. 吡虫啉防治水稻秧田蓟马的初步研究［J］. 农药（3）：42-43.

赵成银，何余容，吕利华，等. 2011. 西花蓟马的寄主、为害及防治措施［J］. 广东农业科学（5）：95-98.

张维球，曾玲. 2004. 4种花蓟马的鉴别［J］. 植物检疫（3）：149-152.

Aliyageen M, Alghali. 1992. On-farm evaluation of control strategies for insect pests in cowpea with emphasis on flower thrips, *Megalurothrips sjostedti* Trybom (Thysanoptera: Thripidae) [J]. International Journal of Pest Management, 38 (4): 420-424.

Ambang Z, Ndongo B, Amayana D, *et al*. 2009. Combined effect of host plant resistance and insecticide application on the development of cowpea viral diseases [J]. Australian Journal of Crop Science, 3 (3): 167-172.

Oparaeke A M. 2006. Studies on insecticidal potential of extracts of *Gmelina arborea* L. products for insect pests control on cowpea. 1. The legume flower bud thrips, *Megalurothrips sjostedti* Trybom [J]. Archives of Phytopathology and Plant Protection, 39 (3): 209-214.

Sunday Ekesi, Nguya K, Maniania, *et al*. 2001. Importance of timing of application of the entomopathogenic fungus, metarhizium anisopliae for the control of legume flower thrips, megalurothrips sjostedti and its persistence on cowpea [J]. Archives of Phytopathology and Plant Protection, 33 (5): 431-445.

半夏节肢动物数量动态调查分析

李　想[1*]，洪惠锋[2*]，吴　娟[1]，竺锡武[1,3**]

（1. 湖南人文科技学院农业与生物技术学院，娄底　417000；2. 湖南农业大学植物保护学院，长沙　410125；3. 浙江理工大学生命科学学院，杭州　310018）

摘　要：采用五点取样法，每周调查1次，调查杭州下沙施药半夏田和未施药半夏田的节肢动物发生数量。结果，初步发现了半夏的主要害虫有蚜虫、蓟马和斜纹夜蛾，并初步分析了半夏田有害节肢动物与有益节肢动物发生的数量动态。

关键词：半夏田；节肢动物；数量动态；调查

The Investigation and Analysis of the Number Dynamic State of the Arthropod in the *Pinellia* Fields

Li Xiang[1], Hong Huifeng[2], Wu Juan[1], Zhu Xiwu[1,3]

(1. *Hunan University of Humanities, Science and Technology, Loudi* 417000, *China*; 2. *The College of Plant Protection, Hunan Agricultural University, Changsha* 410125, *China*; 3. *The College of Life Science, Zhejiang Sci-Tech University, Hangzhou* 310018, *China*)

Abstract: In this paper, the number of the arthropod in the *Pinellia* fields with apply to pesticide or without apply to pesticide were investigated one time each a week by Five-point sampling method. The result indicated the aphid, thrips and *Prodenia litura* were major pest in the *Pinellia* fields. The number dynamic state of the arthropod in the *Pinellia* fields with apply to pesticide and without apply to pesticide were analyzed.

Key worlds: *Pinellia* Fields; Arthropod; Number Dynamic State; Investigation

半夏［*Pinellia ternata*（Thunb）Briet］为天南星科多年生宿根草本植物，别名三叶半夏、三步跳、麻芋头等，其块茎入药，是一味常用传统中药材，为急支糖浆、半夏止咳糖浆、半夏止咳露等众多中成药生产的重要原料（曾令祥等，2008）。据资料表明，在558种中药材处方中，半夏使用频率较高，位列第22位，已收入《中国药典》（张晓伟等，2006）。半夏性辛，味温，有小毒。现代药理表明，半夏中生物碱能抑制咳嗽中枢产生镇咳作用（李仪奎，1992）。半夏含β-与γ-氨基丁酸（β-γ-aminobutyric acid）、天门冬氨酸、谷氨酸等多种氨基酸，1-麻黄碱、久谷甾醇及其葡萄糖苷（β-sitosterol-3-o-β-D-gluco-side）、尿黑酸（homogentisic acid）及其葡萄糖苷、胆碱和半夏蛋白Ⅰ等，具有镇痛、抗溃疡、抗血栓形成、抗肿瘤等药理作用（范美华等，

* 第一作者：李想；E-mail：1258740878@ qq. com

洪惠锋；E-mail：Hong huifeng@ 163. com

** 通信作者：竺锡武；E-mail：zhuxw9999@ aliyun. com

2015）。半夏在我国分布较广，除内蒙古、新疆、青海、西藏未见野生外，在我国大多数省区均有分布，主产于湖北、四川、辽宁、河南、陕西、山西、安徽、江苏、浙江等地（王化东等，2012）。因此，自20世纪70年代末至80年代初，半夏野生变家种，人工种植成功后，种植面积逐步扩大（李泽善等，2003）。目前，半夏人工栽培主要依靠野生种，但是由于过度开荒、伐林及除草剂的大量使用，半夏的野生资源濒临枯竭，种源短缺（潘平等，2013）。因此，鲁斌等（2019）开始引种种植半夏试验。李婷等（2009）通过调查研究和采样分析发现部分半夏产区近年来其资源和生产情况发生了变化，品种选育工作薄弱，栽培地区大多缺乏规范的栽培管理和适当的病虫害防治技术。随着半夏生长环境的改变和种植的相对集中，栽培半夏的害虫日渐突出，给半夏生产带来了障碍（李德友等，2009）。

半夏植物的病虫害研究不多。目前报道的病害包括以下几类：叶斑病、块茎腐烂病（根腐病）以及病毒病（武有林，2018；陈集双等，1996）。半夏害虫的研究方面，沈立荣等（1991；1993）对红天蛾 *Pergesa elpenor* Lewisi（Butler）、芋双线天蛾 *Theretra oldcnlandiae*（Fabicius）进行了初步研究和防治。付成开等（2004）报道了蓟马对半夏的为害。李德友等（2009）报道，半夏害虫除上述几种害虫外，还有菜青虫、叶蝉、红蜘蛛、金针虫、蛴螬、小地老虎、蝼蛄。关于半夏田节肢动物群落发生动态规律的研究未见报道。

半夏害虫的无公害防治离不开半夏田生物群落的研究作为基础，为了了解半夏害虫的发生动态规律，以及为半夏害虫的无公害防治提供依据，本课题开展半夏田节肢动物调查分析。

1 调查地点和方法

1.1 调查田概况

杭州下沙元成区半夏种植地为常规施药田，均为第一年种植半夏，选择3块作为施药田；杭州下沙浙江理工大学半夏试验地为不施农药田，均为第一年种植半夏，选择3块作为不施农药田。两地均为沙壤土，施肥水平、管理方式基本相同。

1.2 调查方法

半夏病虫害易发期，4月下旬开始调查，每隔7天调查1次。施药田和未施药田分别使用$0.5\times0.5m^2$的样框，采用5点取样法，仔细调查记录样区内植物及地面的主要害虫及其他节肢动物种类、数量。

2 结果分析

2.1 有害节肢动物数量发生动态分析

2.1.1 总体分析

2种类型半夏田有害节肢动物数量调查结果统计如图1所示。从图1可看出，半夏田有害节肢动物数量波动较大。5月27之前，施药田的有害节肢动物总数量明显低于不施药田的数量，主要是因为农药的作用。之后的时期，施药田的有害节肢动物总数量明显均高于或接近于不施药田的数量，主要原因一是这一时期施药田半夏苗群体相对于不施药田半夏苗群体较大，害虫因而较多；二是不施药田除草较彻底，减少了一部分害虫量。其中6月18日至8月20日，施药田的有害节肢动物总数量接近于不施药田的害虫数量，主要原因是这一时期施药田半夏植物7月、8月发生自然倒苗，害虫数量总体水平下降。

以整个调查期害虫种群数量分析，半夏田主要害虫种类是蚜虫。这一结果可从图5、图6看出；其次是蓟马、斜纹夜蛾。

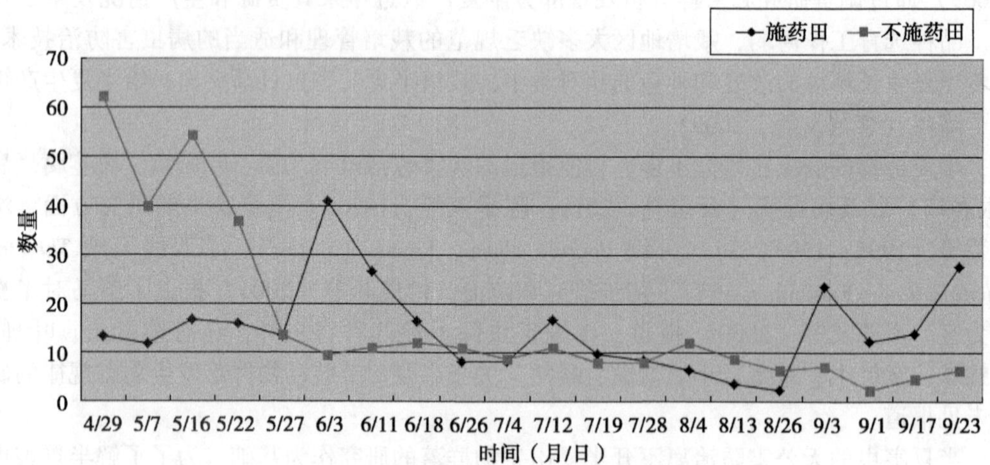

图1　半夏田有害节肢动物发生数量动态（头/m^2）

2.1.2　*蚜虫种群发生数量动态分析*

2种类型半夏田蚜虫发生情况整理结果如图2所示。从图2可以看出：半夏田蚜虫主要发生在6月11日前的时期。不施药半夏田蚜虫量在5月27日之前的时期明显高于施药半夏田蚜虫量，这是由于农药防治的作用导致施药田蚜虫种群数量下降；6月初施药半夏田蚜虫量出现一个高峰，可能因为农药的药效已失，同时前期药剂使天敌减少，导致蚜虫发生量上升；6月26日后的时期，施药半夏田与不施药半夏田蚜虫量均很少，且无明显差异。形成这种结果的主要原因一是气温已较高，达30℃以上，已不适合蚜虫种群发生；二是食料减少，半夏开始发生倒苗，叶片渐发黄直至枯死，至9月初前基本无绿叶。值得指出的是，半夏田蚜虫有翅蚜相对较多，无翅蚜相对较少。这表明半夏植株这种食料可能不完全适合蚜虫的生长繁殖，这可能与半夏含有凝集素有关。

2.2　有益节肢动物发生数量动态分析

2.2.1　*总体分析*

2种类型半夏田有益节肢动物数量调查结果统计如图3所示。图3结果表明，有益节肢动物总数量基本呈现前期高后期低的趋势。5月27日前的时期，不施药田有益节肢动物总数量高于施药田的数量，主要原因是施药田的有益节肢动物受农药影响。5月27日之后的时期，不施药田有益节肢动物总数量低于或接近于施药田的数量。形成这种结果的主要原因，一是这一时期施药田基本未施农药，二是不施药田除草较彻底，也减少了一部分有益节肢动物数量。9月3日的调查结果显示，不施药田的有益节肢动物

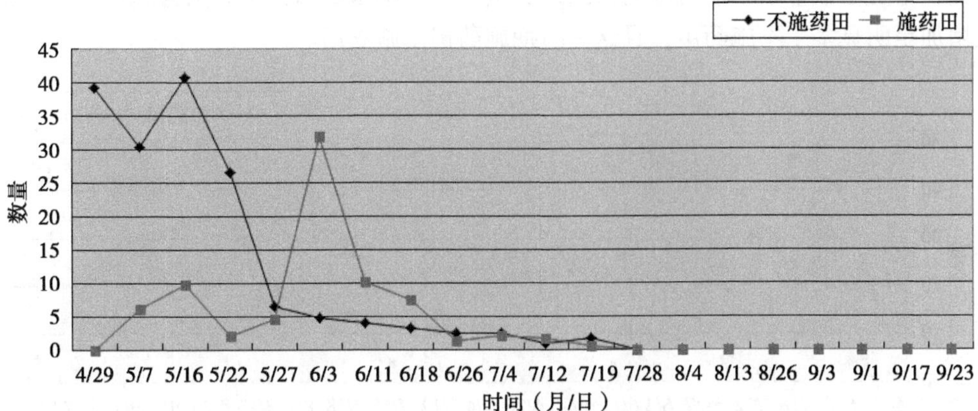

图 2　半夏田蚜虫发生数量动态（头/m²）

量高于施药田的有益节肢动物量，是因为不施药田半夏再萌发出苗相对于施药田的早而多（土地整理相对较好）。

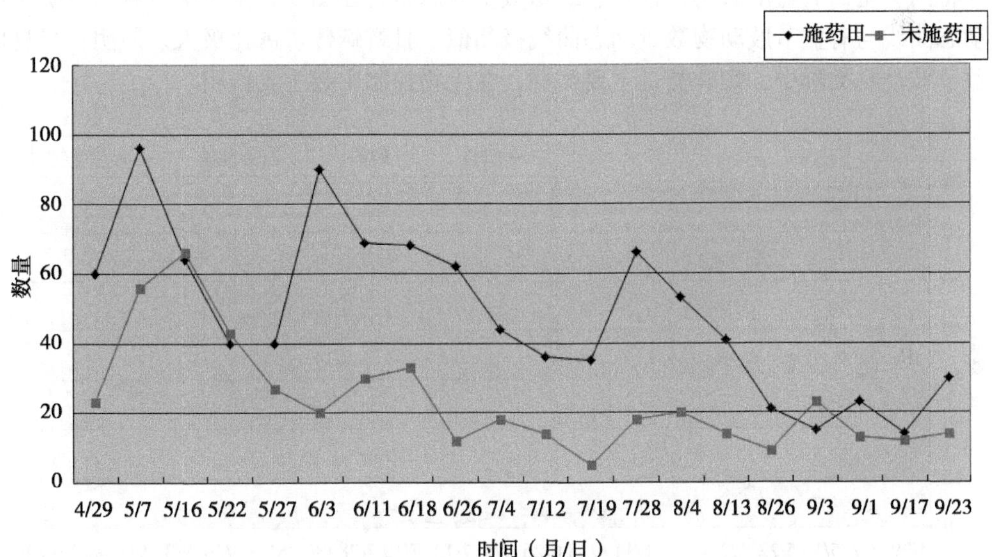

图 3　半夏田有益节肢动物发生数量动态（头/m²）

2.2.2　蜘蛛发生数量动态分析

2 种类型半夏田蜘蛛发生数量调查结果统计如图 4 所示。从图 4 可看出，蜘蛛在半夏田始终保持一定的数量水平，无论是半夏生长期还是半夏倒苗期。5 月 27 日前的时期，不施药田比施药田蜘蛛量大，主要原因是施药田蜘蛛受农药影响；6 月后至 9 月 3 日前的时期施药田比不施药田蜘蛛量大，主要原因一是这一时期施药田施农药次数少，蜘蛛数量受农药影响小，二是施药田半夏苗的群体相对比不施药田的要大，单位面积蜘蛛数量要多，三是不施药田比施药田人工除草次数效果要好，蜘蛛数量反而要小；9 月初期不施药田蜘蛛数量比施药田的多，主要因为不施药田半夏再次萌发出苗比要快，单位面积半夏苗数量多，之后施药田蜘蛛数量又高于不施药田，主要因为施药田半夏苗数量增加至明显多于不施药田，且这一时期施药田未施农药。

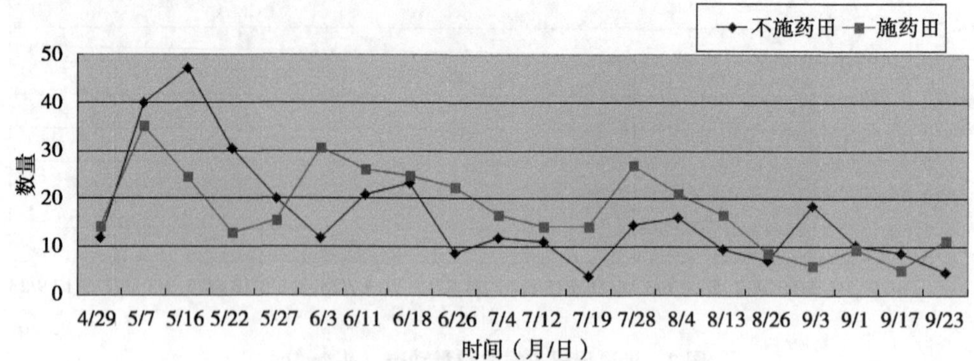

图4　半夏田蜘蛛发生数量动态（头/m²）

2.2.3　蜘蛛数量动态与有益节肢动物数量动态的关系

将同类型田有益节肢动物数量、蜘蛛数量动态整合在图5和图6中可看出，蜘蛛数量动态曲线与有益节肢动物数量动态曲线极相似，且蜘蛛数量占比极大。表明在半夏田有益节肢动物类群中，蜘蛛类是主要类群，在生物控制中起主要作用。

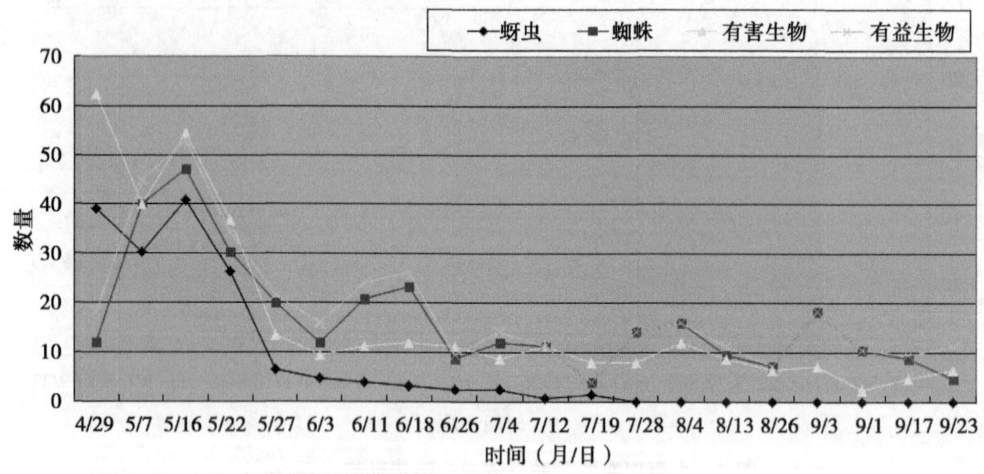

图5　半夏不施药田节肢动物发生数量动态（头/m²）

2.3　有害节肢动物动态与有益节肢动物动态的关系

从图5、图6可看出，有害节肢动物数量动态与有益节肢动物数量动态基本呈同步发展关系或追随发展的关系，有益节肢动物数量动态追随有害节肢动物数量动态变化。从图6可看出，5月27日前的时期，有益节肢动物量出现最高峰，而有害节肢动物量的峰较小，主要原因是有害节肢动物受农药的影响更大，表明所施农药对天敌的影响相对于对害虫的作用小得多。

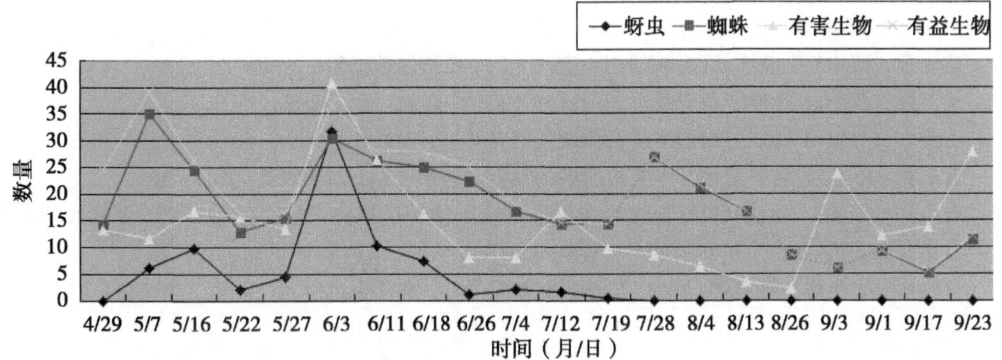

图 6　半夏施药田节肢动物发生数量动态（头/m^2）

3　结论与讨论

本次调查发现半夏田主要害虫有蚜虫、蓟马、斜纹夜蛾。与前人研究比较，天蛾类害虫没有发现，这可能与半夏种植地环境有关。半夏大多种植生长于山丘地、林荫地，可能由于高大寄主植物多天蛾类害虫更易发生。而本次调查的半夏地处于平原，种植蔬菜作物较多，所以平原地带蔬菜作物的害虫如斜纹夜蛾也为害半夏植物。

本研究表明，半夏田有益节肢动物对害虫发生有抑制作用。施药田有害节肢动物数量波动相对未施药田的波动较大，表明施药对半夏田节肢动物群落自身调节作用有干扰作用。半夏是药用植物，原则上应当不使用农药，本研究这一结果表明保护利用有益节肢动物可用于实现半夏害虫无公害防治，具有重要积极意义。

半夏属于 2 年生长成熟的植物，本研究仅仅对半夏田第一年生长期进行了调查，有待对半夏田第二年生长期进行了调查，进行重复认证。半夏的生长期可持续至 10 月底 11 月初，由于人为的因素，本研究未调查完整个生长期，有待以后进一步调查分析。

参考文献

陈集双，洪健，周雪平，等 . 1996. 引起掌叶半夏花叶病的芋花叶病毒［J］. 植物病理学报（1）：89-93.

付成开，文永刚，张成礼 . 2004. 2004 年半夏蓟马在长顺发生为害严重［J］. 中国植保导刊（11）：32.

范美华，周吉源，彭瑜，等 . 2005. 半夏愈伤组织的诱导及增殖效应［J］. 山东中医杂志（3）：168-171.

李德友，曾令祥 . 2009. 贵州地道中药材半夏主要害虫发生为害与防治技术［J］. 贵州农业科学，37（3）：72-73.

李婷，李敏，贾君君，等 . 2009. 全国半夏资源及生产现状调查［J］. 现代中药研究与实践，23（2）：11-13.

李仪奎 . 1992. 中药药理学［M］. 北京：中国中医药出版社，157.

李泽善，廖中元 . 2003. 阆中发现半夏害虫新的为害种类［J］. 植物医生（6）：25-26.

鲁斌，王永峰 . 2019. 16 份半夏地方品种在清水县引种初报［J］. 甘肃农业科技（1）：52-55.

潘平，李伟平，熊明星，等 . 2013. 我国半夏产业现状及可持续发展策略［J］. 中国药房，24（31）：2881-2884.

沈立荣，薛小红 . 1993. 红天蛾的初步研究［J］. 植物保护（5）：9-10.

沈立荣，薛小红 . 1991. 芋双线天蛾的研究［J］. 中药材（6）：6-8.

王化东，吴发明 . 2012. 我国半夏资源调查研究［J］. 安徽农业科学，40（1）：150-151.

武有林 . 2018. 甘肃省清水县半夏根腐病的发生与防治［J］. 江西农业（10）：12.

曾令祥，李德友 . 2008. 贵州地道中药材半夏病虫害种类调查及综合防治［J］. 贵州农业科学，36（1）：92-95.

张晓伟，王小峰，张兴翠 . 2006. 半夏研究概况［J］. 现代中药研究与实践，20（6）：57.

昆虫性别决定研究的文献计量分析*

陈天阳**，殷玉梦，邓文辉，邱可睿，朱　芬***
（华中农业大学植物科学技术学院，武汉　430070）

摘　要：为了解昆虫性别决定研究发展态势，运用中国知网、Web of Science 数据库对该领域文献进行数据检索，采集和分析。结果表明，国内相关文献总体呈现增长趋势，其中 2015 年出现一次大增长，主力研究单位为大学。现有文献中，国内以家蚕为材料的研究较多，国际上则是研究果蝇较多，其次是蜜蜂，围绕性别决定机制，性别比例，性别差异等领域的研究比较多。本研究结果为今后昆虫性别决定研究的深入提供了参考。

关键词：昆虫；性别；文献题录信息；词频共现

Bibliometric Analysis of Insect Sex Determination Studies*

Chen Tianyang **, Yin Yumeng, Deng Wenhui, Qiu Kerui, Zhu Fen ***
(*College of Plant Science and Technology*, *Huazhong Agricultural University*, *Wuhan* 430070, *China*)

Abstract: To understand the dynamic development trend of insect sex determination, China Knowledge Resource Integrated Database and Web of Science Database were used to search, collect and analyze literature journals in this field. The result shows that there is a growth trend of domestic relevant literature journals, including a large growth in 2015, and the main research institutions are some universities. In the existing literatures, the silkworm is mainly used as research material interiorly, but the melanogaster, which is commonly used as research material internationally followed by the bee. Additionally, many researches focus on sex determination mechanism, sex ratio and sex difference. The results of this study laid the foundation for the further study in insect sex determination.

Key words: Insect; Sex; Bibliographic information; Word frequency co-occurrence

昆虫是世界上最繁盛的动物，已发现并被描述的种类超过 100 万种，既有为害农林生态的种类，也有传粉、生防用种类；处在食物链中间，既可以取食，也可以被取食，因而在生态环境中扮演着非常重要的角色。昆虫有植食性、肉食性、腐食性、菌食性等，是维持生态链的重要一环。昆虫的高繁殖力是其有着庞大基数和种群增长速度的重要保障。性别决定机理的研究一直是生物学上物种生存的重要课题，这一研究不仅具有

---

* 基金项目：中央高校基本科研业务费专项资金资助项目（项目批准号：2662018PY098）；华中农业大学大学生科技创新 SRF 项目（项目批准号：2019010）

** 第一作者：陈天阳，本科生；E-mail：tianyangchen@ qq. com
*** 通信作者：朱芬，副教授，主要从事昆虫资源与行为利用研究；E-mail：zhufen@ mail. hzau. edu. cn

重要的理论意义，而且对于昆虫的繁殖后代、性别调控、大规模生产等都具有重要的实际意义。性别决定是物种进化选择的结果，是昆虫生命活动的基本特征，并影响其个体发育的各个方面（刘雅婷等，2015）。本研究借助中国知网（CNKI）数据库、Web of Science 数据库，系统梳理了昆虫性别决定研究与应用的科技文献，以探索该领域研究应用概况与发展趋势。

1　材料与方法

1.1　数据来源与采集

以中国知网（CNKI）为数据源，采用高级检索，在“跨库选择”中勾选“期刊、教育期刊、特色期刊、博士、硕士、国内会议、国际会议、报纸、年鉴、专利、标准、成果、学术辑刊”，检索式为主题=“昆虫”并且关键词“性别”或含“性别决定”(模糊)，选择中文文献。以 web of science 为数据源，采用基本搜索，选择“所有数据库”，检索式为主题=“insect” And 主题=“sex determination”

采集时间：CNKI 数据库检索日期截至 2019 年 3 月 12 日，Web of Science 数据库检索日期截至 2019 年 3 月 12 日。

1.2　数据处理

利用文献题录信息统计分析工具 SATA 3.2（刘启元和叶鹰，2012）、Ucinet 6.671、NetDraw 2.166（周晓分等，2013；赵蓉英和李飞，2013）及 CNKI 和 web of science 数据库网站提供的在线分析工具对所获得的数据进行去重、分析及可视化处理（张超然，2013；Borgatti *et al.*，2002），并综合利用 Microsoft office 365 进行图表制作。

2　结果分析

2.1　文献检出情况

根据关键词进行检索，从 CNKI 在线数据库中检索出期刊文献 83 篇，科技成果 1 项，国内会议 2 篇，其中“教育期刊、特色期刊、国际会议、报纸、年鉴、专利、标准、学术辑刊”并没有检出相关的文献。

根据关键词进行检索，从 Web of science 在线数据库中检索出期刊文献4 764篇，其中 Web of science 核心数据库中检索出期刊文献3 899篇。

2.2　文献的时间分布

检索文献的年度分布情况见图 1。CNKI 文献统计时不包含其专利子数据库文献。从图 1 可知，累计至 1990 年，CNKI 文献检出量仅 3 篇，以五年为时间跨越段，CNKI 文献检出量总体数量呈现非常缓慢的增加明显。自 1990—2015 年段开始，WOS 文献检出量逐步递增，但 2015—2020 年段的文献量低于 1990—2015 年内的 5 年时间跨越段内的文献量。

2.3　文献的空间分布及作者群分析

从 WOS 检出的文献的来源国家分布见图 2。从图 2 可知，美国（USA）的文献检出量最高，百分比为 35.308，远远多于其他国家，其次为英国（UK），日本（JAPAN），德国（GERMANY）和法国（FRANCE）。其他国家文献检出量合计百分比约为 14.976。

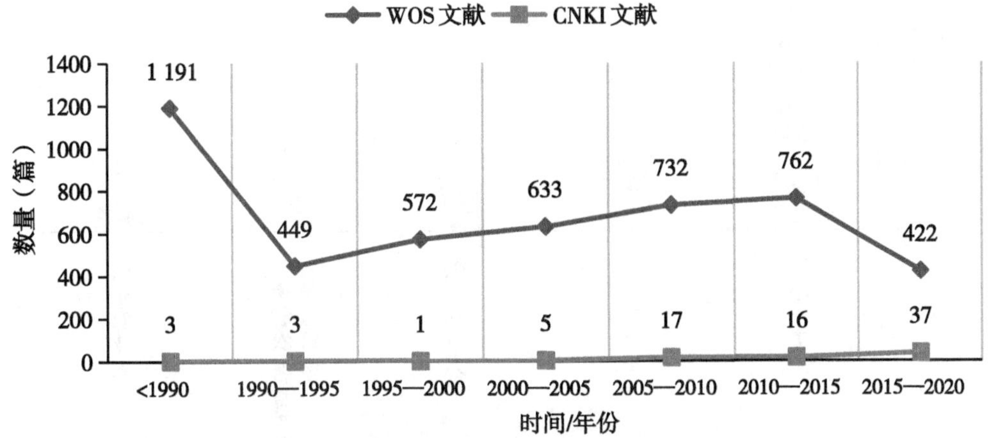

图 1　关于昆虫性别研究的文献发表量年段分布

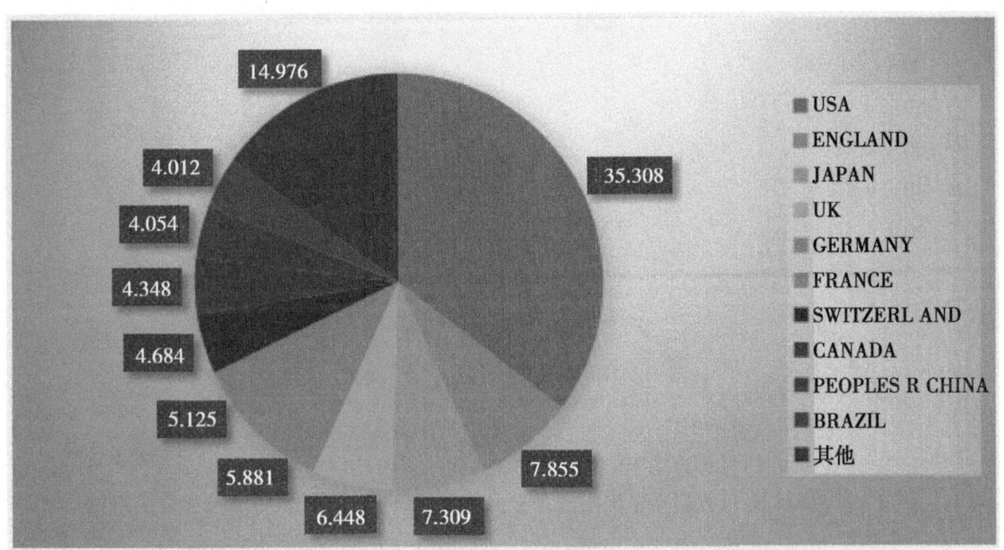

图 2　从 WOS 检出的关于昆虫性别研究的文献来源国家分布

从 CNKI 数据库检出的文献发表数量位于前五的机构见图 3。从图 3 可以看出，大学机构发表文献数量占绝大多数，CNKI 数据库出现了一所研究院机构，排在前三的单位分别是西南大学、苏州大学、陕西师范大学。

从 WOS 数据库检出的文献发表数量位于前五的机构见图 4。从图 4 可以看出，大学机构发表文献数量占绝大多数，排在前五位的大学是巴西的圣保罗大学、美国的加州大学伯克利分校、荷兰的格罗宁根大学、日本的东京大学和英国的爱丁堡大学。

2.4　文献的作者群分析

从 CNKI 数据库检索出刘海涛发表文献数量最多，WOS 数据库检索出 Baker，BS 发表文献数量最多。图 5 展示了 从 WOS 数据库检出的文献的作者关系群，图 5 中有较多的作者群，单个作者群人数较少，10~20 人/作者群，多偏向独立研究，自主探索。

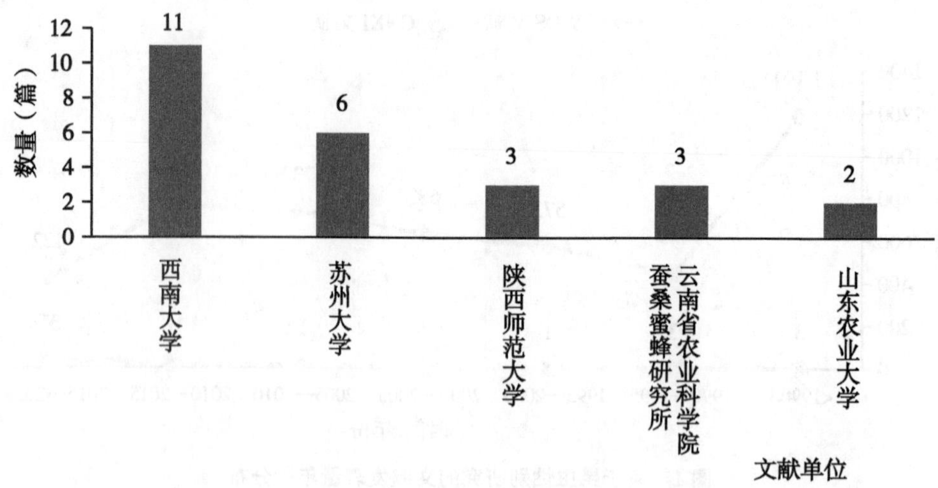

图 3 从 CNKI 期刊数据库中检出的关于昆虫性别研究文献数量位居前五的单位

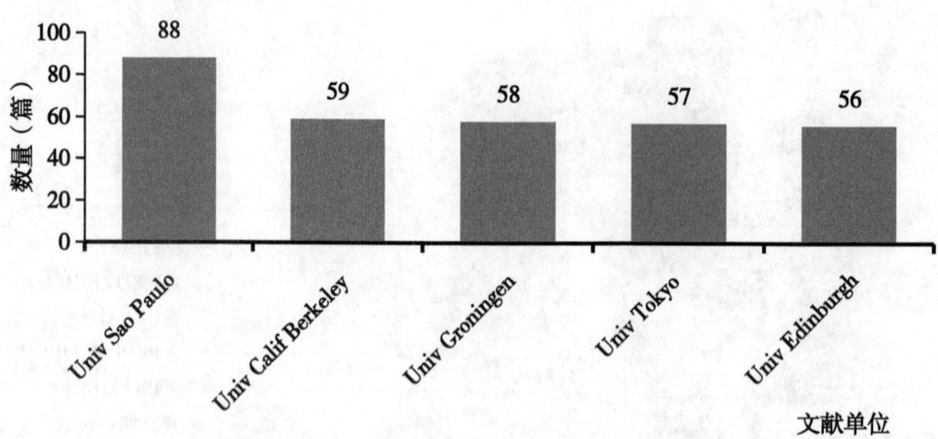

图 4 从 WOS 期刊数据库中检出的关于昆虫性别研究文献数量位居前五位的单位

2.5 研究应用热点分析

通过分析从 CNKI 数据库中检出的文献发现，国内关于昆虫性别的研究主要围绕鳞翅目模式昆虫家蚕展开，具体见图 6、图 7。可以看出，国内文献的重点研究领域为家蚕的性别决定、性别差异、性别控制、性别选择四个方面，为养蚕学、蚕种学提供科研理论基础，对形成产业化繁殖具有重要作用。

通过分析从 WOS 数据库中检出的文献进行分析，结果见图 8、图 9。可以看出，围绕 sex determination 这个主题，研究以双翅目模式昆虫果蝇、膜翅目蜜蜂、鳞翅目家蚕为材料的研究较为多见，研究热点集中于性别比率、性别基因、进化、单倍二倍性、性别分配、杂交等方面，探索的主要是昆虫性别决定机制及与生物进化之间的联系，现已的研究还表明这 3 种昆虫的性别决定机制完全不同。

2.6 人才培养情况

图 10 呈现了从 CNKI 博士硕士数据库检索出的涉及昆虫性别研究的学位论文的年

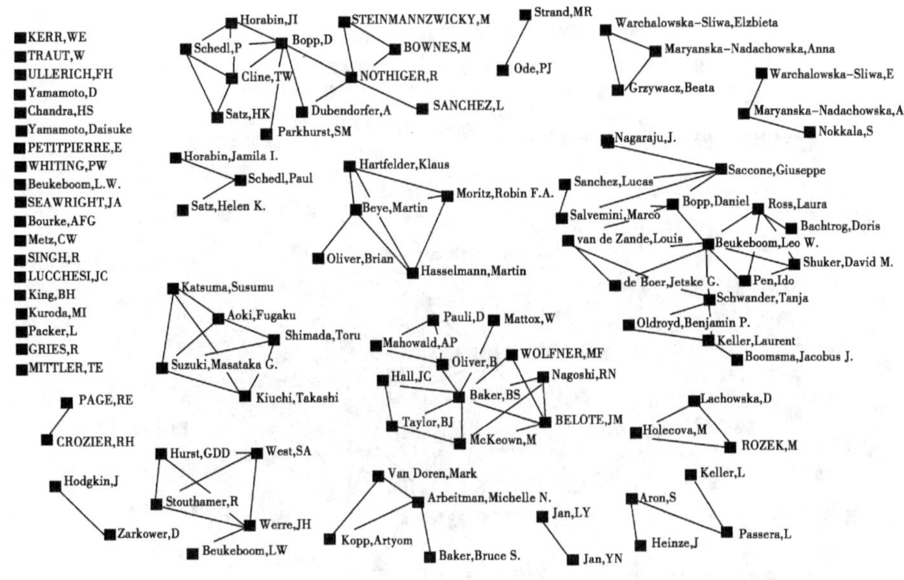

图 5　从 WOS 数据库检出的关于昆虫性别研究文献的作者关系群

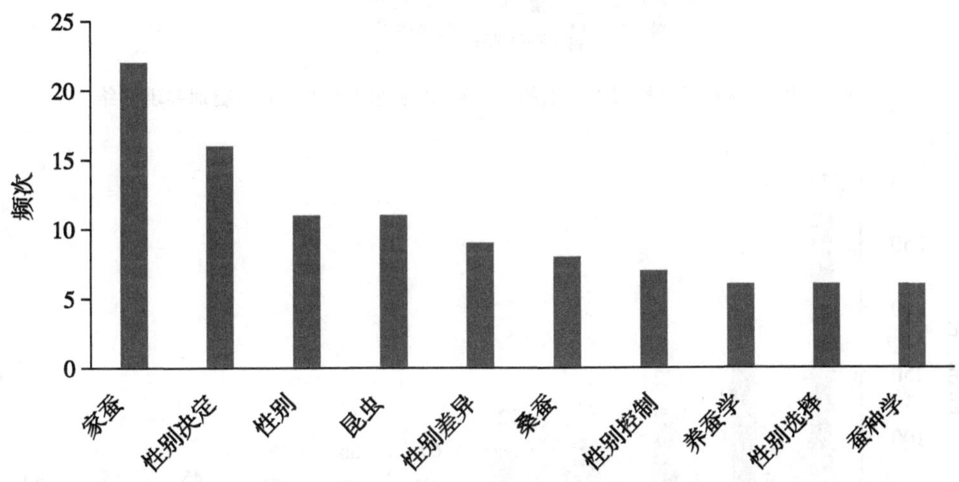

图 6　从 CNKI 期刊数据库中检出的关于昆虫性别研究文献出现频次较高的关键词

度动态及校际分布情况。从图 10 可以看出，总体上博士论文数量较少，博士研究生论文数量在 2015—2016 年出现了一轮高峰；硕士研究生论文 2003—2018 年每年的文献发表数量较平缓。不论是博士研究生论文还是硕士研究生论文，西南大学的在该领域的研究培养上都位居首位，可能与其集中于家蚕研究有关。

3　总结与讨论

对昆虫性别决定相关文献的研究表明，中文文献总量相对较低，国内相关文献在 20 世纪 90 年代之前在 CNKI 数据库中都没有检索到，但是自 2015 年上升极快，尤其是

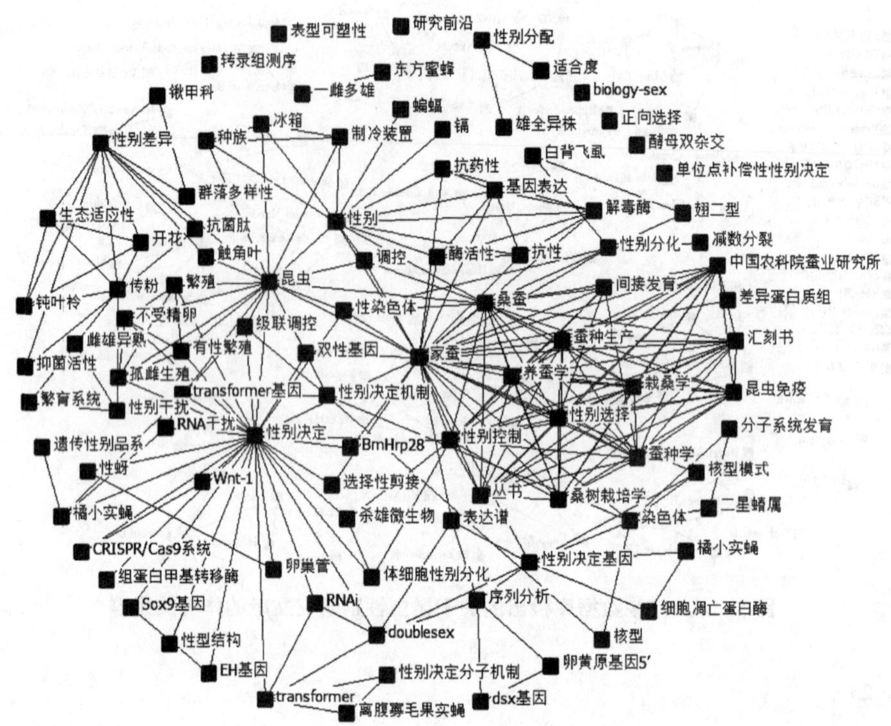

图 7　从 CNKI 期刊数据库检出的关于昆虫性别研究文献的关键词共现网络

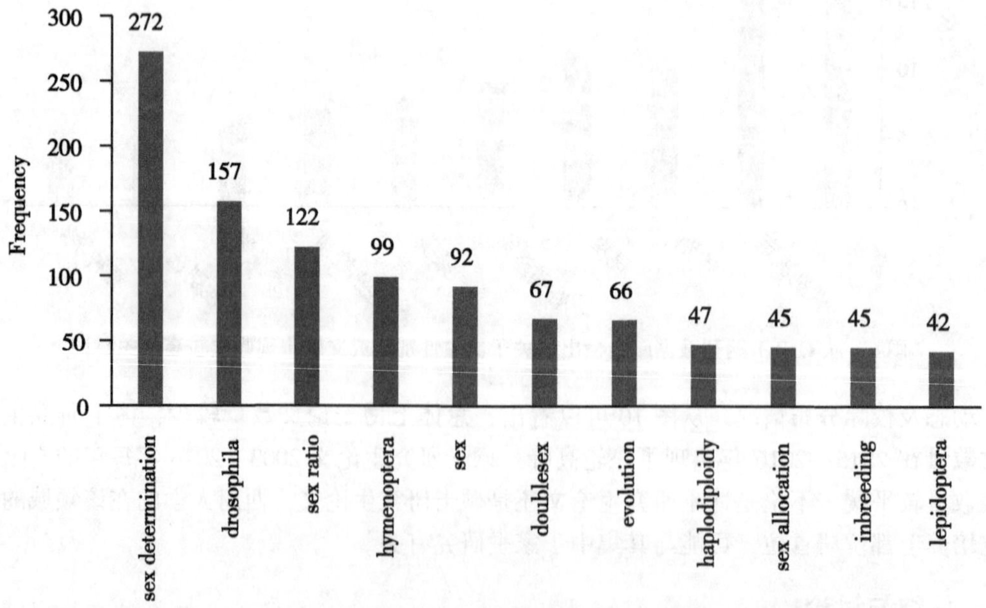

图 8　从 WOS 期刊数据库中检出的关于昆虫性别研究文献出现频次较高的关键词

高校培养硕士博士较多。国内涉及该领域的硕士生、博士生培养，西南大学位居首位。

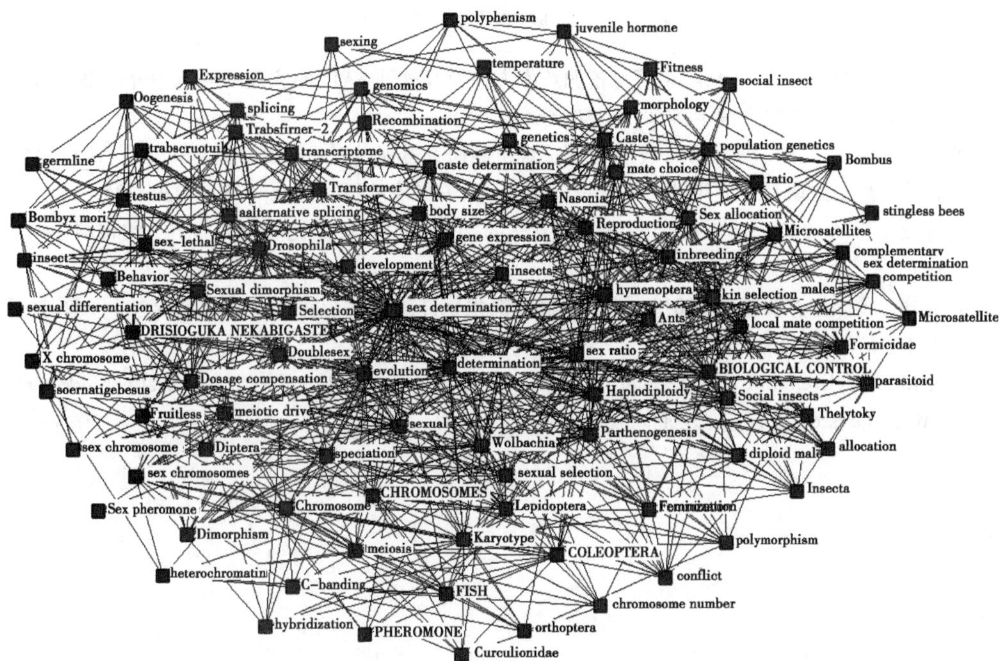

图 9　从 WOS 数据库检出的关于昆虫性别研究文献的关键词共现网络

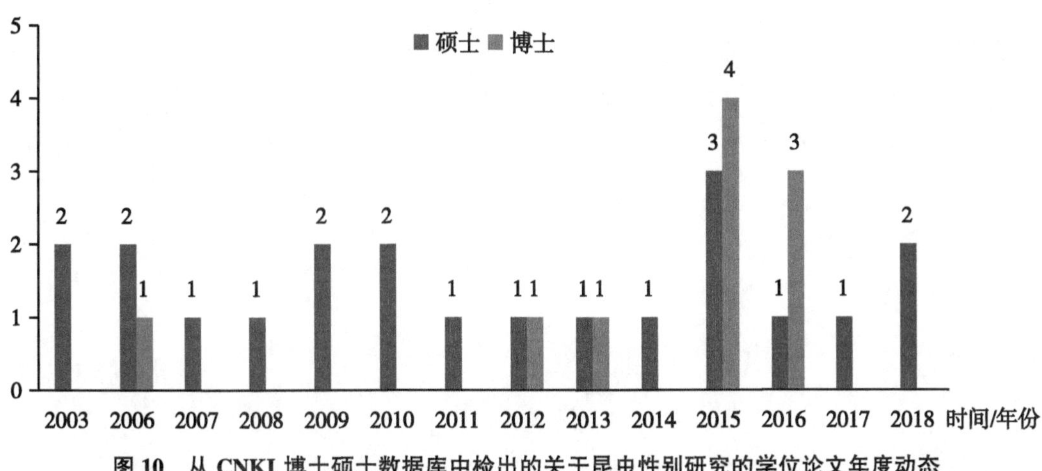

图 10　从 CNKI 博士硕士数据库中检出的关于昆虫性别研究的学位论文年度动态

英文文献中的研究表明，国际上关于昆虫性别的研究工作主要围绕果蝇、蜜蜂和家蚕展开，sex determination、sex、sex ratio、haplodiploidy、evolution 是出现频率最高的关键词。文献作者存在人数少而相对独立的作者群。对 CNKI 全部检出文献的基金来源分析，还发现，该领域科研工作的对口经费支撑尚不充足，加大该方向的科研经费支持将有助于昆虫性别决定研究工作的深入开展。

参考文献

刘启元，叶鹰. 2012. 文献题录信息挖掘技术方法及其软件 SATI 的实现——以中外图书情报学为例［J］. 信息资源管理学报（1）：50-58.

刘雅婷，谢文，张友军. 2015. 昆虫性别决定机制研究进展［J］. 昆虫学报，58（4）：437-444.

张超然. 黑水虻研究与应用的文献计量分析［J］. 安徽农业科学，45（33）：230-234.

赵蓉英，李飞. 2013. 基于社会网络分析方法的国内外信息计量比较研究［J］. 情报科学（2）：7-12.

周晓分，黄国彬，白雅楠. 2013. 科学计量可视化软件的对比与数据预处理研究［J］. 图书情报工作，57（23）：64-72.

Borgatti S P，Everett M G，Freeman L C. 2002. Ucinet for Windows：software for social network analysis［M］. Harvard：Analytic Technologies.

刺粉虱属 *Aleurocanthus* 昆虫伪蛹玻片标本制作技术*

白润娥**，王吉祥，于英振，李静静，闫凤鸣***

（河南农业大学植物保护学院，郑州　450002）

摘　要：目前粉虱种群的分类系统，特别是在族、属和种的水平上，主要利用伪蛹的特征进行鉴定。由于刺粉虱属 *Aleurocanthus* 伪蛹为黑色或棕色，体型小，刺的数量多，刺常常着生在乳突或瘤突上，甚至伸出边缘，立体结构明显。仅通过常规的昆虫标本制作方法很难获得理想的观察效果，给刺粉虱种群的鉴别造成很大的障碍。本制片技术在前人研究经验的基础上，对刺粉虱属伪蛹制片技术进行了摸索和实践，将双孔载玻片应用于粉虱伪蛹玻片标本的制作，既能保证粉虱特征的完整性，还能同时观察伪蛹背面和腹面的特征，形成了一种完善的粉虱玻片制作技术，对其他立体性较强的小体昆虫标本制作具有广泛的推广价值。

关键词：刺粉虱；伪蛹；玻片制作

粉虱是世界性的农业害虫，虫体一般不超过 3mm（闫凤鸣和白润娥，2017）。目前，粉虱的分类系统，特别是在族、属和种的水平上，主要依据第四龄若虫（伪蛹）的特征进行鉴定，这是粉虱分类的特殊之处（闫凤鸣，1990）。

常规粉虱伪蛹的玻片制作需经碱液浸泡、染色、酒精梯度脱水、透明等处理后用加拿大树胶封片（Dubey and David，2012；Hodges and Evans，2005）。后续有学者对此方法做了改进，如用白炽灯照烤 8~10h，再用微针和环针清理内脏等改进方法（乔鲁芹，1997）；或是霍氏 Hoyer's medium 封固液封片（吴杏霞和胡敦孝，2000）；也有用冰醋酸代替酒精脱水这种方法（闫凤鸣，1990）；染色前用透明液（E. A. F.）透明等（王吉锐，2015）。

制作粉虱玻片的方法不同，其所具备的特点也不同，如白炽灯照烤可避免粉虱数目的减少，但所需时间较长，并且使用微针环针清理内脏可能会破坏粉虱的形态结构，影响最终的观察；冰醋酸代替酒精脱水，脱水效果明显，但脱水较快，不易把握脱水程度，易造成粉虱脱水过度，发生卷曲现象，且其不易长久保存以及显微镜下观察。

对于深色粉虱玻片的制备技术，尤其是像刺粉虱属 *Aleurocanthus* Quaintance and Baker、脊粉虱属 *Rhachisphora* Quaintance and Baker 等立体感比较强的粉虱伪蛹研究报道很少（武迎红，2012；郑晓军等，2017），常规的粉虱玻片制作技术往往会引起刺的缺失、折断、错位、失真等现象，不能真实反映刺粉虱的特征。本研究将针对上述问

---

* 基金项目：大学生实践创新创业训练计划项目（201810466047）

** 第一作者：白润娥，主要从事粉虱分类研究；E-mail：yxbre@163.com

*** 通信作者：闫凤鸣，教授，主要从事化学生态学研究；E-mail：fmyan@henau.edu.cn

题，探索刺粉虱属伪蛹玻片制作技术，以便制作出形态完整、特征突出、便于观察和鉴定的玻片，同时为其他小体昆虫标本的制作提供借鉴。

1 材料与方法

1.1 供试材料

刺粉虱属标本均为2018年5—6月采自河南省郑州市区的绿化植物。粉虱种类为黑刺粉虱 *Aleurocanthus spiniferus* Quaintance，寄主植物为樟树 *Cinnamomum camphora*（L.）Presl.、贴梗海棠 *Chaenomeles speciosa*（Sweet）、木瓜 *Chaenomeles sieneis*（Touin）Koehne、枇杷 *Eriobotrya japonica*（Thunb.）Lindl.、葡萄 *Vitis vinifera* L. 等。

1.2 玻片制作技术

刺粉虱玻片制作基本步骤为挑取标本、软化、酒精梯度脱水、封片、干燥、贴标签等，其核心技术为封片技术。

1.2.1 挑取标本

挑取标本时，在体视显微镜下观察，在叶片背面选取形态完整、没有被寄生的4龄若虫（伪蛹）。若有蜡丝或者灰尘等，用毛笔蘸取酒精轻轻刷去。挑取时动作要轻柔，以免破坏其结构，尤其注意不要损伤刺毛。

1.2.2 软化

将挑取的刺粉虱放入装有5%的碱液（KOH或NaOH）的烧杯中，浸泡1 h。然后连同碱液转移至2mL离心管中（防止煎煮时粉虱丢失）中，80℃恒温水浴锅加热软化，保持在20~40min，至虫体褪色淡化透明。也可以直接在碱液中浸泡过夜或者84消毒液直接浸泡，至颜色变浅。

1.2.3 蒸馏水清洗

将软化后的粉虱用小毛笔轻轻转移至蒸馏水中，清洗2~3次，清除碱液，避免损伤粉虱。

1.2.4 酒精梯度脱水

将清洗后的粉虱依次用30%乙醇、50%乙醇、70%乙醇、90%乙醇、95%乙醇、无水乙醇进行梯度脱水（注意不要过度脱水，防止粉虱标本无色和失水变形）。脱水的时间一般控制在5~10min。

1.2.5 封片

准备一片带孔金属玻片，在金属玻片的2个孔下方用加拿大树胶固定一片盖玻片，在放置好盖玻片的金属孔中滴入加拿大树胶，略溢出金属孔，将脱水后的粉虱标本用小毛刷转移到金属孔中，在体视镜下调整伪蛹姿态，然后在金属孔上方加盖盖玻片，用手轻轻按压金属孔两侧盖玻片（图1）。

1.2.6 干燥

先自然干燥，然后35~40℃烘干。

2 结论与讨论

2.1 本研究所采用的方法技术是在前人研究的基础上进行了改进和探索，既有科学依

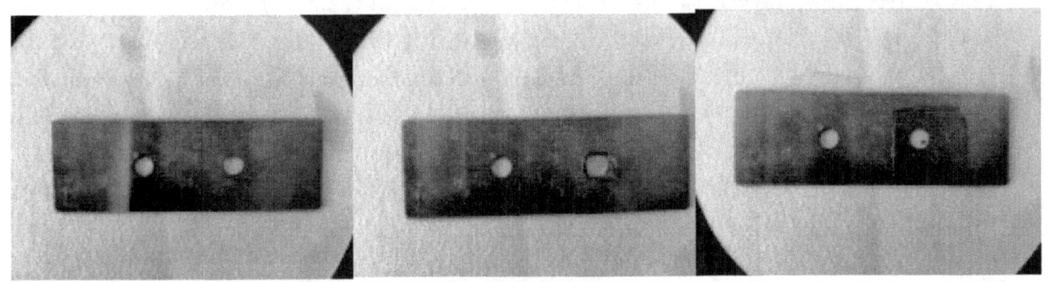

图 1　封片过程

据，又有技术创新。操作简单，方便快捷，便于干燥和保存。此技术的核心是所选用的双孔玻片采用金属材料制成，孔径大小可以按照粉虱的大小进行调整；制作完成的玻片可实现标本的双面观察，一个标本可同时观察其背面和腹面特征，与普通玻片标本相比，标本的完整性和清晰度都明显提高，易于鉴别标本特征，大大提高了粉虱鉴定的效率（图 2）。

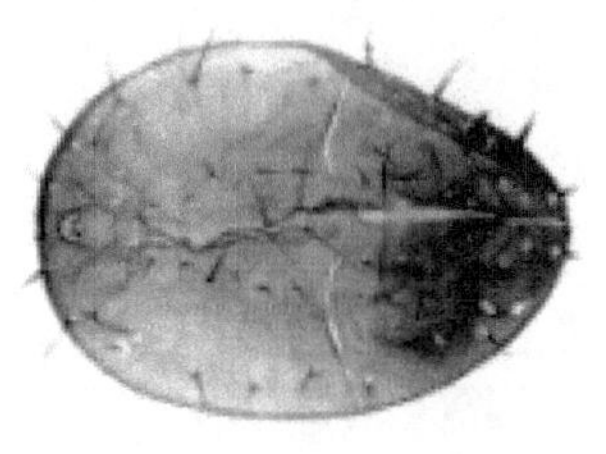

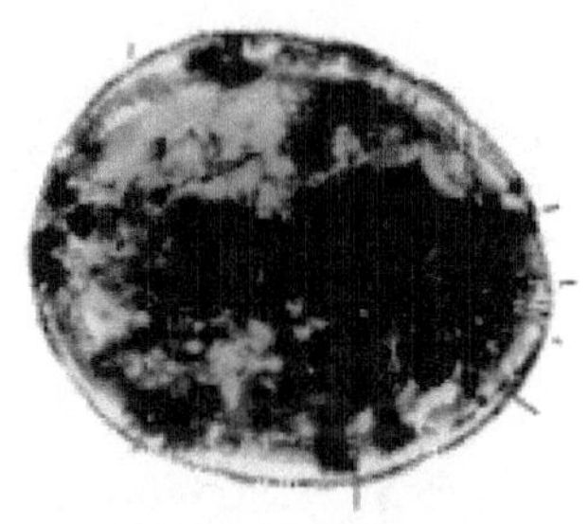

图 2　玻片效果图（左为金属玻片，右为普通玻片）

2.2　该研究介绍的粉虱玻片技术不仅适用于粉虱科刺粉虱属、脊粉虱属等立体性比较强的粉虱伪蛹玻片的制作，也适用于粉虱科昆虫成虫玻片的制作，同时还可推广至蚜科、蓟马科等其他小体昆虫标本的制作，具有较高的技术推广价值。

2.3　粉虱标本的快速鉴定可以为农业害虫防治提供坚实的理论基础，针对不同粉虱种类采用适宜的防治措施，提高防治效率，保障农业生产。

参考文献

乔鲁匠，张小娣 . 1997. 粉虱玻片标本制作方法的改进［J］. 昆虫知识，34（5）：309-310.

宋月芹，张瑞敏，董钧锋 . 2011. 粉虱伪蛹玻片标本制作技术［J］. 湖北农业科学，50（21）：4389-4391.

王吉锐 . 2015. 中国粉虱科系统分类研究［D］. 扬州：扬州大学：12-13.

吴杏霞，胡敦孝 . 2000. 一种简易的粉虱玻片制作［J］. 北京农业科学，增刊：55-56.

武迎红 . 2012. 微小昆虫永久玻片标本的制作方法［J］. 内蒙古民族大学学报（自然汉文版），27（3）：322-323.

闫凤鸣，白润娥 . 2017. 中国粉虱志［M］. 郑州：河南科技出版社：1-257.

闫凤鸣 . 1990. 制作粉虱玻片标本的一种新方法 [J]. 昆虫知识，27（4）：241.

郑晓军，赵玉华，王郑军 . 2017. 小型昆虫整体玻片制作技术改良 [J]. 实验室科学（6）: 57-59.

Dubey A K，David B Y. 2012. Collection，preservation and preparation of specimens for taxonomic study of whiteflies（Hemiptera：Aleyrodidae）. The whiteflies or mealy wing bugs：biologyhost specificity and management [J]. Lambert Academic Publishing，Germany：1-19.

Hodges G，Evans G A. 2005. An identification guide to the whiteflies（Hemiptera：Aleyrodidae）of the southeastern United States [J]. Florida Entomologist，88（4）：518-534.

武功山山地草甸尺蛾科昆虫区系研究*

崔　麟**，刘　伟，李卫春，魏洪义***
（江西农业大学昆虫研究所/农学院，南昌　330045）

摘　要：在江西武功山自然保护区对尺蛾科昆虫进行采集与鉴定，分析了其在动物区系中的组成，共计鉴定出尺蛾 48 种。这些尺蛾隶属于 42 属，其优势种分别为茶呵尺蛾 *Odontopera bilinearia* 和同慧尺蛾 *Crypsicometa homoema*。在世界动物区系中，以古北区及东洋区的共有种达 40 种，占总种数的 83.3%，而属于东洋区共 7 种，占总种数的 14.6%。在中国地理区划中共有 9 种类型，但华南、华中、西南及青藏区分布最多，达 77.1%。

关键词：武功山；尺蛾科；动物区系；优势种

Geometridae Fauna of Wugongshan Mountains in Jiangxi Province*

Cui Lin**, Liu Wei, Li Weichun, Wei Hongyi***
(*Institute of Entomology / College of Agronomy*, *Jiangxi Agricultural University*, *Nanchang* 330045, *China*)

Abstract: The insects of Geometridae from Wugongshan Nature Reserve of Jiangxi Province were collected and identified for the first time and its fauna composition was analyzed. A total of 48 species of geometer moths in 42 genera were collected and indentified. The dominant species of geometer moths are *Odontopera bilinearia* and *Crypsicometa homoema*. The predominant geometer moths collected in Wugong Mountains were categorized into the Palaearctic-Orientalendemic Region accounting for 83.33% of the total species in the world fauna, and 7 species belonged to Oriental Region accounted for 14.6% of the total geometer insects in the world fauna. The geometridae fauna from Wugongshan Mountains is very complicated in the geographical division of China. There are a total of 9 types of distribution, and the dominant geometer moths (77.1%) are belonged to South China, Central China, Southwest China and Qinghai-Tibet Area.

Key words: Wugongshna Mountains; Geometridae; Fauna; Dominant species

尺蛾因幼虫的行动姿态而得名，幼虫前 3 对腹足消失，前进时后 1 对腹足和臀足向前移动至胸足后方，使腹部向上弯曲呈弓状，步步前进好象量地，故得名尺蠖。尺蠖指幼虫，成虫则相应称为尺蛾，中文名“尺蛾科”即由此而来。尺蛾科 Geometridae 隶属于鳞翅目 Lepidoptera 尺蛾总科 Geometroidea，该总科的共同特征在于幼虫下唇的形状；

* 基金项目：国家科技支撑计划（2012BAC11B06-03）

** 第一作者：崔麟，硕士研究生，主要从事农业昆虫与害虫防治研究；E-mail：741955364@qq.com
*** 通信作者：魏洪义，教授，主要从事农业昆虫与害虫防治研究；E-mail：hywei@jxau.edu.cn

沿中线吐丝器短于前颚（在某些高等尺蛾中，吐丝器第2长）。全世界已描述的种类约21 000种，多数种类分布在热带，尺蛾科昆虫对环境的变化非常敏感，可以作为监测环境变化的指示物（韩红香等，2001）。

武功山自然保护区（27°16′~27°34′ N，114°04′~110°28′ E）位于江西省吉安市安福县、萍乡市芦溪县以及宜春市袁州区三地的交界处，属于罗霄山脉的北段，主峰金顶又名白鹤峰，区内有10万亩的高山草甸，绵绵于海拔约1 600m的高山之巅，在江西省境内，除了武夷山国家级自然保护区外，其他山体（庐山、井冈山等）均不具典型的山地草甸植被类型，是我国重要的草地生态系统，在华东植被垂直带谱中具有典型性和特殊性（高贤明，1991）。

关于武功山国家级自然保护区的昆虫区系研究，除了1989年章士美先生等（1989）对武功山国家级自然保护区金顶附近的山地草甸害虫进行过相关研究外，该类研究并未延续。但近20年来，江西省内铜钹山（李卫春等，2014）、官山（丁冬荪等，2009）、九连山（丁冬荪等，2002）及马头山（彭龙慧等，2004）均有相关的报道。由于该地区丰富的物种资源与独特的地理位置，因此，开展包括尺蛾科在内的不同昆虫区系进行研究并对其在世界动物区系和中国动物区划中的组成进行了分析，旨在为江西省尺蛾科相关研究积累资料，也为深入了解武功山国家级自然保护区的生物资源及资源合理利用与保护提供基础资料。

1 材料与方法

1.1 采集地点

分别于2013年7—9月、2014年6—9月以及2015年5—9月采自武功山自然保护区的吊马桩（海拔：1 592m），武功泉（海拔：1 710m），松涛（海拔：1 420m）和福星谷（海拔：1 445m）4个地点。

1.2 方法

标本采集：使用飞利浦自镇流荧光高压汞灯（250W）进行诱虫灯诱捕，诱捕时间集中在17:00到翌日2:00左右，每次持续2~3天。并且结合诱捕法补充尺蛾科昆虫物种种类，陆续收集和积累了武功山自然保护区白天活动以及晚上活动的尺蛾科昆虫标本。使用新型毒瓶对昆虫进行毒杀，然后现场直接针插尺蛾科昆虫标本，保存在标本盒中备用，并记录采集时间、地点、海拔以及采集人。尺蛾标本带回实验室后，部分昆虫进行还软、展翅、干燥，所用标本均为成虫针插标本。物种鉴定依据的主要资料见文献（韩红香等，2001；张保信，1991a；张保信，1991b；薛大勇等，1999；朱弘复，1973）。研究所用的尺蛾标本均保存在江西农业大学昆虫标本馆（JXAUM）内。

区系分析：根据已经鉴定出的物种名录和分布表，查阅相关群志、地方志、专著、名录、科学考察报告、相关的文献以及已有的调查数据和资料，得到每个物种在国内外的分布范围（张保信，1991a；张保信，1991b；薛大勇等，1999；朱弘复，1973；张巍巍等，2011；蒋谦才等，2011；张汉鹄，2001；蒋双林等，2001；李密等，2007；杨镇等，2010；王建国等，2008；马雄等，2014；居峰等，2007；张亚莉等，2014；席景会等，2002；王瑞等，2005；任国栋等，2007；郝昕等，2015）。古北区与东洋区划分参考张荣祖（2004）的划分标准。

2 结果与分析

2.1 尺蛾种类组成及分布

武功山自然保护区尺蛾科昆虫总计 48 种，隶属于 42 属，国内及国外分布情况如下。

（1）尖翅金星尺蛾 *Abraxas cupreilluminata* Inoue

国内分布：台湾，江西，湖南，四川，重庆。

（2）丝绵木金星尺蛾 *Abraxas suspecta* Warren

国内分布：甘肃，四川，台湾，黑龙江，吉林，辽宁，北京，河北，山西，天津，湖南，湖北，河南，江苏，上海，浙江，安徽，福建，江西，山东，陕西，青海，新疆，内蒙古。

（3）白带枝尺蛾 *Alcis admissaria*（Guenèe）

国内分布：江西，台湾，甘肃，安徽，贵州，西藏。

（4）喜马拉雅星尺蛾 *Arichanna himalayensis* Inoue

国内分布：江西，台湾。

国外分布：尼泊尔。

（5）普氏星尺蛾 *Arichanna pryeraria* Leec

国内分布：江西，台湾。

国外分布：日本。

（6）对白波尺蛾 *Asthena undulata* Wileman

国内分布：台湾，上海，浙江，湖北，湖南，江西，福建，广东，广西，四川。

（7）四眼绿尺蛾 *Chlorodontopera discospilata* Moore

国内分布：台湾，福建，湖南，海南，云南，江西。

国外分布：印度（锡金）；缅甸；尼泊尔。

（8）葡萄回纹尺蛾 *Chartographa ludovicaria* Oberthür

国内分布：黑龙江，北京，陕西，甘肃，湖北，湖南，四川，云南。

国外分布：朝鲜；俄罗斯。

（9）黑腰尺蛾 *Cleora fraterna* Moore

国内分布：江西，台湾。

（10）光穿孔尺蛾 *Corymica specularia* Wehrli

国内分布：江苏（南京），甘肃，浙江，广西，台湾，湖北，湖南，四川，江西（庐山、南昌、宜丰官山、铜鼓、井冈山）。

（11）同慧尺蛾 *Crypsicometa homoema* Prout

国内分布：台湾，四川，重庆，江西（庐山、铅山武夷山）。

国外分布：日本。

（12）白顶峰尺蛾 *Dindica wilemani* Prout

国内分布：江西，湖南，福建，台湾，广西。

(13) 八角尺蠖 *Dilophodes elegans* Bulter

国内分布：江西，台湾，广西（玉州、福绵、兴业、容县、藤县），广东（高要林场）。

(14) 灰涤尺蛾 *Dysstroma cinereata cinereata* Moore，1868

国内分布：湖南（湘中、湘西），江西，四川，台湾，云南，甘肃。

国外分布：日本；印度（锡金）；不丹；缅甸。

(15) 二线绿尺蛾 *Euchloris atyche* Prout

国内分布：吉林（汪清、敦化），北京，河北，山西，四川，重庆，西藏。

(16) 黑碎斑黄尺蛾 *Euchristophia cumulata* Christoph

国内分布：江苏，上海，浙江，安徽，福建，江西，山东，台湾。

国外分布：日本；朝鲜半岛；西伯利亚东南部。

(17) 绣球祉尺蛾 *Eucosmabraxas evanescens* Butler

国内分布：江西，福建，广西，四川。

国外分布：日本。

(18) 双环祉尺蛾 *Eucosmabraxas octoscripta* Wileman

国内分布：江西，台湾。

(19) 台褥尺蛾 *Eustroma changi* Inoue

国内分布：台湾，陕西，湖北，四川。

(20) 后纹尺蠖 *Garaeus apicatus* Moore

国内分布：台湾，江西（井冈山、石城）。

(21) 镜窗尺蛾 *Garaeus specularis* Moore

国内分布：台湾，湖南，湖北，河南，广东，广西，海南，福建，江西（庐山）。

国外分布：日本；朝鲜半岛；印度北部。

(22) 枯叶尺蛾 *Gandaritis sinicaria* Leech

国内分布：陕西，甘肃，安徽，浙江，湖北，湖南，江西，福建，广西，四川，云南，台湾。

国外分布：印度。

(23) 金边无缰青尺蛾 *Hemistola simplex* Warren

国内分布：台湾，四川，北京，河南，甘肃，浙江，湖南，福建。

(24) 星缘绣腰青尺蛾 *Hemithea tritonaria* Walker

国内分布：山西，湖南，福建，海南，香港，台湾，浙江。

国外分布：日本；朝鲜半岛；斯里兰卡；印度尼西亚（西里伯斯岛，加里曼丹岛、爪哇岛）；韩国；印度；马来半岛。

(25) 暗边截翅尺蛾 *Heterocallia temeraria* Swinhoe

国内分布：江西，台湾。

(26) 超暗始青尺蛾 *Herochroma supraviridaria* Inoue

国内分布：福建，台湾，广西。

(27) 褐斑隐尺蛾 *Heterolocha biplagiata* Bastelberger

国内分布：台湾，江西（南昌、铅山武夷山、井冈山）。

(28) 半月缘尺蛾 *Heterostegania lunulosa* Moore

国内分布：江西，台湾。

国外分布：印度（锡金）。

(29) 四点角缘尺蛾 *Hypochrosis rufescens* Butler

国内分布：台湾，江西（安远三百山、龙南九连山）。

(30) 黑斑金尺蛾 *Hypomecis melanosticta* Hampson

国内分布：江西，台湾。

(31) 玻璃尺蛾 *Krananda semihyalina* Moore

国内分布：台湾，湖南，浙江，江西（庐山、铅山武夷山、井冈山、安远三百山、寻乌桂竹山、龙南九连山），湖北，四川，福建，海南，贵州。

国外分布：日本；印度至马来半岛各地。

(32) 序周尺蛾 *Perizoma seriata* Moore

国内分布：台湾，四川，西藏。

国外分布：印度（锡金）。

(33) 阿里山斜尺蛾 *Loxaspilates arrizanaria* Bastelberger

国内分布：台湾，四川，重庆，甘肃。

(34) 辉尺蛾 *Luxiaria mitorrhaphes* Prout

国内分布：台湾，西藏，海南，湖北，湖南，四川，北京，甘肃，江苏，江西（庐山、南昌、铅山武夷山），云南，贵州，广西，山东，广东。

国外分布：日本九州以南；缅甸；印度北部；尼泊尔。

(35) 茶褐弭尺蠖 *Menophra anaplagiata* Sato

国内分布：台湾，西藏，江苏，上海，浙江，安徽，福建，江西，山东。

国外分布：印度北部；尼泊尔。

(36) 山茶斜带尺蛾 *Myrteta sericea* Butler

国内分布：台湾，江西（三清山、庐山、寻乌项山），贵州。

国外分布：日本；印度；中南半岛。

(37) 尾四斑白尺蛾 *Myrteta simpliciata* Moore

国内分布：江西，台湾。

国外分布：尼泊尔。

(38) 巨豹纹尺蛾 *Obeidia giganteraria* Leech

国内分布：台湾，甘肃，湖北，湖南，四川，贵州，云南，江西（三清山、修水、南昌、铅山武夷山、萍乡麻田、井冈山）。

国外分布：缅甸。

(39) 茶呵尺蛾 *Odontopera bilinearia* Swinhoe

国内分布：台湾，甘肃，福建，广西，云南，贵州，四川，湖南，江西，浙江，西藏。

国外分布：印度北部；尼伯尔。

(40) 粉红盗尺蛾 *Docirava affinis* Warren

国内分布：四川，云南。

国外分布：缅甸；印度（锡金）。

(41) 雪尾尺蛾 *Ourapteryx nivea* Butler

国内分布：河南，河北，北京（松山），湖北，云南，四川，湖南（衡山），江西（鄱阳湖、官山、九连山），浙江，江苏（南京），安徽，吉林（长白山），广东（封开）。

(42) 胡麻斑星尺蛾 *Percnia foraria*

国内分布：四川，重庆。

国外分布：印度北部；苏门达纳。

(43) 巨双目白姬尺蛾 *Problepsis superans* Butler

国内分布：台湾，湖南，湖北，河南，西藏，甘肃。

国外分布：日本；乌苏里；韩国。

(44) 双目白姬尺蛾 *Problepsis albidior* Warren

国内分布：台湾，广东，广西，海南，福建，山东，湖南。

国外分布：日本；印度北部。

(45) 间庶尺蛾 *Semiothisa intermediaria* Leech

国内分布：台湾，四川，重庆，江西（南昌、井冈山）。

(46) 金叉俭尺蛾 *Spilopera divaricata* Moore

国内分布：湖北，湖南（八大公山），台湾，福建，广西，江西（庐山、寻乌项山聪坑）。

国外分布：印度。

(47) 斑镰翅绿尺蛾 *Tanaorhinus kina* Swinhoe

国内分布：台湾，湖北，广西，四川，云南，西藏。

国外分布：缅甸；爪哇；印度；尼泊尔。

(48) 渺樟翠尺蛾 *Thalassodes immissaria* Walker

国内分布：台湾，福建，海南，香港，广西。

国外分布：日本；印度；泰国；斯里兰卡；马来西亚；印度尼西亚。

2.2 世界动物区系组成

在武功山国家级自然保护区采集的昆虫标本，共鉴定出尺蛾科昆虫总共48种，隶属于42个属（表1）。武功山国家级自然保护区的尺蛾科昆虫分布的类型，主要分为三大类，主要由古北区及东洋区的共有种为最多有40种，占调查总种数的83.33%；东洋区7种，占调查总种数的14.58%；古北区、东洋区及澳洲区1种，占调查总种数的2.08%。

表1　武功山自然保护区尺蛾科昆虫名录及在世界动物区系中的组成

物　种	东洋区	古北区	澳洲区
尖翅金星尺蛾 *Abraxas cupreilluminata* Inoue	+	+	
丝绵木金星尺蛾 *Abraxas suspecta* Warren	+	+	
白带枝尺蛾 *Alcis admissaria*	+	+	
喜马拉雅星尺蛾 *Arichanna himalayensis* Inoue	+		
普氏星尺蛾 *Arichanna pryeraria* Leec	+	+	
对白波尺蛾 *Asthena undulata* Wileman	+	+	
四眼绿尺蛾 *Chlorodontopera discospilata* Moore	+	+	
葡萄回纹尺蛾 *Chartographa ludovicaria* Oberthür	+	+	
黑腰尺蛾 *Cleora fraterna* Moore	+		
光穿孔尺蛾 *Corymica specularia* Wehrli	+	+	
同慧尺蛾 *Crypsicometa homoema* Prout	+	+	
粉红盗尺蛾 *Docirava affinis* Warren	+	+	
白顶峰尺蛾 *Dindica wilemani* Prout	+	+	
八角尺蠖 *Dilophodes elegans* Bulter	+	+	
灰涤尺蛾 *Dysstroma cinereata cinereata* Moore	+	+	
二线绿尺蛾 *Euchloris atyche* Prout	+	+	
黑碎斑黄尺蛾 *Euchristophia cumulata* Christoph	+	+	
绣球祉尺蛾 *Eucosmabraxas evanescens* Butler	+	+	
双环祉尺蛾 *Eucosmabraxas octoscripta* Wileman	+		
台褥尺蛾 *Eustroma changi* Inoue	+	+	
后纹尺蠖 *Garaeus apicatus* Moore	+	+	
镜窗尺蛾 *Garaeus specularis* Moore	+	+	
枯叶尺蛾 *Gandaritis sinicaria* Leech	+	+	
金边无缰青尺蛾 *Hemistola simplex* Warren	+	+	
星缘锈腰青尺蛾 *Hemithea tritonaria* Walker	+	+	+
暗边截翅尺蛾 *Heterocallia temeraria* Swinhoe	+		
超暗始青尺蛾 *Herochroma supraviridaria* Inoue	+	+	
褐斑隐尺蛾 *Heterolocha biplagiata* Bastelberger	+	+	
半月缘尺蛾 *Heterostegania lunulosa* Moore	+		
四点角缘尺蛾 *Hypochrosis rufescens* Butler	+	+	
黑斑金尺蛾 *Hypomecis melanosticta* Hampson	+		

(续表)

物 种	东洋区	古北区	澳洲区
玻璃尺蛾 *Krananda semihyalina* Moore	+	+	
阿里山斜尺蛾 *Loxaspilates arrizanaria* Bastelberger	+	+	
辉尺蛾 *Luxiaria mitorrhaphes* Prout	+	+	
茶褐弭尺蠖 *Menophra anaplagiata* Sato	+	+	
山茶斜带尺蛾 *Myrteta sericea* Butler	+	+	
尾四斑白尺蛾 *Myrteta simpliciata* Moore	+		
巨豹纹尺蛾 *Obeidia giganteraria* Leech	+	+	
茶呵尺蛾 *Odontopera bilinearia* Swinhoe	+	+	
雪尾尺蛾 *Ourapteryx nivea* Butler	+	+	
序周尺蛾 *Perizoma seriata* Moore	+	+	
胡麻斑星尺蛾 *Percnia foraria*	+	+	
巨双目白姬尺蛾 *Problepsis superans* Butler	+	+	
双目白姬尺蛾 *Problepsis albidior* Warren	+	+	
间庶尺蛾 *Semiothisa intermediaria* Leech	+	+	
金叉俭尺蛾 *Spilopera divaricata* Moore	+	+	
斑镰翅绿尺蛾 *Tanaorhinus kina* Swinhoe	+	+	
渺樟翠尺蛾 *Thalassodes immissaria* Walker	+	+	

注:“+”表示有分布。

2.3 中国动物区划

武功山尺蛾科在中国地理区划分布类型十分复杂,共有9种分布类型(表2)。占总数15%以上的4种(77.08%):华北+蒙新+青藏+西南+华中+华南型(20.83%)、青藏+西南+华中+华南型10种(20.83%)、华中+华南型9种(18.75%)、华南型8种(16.67%)。华南、华中、西南及青藏区分布最多,各自有47种、40种、28种和26种,而华北、蒙新和东北区最少,分别为20种、15种和4种。

表2 武功山尺蛾可在中国动物地理区划中的组成

中国动物区划							尺蛾科种数	比例
华北区	东北区	蒙新区	青藏区	西南区	华中区	华南区		
+		+	+	+	+	+	10	20.83%
			+	+	+	+	10	20.83%
					+	+	9	18.75%
						+	8	16.67%

（续表）

中国动物区划							尺蛾科种数	比例
华北区	东北区	蒙新区	青藏区	西南区	华中区	华南区		
+	+	+	+	+	+	+	3	6.25%
+					+	+	3	6.25%
+			+	+	+	+	2	4.17%
				+	+	+	2	4.17%
+	+	+	+	+	+		1	2.08%
总共	Total						48	100.00%

注 "+" 表示有分布。

2.4 优势种

对于2013年、2014年以及2015年间所采集的48种尺蛾标本进行统计分析，结果发现：6月是尺蛾的物种数量及其个体数量最少的时期，优势种不明显；7月是尺蛾发生的高峰期，尺蛾种数达到了30多种，其中主要优势种分别为茶呵尺蛾 *Odontopera bilinearia* 以及同慧尺蛾 *Crypsicometa homoema*；8—9月尺蛾的物种数以及个体数量开始持续下降，锐减到最后的5种或6种。可见，武功山自然保护区尺蛾科昆虫种群在不同的月份中存在着明显的差异，并且变化有一定的规律可循，主要随着时间的变化而相应改变。

3 结论与讨论

通过3年的野外调查和室内研究，首次对江西武功山自然保护区尺蛾科进行采集与鉴定，分析了其在动物区系中的组成，共计鉴定出尺蛾48种，隶属于42属。可见，该地区尺蛾科昆虫物种多样性丰富，具有较高的保护和利用价值。但绝大多数的尺蛾科昆虫的幼虫是重要的农林业害虫，有的还是优势种群，分别为茶呵尺蛾 *Odontopera bilinearia*、同慧尺蛾 *Crypsicometa homoema*。建议保护区相关负责单位及人员对此其引起足够的重视，既要利于昆虫多样性的保护，也要进行有害生物防治。

武功山自然保护区尺蛾科昆虫种群在不同的月份中存在着明显的差异，并且变化有一定的规律可循，主要随着时间的变化而相应改变。究其原因是因为，6月初时保护区内的气温低，湿度大，植被长势相对迟缓，尺蛾科昆虫活动不活跃。在7月初，植被种类增加以及气温开始上升，这段时期样地内开花植物增多，连续降雨的时间较短，气候条件适宜，花期基本一致，草甸长势良好，吸引大量的昆虫取食与栖息，为多样的昆虫提供更有利的生存环境。由于保护区所在海拔较高，7月之后气温便开始缓慢下降，植物花期逐渐结束，连续降雨开始，由于湿度较大、温度较低及食物来源减少等直接影响昆虫的活动，因此尺蛾科昆虫种类也随之降低。昆虫群落的发生和演替与环境之间是相互适应和协同进化的，其表现在时间上有着明显的节律变化（杨大荣，1998）。

在中国地理区划中共有9种，其中占总种数15%以上的4种，占总种数的77.08%。

我国所处的地理位置，在世界昆虫地理区系中，占据东洋区、古北区，古北区以喜马拉雅山脉至黄河长江之间的地带与东洋区相连，东部地区由于地势平坦的特点，无法阻止昆虫群落之间的传播与扩散。南方的昆虫群落种类能够向北延伸至北纬40°或更北的地区，北方的昆虫群落种类则可以向南方延至南岭北缘或更南的地区，因此其间形成一条昆虫物种群落的混合带，出现昆虫地理区系的东洋区以及古北区两大昆虫地理区系的交叉重叠现象（张秀玲等，2015）。

在世界动物区系以古北及东洋区的共有种最多有40种，占总种数的83.33%；属于东洋区的7种，占总种数的14.58%。说明武功山国家级自然保护区尺蛾科昆虫在世界动物区系中以古北区和东洋区两个地区的共有物种类型为主，占到了调查总种数的83.33%，这与该地区所在的昆虫地理区系位置的特点相一致。武功山国家级自然保护区在世界动物地理区系中属东洋区，位于东洋区北端，与古北区接邻，处于混合带的南部地区，离东洋区与古北区的分界线很近，所以两界鳞翅目昆虫间可相互渗透，而与其他几个界的关系疏远。

在中国动物地理区划中，武功山国家级自然保护区位属华中区，周边与华北区、西南区、华南区相接。武功山国家级自然保护区的尺蛾科昆虫在中国分布非常复杂，共计有9个不同的分布类型。其中以广布型的类型占据优势，与华中区和华南区关系紧密，其次是蒙新区和西南区，与东北区关系最远，不同昆虫种类在4个分布区相互渗透、相互扩散，在武功山国家级自然保护区形成了一个特殊的交汇点。调查结果显示并不存在只属于一个单区型的“华中区”的分布种，特有性不强，华南区和华中区最多，与所处位置特征一致，武功山国家级自然保护区地处我国华中地区的中部，南与华南区接壤，是我国中亚热带北部和温带之间的过渡带，故其昆虫必然反映该区域的生态地理特点。

参考文献

丁冬荪，曾志杰，陈春发，等.2009. 江西官山自然保护区昆虫区系分析［J］. 林业科学研究，22（3）：418-422.

丁冬荪，曾志杰，陈春发，等.2002. 江西九连山自然保护区昆虫区系分析［J］. 华东昆虫学报，11（2）：10-18.

高贤明.1991. 江西安福武功山木本植物区系的研究［J］. 江西农业大学学报，13（2）：140-147.

韩红香，薛大勇.2001. 中国动物志（昆虫纲，54卷）鳞翅目尺蛾科尺蛾亚科［M］. 北京：科学出版社.

郝昕，罗成龙，周润发，等.2015. 山东省青岛市尺蛾科昆虫名录（鳞翅目）［J］. 林业科技情报，47（1）：15.

蒋谦才，古建明，王家彬，等.2011. 中山市五桂山生态保护区蛾类调查名录［J］. 热带生物学报，2（2）：172-177.

姜双林，张希彪.2001. 陇东子午岭林区尺蛾科昆虫区系研究［J］. 甘肃科学学报，13（2）：47-50.

居峰，万志洲，刘曙雯，等.2007. 南京市蛾类区系种类组成的变化及分析［J］. 江苏林业科技，34（5）：13-21.

李密，谭济才，谷志容，等. 2007. 湖南省八大公山国家自然保护区蛾类调查初报［J］. 华东昆虫学报，16（4）：290-298.
李卫春，刘伟，丁冬荪，等. 2014. 江西铜钹山草螟科分类学研究［J］. 江西农业大学学报，36（3）：542-549.
马雄，张亚莉，马正学. 2014. 甘肃省花尺蛾群落及区系特征［J］. 生态学杂志，33（11）：3033-3042.
彭龙慧，杨明旭，桂爱礼. 2004. 江西马头山自然保护区昆虫区系分析［J］. 江西农业大学学报，26（4）：507-511.
任国栋，郭书彬，甄卉，等. 2007. 河北小五台山景观昆虫研究［J］. 河北大学学报（自然科学版）. 27（3）：304-312.
王建国，林毓鉴，胡雪艳，等. 2008. 江西灰尺蛾亚科昆虫名录（鳞翅目：尺蛾科）［J］. 江西植保，31（1）：43-48.
王瑞，曹天文，周运宁. 2005. 山西省尺蛾科（鳞翅目）新纪录属和种［J］. 山西农业科学，33（2）：52-54.
席景会，潘洪玉，陈玉江，等. 2002. 吉林省尺蛾科昆虫名录［J］. 吉林农业大学学报，24（5）：53-57.
薛大勇，朱弘复. 1999. 中国动物志（昆虫纲，15 卷）鳞翅目尺蛾科花尺蛾亚科［M］. 北京：科学出版社.
杨大荣. 1998. 西双版纳片断热带雨林蝶类群落结构与多样性研究［J］. 昆虫学报，41（1）：48-55.
杨镇，蒋碧玉，高迎霞，等. 2010. 甘肃白水江国家级自然保护区的尺蛾群落特征及区系分析［J］. 甘肃科技学报，22（2）：59-64.
张保信. 1991a. 台湾蛾类图说（三）［M］. 台湾：台湾省立博物馆.
张保信. 1991b. 台湾蛾类图说（四）［M］. 台湾：台湾省立博物馆.
张汉鹄. 2001. 我国茶树尺蛾区系考查［J］. 茶叶科学，21（2）：157-160.
张荣祖. 2004. 中国动物地理［M］. 北京：科学出版社.
章士美，龚航莲，欧阳贵明. 1989. 江西武功山金顶草甸害虫名录及其区系分析［J］. 江西农业学报，1（1）：75-76.
张巍巍，李远胜. 2011. 中国昆虫生态大图鉴［M］. 重庆：重庆大学出版社.
张秀玲，黄英，朱水芳，等. 2015. 入侵生物适生区与种群动态中的数学方法［J］. 植物检疫，29（2）：7-14.
张亚莉，鲍双玲，马正学. 2014. 甘肃太统-崆峒山国家级自然保护区的花尺蛾群落特征［J］. 西北师范大学学报（自然科学版），50（5）：71-78.
朱弘复. 1973. 蛾类图册［M］. 北京：科学出版社.

基于地理、寄主隔离的珍稀虎凤蝶属 *Luehdorfia* 种、亚种关系研究*

苏　杰[1,2,3**]，赵诗悦[1,2,3]，赖　童[1,2,3]，张江涛[1,2]，程春初[4]，曾菊平[1,2,3***]

(1. 江西农业大学林学院，南昌　330045；2. 鄱阳湖流域森林生态系统保护与修复国家林业和草原局重点实验室，南昌　330045；3. 江西庐山森林生态系统定位观测研究站，九江　332900；4. 江西桃红岭梅花鹿国家级自然保护区管理局，九江　332700)

摘　要：亚洲特有属虎凤蝶属 *Luehdorfia* 祖先 54Ma 前出现，较多数凤蝶古老，但该属种数却相对较少，且种、种下分类仍具争议，而研究物种形成过程的相关事件（隔离）或许能提供更多有用证据。考虑其地理分布特殊、幼虫寡食性（限于马兜铃科 Aristolochiaceae 少数植物），本次在系统采集该属蝶种及其野外寄主植物全球地理发生点数据基础上，试图从寄主隔离、地理（含地形）隔离分析上探讨各姊妹种关系。研究结果表明：①波氏虎凤蝶 *L. bosniackii* 除种名外无其他记录，推断为假种名；②在经纬度地理上，中华虎凤蝶包含太白虎凤蝶、周氏虎凤蝶而聚成一支，乌苏里虎凤蝶与日本虎凤蝶交集而成另一支。但从地形隔离、寄主隔离角度，发现太白虎凤蝶可能更早分化成一支，而其他种则关系错综复杂；③虎凤蝶种下分化（亚种形成）可能受其地方性寄主适应性利用策略化与新旧寄主间的地理/地形隔离两种力量驱使。如中华虎凤蝶以细辛为食种群倾向于地形复杂区（高海拔）发生，而以杜衡为食种群则在地形平坦区（<300m）发生，分化形成指名亚种与李氏亚种。乌苏里虎凤蝶 5 个亚种的形成可能也主要受这两种隔离作用的驱使。而日本虎凤蝶可能受岛屿面积限制，隔离作用不明显。为此，提出太白虎凤蝶为最先分化或最原始类群的假说；而对于周氏虎凤蝶与中华虎凤蝶相似性高，生态位分化低，与其他种的寄主相似性系数最高，建议在开展虎凤蝶亲缘地理学研究同时，仍需加强野外调查研究，如野外资源选择、生境需求试验及环境生态位分化研究，为该 IUCN 红色名录与国家重点保护种的保护网络的构建、运行提供更多可参考依据。

关键词：虎凤蝶属；地理分布；地理/地形隔离；寄主隔离；生态位

---

* 基金项目：国家自然科学基金（31760640）；江西农业大学大学生创新训练项目（201810410120）

** 第一作者：苏杰，在读硕士研究生，从事珍稀昆虫保护研究

*** 通信作者：曾菊平，副教授，博士，从事昆虫保护与林业害虫防控研究；E-mail：zengjupingjxau@163.com

Relationshipsbetween Species/Subspecies in *Luehdorfia* Based on Geography and Host-plant Isolations*

Su Jie[1,2,3**], Zhao Shiyue[1,2,3], Lai Tong[1,2,3], Zhang Jiangtao[1,2], Cheng Chunchu[4], Zeng Juping[1,2,3***]

(1. *College of Forestry*, *Jiangxi Agricultural University*, *Nanchang* 330045, *China*; 2. *Key laboratory of National Forestry and Grass and Administration on Forest Ecosystem Protection and Restoration of Poyang Lake Watershed*, *Nanchang* 330045, *China*; 3. *Jiangxi Lushan Forest Ecosystem Observation Research Station*, *Jiujiang* 332900, *China*; 4. *Tao Hongling National Nature Reserve Administration*, *Jiujiang* 332700, *China*)

Abstract: The Asia butterfly genus of *Luehdorfia* appeared before 54Ma, earlier than most swallowtails. But it is a small genus with several species, which are still controversial in classification. Isolation effects are valuable in study to understand the process of speciation maybe by the provision of some useful evidences. Considering the specific distribution and larval oligophagous (limited to a few species from Aristolochiaceae), this study, based on the complete collection of occurrence data (including host plants), attempted to display the isolations of host, geography (or topography) and illustrated the species-to-species relationships in *Luehdorfia*. Results showed that: (1) *L. bosniackii* was a fake species name as no records available; (2) In geography, *L. chinensis* zone contained *L. taibai* and L. choui and gathered into one branch, while *L. puziloi* and *L. japonicad* gathered into another by intersection. However, from the perspective of topographic and host isolation, it was found that *L. taibai* may differentiate (from the ancestor) into one branch earliest, while others were intricately complex; (3) The sub-speciation of *Luehdorfia* may be driven by two forces, the local-host-adaptation (isolation between old and new hosts) and geography/terrain isolation. For examples, *L. chinensis* the preferred complex terrains (high altitude), where feeding *Asarum sieboldii*, while the new host of *A. forbesii* mostly occurred in lowlands (< 300m), where the pioneer populations differentiated into a new subspecies by host transfer. The same situation may also happen to *L. puziloi* and formed five subspecies by the two isolation effects. However, it could be limited by the island area or others, *L. japonicad* did not show the same differentiation at subspecies level. Therefore, we proposed that *L. taibai* was the most ancient species in this genus, and doubted *L. choui* at species level as its similarities were always high against other species; especially it co-occurred with *L. chinensis* but with a low niche differentiation. Our study suggested that a complete study on affinity geography should be carried out systematically, while other studies like more field investigations (e. g. field resource demands, habitat preference) and environmental niche differentiation etc. were also necessary for future protection networks.

Key words: *Luehdorfia*, Geographical distribution; Geography/topology isolation; Host isolation; Niche

物种（Species）概念一直是生命科学关注中心（Darwin，1859；1872；Dobzhansky，1951；陈世骧，1983；Mayr，2001）。尽管达尔文未明确定义“物种”，但其 *The origin of species*（Darwin，1959）一书却激起人们对物种起源、形成（Speciation）

与进化/演化（Evolution）探讨，直至今天仍是研究热点。利用亲缘关系密切的物种，研究物种间（如姊妹种间）的相似性与分化，显然更有利于找到物种形成过程的一些证据，包括形态学、遗传学证据等。然而，除形态、生物学、遗传学差异外，一个物种具有独立的地理分布与生态位也备受认可（洪德元，2016），但仍具有争议。而过去由于野外工作不足（如采集记录空白较多），且高分辨率物种发生数据不易获得，全属水平与全球尺度的物种地理分布与分化研究较少，参考资料匮乏。

虎凤蝶属 *Luehdorfia*（Lepidoptera：Papilionidae）是亚洲特有属（周尧，1994；武春生和徐堉峰，2017），较大多数凤蝶更古老，其祖先大概 54Ma 前出现（Simonsen *et al.*，2011）。然而，该属种数却相对较少，且种或种下形态分类仍具争议（渡辺康之，1996；胡萃等，2000；姚肖永，2007；寿建新，2013）。例如，该属蝶类在鳞翅色彩、斑纹等特征上差异细微，种间不同个体翅面斑纹变异大，鉴定时容易相互混淆或误订（李传隆，1978）。事实上，物种形成过程可能涉及到多个事件，如地理隔离、寄主隔离、生态生理特征分化、生态位分化、生殖隔离等（魏美才等，2010），研究这些事件将有利于提供更多有用证据，洞察姊妹种关系。虎凤蝶属物种地理分布特殊、幼虫寡食性（限于马兜铃科 Aristolochiaceae 少数植物）。为此，本次通过系统采集全球虎凤蝶属种、亚种分类记述与地理发生点数据，同时采集其马兜铃科 Aristolochiaceae 细辛属 *Asarum* 和马蹄香属 *Saruma* 寄主植物的地理发生点数据，试图从地理分布（含地形）、发生生态域、及其与寄主地理分布关系，探讨虎凤蝶属各姊妹种间的相似性与分化，推断亲缘关系及其与物种形成可能有关的事件，并对一些争议问题进行探讨。

1 数据来源与方法

1.1 数据来源

查阅公开发表的相关文献、专著、标本、公开报道以及登录相关数据库（表1、表2），采集物种发生点数据。并根据数据特点，如记录不完整等（表1），对采集数据进行逐个整理、筛选与校正，力求发生点数据准确。具体做法：对含经纬度数据按其经纬度、地名等，在 Google earth 搜索、定位；对只有地名而无经纬度信息点，先确认地名的正确性，去除或校正错误或重复点后，再在 Google earth 搜索、定位。此外，去除文献记录不全的发生点（如无经纬度、无小地名等，表1）。

表1 虎凤蝶属 *Luehdorfia* 物种及其寄主发生点数据来源（√提供，×不提供，√/×可能提供）

数据来源	经纬度	海拔	小地名	大地名
数据库查询	√	√/×	√	√
文献查询	√/×	√/×	√/×	√
公开报道	√/×	√/×	√/×	√
标本查阅	√	√/×	√	√
专著查询	√/×	√/×	√/×	√

表 2　虎凤蝶属 *Luehdorfia* 物种及其寄主发生点查询数据库

数据库名称	数据范围特征	网址
GBIF	世界范围内各种标本记录点	http：//www. gbif. org/species
中国在线植物志	中能范围内各种植物标本记录区	http：//www. eflora. cn
中国植物图像库	中国范围植物查询	http：//www. plantphoto. cn
中国数字植物标本馆	中国范围内植物标本记录区	http：//www. cvh. ac. cn

1.2　数据分析

用95%蝴蝶、寄主地理发生点制作最小凸包（Minimum Convex Polygon，MCP），显示各种或亚种地理分布范围及关系（如包含、交集等）。基于 1×1km 的 DEM 数据，获得或计算获得海拔高度 Elevation、坡度 Slope、粗糙度 Roughness、地形耐用指数（Terrain Ruggedness Index，TRI）、地形位置指数（Topographic Position Index，TPI）5 种地形指数数据。而考虑数据分布非正态特征，采用 Wilcox-test 方法检验蝴蝶各物种与全属水平地形指数的差异显著性（$P<0.05$）。同样地，用 kruskal. test 方法比较寄主植物地形指数的差异显著性。数据分析基于 R 语言平台（R Core Team，2017），MCP 使用 adehabitat 数据包 mcp 函数（Calenge，2006）。

2　结果与分析

2.1　虎凤蝶属 *Luehdorfia* 种、亚种地理分布与发生生态域

文献资料记录虎凤蝶属 *Luehdorfia* 有 6 个种（表 3）：中华虎凤蝶 *L. chinensis*、太白虎凤蝶 *Luehdorfia taibai*、乌苏里虎凤蝶 *Luehdorfia puziloi*、日本虎凤蝶 *L. japonica*、周氏虎凤蝶 *L. choui* 和波氏虎凤蝶 *L. bosniackii*。但是，波氏虎凤蝶仅见其种名记录，而无其他形态、生物学与分布等记录，推测其可能因定名或记录错误，为假种名，故全属实际为 5 个蝶种。

在生物地理上，虎凤蝶属为典型古北区属（PA，表 3），但中华虎凤蝶在东洋区或印度-马来西亚区（IM）也有分布记录。区域分布上，中华虎凤蝶、太白虎凤蝶、周氏虎凤蝶均局限在中国范围，日本虎凤蝶则局限在日本群岛（南部），而乌苏里虎凤蝶则跨中国、日本群岛、朝鲜半岛、俄罗斯远东地区。而相应地，乌苏里虎凤蝶亚种记录有 5 个亚种：指名亚种 *L. puziloi puziloi*、临江亚种 *L. puziloi linjiangensis*、朝鲜半岛亚种 *L. puziloi coreana*、本州亚种 *L. puziloi inexpecta*、北海道亚种 *L. puziloi yessoensis*；中华虎凤蝶在中国大陆跨 9 个省份，包括四川、安徽、湖南、江西、湖北、陕西、江苏、浙江、河南，涉及秦岭山脉、大巴山脉、大别山脉等多座山脉，记录有 3 个亚种：指名亚种 *L. chinensis chinensis*、李氏亚种 *L. chinensis leei*、陕南亚种 *L. chinensis shoui*。

在生态区划上，虎凤蝶主要在温带阔叶混交林（TBMF，表 3）地带发生，在温带针叶林（TBMF）地带也有少数发生记录，而在俄罗斯远东地区，乌苏里虎凤蝶却罕见地在洪水冲击草原与稀树草原（FGS）上发生。基于植被群落占据的生态位宽度比较：乌苏里虎凤蝶（3）> 中华虎凤蝶（2）= 日本虎凤蝶（2）>太白虎凤蝶（1）= 周氏虎

凤蝶（1）。同样地，基于 WWF 生态域（Ecoregion，表 3）占据的生态位宽度比较：乌苏里虎凤蝶（12）＞中华虎凤蝶（6）＞日本虎凤蝶（4）＞太白虎凤蝶（2）＞周氏虎凤蝶（1）。

表 3　虎凤蝶属 *Luehdorfia* 昆虫物种/亚种种类、发生点记录及其地理区划

种/亚种	年份	发生点	分布国家（省/州数）	分布界域	分布植物群落	分布生态域
Luehdorfia chinensis		66				
L. chinensis chinensis Leech	1893	48	中国（8）	PA、IM	TBMF、TCF	1、15、17、18、24
L. chinensis leei Chou	1982	17	中国（2）	PA	TBMF	24、34
L. chinensis shoui Shou and Yuan	2005	1	中国（2）	PA	TBMF	34
Luehdorfia taibai *Chou*	1994	18	中国（4）	*PA*	*TBMF*	24、34
Luehdorfia choui Shou and Yuan	2005	1	中国（2）	PA	TBMF	34
Luehdorfia japonica Leech	1889	270	日本（南）	PA	TBMF、TCF	11、28、40、41
Luehdorfia puziloi		38				
L. puziloi puziloi Erschoff	1872	5	俄罗斯（1）	PA	TBMF、FGS	7、26、43
L. puziloi linjiangensis Lee	1982	6	中国（3）	PA	TBMF	14、26、30
L. puziloi coreana Matsumura	1927	5	韩国，朝鲜	PA	TBMF	13、26
L. puziloi inexpecta Sheljuzhko	1913	17	日本（1）	PA	TBMF、TCF	11、28、40、41
L. puziloi yessoensis Rothschild	1918	5	日本（1）	PA	TBMF、TCF	10、23
Luehdorfia bosniackii Bryk	1912	0	—	—	—	—

注：参考 Olson 等（2001）的界域 Realm、植物群落 Biome、生态区域 Ecoregion 划分，包括 Indo-Malay（IM）、Palearctic（PA）、Temperate Broadleaf and Mixed Forests（TBMF）、Temperate Coniferous Forests（TCF）、Flooded Grasslands and Savannas（FGS）等，生态域 Ecoregion 序号详请见该文献；发生点见图 1，文献来源见附件 1。

2.2　虎凤蝶属 *Luehdorfia* 寄主植物地理分布与发生生态域

虎凤蝶属野外寄主植物均为马兜铃科 Aristolochiaceae（表 4），包括细辛属 *Asarum* 和马蹄香属 *Saruma*，但以细辛属为主，为虎凤蝶属 4 个种的食物来源；而太白虎凤蝶则仅以马蹄香属马蹄香 *S. henryi* 1 种为食。细辛属寄主植物种中，细辛 *A. sieboldii* 被 4 种虎凤蝶取食；汉城细辛 *A. sieboldii f. soulen* 与辽细辛 *A. heterotropoides*. var *mandshuricum* 均被乌苏里虎凤蝶取食；杜衡 *A. forbesii* 被中华虎凤蝶取食；*A. megacalyx* 和 *A. tamaense* 两种杜衡组植物则被日本虎凤蝶取食。换言之，中华虎凤蝶野外寄主为 2 种细辛属植物；日本虎凤蝶、乌苏里虎凤蝶均为 3 种（含变种）；周氏虎凤蝶为 1 种。比较寄主相似性系数发现（表 5）：太白虎凤蝶最低，而周氏虎凤蝶与其他种类（除太白虎凤蝶）相似性系数均达显著水平（>50.0）。

表 4 虎凤蝶属 *Luehdorfia* 蝶类野外寄主植物地理分布与区划

寄主植物（缩写）	蝴蝶种类	发生点	分布国家（省/州数）	分布界域	分布植物群落	分布生态域
Asarum sieboldii	*L. chinensis* *L. puziloi* *L. choui* *L. japonica*	104	中国、日本 朝鲜、韩国 俄罗斯	PA、IM	TSMBF、 TBMF、 TCF、BF	1、7、10、11、13、15、17、18、24、27、28、34、39、40、41、43
A. sieboldii f. soulense （*A. sieb_ f_ s*）	*L. puziloi*	45	中国（8）	PA、IM	TSMBF、 TBMF	1、14、15、17、18、34
A. heterotropoides. var *mandshuricum* （*A. heter. _ v_ m*）	*L. puziloi*	39	中国（10）	PA、IM	TBMF	11、14、30
A. megacalyx	*L. japonica*	2	日本（2）	PA	—	27、28
A. tamaense	*L. japonica*	2	日本（2）	PA	—	—
A. forbesii （*A. forb.*）	*L. chinensis*	26	中国（6）	PA、IM	TSMBF、 TBMF	1、15、17、18
Saruma henryi （*S. henryi*）	*L. taibai*	33	中国（8）	PA、IM	TSMBF、 TBMF、TCF	11、15、17、18、24、34

注：参考 Olson 等（2001）的界域 Realm、植物群落 Biome、生态域 Ecoregion 划分。包括 Indo-Malay（IM）、Palearctic（PA）、Tropical and Subtropical Moist Broadleaf Forests（TSMBF）Temperate Broadleaf and Mixed Forests（TBMF）、Temperate Coniferous Forests（TCF）、Boreal Forests/Taiga（BF）等，生态域 Ecoregion 序号详请见该文献；发生点见图 1，文献来源见附件 2。

表 5 虎凤蝶属 *Luehdorfia* 蝶种野外寄主植物相似性系数

Species	*L. chinensis*	*L. puziloi*	*L. choui*	*L. japonica*	*L. taibai*
L. chinensis		50	66.7	40	0.00
L. puziloi	1		66.7	40	0.00
L. choui	1	1		50	0.00
L. japonica	1	1	1		0.00
L. taibai	0	0	0	0	

注：参考改进 Sprenson（1948）的 S_S（%）=［2c/（A+B）］×100 计算，不含变种，上为系数，下为共有种数。

在生物地理上，多数寄主植物跨古北区（PA，表 4）、印度—马来西亚区（IM）。区域分布上，则除细辛外，都只局限在中国或日本。在生态区划上，细辛生态位最宽，可在热带/亚热带湿润阔叶林（TSMBF）、温带阔叶混交林（TBMF）地带、温带针叶林（TBMF）、北方森林（BF）4 个植被带发生；其次为马蹄香（3 个植被带）；其他为 1 或 2 个气候带。同样地，基于 WWF 生态域（Ecoregion，表 4）占据的生态位宽度比较：细辛（16）> 汉城细辛（6）= 马蹄香（6）> 杜衡（4）> 辽细辛（3）。与以上虎凤蝶结果对比，可见无论在生态区划还是生态域水平，虎凤蝶生态位宽度均小于其寄主植物。

2.3 虎凤蝶及其寄主植物经纬度与地形分布地理关系

2.3.1 基于 MPC 的经纬度分布分析

取虎凤蝶属各物种 95% 地理发生点制作最小凸包（Minimum Convex Polygon, MCP），显示虎凤蝶属物种在地理上明显隔离为 2 个地理组：中华虎凤蝶—太白虎凤蝶组与日本虎凤蝶—乌苏里虎凤蝶组，而太白虎凤蝶与中华虎凤蝶为包含关系，后两者则为交集关系。但是，几种寄主植物在细辛大范围发生的连接效应下，未出现明显地理隔离，而以交集关系为主。其中，辽细辛则仅与细辛交集。

对比蝴蝶与寄主植物 MCP，发现虎凤蝶发生区基本从属于寄主发生区，且通常每种虎蝴蝶只局限在寄主区的某个小区发生。如太白虎凤蝶局限在寄主的地理边缘小区发生；中华虎凤蝶局限在寄主高多样性小区发生；乌苏里虎凤蝶各亚种则多局限在寄主的特定小区（资源丰度不高）；相反，日本虎凤蝶则明显聚集在寄主资源丰富的小区发生。

2.3.2 地形指数分析

将四种虎凤蝶的海拔 Elevation、坡度 Slope、粗糙度 Roughness、地形耐用指数（Terrain Ruggedness Index, TRI）、地形位置指数（Topographic Position Index, TPI）分别与虎凤蝶全属水平比较，结果发现：太白虎凤蝶与全属 5 个指数均差异显著，倾向于高值区（除 TPI）；其次，乌苏里虎凤蝶 4 个指数差异显著，倾向于低值区（除 TPI）；中华虎凤蝶 2 个指数（TPI, TRI）高于全属水平，而日本虎凤蝶则均无差异。

同样地，比较虎凤蝶寄主植物的地形指数，结果发现：细辛属杜衡与辽细辛对地形选择较为相似，它们有 4 个指数（除 TPI）明显不同于其他寄主植物，包括马蹄香属马蹄香；而马蹄香只在 TPI 指数上不同于其他细辛属寄主植物。而对比蝴蝶与寄主地形指数分布，发现多数情况分布不同步，蝴蝶更倾向于高值区（除 TPI）。例如，太白虎凤蝶 5 个指数均不同于寄主马蹄香；中华虎凤蝶与杜衡、细辛也均不同，尤其与杜衡差异更大；而乌苏里虎凤蝶与寄主间差异小于其他种类。

3 结论与讨论

本次研究对虎凤蝶属可查询资料进行系统查询，发现波氏虎凤蝶 *L. bosniackii* 除种名外没有其他记录，推断其为假种名，而中华虎凤蝶 *L. chinensis*、太白虎凤蝶 *L. taibai*、乌苏里虎凤蝶 *L. puziloi*、日本虎凤蝶 *L. japonica*、周氏虎凤蝶 *L. choui* 均具有可查询资料。从经纬度地理上来看，太白虎凤蝶、中华虎凤蝶、周氏虎凤蝶聚成一支，其他两种另成一支。这与胡萃等（2000）基于虎凤蝶杂交试验结果的聚类相一致。然而，无论从地形指数分布还是寄主植物亲缘关系角度来看，太白虎凤蝶明显单成一支，其他姊妹种间则分化关系错综复杂，这个结果与前面有关虎凤蝶属物种亲缘关系、起源研究结果都不同。比如，渡边康之（1996）从形态、地理分布上认定中华虎凤蝶与其他蝴蝶相比最原始，而太白虎凤蝶与乌苏里虎凤蝶较近缘。这可能是作者对地理分布信息掌握有误，因为太白虎凤蝶仅狭窄分布在中国秦岭一带，涉及 4 个省（表 3），而乌苏里虎凤蝶则广泛分布在中国、日本岛、朝鲜半岛及俄罗斯远东地区；又如，Makita 等（2000）

比对虎凤蝶 ND5 基因聚类认为日本虎凤蝶最早分化出来等。显然，如果基因比对对信息量也有要求的话，那么，后期多个基因比对结果可能会出现新的聚类模式，但是否支持“太白虎凤蝶为最先分化物种”这个结果，仍不得而知。

物种关系与互作是生态系统稳定的基础，而这也是物种生存、进化的根本（王琛柱和钦俊德，2007）。例如，植食性昆虫与寄主植物间的这种营养关系，对二者的存活、适应性进化产生影响（如在物候发生上趋同进化），而尤其是对植食性昆虫影响更大。从寄主植物角度，植食性昆虫通常是主动适应者，比如受寄主资源限制，昆虫在不同环境条件下（如环境变化下的寄主资源分布）能主动调整，适应当地现有的寄主植物资源（戴国华和孙丽娟，2002），导致种下资源利用的分化。而分化初始期，出现分化的种下群体（地理种群）间可能因缺乏相互杂交、遗传交流与后代繁殖，而逐渐形成趋异性。也即是说，种下群体间的趋异性可能在地理隔离和寄主利用差异的驱使作用下加速形成（Pashley，1986）。例如，中华虎凤蝶记录有细辛与杜衡两种寄主植物：细辛分布广泛，蝴蝶仅发生在其范围内某个特定区域。而这个特定区域却更靠近杜衡发生区，即在经纬度地理上蝴蝶与杜衡分布较为一致。然而，两者在但地形指数分布上却差异明显，因为杜衡明显趋向于地形平坦区域发生，而蝴蝶则与之相反。从而，在长江中下游的低海拔区（<300m），如江浙一带种群，多以杜衡为食。这与秦岭、河南石人山、大别山等高海拔区（1 100~2 000m）取食细辛种群（袁德成等，1998）出现的分化，即可能由地理隔离与寄主适应性利用的驱使作用有关，在遗传交流不断降低的过程中，出现种下分化，形成几个亚种（如指名亚种与李氏亚种），并可能经若干万年后，达到新的物种形成水平（Bush，1975）。尤其，乌苏里虎凤蝶地理分布最广，地理种群对地方性寄主适应性利用更明显。而这与其地理分布一致，即与广布种细辛分布不一致，多数蝴蝶种群主要限制在地方性寄主资源发生区域，受其驱动作用而形成多个亚种（5 个）。然而，与中华虎凤蝶不同，乌苏里虎凤蝶在地形选择上与几种寄主植物较为一致，即倾向于低海拔区，故而地理隔离的驱使作用更小，因而当前种下分化可能需要更长时间才可能达到物种形成水平。

在同一地理区域，以上两种驱使力量（寄主适应性利用与地形分化或隔离）也同样可能发生，而这对地理并存姊妹种的物种地位的维护、保持可能起着重要作用。例如太白虎凤蝶与中华虎凤蝶在地理分布上并存于秦岭一带，然而，两者寄主植物差异大（为属级水平），且两者地形分化明显（太白虎凤蝶倾向于高海拔发生），所以，地理上的并存发生的两个物种，其并存的主要驱使力量仍可能来自于二者的分化，如地形（小气候）、寄主等。因此，同域物种形成（sympatric speciation）也可能与异域物种形成（allopatric speciation）一样，受到以上驱使力量或其他分化因素的作用，即便在一个小范围。同样地，若从生态位分化程度来讲，中华虎凤蝶陕南亚种与李氏亚种可能仍未达到独立成亚种的水平（姚肖永，2007），例如，二者寄主植物均是细辛，二者发生点分布较一致，生态位重叠。此外，周氏虎凤蝶也存在同样情况，它与中华虎凤蝶李氏亚种同域分布，寄主相同无分化，与其他各种的寄主相似性系数最高。当然，周氏虎凤蝶定为新种也主要依据形态学证据（如雌雄两型，寿建新，2013），而目前因为发生点偏少缘故，分化证据难以获得。

日本虎凤蝶限制在日本群岛发生，尽管也以广布种细辛为食，但同样在寄主适应性利用驱使下，在岛内已开发出几种当地特有寄主植物，然而，其种下分化与亚种报道较少。这可能与岛屿面积大小，或进化时间长短有关。与其他蝴蝶相比，日本虎凤蝶在地理发生选择上（含地形）更接近乌苏里虎凤蝶，两者聚成一支。两者在日本群岛部分区域混合发生，而混栖区域内至少有两种寄主（永幡嘉之，2010），但两者存在自然杂交，如已报道的有鸟海山地区（石渡禎一，1992）、山形县鮭川村地区（横倉明和渡辺力，1993）、山形县大石田町川前地区（永幡嘉之，2006）等均有自然杂交观察；胡萃等（2000）收集1962—1994年记录也均有两种蝴蝶自然杂交观察，这些都能证明乌苏里虎凤蝶与日本虎凤蝶的自然杂交现象并非是偶然现象。事实上，虎凤蝶室内杂交在各种间都可进行，且胡萃等（2000）根据杂交实验大胆提出虎凤蝶属仅乌苏里虎凤蝶1种，其余则均属亚种地位。显然，这有助于解释杂交现象。生殖隔离是生物学物种概念的核心，但演化物种概念与种系物种概念并未强调生殖隔离是物种分化过程的必然占优势的结果。不仅如此，若将物种形成划分成5个时期，则生殖隔离因属于最后时期，而此前物种分化关键期已完成，如生理生态差异出现、新的生态位产生等（魏美才等，2010）。根据以上，推断除了太白虎凤蝶外，其余几种虎凤蝶可能仍处于物种分化过程，比如分化后期。当然，利用分子标记、分析基因序列的系统发育的方式对自然个体（含杂交个体）进行鉴定与分析（王玉国，2017），以及物种间实际生态位分化比较等，或许能获得更多有关其物种分化的直接证据。所以，本文从地理发生点与寄主植物及其地理分布分析解析物种分化及其虎凤蝶姊妹种间的进化，提出了不同于前人研究的新的推断或思考，如太白虎凤蝶相对地最先分化（最原始）的推论。但这些结果仍需进一步与多基因或基因组比对结果相互验证与支持。

总体上，本次研究基于全球尺度虎凤蝶及其寄主植物地理发生点数据，得到以下结论：①波氏虎凤蝶与中华虎凤蝶陕南亚种均为假种或亚种名；②周氏虎凤蝶与中华虎凤蝶相似性高，生态位分化低，寄主相似性系数高，其种的地位仍需更多支持证据；③提出太白虎凤蝶最先分化或最原始假说；④确认寄主隔离、地理隔离（含地形隔离）在虎凤蝶属物种分化及种下分化的驱动作用。但鉴于虎凤蝶野外研究不足，如有关四川虎凤蝶的调查鲜有开展，尽管文献有提及；甘肃小陇山也仅提及有中华虎凤蝶（裴会明，2011）及太白虎凤蝶（杨航宇等，2011；郭振营等，2014）发生，但未见实际调查；还有两种虎凤蝶混栖区调查等仍亟待开展。同时，除亲缘地理学研究外，野外资源选择、生境需求试验及环境生态位及其分化研究仍需进行。以便为这个IUCN红色名录种（Takayoshi M，2004）、各国重要保护种（国家林业局，2000）凤蝶的保护网络构建与运行，提供更多可参考依据。

4 致谢

感谢德国亥姆霍兹莱比锡-哈勒环境研究中心（UFZ）Josef Settele教授与申肯堡德意志昆虫研究所（Senckenberg Deutsches Entomologisches Institute）Thomas Schmitt教授在数据采集时提供帮助；感谢张辰生博士为本研究提供重要文献；感谢江西桃红岭梅花鹿国家级自然保护区管理局提供数据资料；感谢中国昆虫学会蝴蝶分会交流平台及蝴蝶

研究者爱好者帮助解决地名疑问。

参考文献（虎凤蝶发生点）

郭瑞，王义平，翁东明，等 . 2015. 浙江清凉峰昆虫物种组成及其多样性［J］. 环境昆虫学报，37（1）：30-35.

郭振营，高可，李秀山 . 等 . 2014. 太白虎凤蝶的生物学与生境研究［J］. 生态学报，34（23）：6943-6953

郭振营 . 2013. 濒危物种太白虎凤蝶 Luehdorfia taibai 保护生物学研究［D］. 杨凌：西北农林科技大学 .

郝改莲，马铁山 . 2012. 中国凤蝶科昆虫的地理分布及其保护区域的优先性分析［J］. 濮阳职业技术学院学报，25（4）：138-142.

何桂强，贾凤海，朱欢兵 . 2011. 江西桃红岭中华虎凤蝶种群分布和数量调查［J］. 江西中医药大学学报，23（2）：75-76

胡萃，吴晓晶，王选民 . 1992. 珍稀濒危昆虫—中华虎凤蝶的生物学［J］. 昆虫学报，35（2）：195-199.

胡萃，叶恭银，洪健 . 等 . 2000. 关于虎凤蝶属诸种分类地位的初步讨论［C］. 中国昆虫学会 2000 年学术年会：33-37

李朝晖，宋东杰，赵清良，等 . 2001. 南京紫金山地区鳞翅目蝶类种类分布及其季节性变化［J］. 四川动物，20（2）：76-78.

李传隆 . 1978. 中国蝶类幼期小志——中华虎凤蝶［J］. 昆虫学报，21（2）：161-163.

李树恒 . 2001. 重庆市凤蝶科昆虫地理分布的聚类研究［J］. 四川动物，20（4）：201-204.

李树恒 . 2003. 重庆市珍稀蝶类及保护对策［J］. 四川动物（2）：61-63.

李晓东，昝艳燕，王裕文 . 1992. 神农架自然保护区蝶类资源调查［J］. 河南科学（4）：376-383.

刘文萍，邓合黎 . 2001. 大巴山自然保护区蝶类调查［J］. 西南大学学报（自然科学版），23（2）：149-152.

牛琼，牛瑶，梁宏斌 . 等 . 1995. 河南珍稀濒危蝶类：中华虎凤蝶李氏亚种的研究［J］. 河南科学（2）：160-163.

裴会明 . 2011. 小陇山林区首次发现中华虎凤蝶［J］. 甘肃林业（4）：46-46.

盛中成，杨淑贞，徐良 . 等 . 2007. 天目山重现“国宝”中华虎凤蝶［J］. 浙江林业（5）：34.

寿建新，2013. 周氏虎凤蝶发现和起源研究［J］. 西安文理学院学报（自然科学版），16（1）：105-113.

寿建新，雷生辉，2009. 周氏虎凤蝶不同于中华虎凤蝶［J］. 西安文理学院学报（自然科学版），12（4）：11-16.

寿建新 . 周尧，李宇飞 . 2006. 世界蝴蝶分类名录［M］. 西安：陕西科学技术出版社：414-415.

孙长海，张蕊，胡春林 . 2010. 江苏分布的中国珍稀昆虫：Ⅰ. 鳞翅目［J］. 江苏农业科学，39（5）：480-482.

童雪松，潜祖琪 . 1992. 中华虎凤蝶的生物学特性观察［J］. 动物学研究，13（1）：0-24.

王佳 . 2014. 中华虎凤蝶三种群及黄黑纹野螟线粒体基因组序列测定及分析［D］. 西安：陕西师范大学 .

王旭东，刘生冬，刘思 . 等 . 2009. 安图县蝴蝶资源研究［J］. 安徽农业科学，37（13）：

6019-6020.
王义平，吴鸿，徐华潮 . 2008. 浙江重点生态地区蝶类生物多样性及其森林生态系统健康评价 [J]. 生态学报，28（11）：5259-5269.
吴晶，居峰，万志洲 . 等 . 2007. 紫金山中华虎凤蝶生态环境及起源探讨 [J]. 林业工程学报，21（6）：53-56.
吴琦 . 1986. 牛首山的中华虎凤蝶 [J]. 大自然（2）：34-36.
武春生 . 2001. 中国动物志昆虫纲第二十五卷 . 鳞翅目：凤蝶科 [M]. 北京：科学出版社：258-260.
徐成刚，赵光杰，顾晓非 . 等 . 2011. 抚顺地区珍稀昆虫资源调查 [J]. 绿色科技（5）：71-72.
许雪峰，吴义莲 . 1998. 安徽滁州琅琊山蝶类调查报告 [J]. 四川动物，17（3）：114-115.
杨航宇，芦维忠 . 2011. 甘肃省凤蝶类新记录—太白虎凤蝶 [J]. 西北农业学报，20（3）：1-2.
姚洪渭，袁德成 . 1999. 中华虎凤蝶杭州与南京种群间主要生物学特征的比较 [J]. 浙江大学学报（农业与生命科学版）（3）：311-314.
姚肖永 . 2007. 秦岭地区虎凤蝶（Luehdorfia）的研究 [D]. 西安：西北大学 .
袁德成，买国庆，薛大勇 . 等 . 1998. 中华虎凤蝶栖息地、生物学和保护现状 [J]. 生物多样性，6（2）：105-115.
袁荣才，张富满，1995. 虎凤蝶临江亚种研究初报 [J]. 吉林农业科学（2）：37-39.
袁荣才，张富满，文贵柱 . 等 . 1995. 长白山区蝶类名录 [J]. 吉林农业科学（3）：22-31.
周尧 . 1994. 中国蝶类志 [M]. 郑州：河南科学技术出版社：188-190.
周尧 . 2002. 乌苏里虎凤蝶临江亚种的生活习性 [J]. 应用昆虫学报，39（4）：307-309.
猪又敏男 . 2006. 山梨県のギワチヨウ [J]. 月刊むし，422：13-19.
猪又敏男 . 2007. 新潟県魚沼地方のギワチヨウ [J]. 月刊むし，434：30-36.
猪又敏男 . 2008. 南関东のギワチヨウ [J]. 月刊むし，446：10-16.
猪又敏男 . 2009. 長野県とその周辺的ギフチヨウ [J]. 月刊むし，428：2-11.
猪又敏男 . 2010. 中国地方のギワチヨウ [J]. 月刊むし，470：37-44.
猪又敏男 . 2011. 東北地方のギワチヨウ [J]. 月刊むし，482：24-30.
猪又敏男 . 2012. ヒメギワチヨウ [J]. 月刊むし，492：21-27.
竹内剛 . 2009. 蝶屋の主张を掘り下げると採集や放チヨウは何をもたらすか [J]. 月刊むし，460：44-49.
竹内隆 . 1999. ギワチヨウの羽化をビデオ撮影 [J]. 月刊むし，335：12-13.
竹内隆 . 2008. 野外におけるギワチヨウの羽化観察—2度目の観察記録 [J]. 月刊むし，446：18-21.
八木孝司 . 2003. アゲハチヨウのきた道をDNAから探る [J]. 月刊むし，386：22-29.
渡辺康之 . 2006. その後のギワチヨウ [J]. 月刊むし，422：20-26.
渡辺康之 . 2010. 大阪府のギフチヨウの衰亡とその生态 [J]. 月刊むし，470：11-19.
渡辺康之 . 2012. シボリマゲハ属とギワチヨウ属の邂逅 . 月刊むし，488：10-20.
渡辺一雄 . 2008. ギワチヨウは山で何をレているか—“西のギワチヨウ”に関するノート [J]. 月刊むし，446：2-9.
渡辺一雄 . 2010. “京都”とそり囲むギフチヨウ—採集記録から生息域を考える [J]. 月刊むし，470：26-36.
工藤誠也 . 2009. 北国を舞うギフチヨウ [J]. 月刊むし，482：2-4.
工藤忠，稲岡茂 . 1995. オナガギワチヨウを種間交配について [J]. Butterflies（11）：16-22.

谷角素彦 . 2009. 鱗粉が退色レたギワチヨウの異常型 [J]. 月刊むし，458：38.
谷口喜朗 . 1999. ギワチヨウの斑纹変異 [J]. 月刊むし，346：25.
横倉明，渡辺力 . 1993. 山形县の興味あろギワチヨウについて [J]. Butterflies（6）：63.
横倉明 . 1999. オナガギワチヨウとヒメギワチヨウの雑種に出現した異常型 [J]. 月刊むし，346：26.
加藤和彦 . 1994. ギワチヨウの変異個体の羽化 [J]. Butterflies（7）：62.
櫟湿原嗣 . 2010. 孤高のギワチヨウ [J]. 月刊むし，470：2-10.
櫟湿原嗣 . 2011. 湿原の輝きギワチヨウの彩り其之 1 万波高原（岐阜县河合村—宮川村）. 月刊むし，482：6-10.
櫟湿原嗣 . 2011. 湿原の輝きギワチヨウの彩り其之 2 高幡山湿原（富山県大山町）[J]. 月刊むし，488：2-6.
櫟湿原嗣 . 2012. 湿原の輝きギワチヨウの彩り其之 3 深洞湿原（岐阜县神岡町）[J]. 月刊むし，491：2-6.
櫟湿原嗣 . 2012. 湿原の輝きギワチヨウの彩り其之 4 水の平（岐阜县神岡町）[J]. 月刊むし，494：4-9.
櫟湿原嗣 . 2012. 湿原の輝きギワチヨウの彩り其之 5 荒原の湿原（岐阜县上宝村）[J]. 月刊むし，501：2-7.
櫟湿原嗣 . 2013. 湿原の輝きギワチヨウの彩り其之 6 野伏ヶ岳東方の湿原（岐阜县白鳥町）[J]. 月刊むし，506：28-34.
櫟原俊嗣 . 2009. 日本の面白蝶探索シリーズ叁ギワチヨウ [J]. 月刊むし，458：16-24.
菱川法之，有賀昭俊，倉谷重輝 . 2003. ウエンシリ岳のヒメギワチヨウ [J]. Butterflies（35）：47-49.
斉藤太増光 . 2007. ギワチヨウとヒメギワチヨウの新混棲地（山形县長井市）[J]. Butterflies（45）：8-11.
橋本説朗 . 2011. 記憶に 残ろギワチヨウたち [J]. 月刊むし，482：12-21.
秋元俊夫 . 2007. デジタルカメラで蝶の飞翔撮影に挑む [J]. Butterflies（46）：14-19.
日比野米昭 . 2009. ヒメギワチヨウ2♀の異常型 [J]. 月刊むし，466：32.
日比野米昭 . 2011. 腹部末端の叢毛が黒色のヒメヒメギワチヨウ♂ [J]. 月刊むし，482：47.
森爲三，土居寛暢，趙福成 . 1934. 北西中南鲜有半岛亚种 [M]. 朝鮮の蝶類，京城：朝鮮印刷株式會社：63-65.
杉沢四郎 . 1996. 静岡県磐田原のギワチヨウについて [J]. 月刊むし，300：15-17.
石渡禎一 . 1992. 北限のギワチヨウ，ヒメギワチヨウの雑交個体を採集 [J]. Butterflies（3）：52.
藤岡知夫 . 2005. ギワチヨウはなぜ面白いのか [J]. 月刊むし，410：21-24.
藤岡知夫 . 2008. ヤマギワの魅力 [J]. 月刊むし，446：22-28.
藤井恒 . 2006. ギワチヨウ類の保護，保全をめぐる諸問題 [J]. 月刊むし，422：29-37.
伊藤國彦，若槻匡志，吉田嘉男 . 等 . 2006. 岡山県東部のギワチヨウについて [J]. 月刊むし，422：46-51.
永幡嘉之 . 2006. 忘れ去られた最初の混棲地~ギワチヨウと伊東巌氏のこと~ [J]. 月刊むし，422：38-45.
永幡嘉之 . 2008. ギワチヨウをめぐる三つ的話題—問題を提起する [J]. 月刊むし，446：29-37.

永幡嘉之 . 2010. ある混棲地での出来事 [J]. 月刊むし, 470: 20-25.

Bush G L. 1975. Modes of animal speciation [J]. Annual Review of Ecology and Systematics, 6 (6): 339-364.

Erschoff. 1872. Diagnoses de quelques espèces nouvelles de Lépidoptères appartenat ὰ la faune de la Russiae Asiatique [J]. Horae Soc. Ent. Ross. 8 (4): 315-318, pl. 8

Honda K, Saitoh T, Hara S, *et al.* 1995. A neolignoid feeding deterrent againstluehdorfia puziloi larvae (lepidoptera: papilionidae) from heterotropa aspera, a host plant of sibling species, l. japonica [J]. Journal of Chemical Ecology, 21 (10): 1541-1548.

LeechJ H. 1893. Butterflies from China, Japan, and Corea *Butts China Japan Corea* (1): 1-296, pl. 1-28 (1892-1894) (2): 297-681, pl. 29-43 (1893-1894).

Leech J H. 1889. Description of a new Luehdorfia from Japan [J]. Entomologist, 22: 25-26.

Matsumura S A. 1927. A list of the butterflies of Corea, with Description of new Species, Subspecies and Aberrations [J]. Insecta Matsumurana, 1 (4): 159-170.

Rothschild L W. 1918. Catalogue of *Zerynthiinae* and Allied Genera in the Tring Museum [J]. Novit. Zool. 25: 64-75.

Seitz A. 1906. The Macrolepidoptera of the World, I. Palaearctic Butterflies. Stuttgart,

Sheljuzhko. 1913. Lepidopterologische Notizen [J]. Dt. Ent. Z. Iris, 27 (1): 13-22.

Smart P. 1976. The illustrated encyclopedia of the butterfly world.

Suzuki T, Uehara J, Sugawara R. 1979. Osmeterial secretions of larvae of papilionid butterflies.

Takayoshi M. 2004. Analysis of ovipositional environment using Quantifi cation Theory Type I: the case of the butterfly, *Luehdorfia puziloi inexpecta* (Papilionidae) [J]. J Insect Conserv, 8: 59-67.

参考文献（寄主植物发生点）

常红秀 . 1991. 江西马兜铃科植物的研究 [J]. 南昌大学学报（理科版）, 15 (3): 1-4.

董思雨, 蒋国芳, 洪芳 . 2014. 珍稀濒危蝴蝶——虎凤蝶的生物生态学研究进展 [J]. 应用与环境生物学报, 20 (6): 1139-1144.

高景恩, 张艳秋, 许端华 . 等 . 2001. 靖宇县细辛资源调查 [J]. 人参研究 (3): 19-21.

郭振营 . 2013. 濒危物种太白虎凤蝶 *Luehdorfia taibai* 保护生物学研究 [D]. 杨凌: 西北农林科技大学 .

景鹏飞, 武坤毅, 龚晔 . 等 . 2015. 药用植物细辛在中国的潜在适生区分布 [J]. 植物分类与资源学报, 37 (3): 349-356.

李传隆 . 1978. 中国蝶类幼期小志——中华虎凤蝶 [J]. 昆虫学报, 21 (2): 161-163.

邵财, 郭靖, 王志清 . 等 . 2012. 东北三省野生北细辛资源调查报告 [J]. 中国野生植物资源, 31 (1): 52-53.

宋金枝, 季旭, 徐业伟 . 等 . 2015. 汉城细辛种群构件结构及生长分析 [J]. 中国药学杂志, 50 (10): 850-852.

童雪松, 潜祖琪 . 1992. 中华虎凤蝶的生物学特性观察 [J]. 动物学研究 13 (1): 0-24.

鄢景森, 李景辉, 贾超 . 2010. 细辛的资源开发利用与研究进展 [J]. 辽宁科技学院学报, 12 (3): 43-44.

杨祯禄 . 1988. 四川细辛属植物的地理分布 [J]. 广西植物 (1): 85-90.

姚肖永, 邢连喜, 松村行荣 . 等 . 2008. 虎凤蝶取食不同寄主植物试验研究 [J]. 西北大学学报

(自然科学版), 38 (3): 439-442.

姚振生 . 1988. 江西细辛属药用植物的分布调查 [J]. 江西中医药 (6): 51.

张秀 . 1994. 东北细辛资源的开发与综合利用 [J]. 中国野生植物资源 . (1): 37-39.

渡部美佳，井上大成，岡島秀治 . 2010. 4 種のカンアオイ類のヒメギフチョウ幼虫の発育に対する適合性 [J]. 蝶と蛾 . 61 (4): 282-292.

昆野安彦，村松祥太 . 2008. ヒメギフチョウ青葉山個体群の産卵適地選好要因 [J]. 昆蟲，11 (4): 185-192.

Hatada A, Matsumoto K. 2010. Survivorship and growth in the larvae of Luehdorfia japonica, feeding on old leaves of Asarum megacalyx. [J]. Entomological Science, 10 (4): 307-314.

Matsumoto K. 1984. Population dynamics ofLuehdorfia japonica Leech (Lepidoptera: Papilionidae) [J]. Researches on Population Ecology, 26 (1): 1-12.

Takayoshi Matsumura. 2010. Conservation of the declining Luehdorfia puziloi inexpecta Sheljuzhko (Lepidoptera, Papilionidae) at Mt Akagi in Gunma Prefecture, Japan [J]. 蝶と蛾, 52 (2): 91-100.

Takahisa S, Jiro U, Ryozo S. 1979. Osmeterial Secretions of Larvae of Papilionid Butterflies (Lepidoptera Papilionidae) I. Identificat ioofn Myrcene from *Luehdorfia japonica* and *L. puziloi inexpecta* [J]. Appl. Ent. Zool, 14 (3): 346-349.

细胞内记录技术在棉铃虫触角叶神经元研究中的应用*

马百伟**，孙龙龙，刘晓岚，谢桂英，汤清波***，赵新成***
(河南农业大学植物保护学院，郑州 450002)

摘 要：细胞内记录与神经元示踪技术是鉴定昆虫神经元的电生理反应与形态结构方面的重要研究方法。在本项研究中，我们以棉铃虫触角叶神经元的细胞内记录与示踪为例，详细介绍该技术在昆虫触角叶神经元电生理信号的记录与形态结构示踪上的应用。

关键词：细胞内记录；神经元示踪；棉铃虫；触角叶

Using the Intracellular Recordingand Staining to Record and Trace the Antennal Lobe Neurons of *Helicoverpa armigera*

Ma Baiwei, Sun Longlong, Liu Xiaolan, Xie Guiying, Tang Qingbo, Zhao Xincheng
(*College of Plant Protection*, *Henan Agricultural University*, *Zhengzhou* 450002, *China*)

Abstract: Intracellular recording and tracing technique has been used to identify the electrophysiological responses and morphologies of neurons in insects for a long time. In the present study, we use the intracellular recording and tracingtechnique to characterize the electrophysiology and morphology of the antennal lobe neurons in *Helicoverpa armigera*.

Key words: intracellular recording; neuronstaining; *Helicoverpa armigera*; antennal lobe

由于神经元活动的主要表现形式是神经脉冲信号的产生、传导和传递，故对神经元电信号的记录和分析是研究神经活动过程的基本手段。细胞内记录，是用来测量细胞膜内外的电位差或跨膜电流的技术。典型的细胞内记录装置包括插入细胞内的玻璃微电极(或者特殊的金属电极)，置于细胞外的参考电极以及连接两个电极之间的信号放大器(Bretteand Destexhe, 2012)。示波器以及计算机的应用使细胞内记录变得更加方便操作。利用该技术可以测量神经元的膜静息电位与动作电位；神经元膜电位的分布(DeWeese *et al.*, 2003)；还可以记录神经元对适宜刺激的反应以及反应强度等。但由于此技术为单个细胞的记录，要求将记录电极插入到神经元内，因此对电极的定位和记录的稳定性要求很高(Mussa *et al.*, 2003)。近年来，由于生物技术的应用和开发进展迅速，细胞内记录方法开始被逐渐推广，有不少专家学者开始在昆虫上运用细胞内记录技术。

---

* 基金项目：国家自然科学基金项目(U1604109)；河南省高校科技创新人才支持计划(17HASTIT042)
** 第一作者：马百伟；E-mail：mabaiweilmr@163.com
*** 通信作者：赵新成；E-mail：xincheng@henau.edu.cn
汤清波；E-mail：qingbotang@126.com

神经元示踪旨在确定神经元以及神经元通路的形态结构与分布、神经元之间的联系等。示踪神经元的方法中传统而经典的方法是灌染示踪剂法，如辣根过氧化物酶法（吴晓波等，1988）、钴染色法（Stocker and Schorderet，1981；Kent and Hildebrand，1987；王琛柱，2003）、荧光标记法（Smith *et al.*，1999）等。该方法能够与细胞内记录联用，记录并示踪神经元，即细胞内记录和染色标记（Thomas and Wilson，1966）。1966 年之后，细胞内记录和染色标记技术经过不断改进与完善而被广泛应用。

昆虫的神经系统在结构与功能上除了与哺乳动物有类似之处外，也有其独特之处。主要包括以下几点：昆虫的神经系统具有较少的神经元，很多神经元较大，活体记录中的神经元更容易接近（王琛柱，2002），这就使得细胞内记录更容易在活体昆虫中实现。昆虫的中枢神经系统由脑和腹神经索构成，其中，昆虫的脑由前脑、中脑和后脑组成；触角叶位于中脑并构成中脑的主要部分，与外周的触角直接相连并有神经束路投射向前脑，是昆虫的初级嗅觉中枢（赵新成等，2015）。研究触角叶神经元的电生理反应及其形态结构，对于研究昆虫嗅觉神经元的结构与功能以及了解其嗅觉的神经编码机制具有重要的意义。本文以棉铃虫为实验材料，详细介绍该技术在昆虫触角叶神经元电生理信号的记录与形态结构示踪上的应用。

1 材料与方法

1.1 实验材料

本实验所用材料为羽化 3～4 天雌、雄性棉铃虫（*Helicoverpa armigera*）。棉铃虫在实验室用人工饲料饲养，光周期为 14L：10D，温度为（27±1）℃，相对湿度为 65%±5%。

1.2 玻璃微电极的制备

使用玻璃微电极拉制仪器（SUTTER INSTRUMENTS，P-1000）将薄壁带丝玻璃毛细管拉制成玻璃微电极。带玻璃丝的玻璃微电极有利于克服表面张力便于液体到达尖端或远端。拉制完的电极再在酒精灯下旋转烧制约 5s 使电极尾部抛光，这样有利于电极插入微电极支架而不损坏垫圈，同时也会避免刮伤插入玻璃电极的银-氯化银细丝。因为影响电极拉制结果的因素很多，玻璃微电极拉制的参数需要依具体情况调节，如：选取加热丝的型号、毛细管的规格等都影响拉制参数的设置。所以，每次更换仪器加热丝或玻璃毛细管，均需要在仪器上对玻璃毛细管进行斜坡测试（Ramp Test），然后根据测定结果进行参数调节。比较理想的玻璃微电极形状是尖端很尖，尖端往下一段较细长，电极尖部整体呈针锥状且长度不宜过长（图 1），这种电极在满足记录的同时还能尽可能地减小对脑组织挤压带来的损伤。

1.3 玻璃微电极的灌注

将电极尾部插入染液（Micro-ruby，Invitrogen；用 0.2mol/L 醋酸钾溶液稀释成 4%溶液），染液沿内壁的玻璃丝流向尖端，之后用长针注射器，插入电极，边挤压边抽出，将 0.2mol/L 的醋酸钾溶液灌注到电极内，导电液长度约 10mm 即可（图 2）。导电液长度不宜过短，否则可能接触不到记录电极的银-氯化银细丝或接触不良，也不宜过长，否则在插入记录电极的银-氯化银细丝时会有导电液溢出，流入电极支架内，因水分挥发导致盐分的积累，不仅阻碍安装微电极，还会增大噪声。

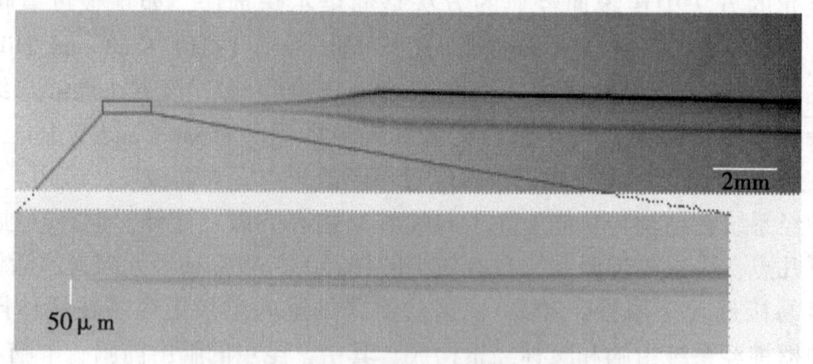

图1　细胞内记录玻璃微电极尖部形状

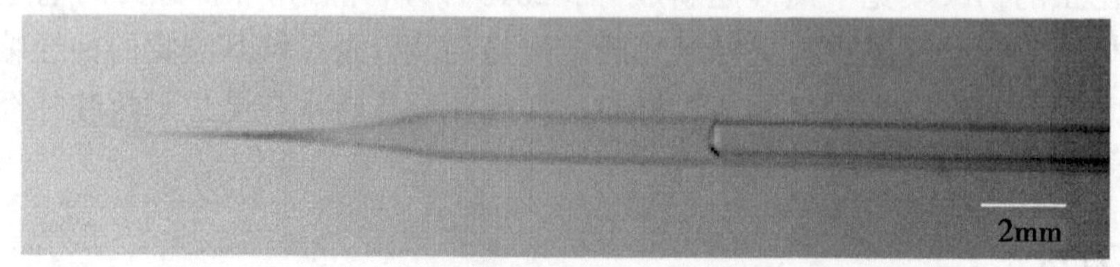

图2　灌注的玻璃微电极（尖端是神经元示踪染料）

1.4　虫体的准备

将1mL的移液器枪头切去尖端使棉铃虫可以伸出头部即可，在枪头侧壁上打上一个小孔利于虫体呼吸。在实验前喂食棉铃虫10%蔗糖水；在冰上对棉铃虫进行低温麻醉（熟练后可以不用低温麻醉，棉铃虫在光期不活跃）；将虫体装入枪头，塞入棉球将虫体向上顶出使其头部至颈部露出；围上牙蜡初步固定虫体头部；用双面胶做成的捻子慢慢粘去虫体头部的鳞片，用低温灼烧器熔融牙蜡固定触角基部使触角不能够运动；用灼烧器熔融牙蜡稍微固定一下虫体颈部；用剃须刀片做的小刀沿虫体头顶边线划开头壳（图3）；用精细镊子去掉头壳和里面的附属组织，此时即可看到触角叶和其他脑部；将连接触角和幕骨的肌肉划断，从脑的下面去掉消化道防止消化道内液体涌动引起脑部颤动，在脑下面垫一点牙蜡对脑部起到支撑作用；最后在打开的脑壳周围围上一个蜡槽并用生理液冲洗几次，蜡槽内加入生理液（图4）。有的研究人员会将触角叶表面的脑膜撕去一部分以便于记录电极插入，但是那样做或多或少会对脑组织造成损伤，而且撕膜的大小也不易控制，撕大了脑组织会从脑膜内被挤压出来，即使记录时没有弹出，在后期等待染料扩散时也存在弹出的风险。而且，由于我们使用的电极可以很轻松地穿过脑膜故而不需要撕去脑膜。所以，如果电极适合穿过虫体脑膜则不必要一定要去除脑膜。最后，将棉铃虫下面的棉花往下拉至不再挤压棉铃虫为止，保障虫体呼吸顺畅。

1.5　记录与染色

将虫体固定在减震台上，将参考电极放入棉铃虫脑的生理液中。然后拨动微操纵器将记录电极插入触角叶，在插入的同时给与记录电极脉冲电流刺激使电极尖端震荡以利于电极刺入细胞膜。当电极刺入神经元时会出现自发的动作电位，此时再试探性地往下

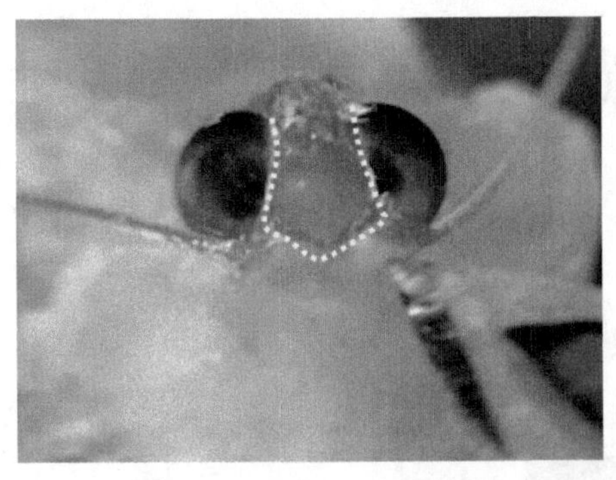

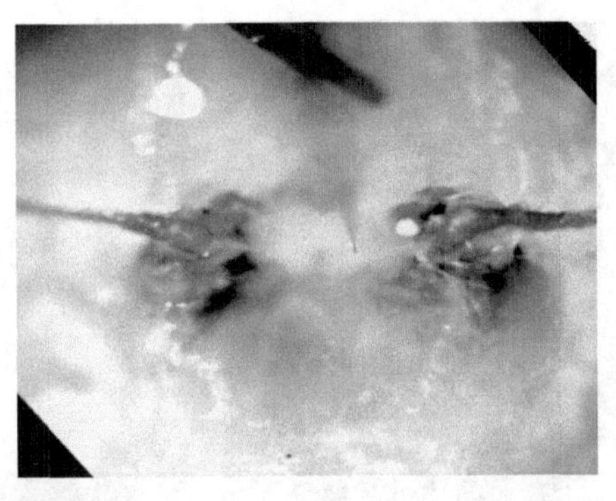

图 3　棉铃虫头部固定

a：细胞内记录棉铃虫头部，白色虚线为打开头壳时刀的走向；b：打开头壳的棉铃虫脑，红色为记录电极，黑色为参考电极。

波动微操 3~7 下；往回拨 2~4 下（拨动次数不固定，需要根据实际信号而定，只要信号不消失，不变小即可）使电极尖端尽可能的在神经元被插入位置的中央防止在后面的记录过程中电极脱落；给与同侧触角气味刺激、记录；记录完毕，往神经元内注射 0.5~2nA 的去极化电流 5~10min 使染料被电泳入神经元；慢慢拔出记录电极，用生理液冲洗一下，再把脑下面的牙蜡移去防止长时间挤压脑致使脑变形；用凡士林封闭牙蜡小槽，在室温（约 25℃）高湿黑暗的环境中放置 1~2h 或者在 4℃高湿黑暗条件下过夜保存（本实验室过夜时间约为 8h），使电泳入神经元的染料充分扩散至整个神经元。

1.6　组织化学染色

将放置后的棉铃虫解剖出脑；放入新鲜配置的 4% PFA 中室温固定 2h；用 0.01mol/L PBS 洗涤 4×15min；用 50%，70%，90%，95%，99%，100%×2 的梯度酒精进行脱水各 10min；水杨酸甲酯透明；将样品放入滴加了中性树胶的金属载样片的小孔内，盖玻片封闭，写上标签，避光保存；激光共聚焦显微镜扫描观察。

1.7　激光扫描共聚焦显微镜扫描获取数据

在激光扫描共聚焦显微镜（品牌：ZEISS，型号：LSM880）下找到样品，选取激发光为 Alexa Fluor546，其他参数（如扫描间隔，物镜倍数，激发光强度，发射光强度，针孔（pinhole）大小等）需根据样品实际情况，扫描目的和具体仪器进行调节；扫描获取数据；观察神经元的示踪情况。

2　结果

通过细胞内记录与神经元示踪，我们记录并标记到了棉铃虫触角叶的局域神经元（localneuron，LN）、投射神经元（projectionneuron，PN）、远心神经元（centrifugalneuron，CN）和嗅觉感觉神经元（olfactoryreceptorneuron，ORN）（嗅觉感觉神经元虽然数量很大，但是其投射到触角叶的神经纤维通常很细，所以很难被发现）以及一些其他形态的神经元（图 4）。

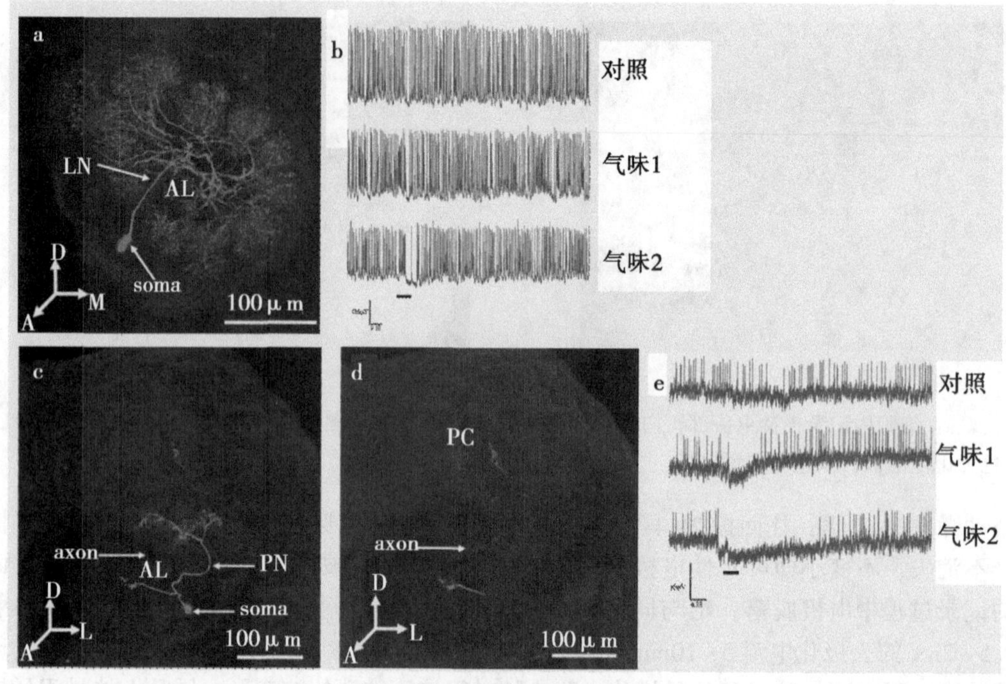

图 4　细胞内记录与神经元示踪

a：局域神经元（localneuron，LN），其神经纤维的分支位于触角叶内，涵盖了所有的嗅觉神经纤维球，神经元胞体位于触角叶边缘；b：局域神经元细胞内记录电信号图；c，d：投射神经元（projectionneuron，PN），其神经纤维连接触角叶的神经纤维球（单个或多个）并有神经纤维投射向前脑，神经元胞体位于触角叶边缘；e：投射神经元细胞内记录电信号图。

3　讨论

通过细胞内记录与神经元示踪我们能够直接记录与标记触角叶主要的四大类神经元，即局域神经元、投射神经元、远心神经元和嗅觉感觉神经元，甚至一些非典型的神经元，能够给出昆虫脑部神经元对给予刺激的反应的直接信息。但是，细胞内记录也有一些缺点，比如：在类似于棉铃虫触角叶细胞内记录实验中，记录电极是通过盲插的方式找到并插入单个神经元上的，这就使得细胞内记录很消耗时间，而且只有在获得大量数据的前提下才能够取得一些重复；细胞内记录需要非常稳定的环境，不能有震动，故需要减震台隔离来自地面的震动；细胞内记录对玻璃微电极的要求很高，电极尖端的形状、尖端是否破损直接影响着实验有无结果以及结果的好坏；细胞内记录需要很娴熟的操作手法和经验，在寻找神经元时需要根据声音，信号图来判断电极尖端距离神经元的位置以及电极尖端是否破损和破损的严重程度；细胞内记录前期对昆虫的开头壳和后期的解剖工作同样需要通过不断练习才能熟练操作。

近年来，细胞内记录技术的发展越来越快，因此，我们认为：①细胞内记录技术将在昆虫学包括鳞翅目昆虫中的研究逐渐成熟，越来越多的昆虫中枢神经元的功能将会被记录、鉴定、定位和揭示；②随着其他电生理技术以及基因编辑技术的发展，细胞内记录技术将与其他技术广泛结合在一起推动昆虫生理学的研究（Li *et al.*，2018；Xu *et al.*，2017）；③细胞内记录技术将更广泛地应用在昆虫学不同学科分支上的研究，如昆虫学习和记忆行为等方面的研究。

参考文献

王琛柱 . 2002. 昆虫神经生物学研究技术：细胞内记录［J］. 昆虫知识，39（5）：387–389.

王琛柱 . 2003. 昆虫神经生物学研究技术：用钴回填法对神经元染色［J］. 应用昆虫学报，40（1）：88–89.

吴晓波，徐辉，封江南，等 . 冰冻切片免疫过氧化物酶染色法在抗细胞性单克隆抗体筛选和鉴定中的应用［J］. 免疫学杂志，1988（1）：24–27.

赵新成，翟卿，王桂荣 . 2015. 昆虫触角叶的结构［J］. 昆虫学报，58（2）：190–209.

Brette R，Destexhe A. 2012. Handbook of Neural Activity Measurement. ［M］. USA New York：Cambridge University Press：44–45.

DeWeese M R，Wehr M，Zador A M. 2003. Binary Spiking in Auditory Cortex［J］. J. Neurosci.，23（21）：7490–7949.

Kent K S，Hildebrand J G. 1987. Cephalic Sensory Pathways in the Central Nervous System of Larval *Manduca sexta*（Lepidoptera：Sphingidae）［J］. Philosophical Transactions of the Royal Society of London，315（1168）：1–36.

Li H W，You Y W，Zhang L. 2018. Single sensillum recordings for locust palp sensilla basiconica［J］. Journal of Visualized Experiments（136）.

Mussa S，Guzik T J，Black E，*et al.* 2003. Comparative efficacies and durations of action of phenoxybenzamine，verapamil/nitroglycerin solution，and papaverine as topical antispasmodics for radial artery coronary bypass grafting［J］. Journal of Thoracic and Cardiovascular Surgery，126（6）：1798–1805.

Smith D V，St John S J. 1999. Neural coding of gustatory information. ［J］. Current Opinion in Neurobiology，9（4）：427–435.

Stocker R F，Schorderet M. 1981. Cobalt filling of sensory projections from internal and external mouthparts in *Drosophila*［J］. Cell and Tissue Research，216（3）：513–523.

Thomas R C，Wilson V J. 1966. Marking Single Neurons by Staining with Intracellular Recording Microelectrodes［J］. Science，151：1538–1539.

Xu M，Dong J F，Wu H，*et al.* 2017. The inheritance of the iheromonesensory system in two *Helicover paspecies*：Dominance of *H. armigera* and possible introgression from *H. assulta*［J］. Frontiers in Cellular Neuroscience，10.

汞和砷对亚洲玉米螟生长发育和繁殖的影响*

刘　伟**，张宇瑶，魏洪义***

（江西农业大学昆虫研究所/农学院，南昌　330045）

摘　要：工业化和城市化迅速发展，重（类）金属污染日益严重，Cd（镉）、Hg（汞）、Pb（铅）、As（砷）等重（类）金属含量一旦超出环境承载能力，就会对植物、昆虫产生一定的为害。本文用添加含亚致死浓度的 Hg^{2+} 和 As^{3+} 的人工饲料连续饲养亚洲玉米螟 *Ostrinia furnacalis*（Guenee）3代，系统观察其各代的生长发育和繁殖行为。结果表明：亚洲玉米螟的生长发育和繁殖受到了 Hg^{2+} 和 As^{3+} 的影响。取食含 Hg^{2+} 人工饲料后，亚洲玉米螟雌、雄蛾寿命分别缩短0.6~1.7天、0.8~1.4天；As^{3+} 对亚洲玉米螟的生长发育历期产生显著地抑制作用，雌、雄幼虫历期分别延长1.2~3.1天、1.0~3.0天，雌、雄蛾寿命分别缩短0.4~1.1天、0.7~1.7天；Hg^{2+} 和 As^{3+} 混合处理后，仅P代亚洲玉米螟幼虫历期受到显著地抑制作用，其雌、雄幼虫历期分别延长3.4天、2.5天；经重（类）金属处理后，雌蛹重减轻而雄蛹重增重、化蛹率和羽化率降低且 As^{3+} 对化蛹率的抑制作用大于 Hg^{2+} 处理和 Hg^{2+}-As^{3+} 处理；各代重（类）金属处理组的产卵量和卵孵化率均显著低于对照，且随着世代的增加，重（类）金属对产卵量和卵孵化率的抑制作用增强。

关键词：重金属；类金属；亚洲玉米螟；生长发育；繁殖力

Effectsof Heavy Mental Hg^{2+} and As^{3+} on the Growth and Fecundity of *Ostrinia furnacalis*（Guenèe）

Liu Wei**，Zhang Yuyao，Wei Hongyi***

（*Jiangxi Agricultural University*，*Nanchang* 330045，*China*）

Abstract: With the continuous development of industrialization and urbanization, the pollution of heavy metals or metalloid is becoming more and more serious. When the amount of Cd、Hg、Pb、As and other heavy metals（metalloid）in the soil exceeds the carrying capacity of the environment, it will cause some damage to plants and insects. In this paper, *Ostrinia furnacalis*（Guenee）were fed with an artificial diet containing Hg^{2+} and As^{3+} at the corresponding LC_{25} concentration under laboratory conditions for three generations. The development and fecundity were observed by the system, The result indicated that the development and reproduction of *O. furnacalis* are affected by the Hg^{2+} and As^{3+}. Female and male moths life were shorten by 0.6-1.7 d and 0.8-1.4 d after *O. furnacalis* were fed with artificial diet containing Hg^{2+} and As^{3+}. As^{3+}-treated had significant inhibitory effect on the development durations of *O. furnacalis*, the duration of male and fe-

* 基金项目：国家自然科学基金（31760637）；国家重点研发计划课题（2017YFD0301604）

** 第一作者：刘伟，实验师，主要从事农业昆虫与害虫防治研究；E-mail：liuweidaisy@126.com

*** 通信作者：魏洪义，教授，主要从事农业昆虫与害虫防治研究；E-mail：hywei@jxau.edu.cn

male larvae were prolonged by 1. 2-3. 1d and 1. 0-3. 0 d, and the female and male moths life were shortened by 0. 4-1. 1d and 0. 6-1. 7 d. Larvae duration of parental generation *O. furnacalis* was significantly inhibited by $Hg^{2+}-As^{3+}$, the duration of male and female larvae were prolonged by 3. 4 d and 2. 5 d. Female pupal weight was decreased and male pupal weight was increased, pupation rate and eclosion rate decreased, and the inhibition of As^{3+}-treated on pupation rate was more than Hg^{2+} and $Hg^{2+}-As^{3+}$ treatment, respectively, after *O. furnacalis* were fed with artificial diet containing heavy metal (metalloid). Each generation heavy metal (metalloid) treatment group of oviposition and egg hatching rate were significantly lower than the control group, and the inhibition of oviposition and egg hatching rate was enhanced with the increase of generation.

Key words: Heavy metal; Metalloid; *Ostrinia furnacalis*; Development; Fecundity

昆虫是全球生物多样性的重要组成部分，重（类）金属污染对其产生的影响已经引起了人类的关注。环境中的重（类）金属污染主要来源于大气、水体和土壤，重（类）金属进入昆虫体内的方式有多种，既可以通过呼吸作用随气体进入，也可以通过消化系统被吸收，还可以通过直接饮水、食用被污水灌溉过的粮食等途径进入。此外，积累在土壤里的重（类）金属可以通过种植等农业活动进入农作物，进而对昆虫造成为害（常学秀等，2000）。多年来的研究表明，重（类）金属对昆虫的为害是多方面、多层次的，对生物多样性甚至人类的健康已经造成威胁（孙虹霞等，2007）。

目前，国内外关于重金属对昆虫影响的研究主要集中在单一种类重金属对昆虫的直接不利影响上。如，镉、镍、铜、铅等重金属对昆虫的影响主要在亚洲玉米螟（潘德斌等，2006；曹红妹等，2015）、褐飞虱（白建林，2010；于晓红，2008）、棕尾别麻蝇（吴国星等，2007）和斜纹夜蛾（舒迎花等，2012；孙虹霞等，2007）和丽蝇蛹集金小蜂（董卉等，2008）等有报道。上述重金属对昆虫的影响研究均反映在昆虫的生长发育和生殖上，主要为：改变昆虫的发育历期、降低繁殖力、升高死亡率、降低种群数量等（Mousavi 等，2003；Kai 等，1996；Hayford，2005）。关于重（类）金属汞和砷的研究主要集中在对植物生长和吸收的影响，如两者复合污染对水稻生长和吸收的影响（杜心等，2006）、砷对小麦生长和光合特性的影响以及对蔬菜吸收累积特性的影响（刘全吉等，2009；刘相甫，2009）），但对植食性昆虫影响的研究未见报道。

近年来，“镉大米”“重金属污染蔬菜”等食品安全事件引起国人对重（类）金属污染的极大关注。重（类）金属对动物生长发育，尤其对繁殖究竟会有多大程度的影响，尚不得而知。因此，本文以亚洲玉米螟为试验模型，通过 3 代均添加含有 Hg^{2+} 和 As^{3+} 人工饲料，设置汞、砷、汞-砷混合及空白对照 4 组处理，在实验室可控条件下，连续饲养 3 代的方法，模拟试验对象在重（类）金属暴露条件下生长发育和繁殖的影响，以揭示重（类）金属汞和砷以及汞砷复合污染对植食性昆虫生长发育和繁殖可能产生的影响。

1 材料与方法

1.1 供试虫源

亚洲玉米螟卵块取自中国农业科学院植物保护研究所实验室，经室内人工饲料饲养建立实验种群。幼虫放于圆形塑料盒（直径 15cm，高 7cm）中用人工饲料饲养，每盒饲养 200 头，待长至老熟幼虫再挑出放至铺有草纸的长方形塑料盒中化蛹，化蛹后放于 50cm×50cm×50cm 的羽化笼中羽化，笼中放入含有 10%的蔗糖水棉球，使其自由交配产卵。3～4 天后剪下卵块放置于塑料盒中孵化，幼虫孵出后立刻放入人工饲料继续饲养。饲养条件：温度（26±1）℃，相对湿度 60%～70%，光周期 14L：10D。

1.2 重（类）金属试剂

重金属汞（氯化汞，$HgCl_2$）和类金属砷（三氧化二砷，As_2O_3），纯度分别为 99.5%、95%，分别购于贵州省铜仁化工研究所、西亚试剂，溶于蒸馏水中制成母液，配成系列梯度浓度，置于冰箱中备用。

1.3 试验浓度的确定

根据文献（陈同斌等，2006；许桂芬等，2007；李欣诺等，2015；仇广乐等，2006；肖细元等，2009；尹显慧等，2008；宋伟等，2013；王建军等，2009）确定 Hg^{2+} 和 As^{3+} 的浓度范围，确定浓度筛选的浓度，配制含有 Hg^{2+} 和 As^{3+} 的相应浓度的人工饲料。选取个体大小一致、生长发育正常的亚洲玉米螟初孵幼虫接入含不同浓度 Hg^{2+}（0.01mg/kg、0.10mg/kg、1.00mg/kg、10.00mg/kg）和 As^{3+}（0.10mg/kg、1.00mg/kg、10.00mg/kg、100.00mg/kg）的人工饲料和对照正常饲料中取食，每个浓度 4 个重复，每个重复 30 头初孵幼虫。4 天后观察幼虫的存活情况，触动虫体无反应者则视为死亡个体。

1.4 亚洲玉米螟生长发育测定

将同一天孵化的亚洲玉米螟初孵幼虫分别接入配好的 4 种（Hg^{2+}、As^{3+} 和 Hg^{2+}-As^{3+} 和不含重金属的正常人工饲料 CK）含人工饲料的塑料养虫盒中，每个处理饲养 3 盒，每盒 200 头。各个处理的幼虫长至老熟幼虫时再挑 200 头到 24 孔板中，作为生长发育测试研究对象，每个处理 4 个重复，每个重复 30 头。每天观察记录亚洲玉米螟的发育进度，最终记录以下生长发育参数：幼虫历期、蛹重、蛹历期、成虫历期、化蛹率、羽化率。

1.5 亚洲玉米螟繁殖力的测定

以汞处理为例，取食含汞饲料幼虫羽化的的存活成蛾（简称 Hg 雌蛾、Hg 雄蛾）和取食对照 CK 饲料的成蛾（CK 雌蛾、CK 雄蛾）形成 4 种处理组合：Hg 雌蛾×Hg 雄蛾、Hg 雌蛾×CK 雄蛾、CK 雌蛾×Hg 雄蛾、CK 雌蛾×CK 雄蛾。各组合将当日羽化的每对雌雄蛾放入已编号的一次性塑料杯中，杯内放入 1 个蘸有 10%蔗糖水的脱脂棉球作为成虫补充营养。每种交配组合方式 3 个重复，每个重复配对 10 对，共 30 对。每天更换塑料杯，直至雌蛾死亡，记录产卵量和卵孵化量。

1.6 数据处理

采用 SPSS17.0 软件进行统计分析。运用 Probit 分析法以及卡方检验求出毒力回归方程，从而计算其致死中浓度（LC_{50}）和亚致死浓度（LC_{25}）；对照与处理组间及各处理组间差异的显著性采用 Duncan 多重比较法进行检验，显著水平设为 $P=0.05$。

2 结果与分析

2.1 试验浓度的确定

汞和砷对亚洲玉米螟幼虫毒力测定的结果（表1）表明：Hg^{2+}对亚洲玉米螟初孵幼虫的致死中浓度（LC_{50}）为13.35mg/kg、亚致死浓度（LC_{25}）为0.46mg/kg；As^{3+}对亚洲玉米螟初孵幼虫的LC_{50}为39.92mg/kg、LC_{25}为1.75mg/kg。因此，本文之后的所有试验均选择死亡率为20%～30%的浓度，即Hg^{2+}的浓度为0.5mg/kg、As^{3+}的浓度为2.0mg/kg。

表1　不同浓度Hg^{2+}和As^{3+}分别对亚洲玉米螟幼虫的毒力测定

处理	浓度/mg·kg^{-1}	幼虫死亡数/头	死亡率/%	回归方程	LC_{25}/LC_{50}
Hg^{2+}	0.01	17	14.2	$y=0.461x-0.519$ $r=0.892$	$LC_{25}=0.46$ $LC_{50}=13.35$
	0.10	25	20.8		
	1.00	38	31.7		
	10.00	63	52.5		
As^{3+}	0.10	22	18.3	$y=0.496x-0.795$ $r=0.890$	$LC_{25}=1.75$ $LC_{50}=39.92$
	1.00	28	23.3		
	10.00	46	38.3		
	100.00	76	63.3		
CK	0.00	7	5.8	—	—

注：各组供试幼虫总数均为120头。

2.2 同一世代不同重（类）金属对亚洲玉米螟发育历期的影响

3个世代中，取食不同重（类）金属对亚洲玉米螟生长发育指标参数产生不同的影响（表2）。在P代中，Hg^{2+}和As^{3+}对亚洲玉米螟幼虫期、蛹期、成虫期、化蛹率及羽化率均具有一定的抑制作用，其幼虫和蛹历期延长，成虫寿命缩短，化蛹率和羽化率降低。结果显示：对照组雌、雄幼虫历期最短，分别为17.3天、17.1天，除Hg处理组的雄幼虫历期与对照组间不存在显著性差异外，其他各组与对照组间均差异显著；Hg^{2+}和As^{3+}混合处理的亚洲玉米螟除雄蛹历期为7.3天，其增历期长度占对照雄蛹历期的百分比为7.0%，两者之间差异显著，其他各组间蛹历期与对照组不存在显著差异；对照组雄蛾寿命为8.1天，Hg处理组的雄蛾寿命缩短的长度占对照组雄蛾寿命的17.7%，两者间差异显著；As处理组成虫寿命最短，分别为6.9天、6.5天，其成虫寿命缩短的长度分别占对照组成虫寿命的13.7%、20.4%，两者分别与对照组形成显著性差异；As^{3+}处理组和$Hg^{2+}-As^{3+}$处理组的化蛹率分别为85.5%、83.0%，显著低于对照组化蛹率8.5%、11.0%，Hg^{2+}处理组化蛹率与对照组差异不显著；3个重金属处理组的羽化率均低于对照组，但均与对照组羽化率间不存在显著性差异。

表 2　同一世代不同重（类）金属处理下亚洲玉米螟的生长发育指标参数

世代	处理	幼虫历期/天		化蛹率/%	蛹历期/天		羽化率/%	成虫寿命/天	
		雌	雄		雌	雄		雌	雄
P	ck	17. 29±0. 97 c	17. 13±0. 95 c	94. 00±0. 82a	6. 26±0. 18 a	6. 85±0. 06 b	91. 67±2. 15 a	7. 96±0. 29 a	8. 13±0. 70 a
	Hg	18. 06±0. 26 b	17. 48±0. 07 c	89. 50±1. 71ab	6. 38±0. 23 a	6. 91±0. 09 b	84. 17±2. 85 a	7. 38±0. 33 a	6. 69±0. 10 b
	As	18. 50±0. 13 b	18. 33±0. 13 b	85. 50±2. 22bc	6. 33±0. 22 a	6. 63±0. 07 b	85. 00±3. 97 a	6. 87±0. 33 b	6. 47±0. 40 b
	Hg-As	20. 68±0. 13 a	19. 58±0. 16 a	83. 00±2. 38c	6. 26±0. 12 a	7. 33±0. 21 a	83. 33±4. 71 a	8. 13±0. 48 a	8. 04±0. 76 a
F_1	ck	17. 77±0. 62 a	17. 40±1. 00 a	76. 50±3. 1bc	6. 33±0. 32 a	6. 96±0. 18 a	80. 56±1. 76 a	8. 60±0. 13 a	9. 25±0. 14 a
	Hg	17. 48±1. 42 a	17. 06±1. 30 a	72. 50±2. 22c	6. 09±0. 16 a	6. 46±0. 27 a	83. 73±3. 06 a	7. 11±0. 49 b	8. 02±0. 29 b
	As	16. 92±0. 35 b	16. 65±0. 49 b	89. 50±2. 63a	6. 47±0. 29 a	6. 78±0. 24 a	83. 34±5. 44 a	8. 24±0. 70 ab	9. 64±0. 93 a
	Hg-As	19. 70±0. 82 a	18. 92±0. 64 a	85. 50±5. 74ab	6. 44±0. 16 a	6. 93±0. 14 a	81. 75±6. 43 a	9. 09±0. 23 a	10. 22±0. 25 a
F_2	ck	18. 86±0. 63 b	18. 44±1. 22 b	90. 50±3. 86a	7. 18±0. 08 a	7. 85±0. 04 a	91. 67±2. 54 a	7. 76±0. 08 a	6. 73±0. 33 ab
	Hg	18. 67±0. 67 b	18. 46±0. 36 b	87. 00±3. 11a	7. 05±1. 34 a	7. 46±0. 07 b	90. 48±2. 51 a	6. 11±0. 12 b	5. 96±0. 17 b
	As	22. 00±1. 20 a	21. 43±1. 06 a	51. 00±1. 29c	6. 71±0. 09 b	7. 49±0. 09 b	75. 40±7. 37 b	6. 78±0. 49 b	6. 07±0. 22 b
	Hg-As	19. 58±0. 55 b	19. 06±0. 43 b	75. 00±2. 38b	7. 13±0. 04 a	7. 64±0. 09 ab	89. 29±1. 76 a	8. 31±0. 23 a	7. 58±0. 46 a

注：P-亲代，F_1-子一代，F_2-子二代；表中数据为平均值±标准误，样本重复 $n=4$，同一个世代的亚洲玉米螟 4 种处理间同列数据后字母不相同表示经 Duncan 多重比较检验差异显著（$P<0.05$）。

在F_1代中，Hg^{2+}对亚洲玉米螟的幼虫期、蛹期产生促进作用、对成虫期产生抑制作用，化蛹率降低，羽化率升高。结果显示：Hg 处理组的幼虫历期、蛹历期、化蛹率和羽化率与对照组均不存在显著差异；成虫寿命均缩短，对照组雌、雄蛾寿命分别为8.6天、9.3天，Hg 处理组成虫寿命缩短的长度分别占对照组成虫寿命的11.0%、13.3%且两者之间差异显著；取食含As^{3+}的人工饲料后，亚洲玉米螟幼虫历期、雄蛹历期和雌蛾寿命缩短，雌蛹历期和雄蛾寿命延长，化蛹率和羽化率升高。如 As 处理组的雌、雄幼虫历期分别为16.9天、16.7天，缩短历期的长度分别占对照组幼虫历期的4.8%、4.3%，化蛹率为89.5%，相比对照组升高13.0%，除幼虫历期和化蛹率与对照组间存在显著差异外，其他各指标参数与对照组间差异均不显著；取食Hg^{2+}和As^{3+}混合的人工饲料后，亚洲玉米螟幼虫期和雌蛹期以及成虫寿命延长，雄蛹历期缩短，化蛹率与羽化率升高，各生长发育指标参数与对照组间均不存在显著差异。

在F_2代中，亚洲玉米螟受到Hg^{2+}胁迫后，除雄幼虫增历期长度占对照组历期的1.9%外，其他各生长发育指标参数在数值上均低于对照组。结果显示：雄蛹历期受到显著地促进作用、雌蛾寿命受到显著地抑制作用，其数值分别为7.5天、6.1天，雄蛹减历期长度、雌蛾寿命缩短长度分别占对照组历期的5.0%、21.3%；As^{3+}处理下亚洲玉米螟幼虫期延长，蛹期和成虫寿命缩短，雌、雄蛾幼虫历期分别为22.0天、21.4天，幼虫增历期长度占对照历期的百分比分别为16.6%、16.2%，雌、雄蛹历期分别为6.7天、7.5天，雌、雄蛹减历期长度占蛹历期的百分比分别为6.5%、4.6%，雌、雄蛾寿命分别为6.8天、6.1天，成虫寿命缩短的长度分别占对照组成虫寿命的12.6%、9.8%，化蛹率和羽化率分别为51.0%、75.4%，相比对照组分别降低39.5%、16.3%，除雄蛾寿命与对照组存在显著差异外，其他均均与对照组差异显著；Hg^{2+}和As^{3+}混合人工饲料饲养亚洲玉米螟后，对生长发育指标参数的影响较小，幼虫历期和成虫寿命延长，蛹历期缩短，化蛹率和羽化率降低，除化蛹率为75.0%，显著低于对照组化蛹率15.5%之外，各重金属处理组的生长发育指标参数与对照组间均不存在显著性差异。

2.3 Hg^{2+}和As^{3+}对亚洲玉米螟3个代雌、雄蛹重的影响

重（类）金属汞/砷3种处理亚洲玉米螟蛹重产生显著地影响，对雌蛹重、雄蛹重产生的影响各不相同（图1、图2）。对照组和 Hg 处理组的蛹重都随世代的增加逐渐增重，As 处理组的3代蛹重表现为F_1代>P代>F_2代，Hg-As 处理组的3代蛹重则表现为F_1代>F_2代>P代；雌蛹重以 As 处理组F_1代最大，其次是对照组的F_2代，分别为64.9mg、64.7mg，As 处理组F_2代最小，为55.3mg；除对照组F_2代、Hg 处理组 P 代、As 处理组F_1和F_2代以及 Hg-As 处理组F_1代与对照组 P 代的雌蛹重存在显著性差异外，其他各组间不存在差异；雄蛹重中以对照组F_2代最大，相比 P 代增重6.8mg，Hg-As 处理组 P 代最轻，为41.9mg，与对照组 P 代差异不显著；除 Hg 处理组、Hg-As 处理组的 P 代和 As 处理组的F_2代与对照组 P 代不存在差异外，其他各组各代雄蛹重与对照组 P 代雄蛹重都存在显著差异。

2.4 Hg^{2+}和As^{3+}处理下对连续世代亚洲玉米螟产卵量的影响

连续3代亚洲玉米螟雌蛾的产卵量均受到3种重（类）金属处理的显著影响（表3至表5），且雌、雄个体单方或是双方受到重（类）金属的影响后，都会使雌蛾产卵量

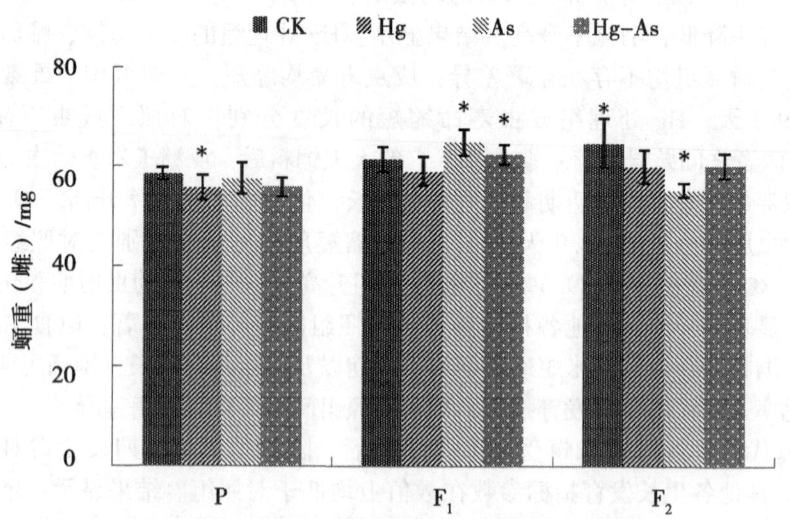

图1　不同重（类）金属处理下亚洲玉米螟各代雌蛹重的变化

注：图中数据为平均值±标准误，*表示与对照组P代差异显著。图2同。

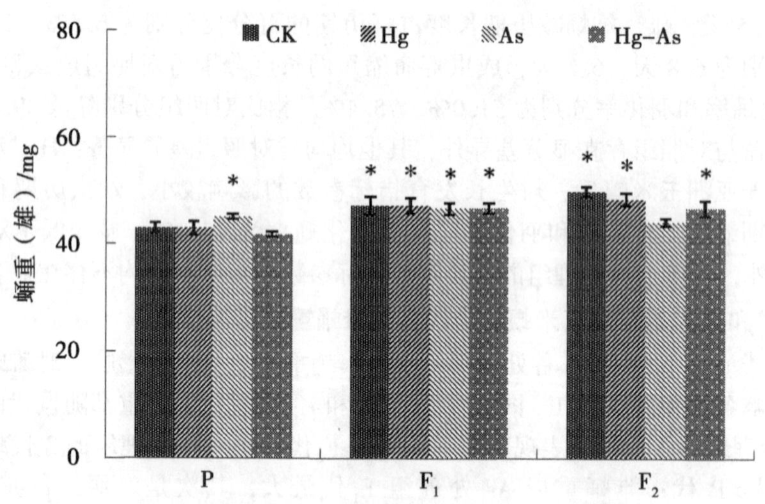

图2　不同重金属处理下亚洲玉米螟各世代雄蛹重的变化

下降。CK雌蛾×CK雄蛾（P代）的产卵量最高，为326粒左右，CK雌蛾×Hg雄蛾（F_1代）的产卵量最低，为104粒左右，比对照组减少了222粒；Hg处理组中，CK雌蛾×Hg雄蛾和Hg雌蛾×CK雌蛾的3代产卵量均显著低于对照组，Hg雌蛾×Hg雄蛾的3代产卵量则与对照组不存在显著性差异；As处理组中，仅As雌蛾×CK雄蛾（F_1代）与对照组不存在差异外，其他各组与对照组间均差异显著；Hg-As处理组中，除3个组合的F_1代以及Hg-As雌蛾×Hg-As雄蛾（P代）与对照组差异不显著外，其他均与对照形成显著性差异。

表 3　Hg^{2+}处理下的亚洲玉米螟各代产卵量

世代	成虫处理组合（雌×雄）			
	Hg×Hg	CK×Hg	Hg×CK	CK×CK
P	300. 07±10. 16 a	204. 57±11. 93 b	155. 60±10. 23 b	326. 20±32. 70 a
F_1	282. 27±29. 02 a	104. 03±1. 76 b	116. 77±19. 00 b	242. 13±20. 43 a
F_2	253. 39±9. 97 a	116. 03±19. 44 b	165. 07±16. 36 b	246. 78±33. 39 a

注：表中数据为平均值±标准误，样本重复 $n=3$，同行数据后字母不相同表示经 Duncan 多重比较检验差异显著。表 4、表 5 同。

表 4　As^{3+}处理下的亚洲玉米螟各代产卵量

世代	成虫处理组合（雌×雄）			
	As×As	CK×As	As ×CK	CK×CK
P	176. 73±3. 08 b	116. 77±26. 67 b	158. 70±22. 11 b	326. 20±32. 70a
F_1	329. 77±26. 86 a	144. 77±44. 70 c	161. 20±40. 86bc	242. 13±20. 43 b
F_2	156. 39±10. 01 b	141. 77±31. 58 b	163. 13±30. 12 b	246. 78±33. 39 a

表 5　Hg^{2+}-As^{3+}处理下的亚洲玉米螟各代产卵量

世代	成虫处理组合（雌×雄）			
	Hg-As×Hg-As	CK× Hg-As	Hg-As ×CK	CK×CK
P	299. 20±20. 33 a	185. 93±10. 00 b	160. 43±22. 25 b	326. 20±32. 70 a
F_1	284. 07±15. 52 a	206. 23±19. 73 b	178. 27±23. 17 b	242. 13±20. 43 ab
F_2	179. 87±16. 99 b	150. 00±18. 59 b	143. 63±2. 51 b	246. 78±33. 39 a

2.5　Hg^{2+}和As^{3+}处理下对连续世代亚洲玉米螟卵孵化率的影响

Hg^{2+}处理对亚洲玉米螟连续 3 个世代的卵孵化率产生显著地抑制作用（图 3）。P 代和 F_2代中，4 种组合的卵孵化率整体表现为 CK 雌蛾×CK 雄蛾>Hg 雌蛾×Hg 雄蛾>CK 雌蛾×Hg 雄蛾>Hg 雌蛾×CK 雄蛾，而 F_1代则表现为 CK 雌蛾×CK 雄蛾>Hg 雌蛾×CK 雄蛾>Hg 雌蛾×Hg 雄蛾>CK 雌蛾×Hg 雄蛾。CK 雌蛾×CK 雄蛾（F_1代）卵孵化率最高，为 91. 5%，最低的是 Hg 雌蛾×CK 雄蛾（F_2代），为 39. 4%；除 Hg 雌蛾×Hg 雄蛾（P 代）与 CK 雌蛾×CK 雄蛾（P 代）的卵孵化率不形成显著性差异外，其他各组合均与同代中 CK 雌蛾×CK 雄蛾的卵孵化率形成显著性差异。

雌、雄亚洲玉米螟分别取食含 As^{3+}的人工饲料后，不同世代发生不同的变化，不同组合间产生不同影响（图 4）。四种组合的卵孵化率表现为 CK 雌蛾×CK 雄蛾>As 雌蛾×As 雄蛾>As 雌蛾×CK 雄蛾>CK 雌蛾×As 雄蛾，且后两者与对照差异显著；F_1代中 As 雌蛾×As 雄蛾的卵孵化率最低，为 68. 6%，低于同代中 CK 雌蛾×CK 雄蛾的卵孵化率

22.9%；F_2代中四种组合的孵化率则表现为 CK 雌蛾×CK 雄蛾>As 雌蛾×CK 雄蛾>As 雌蛾×As 雄蛾>CK 雌蛾×As 雄蛾；3 种组合 F_1代、F_2代的孵化率均显著低于对照。

Hg^{2+}-As^{3+}处理与 As^{3+}处理对亚洲玉米螟卵孵化率的影响大致相同（图 5）。与 As^{3+}处理不同，P 代 CK 雌蛾×CK 雄蛾的卵孵化率最高，为 90.0%；Hg-As 雌蛾×CK 雄蛾最低，为 31.6%，其次是 CK 雌蛾×Hg-As 雄蛾，为 45.0%，分别低于对照 58.5%、45.0%，两者与对照差异显著；其他影响均与 As^{3+}处理相同。

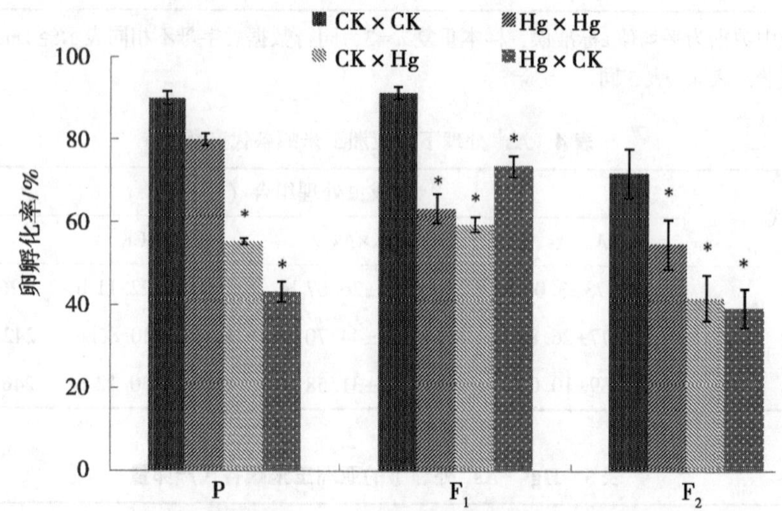

图 3 Hg^{2+}处理下亚洲玉米螟各代的卵孵化率

注：图中数据为平均值±标准误，* 表示与对照组差异显著。图 4、图 5 同。

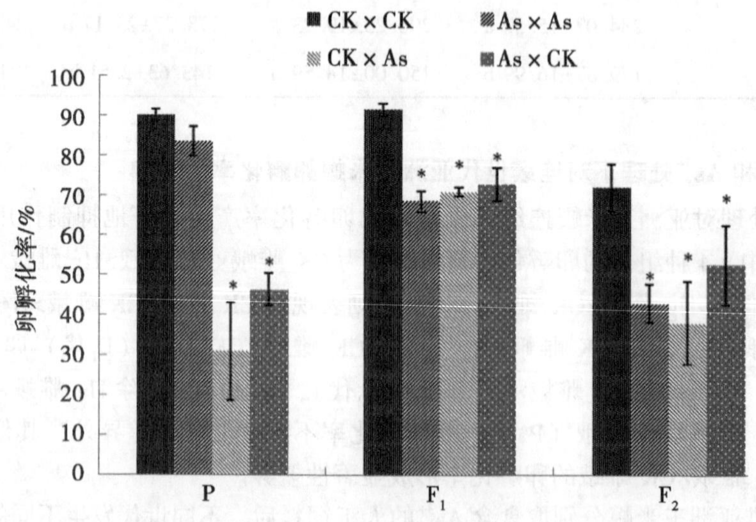

图 4 As^{3+}处理下亚洲玉米螟各代的卵孵化率

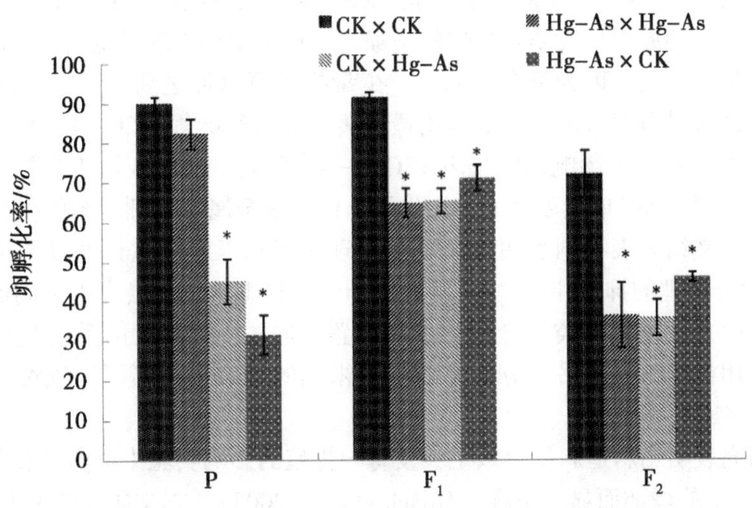

图 5 $Hg^{2+}-As^{3+}$处理下亚洲玉米螟各代的卵孵化率

3 结论与讨论

重金属能通过食物链的累积运转作用在植物中累积，植食性昆虫受到重（类）金属胁迫后，昆虫能量大量消耗，食物消耗、吸收和同化率降低（孙虹霞等，2007）。因此，昆虫体内的碳水化合物、脂类和蛋白质的代谢及细胞的正常生理功能将受到影响（Hansen *et al.*，1996）。相关研究表明重金属对动物（尤其是畜禽、人类等哺乳动物）的生长发育和生殖产生了影响，如器官损害、睾丸萎缩、免疫机能下降等（陈志良，2001），重金属进入动物体内后，许多器官酶系统的正常功能受到损害，其原因是重金属离子能与部分高分子有机物结合，对许多酶系统产生抑制作用（张彩英，2004）。另外，重（类）金属能改变生物种群的结构，生物吸收重金属的量会随它所处的不同种群地位产生的生理效应发生改变，可能造成种群结构的两极分化；对生殖行为产生负面影响，其影响随动物对重金属的接触途径的改变而改变（Sloman，2007）。

本文研究结果表明重金属对亚洲玉米螟的生长发育产生一定的影响，且汞和砷分别对亚洲玉米螟的影响存在差异，如重金属胁迫使亚洲玉米螟生长发育受到抑制作用，幼虫和蛹延长，成虫寿命缩短，雌蛹重、化蛹率和羽化率降低，这与前人的研究结果一致（Hayford 等，2005；Pawlik，1993；Scheirs 等，2005），与前人研究不同的是，亚洲玉米螟受汞/砷影响后雄蛹重受到促进作用，雄蛹重升高且这种促进作用随世代的增加而增加。在抑制作用的表现中，As^{3+}处理的 P 代和 F_2代幼虫历期显著长于对照组，而 P 代成虫寿命则显著短于对照组，$Hg^{2+}-As^{3+}$混合处理下 P 代幼虫历期和雄蛹历期受到显著地抑制作用；As^{3+}处理的 F_2代化蛹率和羽化率均最低，随着世代的增加，重金属对化蛹率产生的抑制作用越来越大，而对羽化率的抑制作用则在 F_1代表现最强。

Jost 等（2008）在研究镉对亚洲玉米螟生长发育的影响中表明，第 1 代亚洲玉米螟的种群发展受 Cd^{2+}胁迫的影响较大，但第 2 代亚洲玉米螟的影响减小，本实验中发现 Hg^{2+}、$Hg^{2+}-As^{3+}$混合处理对亚洲玉米螟幼虫和蛹历期的抑制作用随世代的增加逐渐减小甚至恢复到对照水平，而 As^{3+} 对亚洲玉米螟生长发育的抑制作用在 F_1 代最为显著，其产生不同结果的原因可能是随世代的增加，亚洲玉米螟逐渐对重金属汞产生了良好的适应机制；另一方面，砷为类金属元素，少量摄入可以促进新陈代谢，在 F_1 代中亚洲玉米螟体内的含量可能最高，抑制作用最显著。而曹红妹等（2015）研究镉/镍对亚洲玉米螟生长发育和生殖影响的结果表明 $Cd^{2+}-Ni^{2+}$ 混合处理对亚洲玉米螟生长发育的抑制作用大于 Cd^{2+}、Ni^{2+} 单独处理的抑制作用，说明重金属对亚洲玉米螟的生长发育产生复合效应，本文结果表明则表明 As^{3+} 单独处理对亚洲玉米螟生长发育的抑制作用大于 $Hg^{2+}-As^{3+}$ 混合处理的抑制作用。汞/砷对亚洲玉米螟生长发育会产生不同的结果原因是多方面的，一方面是重（类）金属浓度的设置不同，不同浓度的重（类）金属对亚洲玉米螟的作用机制不同；另一方面是亚洲玉米螟的品系种类不同导致对重金属的抗性不同。

另有研究表明铅斜追斜纹夜蛾生长发育与生殖的影响实验中产卵力和卵孵化率随着饲料中 Pb 浓度的增加而显著下降（Hirsch *et al.*，2003）。本文研究结果上述结果一致，各代产卵量和卵孵化率均显著低于对照组，随着世代的增加，重（类）金属对产卵量和卵孵化率的抑制作用增强，其中对照组产卵量和卵孵化率最高，Hg^{2+} 处理的 F_1 代产卵量最低，$Hg^{2+}-As^{3+}$ 处理的 P 代的卵孵化率最低。另外，本文研究结果中，F_2 代 CK 组的卵孵化率低于 P 代和 F_1 代，其产生的原因可能是，随世代的增加，正常亚洲玉米螟雄蛾精子活性降低或雌蛾卵子质量下降，导致交配成功率降低，受精成功的卵数量降低，最终导致卵孵化率降低。另一方面，Hg^{2+}、As^{3+} 处理双方雌雄蛾的产卵力较处理单方雌蛾的衰退更慢，其原因可能是雌雄蛾双方均被汞和砷污染后的亚洲玉米螟可能产生种群分化，被处理后的雌雄蛾交配后雌蛾的产卵力得到加强（Sloman，2007）。

本次实验所选取的 2.0mg/kg 浓度的 As^{3+} 对亚洲玉米螟的生长发育和生殖有一定的抑制作用，并且重（类）金属的抑制作用大小与饲养亚洲玉米螟世代成正比，而本实验选取的 0.5mg/kg 浓度的 Hg^{2+} 对亚洲玉米螟生长发育和生殖的影响效果不明显，因此 Hg^{2+} 的浓度还需要进一步试验以筛选出实验最适宜浓度，以便为重金属 Hg^{2+}，As^{3+} 污染地区的亚洲玉米螟的生理生化、遗传变异和种群暴发等提供依据。

参考文献

白建林 . 2010. 镉对褐飞虱（*Nilaparvata lugens* Stål）生殖的影响［D］. 福州：福建农林大学 .

曹红妹 . 2015. 镉/镍对亚洲玉米螟生长发育及生殖行为的影响［D］. 南昌：江西农业大学 .

曹红妹，郑丽霞，魏洪义 . 2015. 重金属 Ni^{2+} 对亚洲玉米螟生长发育和生殖行为的影响［J］. 昆虫学报，58（6）：650-657.

常学秀，文传浩，王焕校 . 2000. 重金属污染与人体健康［J］. 云南环境科学，19（1）：59-61.

陈同斌，宋波，郑袁明，等 . 2006 北京市蔬菜和菜地土壤砷含量及其健康风险分析［J］. 地理学报，61（3）：297-310.

陈志良 . 2001. 镉污染对生物有机体的为害及防治对策［J］. 环境保护科学，27（106）：37-39.

董卉，叶恭银，董胜张，等 . 2008. Cu^{2+} 胁迫对丽蝇蛹集金小蜂生长发育与繁殖的影响［J］. 浙江农业学报，20（2）：79-83.

杜心，朱永官，刘文菊，等 . 2006. 汞、砷复合污染对水稻生长及吸收汞、砷的影响［J］. 生态毒理学报，1（2）：160-164.
李欣诺，王丽艳，张海燕，等.2015. 不同温度下亚洲玉米螟实验种群生命表［J］. 湖北农业科学，54（8）：1869-1872.
刘全吉，孙学成，胡承孝，等.2009. 砷对小麦生长和光合作用特性的影响［J］. 生态学报，29（2）：854-859.
刘相甫.2009. 不同方式施用砷汞对蔬菜吸收累积特性的影响［D］. 北京：中国农业科学院.
潘德斌，王小奇，苗莉.2006. 镉对亚洲玉米螟生长发育的影响［J］. 安徽农业科学，34（4）：707-708.
仇广乐，冯新斌，王少锋，等.2006. 贵州汞矿矿区不同位置土壤中总汞和甲基汞污染特征的研究［J］. 环境科学，27（3）：3550-3555.
舒迎花，杜艳，王建武.2012. 铅胁迫对斜纹夜蛾生长发育与生殖的影响［J］. 应用生态学报，23（6）：1562-1568.
宋伟，陈百明，刘琳.2013. 中国耕地土壤重金属污染概况［J］. 水土保持研究，20（2）：293-298.
孙虹霞，刘颖，张古忍.2007. 重金属污染对昆虫生长发育的影响［J］. 昆虫学报，2：178-185.
孙虹霞，舒迎花，唐文成，等.2007. 重金属 Ni^{2+} 连续胁迫导致其在斜纹夜蛾体内积累并降低存活率［J］. 科学通报，52（12）：1413-1418.
王建军，董红刚，袁林泽.2009. 亚致死浓度茚虫威对斜纹夜蛾生长发育及解毒酶活性的影响［J］. 扬州大学学报（农业与生命科学版），30（4）：85-89.
吴国星，高熹，叶恭银，等.2007. 取食重金属铜对棕尾别麻蝇亲代及子代生长发育与繁殖的影响［J］. 昆虫学报，50（10）：1042-1048.
肖细元，陈同斌，廖晓勇，等.2009. 我国主要蔬菜和粮油作物的砷含量与砷富集能力比较［J］. 环境科学学报，29（2）：291-296.
许桂芬，白羽军.2007. 哈尔滨市蔬菜生产基地土壤重金属污染状况评价［J］. 黑龙江环境通报，31（1）：31-32.
尹显慧，吴青君，李学锋，等.2008. 多杀菌素亚致死浓度对小菜蛾解毒酶系活力的影响［J］. 农药学学报，10（1）：28-34.
于晓红.2008. 重金属镉对水稻及其主要害虫褐飞虱的影响［D］. 福州：福建农林大学.
张彩英.2004. 镉对畜禽的毒性作用及防制［J］. 江西畜牧兽医，2（3）：3-4.
Hansen J A，Rose J D，Jenkins R A，*et al.* 1996. Chinook salmon（*Oncorhynchus tshawytscha*）and rainbow trout（*Oncorhynchus mykiss*）exposed to copper：neurophysiological and histological effects on the olfactory system［J］. Environmental Toxicology and Chemistry，18：1979-1991.
Hayford B L，Lcjr F. 2005. Biological assessment of Cannon Creek，Missouri by use of emerging chironomidae（Insecta：Diptera）［J］. Journal of the Kansas Entomological Society，78（2）：89-99.
Jost C，Zauke G P. 2008. Trace metal concentrations in Antarctic sea spiders（Pycnogonida，Pantopoda）［J］. Marine Pollution Bulletin，56（8）：1396-1399.
Hirsch H V B，Mercer J，Sambaziotis H，*et al.* 2003. Behavioral Effects of Chronic Exposure to Low Levels of Lead in *Drosophila melanogaster*［J］. Neurotoxicology，24（3）：435-442.
Kai R，Kaitaniemi P，Kozlov M，*et al.* 1996. Density and performance of *Epirrita autumnata*（Lepidoptera：Geometridae）along three air pollution gradients in northern Europe［J］. Journal of Applied Ecology，33（33）：773-785.
Mousavi S K，Primicerio R，Amundsen P A. 2003. Diversity and structure of chironomidae（Diptera）

communities along a gradient of heavy metal contamination in a subarctic watercourse [J]. Science of the Total Environment, 307 (1-3): 93-110.

Pawlik J R. 1993. Marine invertebrate chemical defenses [J]. Chemical Reviews, 93 (5): 1911-1922.

Scheirs J, Vandevyvere I, Wollaert K, *et al.* 2006. Plant-mediated effects of heavy metal pollution on host choice in a grass miner [J]. Environmental Pollution, 143 (1): 138-145.

Sloman K A. 2007. Effects of trace metals on salmonid fish: the role of social hierarchies [J]. Applied Animal Behaviour Science, 104 (3): 326-345.

湖北省荆门市设施黄瓜瓜绢螟种群动态及卵的空间分布*

尹 涵**，何 超，郭 霜，刘 文，王小平***

（华中农业大学植物科学技术学院，武汉 430070）

摘 要：瓜绢螟 *Diaphania indica* 是瓜类蔬菜上的常见害虫，近年来已由次要害虫上升为主要害虫，为害逐年加重。准确的预测预报是科学防治害虫的重要前提，因此本文对湖北省荆门市设施黄瓜瓜绢螟种群动态及卵的空间分布进行了调查。结果表明，瓜绢螟幼虫发生期为 6 月下旬至 11 月上旬，高峰期在 8 月上旬至 9 月中旬；成虫发生期为 7 月上中旬至 11 月中旬，高峰期在 8 月中旬至 9 月下旬。田间瓜绢螟卵主要分布在黄瓜植株上中部成熟叶片上。该结果为湖北省荆门市瓜绢螟的预测预报提供了理论依据，同时明确了该地区瓜绢螟的防治适期和关键防治部位，有利于减少化学农药的滥用，提高瓜绢螟的防效。

关键词：设施蔬菜；瓜绢螟；发生动态；空间分布

Population Dynamics of *Diaphania Indica* and Spatial Distribution of Eggs in Facility Cucumber of Jingmen City, Hubei Province*

Yin Han**，He Chao，Guo Shuang，Liu Wen，Wang Xiaoping***

（*Huazhong Agricultural University*，*Wuhan* 430070，*China*）

Abstract：*Diaphania indica* is a crucial type of pest on melon crops in China which has become a major sort of insect attacks on the melon vegetables in recent years and the phenomenon is worsening. Accurate forecasting is an important prerequisite for scientific control of pests. To this end，this paper investigated population dynamics of *Diaphania indica* in facility cucumber and spatial distribution of eggs in cucumber of Jingmen City，Hubei Province. The results showed that the larval occurred in the period from late June to early November，the peak period is from early August to mid-September. The adult occurrence period is from mid-July to mid-November，the peak period is from mid-August to late September. In the field，the eggs are mainly distributed on the mature leaves of the middle part of cucumber plants. The results provided a theoretical basis for prediction of *Diaphania indica* in Jingmen City，Hubei Province. And it also defined the control period and key control sites of *Diaphania indica*，which was beneficial to reduce the abuse of chemical pesticides and improve the control effect.

Key words：Facility cucumber；*Diaphania indica*；Population dynamic；Spatial distribution

近年来，湖北省荆门市大力发展设施蔬菜产业，截至 2017 年，其设施蔬菜面积已

* 基金项目：国家重点研发计划（2016YFD0201008）

** 第一作者：尹涵，硕士研究生，主要从事蔬菜害虫绿色防控研究；E-mail：1114294865@ qq. com

*** 通信作者：王小平，教授，主要从事蔬菜害虫灾变机制与绿色防控研究；E-mail：xpwang@ mail. hzau. edu. cn

达 9 467hm^2，瓜类作物是该地区的主要生产种类之一（周雄祥 2016；邓士元等，2017）。瓜绢螟 *Diaphania indica* 作为瓜类蔬菜上的常见害虫，已由次要害虫上升为主要害虫，在我国华东、华中、华南和西南地区的多个省市发生为害（司升云等，2014；伏红伟等，2015；黄则栋等，2017）。瓜绢螟是寡食性昆虫，以幼虫取食瓜类作物叶片、果实，造成蔬菜产量和品质严重下降（Choi *et al.*，2003）。随着荆门市设施蔬菜产业的发展，瓜类作物的种植面积逐年增加，瓜绢螟的发生逐年加重，发生期出现延长，防控难度越来越大。

目前，生产中瓜绢螟的防控仍以化学手段为主，长期大量使用化学农药使其对药剂的敏感性下降，防治效果不佳。同时，由于不同地区、不同年份瓜绢螟的发生规律存在差异，导致在防控过程中难以掌握最佳防治适期，使防治效果大打折扣。准确的害虫预测预报工作在害虫防治过程中尤为重要，是科学防治害虫的重要前提（靳然和李生才，2015）。产卵行为是植食性昆虫繁衍后代和维持种群的重要环节，掌握昆虫的产卵分布情况有助于开展害虫的预测预报工作，且针对产卵部位进行重点防治可大幅度提高防治效率，减少农药的浪费（李皓等，2018）。

因此，为做好瓜绢螟的预测预报工作，本文将对湖北省荆门市设施黄瓜瓜绢螟的种群动态及卵的空间分布展开研究，以期为湖北省荆门市瓜绢螟的预测预报提供理论依据，并明确该地区瓜绢螟的防治适期和关键防治部位，对减少化学农药的滥用，提高瓜绢螟的防效有重要的指导意义。

1 材料与方法

1.1 试验材料

频振式杀虫灯（PS-15II），由佳多科工贸有限责任公司生产。

1.2 试验地点

试验地设在湖北省荆门市掇刀区团林铺镇金旭农牧有限公司设施蔬菜种植基地（30°9′N，112°2′E）。该基地面积约 500 亩（1 亩≈667m^2），以瓜类蔬菜（黄瓜、小南瓜、冬瓜、苦瓜等）设施栽培为主，周年种植。

1.3 试验方法

1.3.1 设施蔬菜园区瓜绢螟幼虫种群动态调查

设施黄瓜瓜绢螟幼虫种群动态采用五点取样法调查。选择生长期相同、长势一致的 3 个黄瓜大棚（大棚面积 500m^2），确定 5 个调查点，每点随机挑选 5 株，每株随机调查 5 片叶片。自 2018 年 5 月初至 11 月中下旬，每 10 天左右调查一次，统计寄主植株上瓜绢螟的幼虫数量。

1.3.2 设施蔬菜园区瓜绢螟成虫种群动态监测

设施园区瓜绢螟成虫种群动态采用灯下成虫消长法监测。自 2018 年 5 月初至 11 月中下旬，田间悬挂 3 盏佳多杀虫灯，每盏灯之间距离约 100m，悬挂高度为 1m，日落开灯（19:00 左右），翌日天亮关灯（6:00 左右），每 3 天开灯一次（雨天不开灯），清理接虫袋并统计瓜绢螟成虫数量。

1.3.3　田间瓜绢螟卵的空间分布调查

在田间瓜绢螟产卵高峰期，调查统计田间黄瓜植株心叶以及不同叶片上新鲜的卵粒数，分析瓜绢螟卵在黄瓜植株上的空间分布情况。试验样本量为 30，0 代表心叶，1~24 代表从生长点开始由上至下的第 1~24 片叶。

2　结果与分析

2.1　设施黄瓜瓜绢螟幼虫种群动态

由图 1 可知，湖北省荆门市设施黄瓜瓜绢螟幼虫田间发生时间为 6 月下旬至 11 月上旬。瓜绢螟幼虫发生量具有 3 个高峰期，分别为 7 月中旬、8 月中旬以及 9 月上旬，其中 8 月中旬为田间瓜绢螟的发生高峰，田间幼虫数量达 111.7 头/百叶；9 月下旬开始田间瓜绢螟发生量开始减退（图 1）。

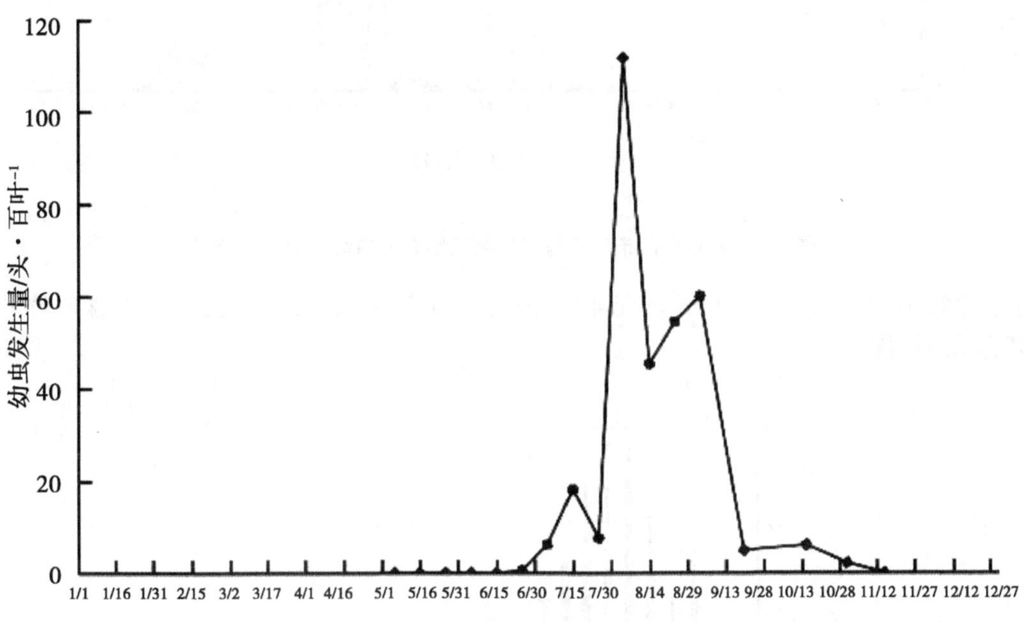

图 1　湖北省荆门市设施黄瓜瓜绢螟幼虫种群发生动态

2.2　设施蔬菜园区瓜绢螟成虫种群动态

由图 2 可知，湖北省荆门市设施黄瓜瓜绢螟成虫的田间发生时间为 7 月中旬至 11 月中旬。自 8 月上旬开始，田间瓜绢螟成虫发生数量明显上升，9 月为瓜绢螟成虫发生高峰期，且在 9 月中旬具有 1 个最高峰，在此期间，单日单灯诱虫量达到 83 头。

2.3　瓜绢螟卵在黄瓜植株上的空间分布

2018 年 8 月上旬，设施黄瓜植株正处于结果采收期，植株叶片总数主要在 15~27 片。调查瓜绢螟卵在黄瓜植株上的空间分布发现，雌蛾主要将卵产在黄瓜植株上中部成熟叶片背面。由图 3 可知，在黄瓜植株心叶以下第 1 片叶至第 10 片叶瓜绢螟卵粒数较

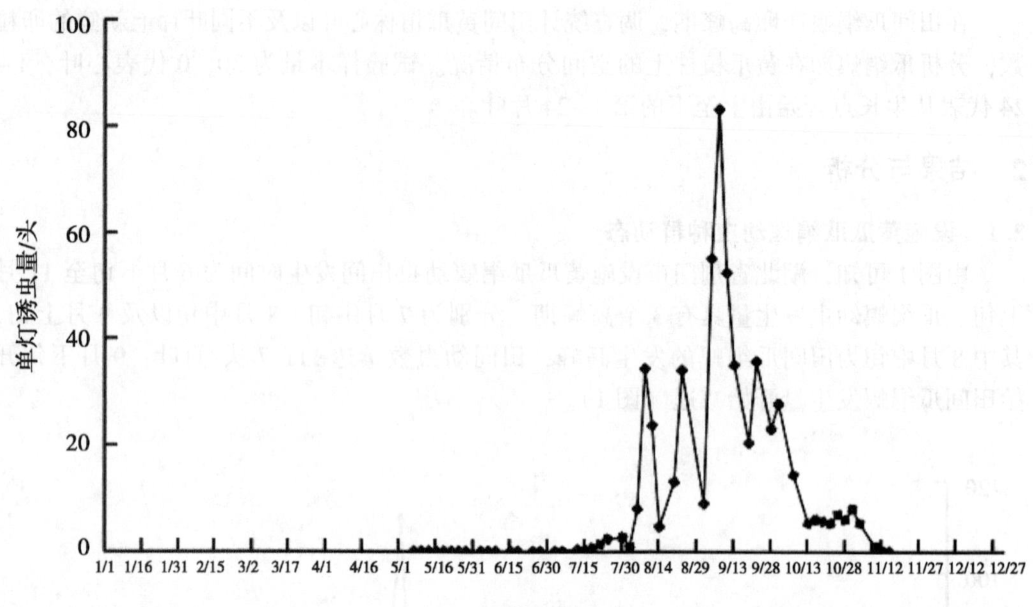

图 2　湖北省荆门市设施蔬菜园区瓜绢螟成虫灯下消长动态

多，自第 16 片叶以下的老叶片均无卵粒分布，单叶卵粒最多达 11 粒/叶，单株卵粒最高为 42 粒/株。

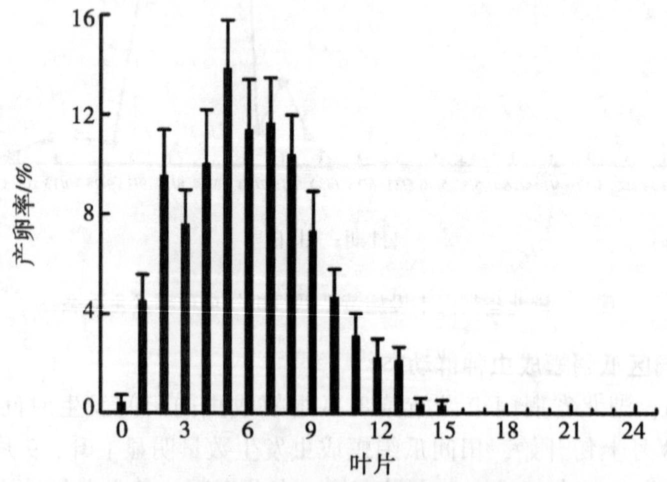

图 3　瓜绢螟卵在设施黄瓜植株上的空间分布

3　讨论

调查结果表明，湖北省荆门市设施黄瓜瓜绢螟幼虫发生高峰在 8 月上旬至 9 月中旬，园区内成虫发生高峰在 8 月中旬至 9 月下旬；瓜绢螟的卵主要分布在黄瓜植株上中部成熟叶片的背面，植株心叶以及植株下部老叶片上卵粒分布较少。因此，抓住瓜绢螟的防治适期，在幼虫发生高峰期对寄主植株上中部叶片背面重点喷雾，在成虫发生高峰期采取相关措施减少田间成虫数量，以降低下一代落卵量，可有效控制田间瓜绢螟的为害，提高化学农药的利用率，减少化学农药的使用量。

参考文献

别之龙 . 2018. 长江流域设施蔬菜产业发展现状与思考［J］. 长江蔬菜（8）：24-29.

邓士元，付祖科，罗明杰，等 . 2014. 荆门市设施蔬菜产业现状与周年高效栽培模式［J］. 长江蔬菜（5）：4-7.

伏红伟，刘宏伟，杨霞光，等 . 2015. 盐城市亭湖区设施蔬菜瓜绢螟的发生与综合防治［J］. 江苏农业科学，43（4）：168-169.

黄则栋，李洪龙，傅敏敏，等 . 2017. 福建省苦瓜主要病虫害的发生及防治［J］. 福建农业科技（6）：46-47.

靳然，李生才 . 2015. 农作物害虫预测预报方法及应用［J］. 山西农业科学，43（1）：121-123.

李皓，谢鹏，梁关生，等 . 2018. 亚洲柑橘木虱雌成虫对砂糖橘幼嫩部位的产卵选择性研究［J］. 应用昆虫学报，55（4）：608-614.

司升云，李芒，潘鹏亮，等 . 2014. 蔬菜主要害虫 2013 年发生概况及 2014 年发生趋势［J］. 中国蔬菜（3）：1-4.

周雄祥 . 2016. 加快湖北设施蔬菜产业现代化发展的思考［J］. 长江蔬菜（24）：82-84.

Hosseinzade S，Izadi H，Namvar P，*et al*. 2014. Effect of temperature on life table parameters of *Diaphania indica*（Lep.：Pyralidae）under laboratory conditions［J］. Journal of Entomological Society of Iran，34（3）：9-15.

生境异质性与生物多样性关系研究态势分析*

刘雨芳**，杨　荷，阳　菲，谢美琦

（湖南科技大学生命科学学院，园艺作物病虫害治理
湖南省重点实验室，湘潭　411201）

摘　要：利用Web of Science™核心合集数据库，采用文献计量学的方法，对1998—2017年全球关于生境异质性与生物多样性关系研究态势进行科学统计分析。在Web of Science™核心合集中共检索到1998—2017年全球关于生境异质性与生物多样性关系研究SCI文献2 637篇，被引频次76 858次。2 637篇文献来源于121国家（地区）、2 451个研究机构的8 836位作者，来源出版物603种。研究重点集中在生境状况及其管理，农业景观、生态功能与服务，种群生态学，群落生态学，森林景观、生物多样性保护与森林生境管理，遥感、GIS技术应用及土地利用与监测，研究地域，重点涉及的动物种群与类群等方面。与生境异质性研究密切联系的是相关主是景观异质性、空间异质性、环境异质性。美国在该领域研究处于领先地位，我国在从事生境异质性与生物多样性研究方面有待进一步加强。

关键词：生境异质性；生物多样学；文献计量分析；Web of Science 数据库

Analysis of Research on the Relationship between Habitat Heterogeneity and Biodiversity in Worldwide*

Liu Yufang**，Yang He，Yang Fei，Xie Meiqi

(*College of Life Science*，*Hunan University of Science and Technology*，*Hunan Province Key Laboratory for Integrated Management of the Pests and Diseases on Horticultural Crops*，*Xiangtan* 411201，*China*)

Abstract：Bibliometric methods were used to analyze articles indexed by the Web of Science database on the relationship between habitat heterogeneity and biodiversity from all over the world researchers between 1998 and 2017. A total of 2637 articles that had been cited 76858 times were published in 603 journals by 8836 authors from 2541 institutes in 121 Counties or regions. The research mainly focused on habitat status and management，agricultural landscape，ecological functions and services，population ecology，community ecology，forest landscape，biodiversity conservation and forest habitat management，remote sensing and GIS technology application，land use and monitoring，research areas，key animal populations and groups. Landscape heterogeneity，spatial heterogeneity and environmental heterogeneity are closely related to habitat heterogeneity. USA is leader in this field，and China researchers need to be strengthened the study of habitat heterogeneity and biodiversity.

---

* 基金项目：国家重点研发计划（2017YFD0200400）

** 第一作者/通信作者：刘雨芳，博士，教授，研究方向为昆虫生态学与害虫综合防治研究；E-mail：yfliu2011@126. com

Key words: Habitat heterogeneity; Biodiversity; Bibliometric analysis; Web of Science database

昆虫是地球上进化最成功的无脊椎动物（Giron *et al.*，2016），也是地球上物种多样性与丰富度最高、个体数量与生物量最大的动物群体（张传溪，2015），它们在自然界中占据多样性更高、空间尺度更小的生境，对生境的变化敏感，具有广谱的生物地理学和生物学探针功能（王晶等，2016），也常被作为生态功能的有效指标，用于评估不同生态系统中生境与栖息地质量及差异性（Bonte *et al.*，2004；Maxime *et al.*，2017；刘雨芳，2016，2017），侯笑云等（2015）的研究表明，在200m尺度范围内，景观构型异质性和组成异质性与鞘翅目的科丰富度和多度相关性最强，鞘翅目的多度在组成异质性和构型异质性均较高的区域较大，且构型异质性对鞘翅目多度的影响显著。合理进行生境异质性配置，开展农田生物多样性保护与利用，增加生物多样性的丰度和农田生态系统的稳定性，在减少使用化学农药的情况下有效控制农作物的病虫害，已成为植物保护学科研究的重点与热点（林胜等，2010），因此，全球积累了大量关于生境异质性与生物多样关系的研究文献（Carter *et al.*，2018；Negro *et al.*，2011；Schuler *et al.*，2017；王润等，2016；周光霞等，2016；姚凤銮，尤民生，2017）。但目前缺少对这些文献的系统分析。

基于大量科技文献事实的文献计量学方法已成为被公认的有效分析工具，能全面系统地分析与评价给定主题的研究概况、趋势与重点内容（Liu *et al.*，2015，2017；刘雨芳，2016，2017），不仅能促进对学科研究的历史回顾、学科领域研究知识的交流和了解，准确阐明以不同研究中心词之间的关系呈现的研究重点内容、学科交叉分析，还能提供研究队伍、学术影响力等重要信息。ISI Web of Science（WOS）被认为是进行文献计量学分析最重要的国际数据来源（Chen *et al.*，2017）。本文基于WOS数据库，应用文献计量学方法，对1998—2017年被WOS数据库收录的全球关于生境异质性与生物多样性研究的文献进行分析，旨在了解全球在该领域的研究态势，为相关学者提供研究参考。

1 研究方法

1.1 数据来源

ISI Web of Science 数据库（WOS 数据库）。

1.2 数据获取方法与分析方法

1.2.1 数据获取方法

检索 Web of Science™ 核心合集，以 TS =（“habitat heterogeneity”）AND TS =（biodiversity OR “biological diversity”）为检索词，索引 = SCI-EXPANDED，SSCI，A and HCI，CPCI-S，CPCI-SSH，BKCI-S，BKCI-SSH，ESCI，CCR-EXPANDED，IC.，通过高级检索途径完成检索，获取数据。数据采集年度：1998—2017 年；检索日期：2018 年 3 月 26 日。

1.2.2 数据分析方法

对检索获取的数据与各级文献数据进行转换与提取（刘雨芳，2016，2017），对主要关键词构建全列矩阵并进行共现分析，以了解全球对生境异质性与生物多样性关系研究的态势与展示的重点研究内容。

2 结果与分析

2.1 文献年出版量与影响力

文献出版量是科研活动在某一阶段的绝对产出成果的现实反映，是衡量该领域科学研究活跃程度的重要指标（刘雨芳，2017）。1998—2017 年，在 WOS 数据库共检索到关于生境异质性与生物多样性关系研究的 SCI 文献 2 637篇。各年发表 SCI 文献量、年贡献率与年增长率如图 1 所示。发文量呈现快速增长趋势。

从文献语种与类型分析，2 637条记录有 8 种发表语种，其中英语 2 590篇，占 98.22%；西班牙语 26 篇，占 0.99%；葡萄牙语 9 篇，占 0.34%；法语 4 篇，占 0.15%；德语与波兰语各 3 篇，各占 0.11%；克罗地亚语与俄语各 1 篇，各占 0.04%。这些文献归属 7 个类群，以文献量排序依次为研究论文（Article）2 443篇，占 92.64%；综述（Review）138 篇，占 5.23%；会议论文（Proceedings Paper）103 篇，占 3.91%；书章综述（Book Chapter）26 篇，占 0.99%；编辑材料（Editorial Material）15 篇，占 0.57%；修订（Correction）与信件（Letter）各有 1 篇，各占 0.04%。原创性的研究论文占主导优势，且主要以英文发表。

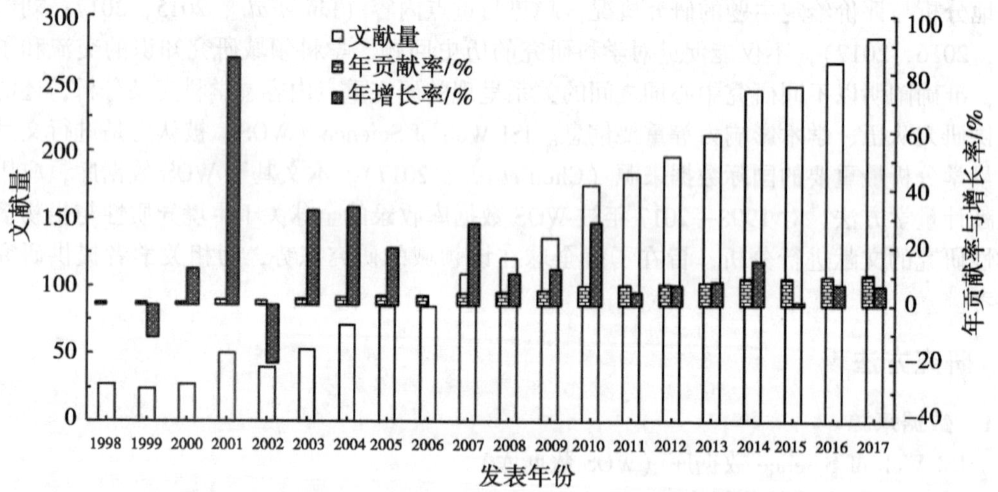

图 1 1998—2017 年全球关于生境异质性与生物多样性关系主题 SCI 论文量、年贡献率与增长率

2 637篇 SCI 文献被引频次总计 76 858次，篇均引用 29.15 次，H-index = 117。从引文分析可知，全球关于生境异质性与生物多样性关系主题研究的近 20 年的 SCI 文献被引用量增加迅速，从 1998 年的引用频次 13 次迅速增加到 2017 年被引用 10 468次，20 年的引用频次增长 805.23 倍，呈显著增长趋势（图 2）。

2.2 研究的国家与地区

关于生境异质性与生物多样性主题研究的 2 637篇 SCI 文献源自 121 个国家与地区的2 451个研究机构，位居前 5 位的国家依次为美国、英国、德国、澳大利亚与法国，

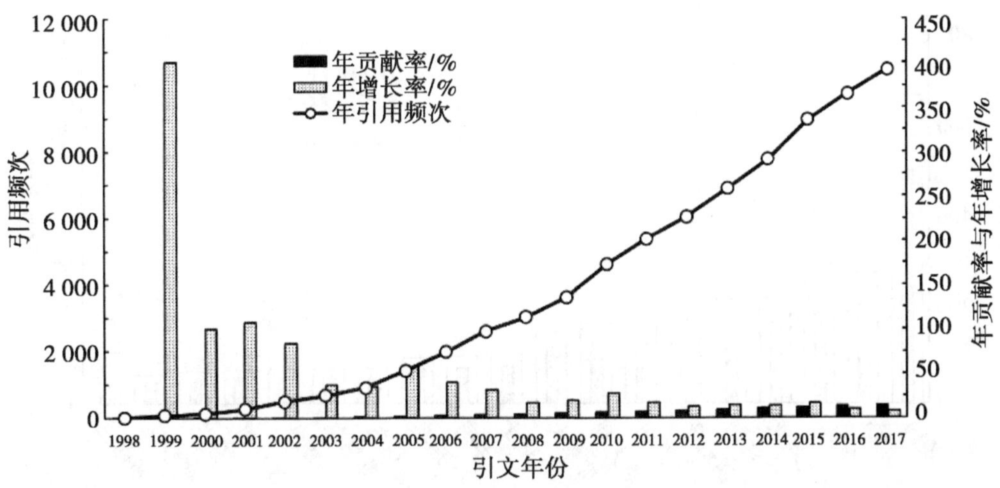

图 2 1998—2017 年全球关于生境异质性与生物多样性关系主题 SCI 论文引用频次

其 SCI 收录量分别为 669、282、277、226 与 222 篇。也只有这 5 个国家的发文量高于 200 篇，占 WOS 收录文献的 63.56%。文献量≥58 篇的国家与地区进入文献量排名前 20 的行列。其中，我国第 12 位，发文量 102 篇，贡献率 3.87%（图 3）。

在所属 2 451个发表论文机构中，贡献率>1%的机构有 12 家，分别是哥廷根大学（德国）、UFZ Helmholtz 环境研究中心（德国）、中国科学院（中国）、法国农业科学研究院（法国）、瑞典农业科技大学（瑞典）、澳大利亚国立大学（澳大利亚）、法国国家科学研究院（法国）、墨西哥国立自治大学（墨西哥）、美国地质调查局（美国）、赫尔辛基大学（芬兰）、俄勒冈州立大学（美国）、昆士兰大学（澳大利亚）。他们对应的发文量（贡献率）分别是 47 篇（1.78%）、40 篇（1.52%）、39 篇（1.48%）、39 篇（1.48%）、38 篇（1.44%）、30 篇（1.14%）、30 篇（1.14%）、30 篇（1.14%）、30 篇（1.14%）、28 篇（1.06%）、27 篇（1.02%）、27 篇（1.02%）。

2.3 研究队伍与作者影响力

全球关于生境异质性与生物多样性关系主题研究的 2 637篇 SCI 文献由 8 836位作者贡献，第一作者 2 356位，发表论文最多的 18 篇，核心作者 182 位（M=3.18，即 SCI 文献量≥3 篇的作者为核心作者）（刘雨芳，2016）。SCI 文献量≥10 篇的作者 14 位，4≤SCI 文献量<10 的作者 168 位。单篇被引用频次（Citation frenquncy，CF）最高 2 834次，年均被引用 177.13 次，是作者 Fahrig L. 于 2003 年发表于“Annual Review of Ecology Evolution And Systematics”杂志上题为“Effects of habitat fragmentation on biodiversity”（生境破碎化对生物多样性影响）的研究论文。CF≥1 000的论文 4 篇，500≤CF<1 000的论文 10 篇，100≤CF<500 的论文 179 篇，10≤CF<100 的论文 1 177篇，1≤CF≤9 的论文 1 007 篇，其中 CF=1 的论文 205 篇，CF=0 的论文 302 篇，占 11.45%。

19 篇文献成为相应学科方向的高被引论文，总被引 3 894次，篇均引用 204.95，H-index=17。其中在 Environmental Sciences Ecology（环境科学生态学）学科方向高被

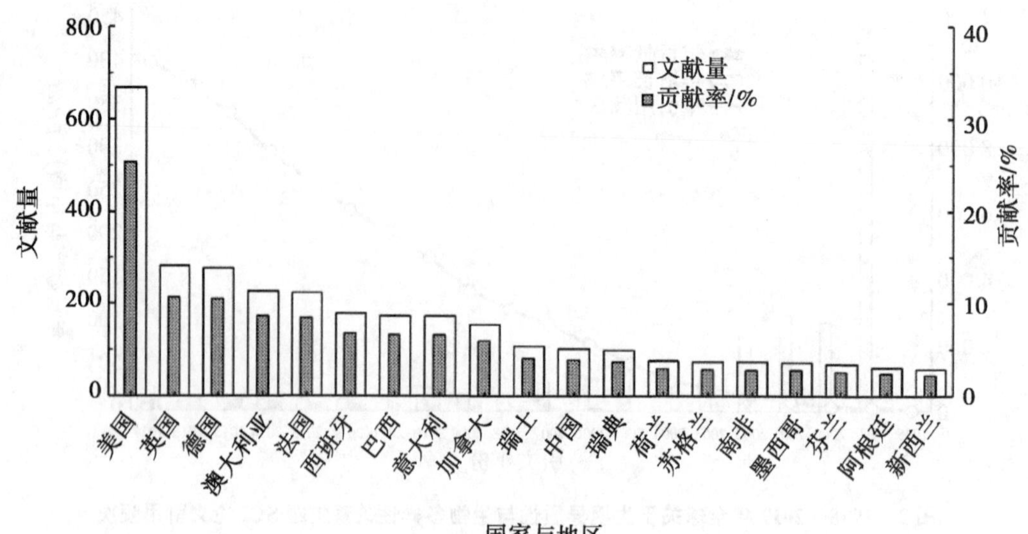

图 3　1998—2017 年全球关于生境异质性与生物多样性关系主题 SCI 论文排名前 20 的国家与地区

引论文最多，共 11 篇。

2.4　来源出版物与研究方向

2 637篇 SCI 文献的来源出版物 603 种类，收录贡献率≥1%的出版物有 19 种，其收录文献 1 028篇，占总文献量的 38.98%。被索引文献量≥26 篇的出版物进入前 20 位，其文献收录量 1 080篇，被收录文献量最高的是刊物 *Biodiversity and Conservation*，其文献收录量 117 篇，是唯一收录量高于 100 篇的出版物。

2 637篇 SCI 文献被归于 58 个学科或研究方向，其中发表文献量位于前 10 位的方向分别是 Environmental Sciences Ecology（环境科学生态学）、Biodiversity Conservation（生物多样性保护）、Marine Freshwater Biology（海洋淡水生物学）、Physical Geography（自然地理）、Zoology（动物学）、Forestry（林学）、Science Technology Other Topics（科学技术其他专题）、Agriculture（农学）、Entomology（昆虫学）、Oceanography（海洋学），其索引文献量分别为 1 610、599、354、183、159、153、151、145、132、115 篇。即全球关于生境与生物多样性研究所涉及的学科与研究方向非常广泛，内容丰富。

2.5　研究内容分布

对出现频次前 100 位的关键词进行人工清洗，合并实质等同的关键词，得到 95 个主题关键词，构建 95×95 的全列矩阵，共现分析得到研究内容分布图（图 4）。根据主题词相关性，确定 10 个核心主题词：habitat heterogeneity（生境异质性）、habitat complexity（生境复杂性）、habitat diversity（生境多样性）、landscape heterogeneity（景观异质性）、spatial heterogeneity（空间异质性）、environmental heterogeneity（环境异质性）、heterogeneity（异质性）、habitat（生境）、biodiversity（生物多样性）、diversity（多样性）。

图 4 展示了全球生境异质性与生物多样性研究主题的主要研究内容，重点体现在生

境状况及其管理，农业景观、生态功能与服务，种群生态学，群落生态学，森林景观、生物多样性保护与森林生境管理，遥感、GIS 技术应用及土地利用与监测，研究地域，重点涉及的动物种群与类群等方面。而与生境异质性研究密切联系的是相关主是景观异质性、空间异质性、环境异质性。

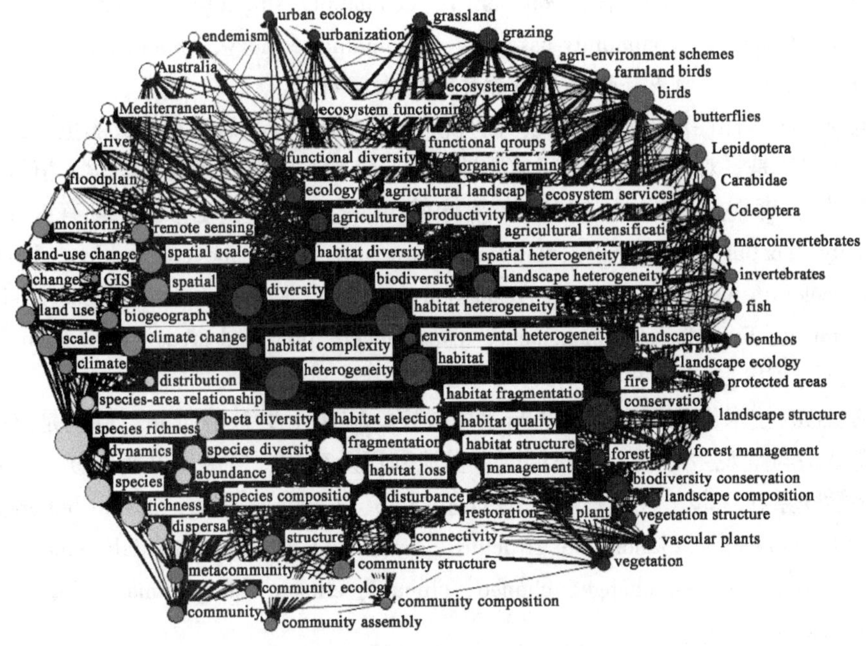

图 4　1998—2017 年生境异质性与生物多样性研究内容分布

2.5.1　生境状况及其管理研究

对于生境异质性、生境状况与管理研究，重点关注的内容有生境异质性，生境复杂性与多样性，生境结构与质量，生境选择，生境干扰与生境的破碎化、生境丧失、生境的连通性、修复与管理等。代表核心关键词有：habitat heterogeneity、habitat complexity、habitat diversity、habitat、habitat structure、habitat quality、habitat selection、disturbance、habitat fragmentation、fragmentation、habitat loss、connectivity、restoration、management 等。

2.5.2　农业景观、生态功能与服务研究

对于生物多样性研究，最终的目标是通过实施环境友好型的生态服务功能为农业生产及人居服务。因此，生境异质性研究与生物多样服务，多围绕农业景观，有机农业耕作、农业集约化与生产力，生态系统功能与服务、功能团与功能多样性、农业环境规划、城市化等内容开展研究。代表核心关键词有：agricultural landscape、agriculture、organic farming、agricultural intensification、productivity、ecosystem services、ecosystem functioning、functional diversity、functional groups、farmland birds、grassland、grazing、restoration、ecology、agri-environment schemes、urban ecology、urbanization 等。

2.5.3　种群与群落生态学研究

种群与群落生态学研究是生物多样性研究的基础与核心内容。种群生态学的研究重

点关注物种及物种多样性、丰富度、组成、分布、种群动态、迁移扩散、物种-面积关系等。其代表核心关键词有：species、species diversity、beta diversity、diversity、species richness、abundance、species composition、distribution、dynamics、dispersal、species-area relationship 等。群落生态学的研究重点关注群落结构与组成、群落动态、群落集成与连通性、其代表核心关键词有：community、community structure、structure、community composition、dynamics、community assembly、community ecology、connectivity 等。

2.5.4　森林景观、生物多样性保护与森林生境管理研究

林地与生物多样性保护密切相关，而且植被的结构与分布是景观构成的重要因子，被重点关注的内容是景观异质性、空间异质性、景观结构与组成、景观生态学、植被、生物多样性保护、森林与火、保护区与森林管理等。代表核心关键词有：landscape heterogeneity、spatial heterogeneity、landscape structure、landscape composition、landscape、landscape ecology、plant、vegetation、vegetation structure、vascular plants、biodiversity conservation、forest、fire、forest management、management、protected areas、restoration 等。

2.5.5　遥感、GIS 技术应用及土地利用与监测研究

遥感、GIS 技术作为研究的方法与手段被广泛应用于生态学研究，特别是空间异质性、景观结构与景观生态学、空间尺度、土地利用及变化、监测，并与气候、城市化与城市生态学联系在一起，代表核心关键词有：GIS、remote sensing、spatial heterogeneity、landscape heterogeneity、landscape structure、landscape ecology、spatial scale、spatial、scale、land use、land-use change、change、climate、climate change、monitoring、urban ecology、urbanization 等。

2.5.6　研究地域与重点涉及的动物种群与类群

生态学研究离不开研究地域与类型及指示生物种群或类群（群落），且常有一些特有分布区域与种类被研究。本主题研究中被重点关注的研究区域与类型有：澳大利亚、地中海、河流、冲积平原、草原、农业生（景观）与森林生境（景观），重要的指示生物种群或类群（群落）有：鸟类、鱼、鳞翅目、蝶类、鞘翅目、步行虫科、无脊椎动物与大型无脊椎动物、底栖动物等。Australia、Mediterranean、river、floodplain、grassland、agricultural landscape、forest、birds、farmland birds、fish、Lepidoptera、butterflies、Coleoptera、Carabidae、invertebrates、macroinvertebrates、benthos 等。

3　讨论

应用大数据与文献计量方法定量分析关于生境异质性与生物多样性研究所积累的科学研究数据，可发现该研究领域的科学规律、优秀研究者与团队、研究重点，及时了解该领域的研究动态。从 1998—2017 年 20 年的 SCI 文献计量分析，一方面，全球从事该领域研究的国家与机构较多，研究论文发表数量、论文被引用频次逐年迅速增加。另一方面，中国在从事生境异质性与生物多样性方面的研究较少，排名比较靠后，中国排在第 1 位的机构为中国科学院，在全球排名第 12 位，仅占 3.87%的贡献率，与全球第一名贡献率 25.37%相比，还有较大差距。

采用关键词频率与共现分析法可以归纳出研究领域的特点、规律及基本状况等，从

而得出该研究领域的重点和趋势（Keiser and Utzinger，2005；van Raan，2005；刘雨芳，2016，2017）。前100位核心关键词共现图分析表明，全球关于生境异质性与生物多样性研究，重点体现在生境、景观、环境与空间研究，重点关注的是农业生境（景观）与森林生境（景观）异质性状况及其管理；经典的种群生态学与群落生态学方法成为该领域研究的基础手段，昆虫类群成为重要的指示生物类群；遥感、GIS等技术被应用到生态学研究中，开展空间生态学研究，并用于监测土地利用变化、景观变化与生态功能及服务的改变。预计未来遥感、GIS、地图学、生物地理等学科方法将更深入地渗透到生态学研究中，促进宏观生态学的发展。我国在该领域的研究还有待进一步加强。

参考文献

侯笑云，宋博，赵爽，等．2015. 黄河下游封丘县不同尺度农业景观异质性对鞘翅目昆虫多样性的影响［J］. 生态与农村环境学报，31（1）：77-81.

林胜，杨广，尤民生，等．2010. 多作稻田生态系统对稻纵卷叶螟及其天敌功能团的影响［J］. 昆虫学报，53（7）：754-766.

刘雨芳．2016. 基于WOS文献计量的转Bt基因抗虫水稻研究国际动态分析［J］. 应用昆虫学报，53（3）：648-659.

刘雨芳．2017. 基于WOS与CSCD文献计量的中国昆虫学研究透视（2011—2016）［J］. 应用昆虫学报，54（6）：898-908.

王晶，吕昭智，殷飞．2016. 干旱区景观异质性对地表甲虫多样性的影响［J］. 环境昆虫学报，38（1）：67-76.

王润，丁圣彦，卢训令，等．2016. 黄河中下游农业景观异质性对传粉昆虫多样性的多尺度效应——以巩义市为例［J］. 应用生态学报，27（7）：2145-2153.

姚凤銮，尤民生．2017. 多样化种植调控稻田天敌功能团在生境间的移动［J］. 植物保护学报，44（6）：958-967.

张传溪．2015. 中国农业昆虫基因组学研究概况与展望［J］. 中国农业科学，48（17）：3454-3462.

周光霞，黄立新，臧晓蔚，等．2016. 生境异质性对鼎湖山常绿阔叶林群落功能多样性的影响［J］. 广西植物，36（2）：127-136.

Bonte D，Criel P，Vanhoutte L，*et al.* 2004. The Importance of Habitat Productivity，Stability and Heterogeneity for Spider Species Richness in Coastal Grey Dunes Along the North Sea and Its Implications for Conservation［J］. Biodiversity and Conservation，13（11）：2119-2134.

Carter S K，Vodopich D，Crumrine P W. 2018. Heterogeneity in body size and habitat complexity influence community structure［J］. Journal of Freshwater Ecology，33（1）：239-249.

Chen HB，Jiang W，Yang Y，*et al.* 2017. State of the art on food waste research：a bibliometrics study from 1997 to 2014［J］. Journal of Cleaner Production，140：840-846.

Giron D，Huguet E，Stone GN，*et al.* 2016. Insect-induced effects on plants and possible effectors used by galling and leaf-mining insects to manipulate their host-plant［J］. Journal of Insect Physiology，84：70-89.

Keiser J，Utzinger J. 2005. Trends in the core literature on tropical medicine：a bibliometric analysis from 1952-2002［J］. Scientometrics，62（3）：351-365.

Liu Y F，Sun L C，Jiang Y L. 2017. Bibliometric review of research on phytoplankton in water quality assessment [J]. Acta Ecologica Sinica, 37 (3): 165-172.

Liu Z, Yin Y, Liu W, *et al.* 2015. Visualizing the intellectual structure and evolution of innovation systems research: a bibliometric analysis [J]. Scientometrics 103, 135-158.

Maxime M, Donatello C, Romain R, *et al.* 2017. A survey on image-based insect classification [J]. Pattern Recognition, 65: 273-284.

Negro M, Palestrini C, Giraudo M T, *et al.* 2011. The effect of local environmental heterogeneity on species diversity of alpine dung beetles (Coleoptera: Scarabaeidae) [J]. European Journal of Entomology, 108 (1): 91-98.

Schuler M S, Chase J M, Knight T M. 2017. Habitat size modulates the influence of heterogeneity on species richness patterns in a model zooplankton community [J]. Ecology, 98 (6): 1651-1659.

van Raan A F J. 2005. For your citations only? Hot topics in bibliometric analysis [J]. Measurement: Interdisciplinary Research and Perspectives, 3 (1): 50-62.

水稻抗性蛋白 OsRRK1 的诱导*

马银花**，易松望，何雨航，谭显胜，金晨钟***
（湖南人文科技学院农业与生物技术学院，娄底 417000）

摘　要：水稻基因 *OsRRK*1（*Rop-interacting receptor-like kinase* 1）过量表达以后对褐飞虱的抗性增强，并且抗性程度与 *OsRRK*1 基因的表达量有关，转录组数据结果表明这个过程可能是通过激酶级联信号传递，也可能是通过转录因子调控。进一步了解具体抗性机理，还需要诱导和纯化出 OsRRK1 蛋白，然后对蛋白做进一步分析。

关键词：水稻；OsRRK1；抗性；诱导

Induction of Rice Resistance Protein OsRRK1*

Ma Yinhua**，Yi Songwang，He Yuhang，Tan Xiansheng，Jin Chenzhong***
（*school of agriculture and biotechnology*，*Hunan University of Humanities*，*Science and Technology*，*Loudi* 417000，*China*）

Abstract：The overexpression of rice gene *OsRRK*1（*Rop-interacting receptor-like kinase* 1）increased the resistance to brown planthopper，and the degree of resistance was related to the expression of OsRRK1 gene. Transcriptome data indicate that this process may be through kinase cascade signaling or may be regulated by transcription factors. To understand the specific resistance mechanism，we need to induce and purify the OsRRK1 protein，and then further analyze the protein.

Key words：Rice；OsRRK1；Resistance；Induction

1　研究背景

水稻是世界三大粮食作物之一，它的高产、稳产是中国粮食安全的重要保证（Khush，2005），然而，水稻在生长发育的各个阶段，都会受到各种外界环境因素的胁迫，其中病原菌和昆虫就是主要的生物类环境因素。据报道，已发现几百种昆虫可以取食水稻。褐飞虱就是其中为害最严重的一类害虫（刘万才等，2016）。大量使用化学农药防治害虫会导致农药残留、环境污染、生产成本增加，甚至导致褐飞虱“再猖獗”。而培育和种植抗虫品种才是世界上公认的防治病虫害最经济、最安全和最有效的手段。

* 基金项目：湖南省自然科学基金（2019JJ50281）；湖南省教育厅优秀青年基金（18B455）；娄底市应用技术与开发项目（33319013）；湖南人文科技学院 2017 年博士科研启动项目（82500178）

** 第一作者：马银花，讲师，主要从事水稻抗褐飞虱基因功能研究；E-mail：mayinhua1988@ 126. com
*** 通信作者：金晨钟，研究员，主要从事害虫综合防治研究；E-mail：hnldjcz@ sina. com

目前，已有30多个水稻抗褐飞虱基因被鉴定，其中8个抗褐飞虱基因被克隆，分别是*Bph*14、*Bph*3（*Bph*15）、*Bph*26、*Bph*29、*Bph*18、*Bph*9、*Bph*32和*Bph*6（Du *et al.*，2009；Liu *et al.*，2015；Tamura *et al.*，2014；Wang *et al.*，2015；Ji *et al.*，2016；Zhao *et al.*，2016；Ren *et al.*，2016；Guo *et al.*，2018）。随着多个水稻抗褐飞虱基因的克隆，其功能也日益清晰，从分子层面来看，水稻抗褐飞虱基因主要有两类：一类是编码定位于细胞膜上的受体类激酶，如*Bph*3和*Bph*15编码凝集素类受体激酶（Liu *et al.*，2015；Cheng *et al.*，2013），第二类是*Bph*14、*Bph*6和*Bph*9及其等位基因编码定位于细胞内的NB-LRR蛋白（Hu *et al.*，2017；Guo *et al.*，2018；Zhao *et al.*，2016）。但是，抗褐飞虱基因调控水稻抗褐飞虱的分子机理、调控途径仍需完善。因此，深入理解水稻抗褐飞虱的分子机理，阐明其抗虫分子途径，是解决我国褐飞虱防控的重要基础课题。

Cheng等报道的*OsLecRK*（*lectin-like receptor kinase*）是*Bph*15区间筛选得到的候选基因，参与对褐飞虱的抗性。用酵母双杂交筛选OsLecRK的互作蛋白，结果筛选到胞质受体细胞质激酶OsRRK1（Rop-interacting receptor-like kinase 1），*OsRRK*1基因过量表达以后对褐飞虱的抗性增强，并且抗性程度与OsRRK1基因的表达量有关，因此原核诱导表达并且纯化OsRRK1蛋白对其功能的研究尤为重要。本研究用OsRRK1全长ORF构建原核表达的载体，然后将其转入大肠杆菌BL21中进行诱导表达，分析不同时间诱导下的蛋白量，选择时间和温度最佳的进行大量诱导表达以及纯化，将纯化的蛋白送去公司制备抗体，对于研究基因功能意义重大。

2 研究内容

2.1 材料与方法

2.1.1 实验材料

PET28a骨架载体、大肠杆菌BL21菌株。

2.1.2 实验方法

（1）克隆*OsRRK*1基因的ORF序列，两端加上*Eco*RI酶切位点；

（2）将目的片段通过相应酶切位点连入PET28a骨架载体，转化TOP10感受态细胞，提取质粒DNA，检测正向连接的克隆；

（3）正向连接的质粒再转化到BL21感受态细胞中；

（4）将转化的单菌株（BL21）接种于LB液体培养基中，37℃培养过夜以获得饱和培养物；

（5）将饱和培养物以1：100的比例重新接入50mL新鲜LB液体培养基中，37℃ 200r/min摇菌2.5~3h；

（6）取5mL未诱导的菌液（放冰上），12 000g离心1min，弃去上清液（取1.5mL EP管反复离心沉淀菌块）加入2×上样buffer 100μL，混匀至冰上放置；

（7）在其余培养物中加入异丙基硫代半乳糖苷（IPTG）至终浓度为1mmol/L，进行诱导；

（8）每半小时取一次诱导菌液5mL（无菌台），迅速12 000g离心1min，弃去上清液，加入 2×上样 buffer 100μL，混匀至冰上；

（9）取 0、2、4、6、8 和 24h 六个时间段的菌液的蛋白提取液，100℃水浴变性。12 000g 离心 3min。-20℃保存，若保存时间过长，需重新变性及离心；

（10）事先做好 SDS-PAGE 胶，取 20μL 变性抽提液点样，20mA，跑到底部，大概 3~4h；

（11）拨胶，在染色皿中加入 100mL 考马斯亮蓝（0. 25%考马斯亮蓝 R-250、50%乙醇、7%乙酸），加盖，脱色摇床上染色 1h 以上；

（12）将染色液倒回贮存瓶，反复使用。在染色皿中加入 100mL 脱色液（现配），脱色摇床上摇数小时，其间换几次脱色液，至胶底色透明，照相。

2. 2 结果分析

将 PET28a-RRK1 转化大肠杆菌 BL21，分别在诱导前和诱导后 2h、4h、6h、8h 和 24h 取转化子培养液进行全菌体电泳分析，并以 PET28a 作为对照，如图 1 所示，RRK1-His 融合蛋白在 PET28a：RRK1 载体中的诱导表达量比较大，在 2h 就可以检测到融合蛋白的表达，4h 时增加，6h 时即可达到最大，8h 和 24h 与 6h 相比相差不是很明显。对照组 PET28a 载体中没有融合蛋白的表达。

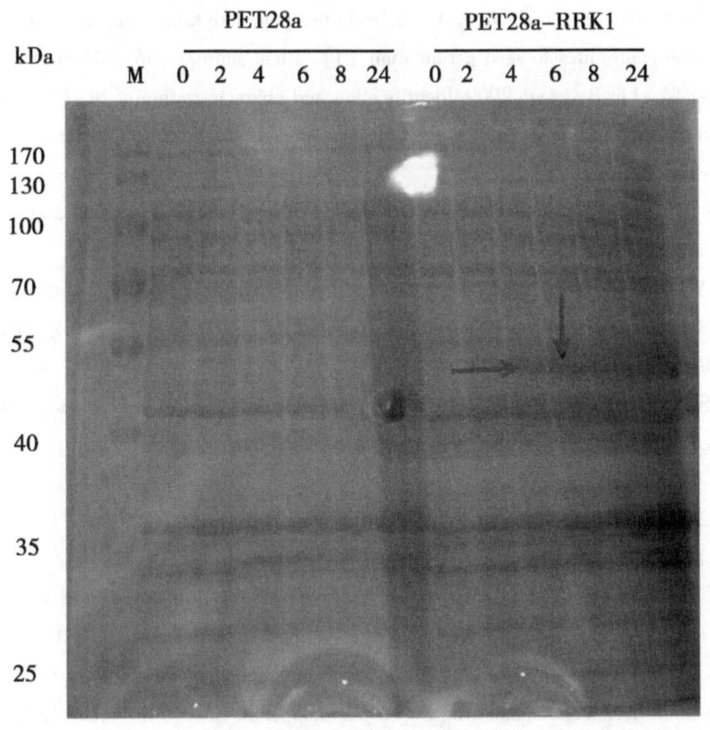

图 1 融合蛋白的诱导表达

注：泳道上的数字表明加入 IPTG 后的诱导时间（h）；箭头所示为表达的融合蛋白；M 表示蛋白质低分子量标准。

3 结论与讨论

OsRRK1 的 ORF 全长 1 179bp，编码 392 个氨基酸，蛋白分子量约为 50kDa，而载体 PET28a 上面的 His 标签大概 3kDa，因此本研究的目的条带大约是 53kDa，而图 1 中诱导出来的条带符合笔者预期。

在诱导温度方面，本研究用 28℃和 37℃两个温度，结果诱导的蛋白质量没有差别，图 1 显示的是 28℃诱导的结果，因此后续笔者用 28℃作为诱导时间，因为高温诱导菌体更容易突变，蛋白质更容易变性。

在诱导的时间方面，本研究除了 0h 对照外，一共选择了 5 个时间段，分别是 2h、4h、6h、8h 和 24h。图 1 结果显示在 6h 蛋白诱导量达到最大，后面再随着时间增加，蛋白诱导量没有变化，因此笔者后续用 6h 作为大量诱导蛋白质的时间。

参考文献

刘万才，刘振东，黄冲，等 . 2016. 近 10 年农作物主要病虫害发生为害情况的统计和分析［J］. 植物保护，42：1-9.

Cheng X，Wu Y，Guo J，*et al.* 2013. A rice lectin receptor-like kinase that is involved in innate immune responses also contributes to seed germination［J］. Plant Journal，76：687-698.

Du B，Zhang W，Liu B，*et al.* 2009. Identification and characterization of *Bph14*，a gene conferring resistance to brown planthopper in rice［J］. Proceedings of the National Academy of Sciences of the United States of America，106：22163.

Guo J，Xue C，Wu D，*et al.* 2018. Bph6 encodes an exocyst-localized protein and confers broad resistance to planthoppers in rice［J］. Nature Geneteics. 50，297-306.

Hu L，Wu Y，Wu D，*et al.* 2017. The coiled-coil and nucleotide binding domains of BROWN PLANTHOPPER RESISTANCE14 function in signaling and resistance against planthopper in rice［J］. Plant Cell，2017，29：3157-3185.

Ji H，Kim S R，Kim Y H，*et al.* 2016. Erratum：Map-based cloning and characterization of the *BPH18* gene from wild rice conferring resistance to brown planthopper（BPH）insect pest［J］. Scientific Reports，6：34376.

Khush G S. 2005. What it will take to feed 5. 0 billion rice consumers in 2030［J］. Plant Molecular Biology，59：1-6.

Liu Y，Wu H，Chen H，*et al.* 2015. A gene cluster encodinglectin receptor kinases confers broad-spectrum and durable insect resistance in rice［J］. Nature Biotechnology，33：301.

Ren J，Gao F，Wu X，*et al.* 2016. *Bph32*，a novel gene encoding an unknown SCR domain-containing protein，confers resistance against the brown planthopper in rice［J］. Scientific Reports，6：37645.

Tamura Y，Hattori M，Yoshioka H，*et al.* 2014. Map-basedcloning and characterization of a brown planthopper resistance gene *BPH26* from *Oryza sativa* L. ssp. *indica* cultivar ADR52［J］. Scientific Reports，4：5872.

Wang Y，Cao L，Zhang Y，*et al.* 2015. Map - based cloning and characterization of *BPH29*，a B3 domain-containing recessive gene conferring brown planthopper resistance in rice［J］. Journal of Experimental Botany, 66: 6035-6045.

Zhao Y, Huang J, Wang Z, *et al.* 2016. Allelic diversity in an NLR gene *BPH9* enables rice to combat planthopper variation [J]. Proceedings of the National Academy of Sciences of the United States of America, 113: 12850-12855.

以番茄为介导的南方根结线虫与烟粉虱的互作机制

李　姣[1*]，雷　楠[1]，郭洪刚[2]，戈　峰[2]，金晨钟[1,3**]
(1. 湖南人文科技学院农业与生物技术学院，娄底　417000；
2. 中国科学院动物研究所 农业虫鼠害综合治理研究国家重点实验室，北京　100101；
3. 湖南人文科技学院农药无害化应用重点实验室，娄底　417000)

摘　要：目前，多数研究集中在番茄与单一病虫害的相互作用机制方面，而自然情况下，番茄通常会同时受到地上地下多种不同植物病虫害的为害。为阐明番茄受到地上与地下病虫害同时侵染情况下，植物的应对策略，以及两者之间的相互作用关系。本研究以地下南方根结线虫和地上烟粉虱为研究对象，研究番茄介导的植物地上、地下病虫害的互作机制。结果发现，地下南方根结线虫侵染番茄后，通过快速诱导番茄叶片茉莉酸的诱导抗性，增加了番茄叶片的抗性，从而有效地降低了地上烟粉虱的发生。

关键词：南方根结线虫；烟粉虱；番茄；诱导抗性；互作机制

The Mechanism of Interaction between *Meloidogyne Incognita* and *Bemisia Tabaci* by Tomato-mediated Transformation[*]

Li Jiao[1*], Lei Nan[1,3], Guo Honggang[2], Ge Feng[2], Jin Chenzhong[1,3**]
(1. *College of Agriculture and Biotechnology*, *Hunan University of Humanities*, *Science and Technology*, *Loudi* 417000, *China*; 2. *State Key Laboratory of Integrated Management of Pest Insects and Rodents*, *Institute of Zoology*, *Chinese Academy of Sciences*, *Beijing* 100101, *PR China*; 3. *Key Laboratory of Pesticide Harmless Application*, *Hunan University of Humanities*, *Science and Technology*, *Loudi* 417000, *China*)

Abstract: Most research focused on the mechanism of interaction between the single disease or pest and tomato, however, the tomato was normally exposed to the danger of many different diseases and pest simultaneously. To clarify the tomato being under ground and underground pest infestation at the same time, the coping strategies of plants, as well as the interaction relationship between the two. In this paper, we conducted the mechanism of interaction between *Meloidogyne incognita* and *Bemisia tabaci* by tomato-mediated transformation. The results show that the resistance of tomato leaves was improved via the increase of induced defence in the jasmonic acid of tomato leaves when the tomato was infected by *Meloidogyne incognita*, consequently, the occurrence of *Bemisia tabaci* was effectively reduced.

---

* 第一作者，李姣，主要从事昆虫生态方向研究；E-mail：lijiao@ ioz. ac. cn
** 通信作者，金晨钟，主要从事农药无害化应用研究；E-mail：532479626@ qq. com

Key words: *Meloidogyne incognita*; *Bemisia tabaci*; Tomato; Induced defence; The mechanism of interaction

1 前言

番茄在我国具有重要的经济价值，在日常农业生产过程中经常会受到多种病虫害的侵害，严重影响番茄的食用和经济价值。其中，南方根结线虫是番茄的重要病原物之一，其侵染番茄后引起番茄根部细胞膨大，形成根瘤，影响番茄营养、水分的吸收，严重时会引起番茄的萎蔫死亡。

运用特定的抗性基因调节植物对病原物的防御策略是近代植物保护学重要的措施之一（Cook，2000）。其中，*Mi*-1 基因是现代农业生产中应用广泛的一个用于防治根结线虫病的抗性基因（Hammond and Parker，2003）。*Mi*-1 抗性基因通过杂交从其野生品种 *Lycopersicon peruvianum* 转入栽培番茄 *L. esculentum* 中，目前 *Mi*-1 抗性番茄，被普遍认为可以减少三种重要的根结线虫病的发生为害（花生根结线虫 *Meloidogyne arenari*、南方根结线虫 *M. incognita* 和爪哇根结线虫 *M. Javanica*），已经取得了重要的实际价值（Cortade *et al.*，2008）。番茄除了受到植物病原物的侵染，还受到昆虫的为害。昆虫按照不同的取食行为可以分为咀嚼式昆虫和刺吸式昆虫等，不同类型的昆虫取食植物，不仅可以造成直接的形态学的变化，也会引起植物生理水平的变化，如刺吸式昆虫，以植物汁液为食，并分泌唾液进入植物体内，引起植物内源性物质的变化（Zhou *et al.*，2009），Q 型烟粉虱是一种刺吸式的入侵性害虫，已经逐步取代我国本地类型烟粉虱，并成为我国番茄生产重要的害虫。Q 型烟粉虱以 3 种方式对植物造成为害：①直接取食植物；②分泌蜜露，引起植物煤污病；③传播植物病毒。烟粉虱共分 4 个龄期，卵，若虫，伪蛹，成虫。烟粉虱若虫、伪蛹以口针固着在叶片上，取食叶片汁液，并分泌蜜露，污染植物叶片，引起植物煤污病。同时，烟粉虱将携带有植物病毒的唾液分泌到植物韧皮部，使植物顶叶卷曲，叶片黄化，植株矮化等，严重影响植物生长发育（Kempema，2007）。

在自然情况下，番茄在地上叶片部分受到植物病虫害侵染的同时，其地下部分也同样受到病虫害的为害。植物地上、地下部分同时受到不同种病虫害侵染是否会产生相互影响？为此，本研究以植物地下病原物南方根结线虫和地上叶片刺吸式害虫烟粉虱为研究对象，阐明番茄受到地上与地下病虫害同时侵染情况下植物的应对策略，以及两者之间的相互作用关系。

2 材料与方法

2.1 植物的种植与管理

番茄种子（硬粉 8 号，来源于北京市农林科学院蔬菜花卉研究中心）用灭菌的土壤育苗，长出第二片真叶时（出苗一个星期左右）移栽于花盆中（16cm×13cm），并用纱网罩隔离，用以排除外界其他昆虫对实验结果的影响，直到长到 3~4 叶期进行下一步实验。挑选长势较一致的 560 株番茄幼苗，平均分配到 8 个培养室内（每个培养室内包含 70 棵番茄植株)，每个培养室作为一个生物重复。每个培养室内的 70 棵番茄植株分为两组：A 组用于接种根结线虫（共 35 棵番茄），B 组用作空白对照（共 35 棵番茄），A、B 组分别用长×宽×高 150cm×100cm×80cm 的纱网罩隔离排除外界其他昆虫对实验结果的影响。接种一段时间后，确保植物已经成功感染根结线虫后，从 A、B 组内选取一定数量的番茄接种烟粉虱，A 组和 B 组内的其余植株不接种烟粉虱。

2.2 南方根结线虫种群的采集

南方根结线虫 4 月初，在山东济南大棚内采集土样，后期通过浅盘法分离线虫(毛小芳等，2004)。浅盘分离装置主要由两只不锈钢浅盘组成，其中口径略小的一只底部为粗网筛，放在另一只浅盘上面。将两层纱布打湿铺于筛盘上，把样品碾碎置于筛盘纱布上，慢慢注入清水，使水浸没样品。分离结束后，移去筛盘，把大盘内的分离液集中于小烧杯内。小烧杯内的线虫分离液可通过自然沉降或离心机（1 500 r/min，2~3min）浓缩 5mL 水中，得到根结线虫浓缩液，并混匀，吸取其中 1mL 样品，镜检计数。

2.3 南方根结线虫的接种和侵染率调查

将得到的 5mL 根结线虫浓缩液加水稀释，得到 2 800mL 稀释液，预计每 10mL 稀释液约含有 2 000 条根结线虫。从每个处理室内选择一个网罩接种 10mL 稀释液（即约 2 000 条根结线虫）接种 6 周后，取植物根部计算根瘤数。

2.4 烟粉虱实验种群的建立

用于本次实验的 Q 型烟粉虱种群由中国农业科学院蔬菜花卉研究所张友军研究员研究组提供。

实验种群的建立：用多盆干净无污染的 6~7 叶期的洁净甘蓝放入养虫笼内用于繁殖烟粉虱种群，将干净 Q 型烟粉虱虫源放入到养虫笼内，用于扩繁种群。用洗耳球将甘蓝上扩繁得到的烟粉虱成虫吹至用于种群建立的无污染的棉花苗（4~6 叶）上，用于种群的进一步扩繁。10 天后，抖掉棉花上的烟粉虱成虫，将这些已产有大量烟粉虱卵的棉花苗移出，并且放入新的养虫笼，同时放入 5~6 片的棉花幼苗进行安全续代。在无污染的棉花上连续续代培养 2 代以用于试验使用。烟粉虱饲养在中国科学院动物研究所种群生态与全球变化研究组小汤山基地，皆在自然条件下饲养。

2.5 烟粉虱选择性试验

选取接种根结线虫 2 周后的番茄，将其放置于事先制作好的“Y”型管改装装置内，向其中吹入 100 只烟粉虱，任其自由选择 2h 后，然后计算接种与未接种番茄上的烟粉虱数量。

2.6 烟粉虱接种与种群调查

将带有烟粉虱卵的棉花幼苗，放入无污染的番茄幼苗养虫笼中，让其自然孵化，并移除棉花植株，让其在番茄幼苗上驯化 24h。驯化后的烟粉虱用于种群调查实验。

根结线虫侵染 2 周后，每个培养室内选取 30 棵长势均一的番茄苗，用于烟粉虱种群调查实验，用吸虫管吸取烟粉虱成虫 5 对（5 雌 5 雄）置于夹叶笼内，选取上部幼嫩叶片，让其自由产卵 24h。24h 后将夹叶笼取下及其笼内的烟粉虱，并在叶片接虫部位做记号。接虫 15 天后，将夹叶笼夹在同一植株的同一叶片上；接虫 21 天后进行种群调查，包括卵、若虫、伪蛹、成虫调查。

2.7 番茄生物量与株高调查取样

分别从不同处理室内选取植物处理 6 周后，分别测定其株高以及生物量。分别从每个处理室中随机抽取 20 株番茄用于测定，共 160 棵番茄，并求其平均值作为株高指标。株高通过卷尺测定（从顶端的新长出的第三片真叶算起到露出土壤的茎的距离）；生物量用天平测定番茄地上部分的整体生物量。同时，从两个处理的 8 个处理室分别选取 5 株植株，并将其顶尖刚长出但又完整的植物叶片取样，并立即放置于液氮内保存。

2.8 植物激素与 RNA 的测定

0.5g 新鲜番茄叶片置冰上，加入2 000μL 萃取液（(2：1：0.005=异丙醇：水：浓盐酸）研磨成为匀浆，转移至 5mL 的离心管中。加入内标样品 d4-SA（40 ng）、d5-JA（15ng）、d6-ABA。将样品放在低温摇床上摇 30min 后，加入 1.5mL 二氯甲烷，放在低温摇床摇 30min，然后高速离心，13 000×g，离心 5min。样品分为三层，弃上层和残渣，用注射器吸取下层约 1.5mL 液体转移至新的 2mL 离心管内。放置于吹干仪上吹干，或者自然晾干。晾干后，用 200μL 甲醇水溶液重溶吹干后的样品（如果重溶后样品有沉淀可以再次离心，13 000g，3min），吸取离心后溶液 150μL 转移至内衬管内，5μL 上样。

使用 Trizol 方法（于寒松等，2005）提取 RNA，50~70mg 新鲜的植物样品液氮研磨，加入 1mL 的 trizol 细胞碎裂液，转移入离心管进行，然后用涡流振荡器充分匀浆 1~2min，得到匀浆液。室温放置 5min，使其充分裂解。进行高速离心，12 000r/min，5min，放弃沉淀。按照 200μL 氯仿/mL Trizol 的比例加入三氯甲烷，轻微振荡混匀样品，室温静置 15min。进行高速低温离心，4℃，12 000g，15min。样品分层，吸取上层水相，移入新的离心管中，根据比例加入异丙醇充分混匀，室温放置 10min。然后 4℃ 12 000g 离心 10min，弃上清，RNA 沉于管底。按比例加入 75%的用 DEPC［二乙基焦炭酸酯］水稀释的乙醇，温和振荡离心管，悬浮沉淀。清洗 RNA 沉淀，反复重复两次，4℃ 8 000g 离心 5min，弃上清。晾干沉淀，然后用 DEPC 水重溶，55~60℃，5~10min，得到 RNA，用于后期测定。

2.9 数据处理与分析

原始数据输入 Excel，通过 SPSS（高忠江，2008）对不同处理之间的差异显著行进行分析，烟粉虱种群动态数据采用 one-way anova（单因素方差分析）分析，植物的生长指标和水杨酸，茉莉酸含量。显著性水平 $P \leqslant 0.05$。

3 结果与分析

3.1 南方根结线虫对番茄的影响

实验数据表明，番茄被南方根结线虫侵染后，其株高显著降低了（图 1），未受侵染的番茄株高有 45cm，而被南方根结线虫侵染后，番茄株高仅约 40cm。但根茎比数据表明（图 2），南方根结线虫侵染番茄后，番茄植株根茎比更高，即在南方根结线虫侵染情况下，与茎相比，植株根的比重更高。综合番茄生长指标，植株在受到南方根结线虫侵染情况下，植株株高明显降低，根茎比明显升高，说明南方根结线虫侵染会显著影响到植物地上部分生长发育。

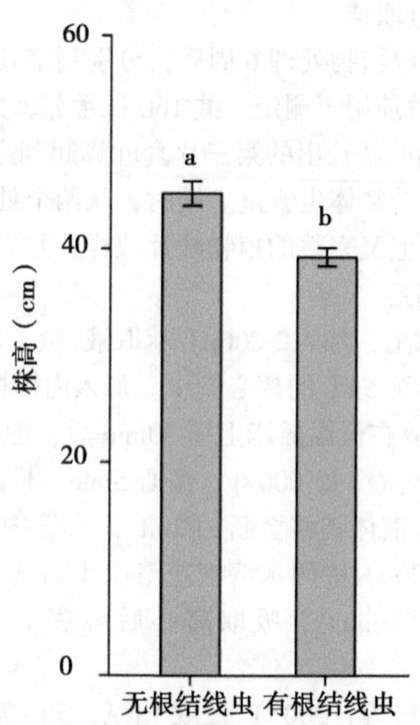

图1　线虫对番茄株高的影响

注：字母不同表示经新复极差检验，处理间差异显著，$P<0.05$

3.2　南方根结线虫对烟粉虱的选择性的影响

如图3所示，在四次选择性试验中，更多的烟粉虱选择未接种南方根结线虫的番茄植株，而趋避了接种南方根结线虫的植株。由此可见，南方根结线虫侵染不仅影响了地上植物的生长发育，还影响了植食性昆虫烟粉虱对于寄主的选择性，与被南方根结线虫侵染的番茄植株相比，烟粉虱更喜欢未受侵染的番茄植株。

3.3　南方根结线虫对烟粉虱的种群数量的影响

调查数据表明，在有南方根结线虫侵染的番茄植株上，烟粉虱的种群数量更少（图4）。与前面的选择性实验一致，当烟粉虱定植于被侵染的植株上以后，烟粉虱的生长发育受到了影响，最终导致其自身种群数量的降低。南方根结线虫的侵染不仅影响了烟粉虱对寄主的选择，同时还降低了烟粉虱在番茄上的生长发育。说明地下南方根结线虫的侵染不利于地上叶片害虫烟粉虱的发生。

3.4　南方根结线虫侵染番茄对其叶片诱导抗性的影响

如图5、图6所示，南方根结线虫侵染番茄后，番茄叶片的茉莉酸、水杨酸含量均显著高于未受到南方根结线虫侵染的番茄的含量。植物地下部分受到侵染以后，植物叶片的诱导抗性增高了。因此，番茄被南方根结线虫侵染后，可能通过增高叶片的诱导抗性而不利于烟粉虱的发生。

3.5　南方根结线虫侵染番茄对其叶片抗性基因表达的影响

对被南方根结线虫侵染的番茄叶片抗性基因测定结果表明（图7至图10）：番茄叶片的茉莉酸途径上的两个基因 *LOXD*（脂肪氧化酶），*PI*（蛋白质抑制剂）和乙烯途径的基

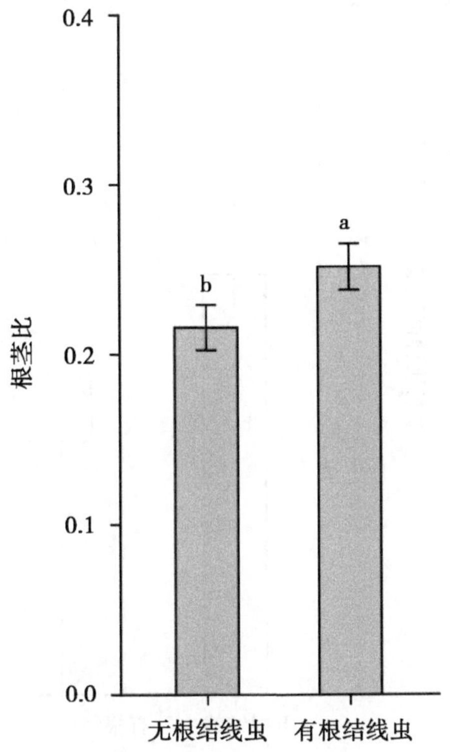

图 2　线虫对番茄植株根茎比的影响

注：字母不同表示经新复极差检验，处理间差异显著，$P<0.05$

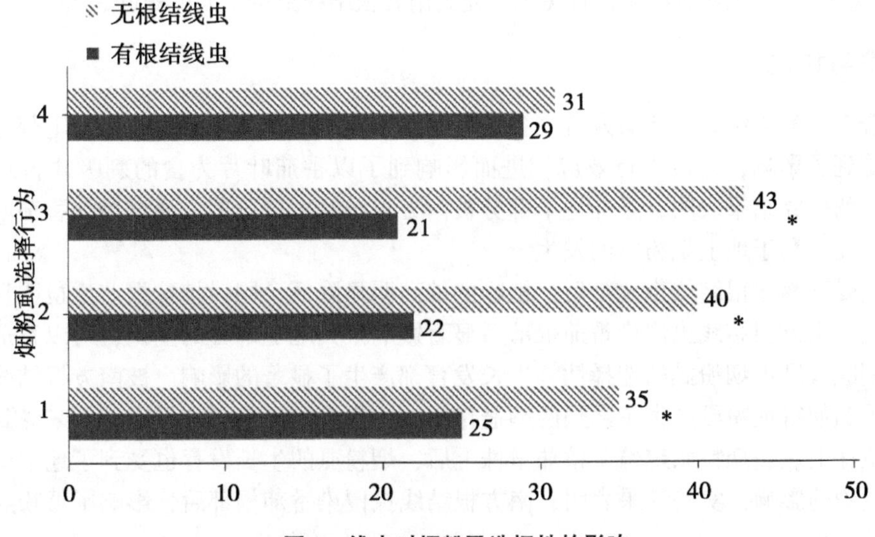

图 3　线虫对烟粉虱选择性的影响

注：＊表示显著性差异

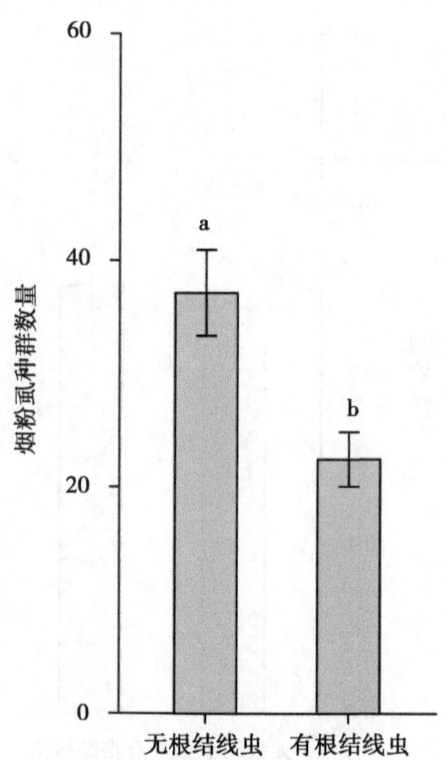

图4　线虫对烟粉虱种群数量的影响

注：字母不同表示经新复极差检验，处理间差异显著，$P<0.05$

因*ACO*（ACC氧化酶）在被南方根结线虫侵染后显著上升。同时水杨酸途径上的基因*PR*（病程相关蛋白），也显著增高，且高于未受到南方根结线虫侵染的植株近3倍。

4　结论与讨论

结合多个实验结果，笔者发现当番茄受到南方根结线虫侵染后，植物地上部分的生长发育受到了影响，通过下行效应，进而影响到了以番茄叶片为食的刺吸式害虫烟粉虱。笔者的研究结果表明，番茄地下部分被南方根结线虫侵染后，通过增加番茄叶片的诱导抗性而不利于地上烟粉虱的发生。

番茄受到南方根结线虫侵染后，植物的株高明显降低，同时植株根茎比也明显高于正常情况。南方根结线虫侵染番茄根部后显著影响了其地上部分的生长，对以番茄叶片为食的刺吸式昆虫烟粉虱的选择性和生长发育都产生了显著的影响。被南方根结线虫侵染后的番茄使得烟粉虱产生了强烈的趋避作用——更多的烟粉虱选择定殖于未受到侵染的番茄植株上。当烟粉虱定殖于番茄植株上后，烟粉虱的生长发育也受到了地下南方根结线虫侵染的影响，实验结果表明，南方根结线虫侵染番茄根部后，影响了烟粉虱的定殖和扩繁过程。

为了进一步探究，南方根结线虫如何影响以植物地上叶片为食的烟粉虱，本研究对植物两个重要的诱导防御途径（Jones，2006）水杨酸途径和茉莉酸途径进行了测定，

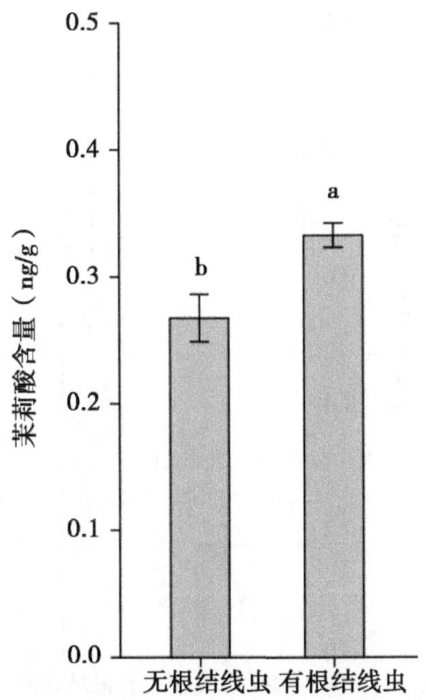

图 5　线虫侵染对番茄叶片中茉莉酸含量的影响

注：字母不同表示经新复极差检验，处理间差异显著，$P<0.05$

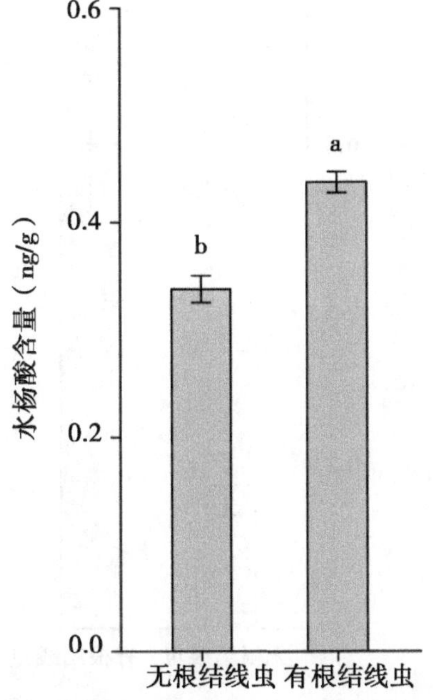

图 6　线虫侵染对番茄叶片中水杨酸含量的影响

注：字母不同表示经新复极差检验，处理间差异显著，$P<0.05$

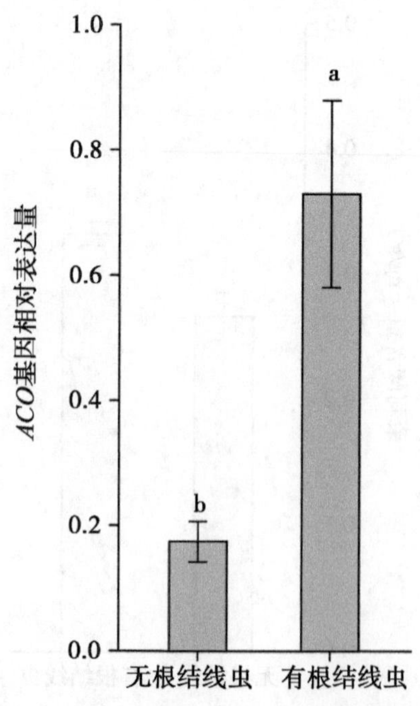

图 7　线虫侵染对番茄叶片中 *ACO* 表达的影响

注：字母不同表示经新复极差检验，处理间差异显著，$P<0.05$

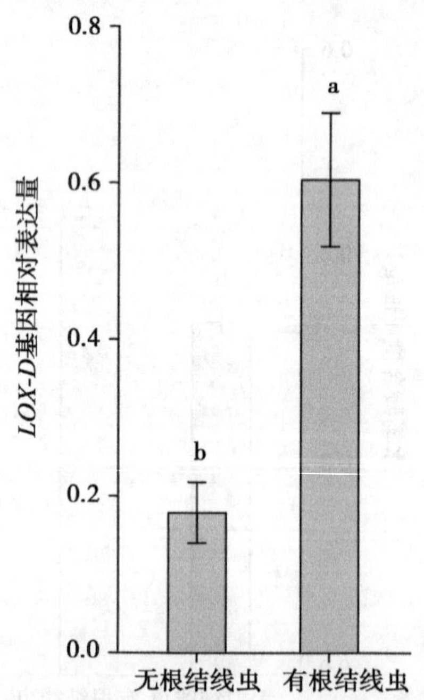

图 8　线虫侵染对番茄叶片中 *LOXD* 的表达影响

注：字母不同表示经新复极差检验，处理间差异显著，$P<0.05$

结果发现，在存在根结线虫侵染取食的情况下，植物叶片的水杨酸、茉莉酸含量都显著

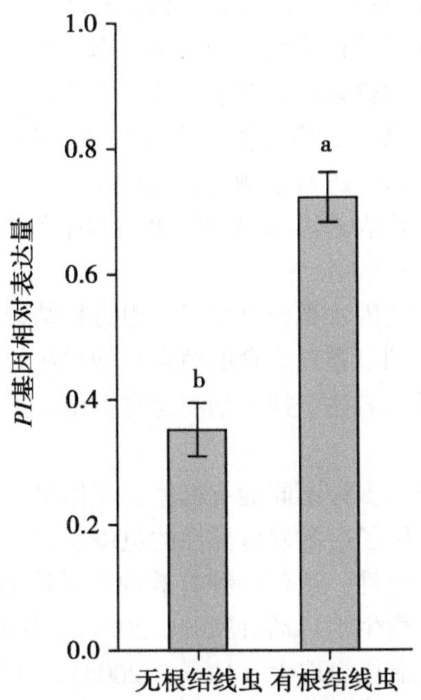

图 9　线虫侵染对番茄叶片中 *PI* 表达的影响

注：字母不同表示经新复极差检验，处理间差异显著，*P*<0. 05

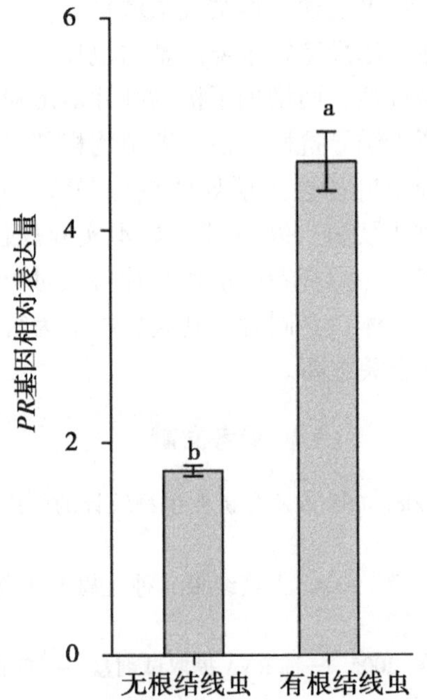

图 10　线虫侵染对番茄叶片中 *PR* 表达的影响

注：字母不同表示经新复极差检验，处理间差异显著，*P*<0. 05

高于未受到侵染的植株。在组织水平上得到了初步的结论，南方根结线虫侵染植物根部后，植物叶片水杨酸、茉莉酸途径得到上调表达，而不利于烟粉虱的发生。同时本研究在基因水平上也得到了一定的验证，选取水杨酸和茉莉酸途径上的3个不同的基因，分别是茉莉酸途径上的*LOXD/PI*、乙烯途径上的*ACO*和水杨酸途径上的*PR*，并对3个基因在不同实验处理下的表达水平进行了测定，实验结果表明，在南方根结线虫侵染下，植物叶片多条诱导抗性途径代表基因都得到的更高水平的表达，与前面得到的水杨酸、茉莉酸组织水平上的数据相一致。

综合以上一系列组织和基因水平研究成果，南方根结线虫侵染番茄后，通过影响番茄的内源性物质，进而影响到以番茄为食的植食性烟粉虱的生长发育；通过增加番茄诱导抗性水杨酸、茉莉酸途径的表达，抑制烟粉虱在被南方根结线虫侵染后的番茄上的种群的发生。

自然状态下，植物根部与多种不同的有机体相互作用，包括有益微生物和有害微生物，植物受到这些侵染后，除了会激发特异性的免疫反应，还会诱导产生诱导抗性，诱导抗性经常作为一种系统性抗性，达到一种有效的广谱性的抗性（Masters，2001）。诱导抗性可以被一些有益有害微生物启动（Pozo，2004），诱导抗性的产生需要诱导抗性化合物，如蛋白酶抑制剂抵制昆虫取食（Howe，2004），病程相关蛋白抵御病原物侵入（Van Loon，2006），吸引寄生物和捕食者的挥发物（Dick，2003）。目前，研究比较透彻的诱导抗性是系统获得性抗性，如细菌诱导的系统获得抗性（Durrant，2004）和根瘤菌诱导的获得性抗性（Van Loon，1998）。植物激素水杨酸、茉莉酸、乙烯在诱导抗性中至关重要。笔者的实验结果发现，根结线虫取食后，叶片水杨酸、茉莉酸含量显著升高，而且水杨酸、茉莉酸、乙烯途径重要的基因也显著升高，说明南方根结线虫侵染后，诱导植物叶片产生诱导抗性，而增加了植物叶片对烟粉虱的抗性。

本研究结果进一步验证了诱导抗性假说，即植物根部受到根结线虫侵染后，诱导植物根部产生诱导抗性，与地上叶片昆虫诱导的抗性一致，致使植物叶片抗性增加。然而，本研究也存在很多问题需要进一步阐述，如本实验仅仅研究了植物根部受到为害后，对植物叶片害虫的影响，并没有考虑植物叶片害虫对于植物根部抗性以及营养的影响。植物根茎作为一个完整整体，会同时受到病虫害的为害，这种植物地上、地下的交互作用对于将来的害虫防治至关重要。

参考文献

高忠江，施树良，李钰．2008. SPSS 方差分析在生物统计的应用［J］. 现代生物医学进展，11：2116-2120.

毛小芳，李辉信，陈小云，等．2004. 土壤线虫三种分离方法效率比较［J］. 生态学杂志，3：149-151.

于寒松，彭帅，谢远红，等．2005. 一种 RNA 提取试剂盒——TRIZOL 的使用方法初探［J］. 食品科学，11：19-22.

Cook R J. 2000. Advances in plant health management in the twentieth century［J］. Annual Review of Phytopathology，38：95-116.

Cortada L，Sorribas F J，Ornat C，Kaloshian I. 2008. Variability in infection and reproduction of Meloidogyne javanica on tomato rootstocks with the Mi resistance gene [J]. Plant Pathology, 57: 1125–1135.

Dicke M. *et al.* 2003. Plants talk, but are they deaf [J]. Trends Plant Sci. 8: 403–405.

Durrant W E. 2004. Systemic acquired resistance [J]. Annu. Rev. Phytopathol. 42: 185–209.

Hammond – Kosack K E, Parker J E. 2003. Deciphering plant – pathogen communication: fresh perspectives for molecular resistance breeding [J]. Current Opinion in Biotechnology 14: 177–193.

Howe G A. 2004. Jasmonates as signals in the wound response [J]. Plant Growth Regul, 23: 223–237.

Jones J D G, Dangl J L. 2006. The plant immune system [J]. Nature, 444: 323–329.

Kempema L A, *et al.* 2007. Arabidopsis transcriptome changes in response to phloem–feeding silverleaf whitefly nymphs. Similarities and distinctions in responses to aphids [J]. Plant Physiol. 143, 849–865.

MASTERS G J, JONES T H, ROGERS M. 2001. Host–plant mediated effects of root herbivory on insect seed predators and their parasitoids [J]. Oecologia, 127: 246–250.

Pozo M J, *et al.* 2004. Jasmonates–signals in plant–microbe interactions. [J]. Plant Growth Regul, 23: 211–222.

Van Loon L C, *et al.* 1998. Systemic resistance induced by rhizosphere bacteria [J]. Annu. Rev. Phytopathol., 36: 453–483.

Van Loon L C, *et al.* 2006. Significance of inducible defense–related proteins in infected plants. [J]. Annu. Rev. Phytopathol, 44: 135–162.

Zhou X P, Zhang H, Gong H R. 2009. Molecular characterization and pathogenicity of tomato yellow leaf curl virus in China [J]. Virus Genes, 39: 249–255.

中国苜蓿害虫及其天敌功能团多样性分析*

吴永美[1**]，刘　洋[2]，魏仲珊[2]，张志飞[3***]，王　星[***]
(1. 湖南农业大学植物保护学院/植物病虫害生物学与防控湖南省重点实验室，长沙　410128；2. 湖南德人牧业科技有限公司，常德　415921；3. 湖南农业大学农学院，长沙　210128)

摘　要：苜蓿是当今世界分布最广的栽培牧草，苜蓿害虫种类繁多，严重威胁着畜牧养殖业。经过实地调查并结合相关文献对我国苜蓿害虫及其天敌物种多样性和功能团分析，将苜蓿害虫划分为6个功能团，将天敌划分为2个功能团。结果显示：我国苜蓿害虫有301种，隶属于7目50科205属，其中以鳞翅目和鞘翅目种类最多，而功能团中则以食茎叶类害虫种类最丰富；苜蓿害虫自然天敌有68种，隶属于8目26科48属，以鞘翅目为主的捕食性天敌种类最多。本文总结了苜蓿上的害虫及其天敌数据并按功能团进行分析，旨在为苜蓿害虫的综合防治提供一定的参考依据。

关键词：苜蓿；害虫；天敌；功能团

Diversity Analysis of Functional Groups on Major Pests and Natural Enemies of Alfalfa in China

Wu Yongmei[1 **], Liu Yang[2], Wei Zhongshan[2], Zhang Zhifei[3 ***], Wang Xing[1 ***]
(1. *College of Plant Protection, Hunan Agricultural University/Hunan Provincial Key Laboratory for Biology and Control of Plant Diseases and Insect Pests, Changsha* 410128, *China*; 2. *Hunan Deren Husbandry Science and Technology Ltd.*, *Changde* 415921, *China*; 3. *Agricultural College of Hunan Agricultural University*, *Changsha* 410128, *China*)

Abstract: Alfalfa is the most widely distributed cultivated pasture in the world, with a wide variety of pests, which seriously threaten the animal husbandry industry. Based on field investigation and relevant literatures, species diversity and functional group analysis of alfalfa pests and their natural enemies in China were analyzed, and six functional groups of pests and two groups of natural enemies were divided. The results showed that, there were 301 pests in China belonging to 7 orders, 50 families and 205 genera, which mainly in Lepidoptera and Coleoptera, and the stem/leaf-feeding pests had highest species diversity in all functional groups. Additionally, there were 68 natural enemy species belonging to 8 orders, 26 families and 48 genera, which mainly in predatory enemies of Coleoptera. This paper should provide a reference for the comprehensive prevention and control of alfalfa pests.

Key words: Alfalfa; Pests; Natural Enemies; Functional Groups

---

* 基金项目：湖南农业大学与湖南德人牧业科技有限公司合作研究项目
** 第一作者：吴永美；硕士研究生，主要从事害虫综合治理相关研究；E-mail：1254557674@ qq. com
*** 通信作者：张志飞，教授，主要从事牧草相关研究工作；E-mail：zhangzf@ hunau. edu. cn
王星，教授，主要从事昆虫系统分类学研究工作；E-mail：wangxing@ hunau. edu. cn

苜蓿为苜蓿属多年生豆科植物，是世界上栽培最广泛、栽培历史最久、经济价值最高的牧草，具有产草量高、适应性强和草质优良等特点，同时营养丰富、适口性好、易于家畜消化，又能改良土壤，被誉为“牧草之王”（张春梅等，2005；韩凤英等，2012）。苜蓿主要用来制作干草、青贮饲料或用作放牧草地，可以提高动物的消化率，促进畜禽的生长，增强机体的免疫等（许庆方等，2007）。畜牧业在我国占着举足轻重的地位，以草代粮，不仅可提高农民收入、优化农业产业结构，还可促进农牧业的协调持续发展，因此苜蓿在畜禽养殖中发挥着越来越重要的作用（张春梅等，2005；石志芳等，2018）。

苜蓿由于其多年生、枝叶茂盛、营养价值高等生物学特性，为节肢动物提供了一个相对稳定、适宜的生存环境，被誉为“昆虫资源库”，为维持生态平衡发挥着重要的作用（张蓉等，2003；韩凤英等，2012；朱猛蒙等，2013）。但随着苜蓿的大面积种植也为一些优势害虫提供了有利的暴发环境，造成了巨大的经济损失，严重制约了苜蓿产业的发展，挫伤了农民的积极性。对苜蓿节肢动物进行多样性研究可以了解群落内部自我调控机制，为害虫的防治提供一定的参考依据，有利于促进苜蓿的生产。国外已有对豌豆蚜（Bommarco *et al.*，1996；Cuperus *et al.*，1982）、苜蓿斑蚜（Elliontt *et al.*，2002）、马铃薯小绿叶蝉（Lefko *et al.*，2000）等多种主要害虫的种群规律、生态特性及经济阈值等进行了比较系统的研究。吴永敷等（1990）针对苜蓿主要害虫蓟马的生活史、生物学规律进行了研究，指出了呼和浩特地区蓟马发育繁殖的最适平均气温是20~25℃，相对湿度是60%~70%。杨贵军等（2015）调查了宁夏盐池的苜蓿—荒漠草地交错带步甲昆虫的多样性，结果表明步甲的物种多样性和均匀度沿苜蓿草地、边缘到荒漠草地依次升高，步甲个体数量沿苜蓿草地、边缘到荒漠草地则依次降低，且差异显著。张青文等（1999）和鲁挺等（1988）分别开展了不同授粉昆虫对牧草传粉效率及其增产能力的研究，指出苜蓿上的优势传粉昆虫为切叶蜂和地蜂，苜蓿切叶蜂在田间授粉扩散行为的结果是由其主动扩散与风的相互作用造成的。苜蓿种群的变化和种植方式在一定程度上也能影响昆虫群落的结构，如苜蓿的刈割对不同害虫种群的数量有着显著的影响，其中对苜蓿斑蚜、豌豆蚜和蓟马的控制效果非常明显（刘长仲等，2008）；而苜蓿品种的混播也能有效调控蚜虫的种群密度，提高苜蓿产量（马建华等，2017）。此外，Ximenez-Embun 等（2014）对苜蓿豆蚜捕食性天敌（瓢虫、食蚜蝇、蜘蛛）的时间、空间分布格局进行了研究，证明了天敌的时空格局与豆蚜在苜蓿上的分布有关。本文主要对苜蓿害虫、天敌及其功能团进行统计分析，旨在为苜蓿害虫的综合防治提供一定的参考依据。

1 材料与方法

1.1 研究材料

本研究材料主要来源于2016年张奔等（2016）总结的我国苜蓿害虫种类和天敌数据，并结合我国部分省份苜蓿昆虫名录、《中国农作物病虫害》、各大网络数据库及相关期刊文献中已报道的苜蓿害虫及其天敌数据（张金勇等，2016；孙骊珠等，2016）。

1.2 研究方法

功能团（Functionl group）又称同资源种团，由 Root 提出的概念，是指以相似方式利用相同等级的生境资源的一个类群的物种（Root *et al.*，1967）。参考郝树广等（1998）、黄衍章等（2004）的研究方法，根据苜蓿地害虫及其天敌的营养结构，将一些在取食行为及其所处的生境相似的种类所处的营养层划分为同一个功能团来分析，从而简化物种间复杂的网络关系。

2 结果与分析

2.1 苜蓿害虫及其天敌物种多样性

经过调查和对已报道的苜蓿害虫及其天敌数据的整合和统计，结果显示：我国已知的苜蓿害虫种类共301种，隶属于7目50科205属，分别是：鳞翅目（Lepidoptera）有15科87属121种，占总种数的40.20%；鞘翅目（Coleoptera）有12科66属110种，占总种数的36.54%；半翅目（Hemiptera）有10科29属35种，占总种数的11.63%；其他4目的害虫种类则相对较少。就科级阶元来说，苜蓿害虫以鳞翅目夜蛾科的种类最多，达61种，占总数的20.27%；鞘翅目中以鳃金龟科害虫种类最多，有25种，占了总种数的8.31%，其次是叶甲科，有24种，占了7.97%；缨翅目中以蓟马科的害虫为主，有11种苜蓿蓟马，占了总数的3.65%；半翅目中蝽科与盲蝽科都有8种害虫，各占2.66%（表1）。

表1 苜蓿害虫中种类较多的科

目	昆虫科	物种数	占比	目	昆虫科	物种数	占比
鳞翅目 Lepidoptera	夜蛾科 Noctuidae	61	20.27%	鞘翅目 Coleoptera	鳃金龟科 Melolonthidae	25	8.31%
	螟蛾科 Pyralidae	14	4.65%		叶甲科 Chrysomelidae	24	7.97%
	粉蝶科 Pieridae	9	2.99%		象甲科 Curculionidae	20	6.64%
	尺蛾科 Geometridae	6	1.99%		芫菁科 Meloidae	14	4.65%
	灯蛾科 Arctiidae	5	1.66%		拟步甲 Tenebrionidae	7	2.33%
	蛱蝶科 Nymphalidae	5	1.66%		丽金龟科 Rutelidae	6	1.99%
	灰蝶科 Lycaenidae	6	1.99%		叩头甲科 Elateridae	5	1.72%
半翅目 Hemiptera	蝽科 Pentatomidae	8	2.66%	缨翅目 Thysanoptera	蓟马科 Thripidae	11	3.65%
	盲蝽科 Miridae	8	2.66%	直翅目 Orthoptera	斑翅蝗科 Oedipodidae	6	1.99%
	蚜科 Aphididae	5	1.66%	双翅目 Diptera	潜蝇科 Agromyzidae	5	1.66%
	叶蝉科 Cicadellidae	5	1.66%				

苜蓿害虫的自然天敌共计69种，隶属于8目26科48属，包括59种昆虫天敌和10种蜘蛛，其中：鞘翅目的天敌种类最多，有27种，占比39.71%；其次为膜翅目和蜘蛛目，分别有13种（19.12%）、10种（14.71%）；其余如半翅目、脉翅目、双翅目、缨翅目等天敌种类总共不超过20种，其中缨翅目中仅有塔六点蓟马1种。科级阶元以瓢虫科种类最多，共计18种，占比26.09%；其次是步甲科和草蛉科，分别为6种、5种，分别占比8.70%、7.25%（表2）。

表2 苜蓿害虫自然天敌种类较多的科

科	物种数	占比	科	物种数	占比
瓢虫科 Coccinellidae	18	26.09%	步甲科 Carabidae	6	8.70%
草蛉科 Chrysopidae	5	7.25%	茧蜂科 Braconidae	5	7.25%
狼蛛科 Lycosidae	4	5.80%	花蝽科 Anthocoridae	3	4.35%
姬蜂科 Ichneumonidae	3	4.35%	虎甲科 Cicindelidae	2	2.90%
食蚜蝇科 Syrphidae	3	4.35%	蟹蛛科 Thomisidae	2	2.90%
皿蛛科 Linyphiida	2	2.90%	缘腹细蜂科 Scelionidae	2	2.90%
茧蜂科 Braconidae	2	2.90%			

2.2 我国苜蓿害虫及其天敌功能团分析

根据已有相关分析以及对功能团的划分方法（郝树广等，1998；黄衍章等，2004），再结合苜蓿害虫对苜蓿的实际为害情况，可将苜蓿害虫根据其取食方式、取食行为及所利用资源的性质划分为6个功能团：即食茎叶类害虫（以幼虫或成虫形态直接取食植物的茎叶部）、食根类害虫（通常在幼虫期以苜蓿根部为食）、刺吸类害虫（以刺吸式或锉吸式口器吸取植物汁液）、潜叶类害虫（幼虫期潜食于叶肉组织内）、钻蛀类害虫（幼虫期蛀于苜蓿的茎干部）和食种子类害虫（主要以苜蓿种子为食）。

根据调查统计发现，食茎叶类害虫种类最多，有176种，以鳞翅目夜蛾科和鞘翅目叶甲科的害虫为主，占总种数的58.47%；食根类害虫有65种，占总种数的21.59%，如鞘翅目鳃金龟科的幼虫；刺吸类有51种，主要是半翅目中的蝽和蚜虫等，占16.94%；其他功能团种类较少，占比均不超过5%。

食茎叶类的害虫以鳞翅目幼虫及鞘翅目等害虫为害最为严重，如草地螟、苜蓿叶象甲等。食根类的多为鞘翅目的幼虫，如黑绒鳃金龟、黄褐丽金龟、华北大黑鳃金龟等。刺吸类的害虫多为半翅目，如苜蓿斑蚜、豌豆蚜等。潜叶类为潜叶蝇属的害虫，主要有美洲斑潜蝇、三叶草斑潜蝇等（表3）。

表3　苜蓿主要害虫及其为害特征

害虫种类	功能团	主要为害特征	参考文献
草地螟	食茎叶类	食茎叶，吐丝、结网，受害叶片被咬成网状等	张蓉等，2005；马瑞等，2006
苜蓿夜蛾	食茎叶类	蚕食叶片或幼嫩组织，造成卷叶、虫洞等	雷蕾等，2016
苜蓿叶象甲	食茎叶类	以幼虫为害第一茬苜蓿最严重，除叶片主脉外全部食光	白文辉等，1990
黑绒鳃金龟	食根类	取食根茎，使田间出现大片萎蔫、缺苗垄断现象等	王佛生等，2013
苜蓿斑蚜	刺吸类	为害嫩茎叶、幼芽和花器等，造成植株矮小、叶片卷缩、枯死，可诱发煤污病等	吴志刚等，2013
豌豆蚜	刺吸类	为害嫩茎叶、幼芽和花器等，造成植株矮小、叶片卷缩、枯死等	孙倩等，2018
苜蓿盲蝽	刺吸类	为害嫩叶、花芽、嫩梢及未成熟的种子，使得植株矮化、落花、皱缩、畸形	薛斐斐等，2017
牛角花齿蓟马	刺吸类	锉吸植株幼嫩组织，造成叶背面出现斑块，后期斑块失绿、叶脉变黑褐色，叶片逐渐皱缩、干枯	张晓燕等，2017
美洲斑潜蝇	潜叶类	叶片上有不规则的白色斑点，被潜食叶肉后的潜道为白色，并且沿叶脉呈现弯曲或不规则的盘绕状，可显著延缓植株生长甚至导致死亡	金晓明等，2006
苜蓿籽蜂	食种子类	以幼虫蛀食种仁，使种子无法发芽甚至蛀成空壳等	刘长月等，2013
钩麦蛾等	钻蛀类	致使植株失绿、苗枯等	朱建兰等，2006

天敌主要为捕食性天敌和寄生性天敌，其中捕食性的天敌有56种，主要以鞘翅目中的瓢虫科、步甲科、脉翅目中的草蛉科、蜘蛛目中的狼蛛科种类较多。而寄生性天敌13种，以各种寄生蜂种类最多，有茧蜂科、姬蜂科、姬小蜂科、绿腹细蜂科、以及跳小蜂科等，寄生蝇中仅有伞裙追寄蝇1种。

3　小结与讨论

食茎叶的害虫直接啃食嫩茎和叶片，常咬成缺口或仅留叶脉，甚至全吃光，造成叶片缺失，光合作用减弱，产量减少，且这类害虫一般具有主动迁移扩大为害的能力，容易造成间歇性暴发为害。食根类害虫在地下啃食根茎，短时间内难以察觉，等发现时，根茎早已被咬断，使田间出现缺苗现象，且土壤可以为它们提供一个安全的庇护所，无论是药剂防治还是其他防治措施都难以达到理想结果，这类害虫的潜在为害非常大。刺吸类害虫以刺吸式口器刺吸苜蓿的嫩叶、花芽、嫩梢及未成熟的种子，造成植物叶片出现斑点、矮缩、落花、畸形、整株萎蔫、枯死等现象，且这类害虫通常体型较小，隐蔽性强，初发生时难以发现，等大面积出现时可能已经错过最佳的防治时期了，部分刺吸类害虫还可引发病害，如苜蓿斑蚜可诱发煤污病（薛斐斐等，2017）。

有些害虫虽然种类少，但对苜蓿的为害却不容小觑，尤其是缨翅目中的苜蓿蓟马，在2001—2003年，宁夏苜蓿蓟马发生率达到100%，轻者亦造成5%的产量损失（张蓉等，2005a）。还有双翅目中的潜叶蝇类害虫对苜蓿的生产也造成了重大的经济损失（金晓明等，2006）。此外，不同苜蓿种植区，为害苜蓿的主要害虫种类和自然天敌也有所差异，有关苜蓿害虫及其天敌的种类调查还远远不够，尤其是天敌资源的调查与利用，尽管自然天敌在害虫控制中具有诸多优点，但有关苜蓿害虫的天敌研究还非常之少。今后还应持续调查苜蓿害虫及其自然天敌的发生规律，从而更全面和系统地掌握苜蓿害虫及其自然天敌发生的种类及其规律，为科学防治提供依据。

目前害虫的防治方面主要还是依赖于化学防治，了解苜蓿主要害虫的为害方式就显得尤为重要，根据不同的为害方式选用不同的药剂防治，筛选高效、低毒、低残留的农药，采用科学的使用方法，选择合理的用药时间。现在，人们对食品安全问题愈发关注，而生物防治具有安全、无残留等优点，成为害虫防治的研究热点，充分利用物种间的相互关系来达到降低有害生物种群密度的目的。如Hagler等（2018）在草莓田中种植苜蓿来转移草盲蝽对草莓的为害，从而达到提高产量的效果。还可以充分利用自然天敌来控制害虫的种群密度，苜蓿田中自然天敌资源也比较丰富，瓢虫、步甲、寄生蜂、蜘蛛等都是苜蓿地中常见的天敌类群。有研究表明在苜蓿斑蚜和多异瓢虫的发生时间和空间相重合时，多异瓢虫可以有效的控制苜蓿斑蚜的田间种群（Shayestehmehr *et al.*，2016）。因此，人们应当保护自然天敌，必要时还可以释放天敌至田间，在保护了物种多样性的同时，又可以达到控制害虫效果，从而达到有害生物综合治理的目的。

将害虫按各功能团的食性和行为进行归纳分析，可非常直观的表达各类害虫的为害方式以及哪些为害方式的害虫种类较多。依据其为害特点，可采取相应的防治措施。当主要害虫为食茎叶类害虫时，可采用胃毒或触杀的剂型进行防治；对于较难防治的食根类害虫，可对地面进行喷药或对其巢穴进行毒杀；刺吸类害虫主要汲取植物汁液，防治时可有针对性的选择内吸性的农药；潜叶类害虫可引入其天敌进行防治等。但是以功能团来对害虫进行分析也存在其不足之处，如虽然可直观显示害虫的为害方式及种类，但是却未能阐述哪些是主要害虫及为害程度，有些功能团中只是种类多而并不是主要害虫，这时还需结合其他的信息方可判断。由于昆虫种类繁多，某些昆虫不同时期不同食性而分属于不同的功能团，部分昆虫由于食性广而位于多个功能团，这就造成数据的重叠问题等。利用功能团进行分析时还是需扬长避短，待进一步的研究，整合其他的信息，为害虫的防治提供有力的依据。

参考文献

白文辉，刘爱萍，宋银芳．1990. 我国北方主要栽培牧草害虫种类的调查［J］. 中国草地（5）：58-60.

陈小琳，汪兴鉴．2001. 世界潜蝇属害虫名录及分类鉴定［J］. 植物保护，27（1）：36-40.

韩凤英，杨慧，秦旭，等．2012. 济南市紫花苜蓿害虫和天敌种类及其发生动态的研究［J］. 中国农学通报，28（29）：5-9.

郝树广，张孝义，程遐年，等．1998. 稻田节肢动物群落营养层及优势功能集团的组成与多样性动态［J］. 昆虫学报，41（4）：343-353.

黄衍章，江世宏，杨长举，等．2004. 荔枝园昆虫群落种类与营养结构分析［J］. 华中农业大学学报，23（2：208-213.

金晓明，刘玉良．2006. 美洲斑潜蝇在呼伦贝尔市对紫花苜蓿为害及防治［J］. 草原与草业，18（2）：48-49.

雷蕾，赵奎军，高艳玲，等．2016. 苜蓿夜蛾葡萄糖氧化酶 cDNA 的克隆、表达及特性研究［J］. 应用昆虫学报，53（4）：696-705.

刘长月，赵莉，王春华．2013. 苜蓿籽蜂幼虫空间分布型及抽样技术的研究［J］. 环境昆虫学报，35（1）：109-112.

刘长仲，严林，魏列新，等．2008. 刈割对苜蓿主要害虫种群数量动态的影响［J］. 应用生态学报，19（3）：691-694.

鲁挺，罗文光，马占海，等．1988. 豆科牧草传粉昆虫——野蜜蜂的研究［J］. 中国草地，10（2）：20.

马建华，赵紫华，张蓉．2017. 品种混播对苜蓿产量及主要害虫种群密度的调控［J］. 草业科学，34（12）：2521-2527.

马建华，陈华，王颖，等．2017. 宁夏地区苜蓿蓟马的种类调查及鉴定方法［J］. 江苏农业科学，45（24）：88-91.

马瑞，轩辕玉江，曲淑风．2006. 草地螟的形态特征、为害与综合防治［J］. 新疆农业科学（S1）：135-136.

石志芳，席磊．2018. 新时代我国畜牧业的发展趋势与对策［J］. 家畜生态学报，39（6）：1-4，33.

孙骊珠，罗兰，孙娟，等．2016. 苜蓿田节肢动物种类调查和主要害虫与天敌种群动态及其关系分析［J］. 草地学报，24（5）：1087-1093.

汪兴鉴，黄顶成，李红梅，等．2006. 三叶草斑潜蝇的入侵、鉴定及在中国适生区分析［J］. 昆虫知识（4）：540-545，589.

王佛生．2013. 陇东黄土高原苜蓿地下害虫发生规律初探［J］. 植物保护，39（6）：124-129.

王国利，刘长仲，王秀芳．2011. 甘肃省苜蓿害虫种类调查［J］. 草原与草坪，31（6）：49-55.

王坤龙，王千玉，李兆林，等．2015. 苜蓿青贮饲用价值及经济效益分析［J］. 饲料工业，36（S1）：55-58.

吴永敷，李秀娴．1990b. 为害苜蓿的蓟马生活史及活动规律的初步研究［J］. 中国草地（4）：38-41.

吴永敷，赵秀华．1990. 蓟马是我国苜蓿生产的主要害虫［J］. 中国草地（3）：64-66.

许庆方，玉柱，李志强，等．2007. 苜蓿、玉米青贮饲料有氧稳定性研究［J］. 草地学报（6）：519-524.

薛斐斐．2017. 三门峡市紫花苜蓿病虫害发生情况及防治技术［J］. 山西农经（11）：69-70，95.

杨贵军，贾彦霞，王新谱，等．2015. 苜蓿-荒漠草地交错带步甲昆虫多样性［J］. 环境昆虫学报，37（3）：483-491.

张奔，周敏强，王娟，等．2016. 我国苜蓿害虫种类及研究现状［J］. 草业科学，33（4）：785-812.

张春梅，王成章，胡喜峰，等．2005. 紫花苜蓿的营养价值及应用研究进展［J］. 中国饲料（1）：

15-17.

张金勇，涂洪涛，吴兆军，等 . 2016. 叶螨天敌塔六点蓟马生物学特性的研究［J］. 应用昆虫学报，53（1）：71-75.

张青文，张巍巍，蔡青年，等 . 1999. 苜蓿切叶蜂授粉扩散行为及苜蓿种子增产效应的研究［J］. 应用生态学报，10（10）：606-608.

张蓉，马建华，杨芳，等 . 2003. 宁夏苜蓿害虫天敌种类及其田间发生规律的初步研究［J］. 草业科学，20（7）：60-62.

张晓燕，彭然，胡桂馨 . 2017. 牛角花齿蓟马若虫持续为害对苜蓿生长的影响［J］. 草原与草坪，37（4）：8-13.

中国农作物病虫害委员会 . 1979. 中国农作物病虫害［M］. 北京：农业出版社 .

朱建兰，王国利，刘谨，等 . 2008. 四脊裸胞壳 Dh 菌株侵染对钩麦蛾幼虫体内保护酶的影响［J］. 草地学报，16（2）：121-124，140.

朱猛蒙，刘艳，张蓉，等 . 2013. 苜蓿草地害虫-天敌典型相关及生态位分析［J］. 草业学报，22（6）：159-166.

Bommarco R，Ekbom B. 1996. Variation in pea aphid population development in three different habitats［J］. Ecological Entomology，21（3）：235-240.

Cuperus G W，Radcliffe E B，Barnes D K，*et al.* 1982. Economic injury levels and economic thresholds for pea aphid，*Acyrthosiphon pisum*（Harris），on alfalfa［J］. Crop Protection，1（4）：453-463.

Elliontt N C，Kieckhefer R W，Michels G J，*et al.* 2002. Predator Abundance in Alfalfa Fields in Relation to Aphids，Within - Field Vegetation，and Landscape Matrix［J］. Environmental Entomology，31（2）：253-260.

Hagler J R，Nieto D J，Machtley S A，*et al.* 2018. Dynamics of Predation on *Lygus hesperus*（Hemiptera：Miridae）in Alfalfa Trap-Cropped Organic Strawberry［J］. Journal of Insect Science，18（4）：1-12.

Lefko S A，Pedigo L P，Rice M E. 2000. Alfalfa stand tolerance to potato leafhopper and its effect on the economic injury level［J］. Agronomy Journal，92（4）：726-732.

Root R B. 1966. The Niche Exploitation Pattern of the Blue-Gray Gnatcatcher［J］. Ecological Monographs，37（4）：317-350.

Shayestehmehr H，Karimzadeh R，Hejazi M J. 2016. Spatio-temporal association of *Therioaphis maculata* and *Hippodamia variegata* in alfalfa fields［J］. Agricultural and Forest Entomology，19（1）：81-92.

Ximenez-Embun M G，Zaviezo T，Grez A S. 2014. Spatial anddiel partitioning of *Acyrthosiphon pisum*（Hemiptera：Aphidiidae）predators and predation in alfalfa fields［J］. Biological Control，69：1-7.

湖南南岳衡山国家级自然保护区蝴蝶多样性研究*

杨 婷[1]**，肖 伟[1]，李逸豪[1]，邱 林[1]，刘俊杰[1]，
庄浩楠[1]，马方舟[2]***，王 星****
（1. 植物病虫害生物学与防控湖南省重点实验室/湖南农业大学植物保护学院，
长沙 410128；2. 环境保护部南京环境科学研究所/国家环境保护
生物安全重点实验室，南京 210042）

摘 要：为了对湖南省衡山国家级自然保护区的蝶类物种多样性保护状况进行评估。本研究于2018年4—9月，在该保护区选取5条不同生境的样线逐月进行蝶类多样性调查。共记录蝶类1 260只，隶属于5科59属84种。其中蛱蝶科的物种最为丰富（38种，占45.24%），其后依次是凤蝶科、灰蝶科、粉蝶科、弄蝶科。不同生境的蝴蝶群落存在一定差异，其中位于保护区核心区生境b（常绿阔叶林）的多样性指数最高（3.059），而位于保护区试验区e（农田）的多样性指数最低（2.559），说明保护区对于当地蝴蝶多样性的保护发挥了积极的作用。

关键词：蝴蝶多样性；南岳衡山；保护区；湖南

Diversity of Butterfliesin the Hunan Mount Heng National Nature Reserve

Yang Ting[1]**, Xiao Wei[1], Li Yihao[1], Qiu Lin[1], Liu Junjie[1],
Zhuang Haonan[1], Ma Fangzhou[2]***, Wang Xing***
(1. *Hunan Provincial Key Laboratory for Biology and Control of Plant Diseases and Insect Pests / College of Plant Protection, Hunan Agricultural University, Changsha* 410128, *China*; 2. *State Key Laboratory of Biosafety, Ministry of Environmental Protection, Nanjing Institute of Environmental Sciences, Ministry of Environmental Protection, Nanjing*, 210042, *PR China*)

Abstract: In order to evaluate the status of butterfly species diversity protection in Mount Heng National Nature Reserve, Hunan province. This study was conducted from April to September in 2018. Five different type habitats were selected from this reserve for monthly butterfly species diversity investigation. A total of 1260 butterflies were recorded, belonging to 84 species of 59 genera in 5 families. Among them, the species of Nymphalidae was the most abundant (38 species, accounting for 45.24%), followed by the Papilionidae, the Lycaenidae, the Pieridae, the Hesperiidae. There were some differences in butterfly communities in different habitats. The diversity index of habitat b (Evergreen broad-leaved forest) in the core region was the highest (3.059), while

* 基金项目：生态环境部生物多样性保护专项资助项目；湖南农业大学大学生科技创新项目（XCX18057）
** 第一作者：杨婷，本科，主要从事蝴蝶多样性调查；E-mall：1451678514@ qq. con
*** 通信作者：马方舟，副研究员，主要从事生物多样性保护研究；E-mail：mfz@ nies. org
王星，教授，主要从事鳞翅目系统分类学及重要害虫综合治理研究；E-mail：wangxing@ hunau. edu

that of habitat e in test area was the lowest (2.559), indicating that the protected area played a positive role in the protection of local butterfly diversity.

Key words: Butterfly diversity; Mount Heng; Reserve; Hunan

1　前言

生物多样性（Biodiversity）是指一切生命形式与环境形成的生态复合体以及与此相关的各种生态过程的总和。它是地球上的生命经过几十亿年进化的结果，是人类赖以生存的物质基础。近年来，随着气候环境的不断变化以及人为压力的逐渐加剧，许多栖息地受生境破碎化、生物入侵、极端天气等诸多因素的影响，严重威胁生物多样性（Tilman *et al.*，2001；Root *et al.*，2003）。

南岳衡山国家级自然保护区位于湖南省东南部，东经 112°34′～112°45′，北纬 27°10′～27°20′，是一种独特的、典型的、自然的孤山森林生态系统。随着近年来人为压力的不断加剧，当地的生物多样性受到严重威胁。蝴蝶种类丰富、分布范围广，对生境条件具有较强的专一性，对环境压力的改变表现的非常敏感，因此非常适合监测生态系统的健康和环境变化的迹象（Bonebrake *et al.*，2010），是世界公认的环境指示物种之一。本研究于 2018 年 4—9 月对衡山的蝴蝶进行系统调查，并利用生物多样性理论及其方法对当地的蝴蝶群落进行分析，以阐明目前湖南省衡山国家级自然保护区蝶类物种多样性的保护状况。

2　研究方法与数据分析方法

2.1　研究方法

2.1.1　样线设置

综合考虑蝴蝶适宜的栖境类型、寄主分布范围、生态习性和南岳衡山国家级自然保护区植被类型分布格局等因素，采用分层随机抽样方法。在衡山共布设 5 条 2km 左右的样线，基本信息见表 1。

表 1　南岳衡山国家级自然保护区蝴蝶调查样线

生境编号	地点	主要植被类型	保护程度	人为干扰
样线 1（生境 a）	岳林乡	针阔混交林	保护区内	旅游观光
样线 2（生境 b）	兴隆村	常绿阔叶林	保护区内	旅游观光
样线 3（生境 c）	跌马石	常绿阔叶林	试验区	农事活动
样线 4（生境 d）	杜关	竹林	试验区	农事活动
样线 5（生境 e）	子牛冲	农田	试验区	农事活动

2.1.2　样线调查方法

蝴蝶观测采用 Pollard 样线计数法（Pollard，1975；1977）：每次调查由 3 人进行，其中 2 人负责网捕，1 人记录。观测时缓慢匀速前行，速度 1～1.5km/h。记录左右

2.5m、上方 5m、前方 5m 范围内见到的所有蝴蝶的种类和数量（不记录身后的蝴蝶，避免重复计数）。对于不能确定的种类，网捕后进行鉴定，种类确定后原地释放。2018 年 4—9 月每月调查 1 次，每次调查间隔 25~30 天；若遇阴雨天气则向后顺延一天。观测在气温高于 18℃，云量少于 40%，风速小于四级（<20km/h）时进行；观测时间一般在 9:00—16:00；夏季调查避开极热时段。

2.1.3 标本鉴定

本研究依循 Bozano（1999）的分类系统将发现蝶类分为凤蝶科（Papilionidae）、粉蝶科（Pieridae）、蛱蝶科（Nymphalidae）、灰蝶科（Lycaenidae）和弄蝶科（Hesperiidae）共 5 科。根据有关蝶类的鉴定图册、分类专著及科技论文对采集标本进行初步分类鉴定（周尧，1994；1998；张巍巍和李元胜，2011；武春生和徐堉峰，2017），对于鉴定中存在的疑难标本另请华南农业大学的蝶类分类专家进行鉴定。

2.2 数据分析方法

采用 Menhinick 丰富度指数、Shannon-Wiener 多样性指数、Pielou 均匀度指数对各生境的蝴蝶群落的物种多样性进行评估。Menhinick 丰富度指数（S）按公式 $S=S_1/\sqrt{N}$ 计算，其中 S_1为群落中发现的物种数，N 为群落中记录到的个体数。Shannon-Wiener 多样性指数（H）按公式 $H=-\sum P_i\ln P_i$ 计算，其中 P_i为物种 i 的个体数占群落内总个体数的比例。Pielou 均匀度指数按公式 $J=-\sum P_i\ln P_i/\ln S_1$ 计算。

相似性分析采用 Jaccard 相似性指数对生境蝴蝶群落之间的相似程度进行评估。Jaccard 相似性指数（C_s）按公式 $C_s=2c/(a+b-c)$ 计算，其中，a 为 A 生境物种数，b 为 B 生境物种数，c 为 A、B 两生境共有的物种数。根据 Jaccard 的相似性系数原理，当 C_s为 0~0.25 时，为极不相似；C_s为 0.25~0.50 时，为中等不相似；C_s为 0.50~0.75 时，为中等相似；C_s为 0.75~1.00 时，为极相似。

运用 Past3、Excel 2016 及 SPSS 22 对调查数据进行统计分析处理。

3 结果与分析

本研究共记录蝴蝶 1 260头，隶属于 5 科 59 属 84 种。其中凤蝶科 16 种、蛱蝶科 38 种、粉蝶科 8 种、灰蝶科 15 种、弄蝶科 7 种。就个体数而言，蛱蝶科的个体最多，占总个体数的 27.78%，其后依次是粉蝶科（27.46%）、灰蝶科（25.15%）、凤蝶科（18.89%）、弄蝶科（0.71%）。个体数排序前 3 的物种分别为酢浆灰蝶 *Pseudozizeeria maha*（17.78%）、东方菜粉蝶 *Pieris canidia*（14.05%）和菜粉蝶 *Pieris rapae*（Linnaeus，1758）（5.79%）。

3.1 不同生境蝴蝶群落的物种组成

不同样线蝴蝶群落的种类和数量存在差异（图 1，图 2），物种数表现为生境 b>d>a=e>c，个体数表现为生境 e>b>d>c>a。就物种数而言，各科蝴蝶在不同生境的分布情况基本一致，蛱蝶科物种最为丰富（41.67%~52.78%），其次是凤蝶科（16.67%~27.78%），弄蝶科的物种最少（2.78%~9.09%）。就个体数而言，生境 a：蛱蝶科>灰蝶科>凤蝶科>粉蝶科>弄蝶科；生境 b：灰蝶科>粉蝶科>蛱蝶科>凤蝶科>弄蝶科；生境 c:蛱蝶科>灰蝶科>粉蝶科>凤蝶科>弄蝶科；生境 d：蛱蝶科>粉蝶科>灰蝶科>凤蝶科>弄蝶科；生境 e：粉蝶科>蛱蝶科>凤蝶科>灰蝶科>弄蝶科。

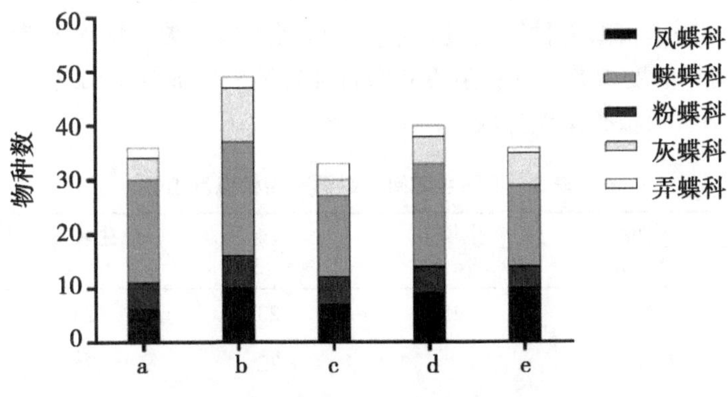

图 1　不同生境蝴蝶群落的物种数

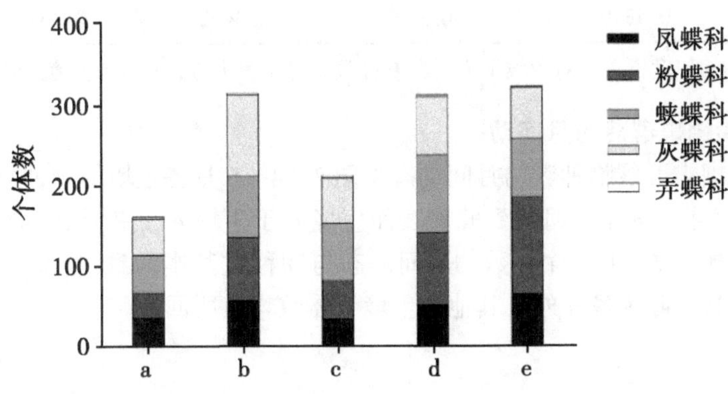

图 2　不同生境蝴蝶群落的个体数

3.2　不同生境蝴蝶群落的多样性分析

不同生境蝴蝶群落的多样性指数见表 2。多样性指数（H'）大小表现为生境 b>a>d>c>e；均匀度指数（J）大小表现为生境 a>c>d>b>e；丰富度指数（R）大小表现为 a>b>c>d>e；优势度指数（D）生境 e>c>b>d>a。

表 2　不同生境蝶类群落的多样性指数

生境	多样性指数（H'）	均匀度指数（J）	丰富度指数（R）	优势度指数（D）
a	3.052	0.5880	2.828	0.0729
b	3.059	0.4348	2.765	0.0797
c	2.833	0.5153	2.266	0.0959
d	2.954	0.4795	2.265	0.0756
e	2.559	0.3590	2.006	0.1248

3.3 不同生境蝴蝶群落的相似性分析

对不同生境的蝴蝶群落数据进行 Jaccard 相似性分析。结果表明（表 3），不同生境间的相似度指数在 0.3091~0.4615，呈中等不相似。生境 b 与生境 c 之间相似度指数最高，说明两者蝴蝶群落的物种组成最为相似，两者生境植被类型均为常绿阔叶林。生境 d 和生境 e 之间相似度指数最低；生境 d 为竹林生境，以成片毛竹林为主，而生境 e 则为农田生境，两者植被类型差异较大。

表 3 不同生境间蝴蝶群落的相似度指数

生境	生境 a S=36	生境 b S=49	生境 c S=33	生境 d S=40	生境 e S=36
a		25	23	23	23
b	0.4167		22	25	18
c	0.3898	0.4681		24	22
d	0.4600	0.3906	0.4615		17
e	0.4340	0.3529	0.3492	0.3091	

注：Jaccard 相似度指数见对角线下方，共有种数见对角线上方；S 为各生境记录到的总物种数。

3.4 不同生境蝴蝶群落的月间动态

不同生境蝴蝶群落物种数的月间动态见图 3。4—6 月各生境的物种数逐渐升高；生境 a、生境 b 及生境 c 于 6 月达到峰值；而生境 d 于生境 e 于 7 月达到峰值，8 月物种数下降；9 月物种数回升。个体数的月间动态与物种数基本一致（图 4），4—8 月个体数变化呈单峰状，除生境 a 外，其他各生境个体数均有所回升。

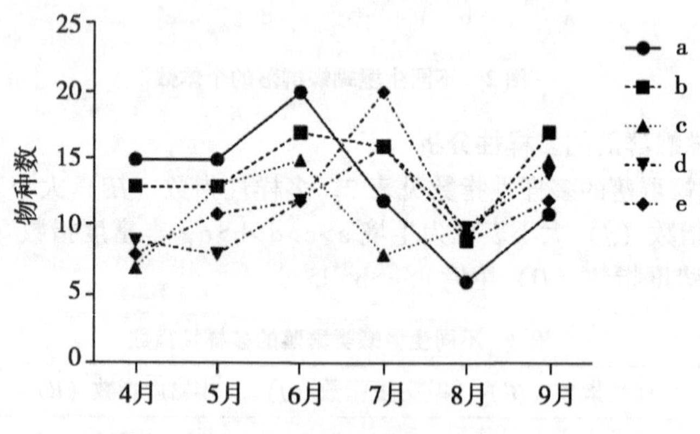

图 3 不同生境蝴蝶群落物种数的月间动态

4 讨论

2018 年 4—9 月共记录蝴蝶 84 种，隶属于 5 科 59 属。其中蛱蝶科物种最为丰富，占总物种数的 45.24%，其次是凤蝶科（19.04%）、灰蝶科（17.86%）、粉蝶科（9.52%）、弄蝶科（8.33%）。这与湖南其他保护区蝴蝶群落的物种组成存在一定差

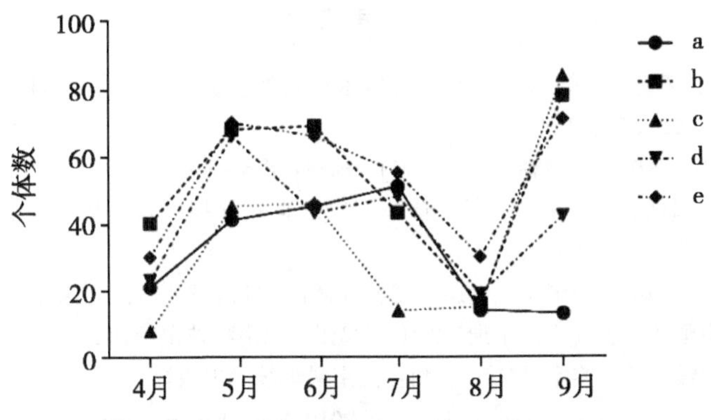

图 4　不同生境蝴蝶群落个体数的月间动态

异，弄蝶科物种数量较少。李密等（2011）于 2008—2010 年对乌云界国家级自然保护区的蝴蝶群落进行为期 3 年的调查共记录蝴蝶 147 种，其中蛱蝶科 66 种（44. 90%）、弄蝶科 26 种（17. 69%），灰蝶科 23 种（15. 65%）。凤蝶科 19 种（15. 65%），粉蝶科 13 种（8. 84%）。向颖等（2017）于 2016 年对黄桑国家级自然保护区的蝴蝶群落进行调查，共记录蝴蝶 170 种。其中蛱蝶科 51. 18%、灰蝶科 32 种（18. 82%）、弄蝶科 27 种（15. 88%）、凤蝶科 16 种（9. 41%）、粉蝶科 8 种（4. 71%）。

多样性分析结果表明，不同生境的蝴蝶群落存在一定的差异。位于保护区内生境 a 和生境 b 蝴蝶群落的多样性指数和丰富度指数，明显高于位于试验区的生境，说明保护区对于区域内蝴蝶群落的多样性具有一定的保护效果。与其他生境相比，生境 e（即农田生境）蝴蝶群落的多样性指数最低，优势度指数最高；说明过度的人为开发会导致物种多样性的下降。

蝴蝶群落发生的季节模式取决于多种环境因素，如气候条件、寄主资源及蜜源植物的可用性等（Markus *et al.*，2017），是各项环境因子综合的结果。本研究所在的南岳衡山国家级自然保护区属于亚热带季风湿润气候区。4 月气温较低，植被尚处于展叶期，蝴蝶群落的个体数和物种数较少；5 月气温回升，蝴蝶个体数开始增加；于 6 月或 7 月达到峰值；8 月当地气候炎热，部分小溪干涸、断流，蝴蝶的发生量较少；9 月气温略微下降，个体数再次提升，说明群落数量变化符合环境变化。

5　展望

栖息地丧失和退化以及寄主植物的过度人为利用是蝶类持续生存主要的致危因素。目前保护区面临的主要威胁来源于旅游开发和毛竹的入侵。调查区域附近的山丘，已经基本被毛竹占据，抢占了其他植被生存的空间，这也在一定程度上破坏了当地的生态系统。保护区道路两侧的灌木区大多经过人为修整，破坏了蝴蝶群落重要的栖息场所。

为有效保护衡山及周边的生物多样性，相关部门应充分利用各种宣传媒体，广泛宣传国家有关野生动物保护的法律、法规和规章，以及保护物种资源的重要意义，提高人们保护生物资源的意识，预防对保护区内蝴蝶群落的破坏。同时加强对于现存原始林区的保护，制定有针对性的措施，防止当地毛竹林的进一步扩展。

参考文献

李密，周红春，谭济才，等 . 2011. 乌云界国家级自然保护区蝴蝶物种多样性及其保护 [J]. 应用生态学报，22 (6)：1585-1591.

武春生，徐堉峰 . 2017. 中国蝴蝶图鉴 [M]. 福州：海峡书局 .

向颖，刘素群，赵欣，等 . 2017. 湖南黄桑国家级自然保护区及其周边蝶类多样性及区系分析 [J]. 世界生态学，6 (2)：27-41.

张巍巍，李元胜 . 2011. 中国昆虫生态大图鉴 [M]. 重庆：重庆大学出版社 .

周尧 . 1994. 中国蝶类志（上、下册）[M]. 郑州：河南科技出版社 .

周尧 . 1998. 蝴蝶分类与鉴定 [M]. 郑州：河南科学技术出版社 .

Bonebrake T C，Ponisio L C，Boggs C L，*et al.* 2010. More than just indicators：a review of tropical butterfly ecology and conservation [J]. Biological Conservation，143 (8)：1831-1841.

Bozano G C. 1999. Guide to the Butterflies of the Palearctic Region [M]. Omnes Artes.

Markus F，Schrader J，Berg G. 2017. Butterfly diversity and seasonality of Ta Phin mountain area (N. Vietnam，Lao Cai province) [J]. Journal of Insect Conservation，21 (3)：465-475.

Pollard E. 1977. A method for assessing changes in the abundance of butterflies [J]. Biological Conservation，12 (2)：115-134.

Pollard E，Elias D O，Skelton M J，*et al.* 1975. A Method of Assessing the Abundance of Butterflies in Monks Wood National Nature Reserve in 1973 [J]. Entomologist's Gazette，26：79-88.

Root T L，Price J T，Hall K R，*et al.* 2003. Fingerprints of global warming on wild animals and plants [J]. Nature，421：57-60.

Tilman D，Fargione J，Wolff B，*et al.* 2001. Forecasting Agriculturally Driven Global Environmental Change [J]. Science，292 (5515)：2812-2814.

不同种衣剂拌种对小麦蚜虫防效及增产情况的试验研究

柴利粉*，刘　宁
（巩义市农业农村工作委员会，巩义　451200）

摘　要：麦蚜是为害小麦的主要害虫，在麦播期拌种防治麦蚜，可以减轻小麦中后期麦蚜发生程度。笔者于 2017 年在巩义市进行了不同小麦种衣剂拌种对麦蚜防治效果以及对小麦增产情况的对比试验。结果表明，各种子包衣处理对小麦出苗安全性较好；各处理对苗期蚜虫防效达 90%以上，持效期较长，一般可持续到抽穗扬花期；各处理较对照增产明显，增产率为 14.7%~18.3%。以河北威远的 10%苯醚甲环唑 ME+70%吡虫啉 ZF（160g+250g/100kg 种子）防治麦蚜和增产效果最佳，其次为郑州领先作物科学的 3%苯醚甲环唑 FS+60%吡虫啉 FS（400g+333g/100kg 种子）。

关键词：种衣剂拌种；防治麦蚜；小麦增产

麦蚜是为害小麦的主要害虫（夏莉，2018；杨青云，2016），在麦播期拌种防治麦蚜，可以减轻小麦中后期麦蚜发生程度（孙斌，2016）。笔者于 2017 年进行了不同小麦种衣剂拌种对麦蚜防治效果以及对小麦增产情况的对比试验，筛选出适合当地的种衣剂品种，为种子包衣防治麦蚜的推广应用提供科学的理论依据。

1　材料与方法

1.1　试验地基本情况

试验地点选择在巩义市小麦主产区鲁庄镇苏家庄行政村，常年小麦病虫发生较重且发生程度较一致。试验区交通便利、地势平坦，土壤质地为壤土，肥力中等、均匀一致、排灌条件较好，上茬作物种植的是玉米。种植品种‘郑麦 7698’，每 667m^2 播种量 15kg；播种前按照试验设计要求进行种子处理，2017 年 10 月 27 日播种。小麦生长期间用药 3 次，分别于返青拔节期防治小麦纹枯病和田间杂草，抽穗扬花至灌浆期预防和控制赤霉病、锈病、白粉病等，施药机械为自走式四轮喷杆喷雾机和植保无人机；整个生育期除处理（2）对照防治麦蚜外，处理（1）参试药剂包衣处理示范区均未进行蚜虫防治。2018 年 6 月 3 日机械收割。

1.2　试验设计

本试验示范共设 2 个大处理区。各处理具体如下（表 1）：

处理（1）为参试药剂包衣处理示范区：按推荐的最佳用量，在播种前进行种子处理，后期根据田间病虫草害发生情况实时进行防治，每个品种处理面积 1. 33hm^2，不设

* 第一作者及通信作者：柴利粉，高级农艺师，主要从事农作物病虫害测报与防治工作；E-mail：787328111@qq. com

重复，随机排列，各处理间设有60cm的走道。

处理（2）为对照：不拌种，但病虫草害的喷药防治正常进行，处理面积0.13hm^2。

各处理品种一致，播种深度一致；处理（1）、处理（2）的病虫草害喷药防治，用药时间和用药品种一致，麦蚜达到防治指标防治，不达指标不防治。

表1　种子包衣处理示范区用药品种及剂量

处理		药剂品种	制剂用量	提供企业
处理（1）：参试药剂包衣处理示范区	i	3%苯醚甲环唑 FS + 60%吡虫啉 FS	400g+333g/100kg 种子	郑州领先作物科学
	ii	3%苯醚甲环唑 FS + 60%吡虫啉 SC	200g+200g/100kg 种子	安阳全丰公司
	iii	10%苯醚甲环唑 ME + 70%吡虫啉 ZF	160g+250g/100kg 种子	河北威远
	iv	23%苯醚·咯·吡虫啉 FS	500g/100kg 种子	深圳诺普信公司
处理（2）	对照	病虫草害的喷药防治要与处理（1）一致		

于2017年11月21日冬前基本出齐苗时对各处理随机取有代表性的20株样，量取地上部长度和根系长度，比较出苗后生长情况；越冬期（2017年12月21日）和返青期（2018年3月6日），各个处理点随机5点1m单行取样，调查两个生育时期小麦单株茎蘖和次生根（条）数，计算总茎蘖数（万/667m^2）。调查不同处理对小麦生长的影响。

当处理（2）对照区的蚜虫达到防治指标后，于4月23日对各处理区采取对角线5点取样法取样，每点选30株，每区调查150株蚜虫数量，计算各包衣处理对蚜虫的防效。

小麦收获前分别每处理随机5点取样，每点取1m^{2}调查穗数，计算667m^{2}穗数；并从中随机取样，共取30穗，调查穗粒数，晾干后称取千粒重，计算各处理的理论产量，并与对照区作比较。

2　结果与分析

2.1　对小麦出苗的影响

于冬前基本出齐苗时对各处理调查结果显示，各药剂处理种子对小麦出苗安全性较好，能有效提高种子发芽率和成芽率，出苗率达81.5%～85.4%，均较对照出苗率77.5%具有明显的保苗效果。

2.2　对小麦生长的影响

冬前基本出齐苗时生长情况见表2。结果显示，处理（1）i、处理（1）ii、处理（1）iii、处理（1）iv和处理（2）平均地上部长度和根系长度分别为19.76cm和5.53cm、19.65cm和5.73cm、18.22cm和5.66cm、18.47cm和5.60cm、19.74cm和5.50cm；从上述调查数据可以看出，处理间差异性不显著，但各药剂包衣处理区根系均较对照区略发达，苗匀苗壮。

小麦越冬期生长情况见表3。结果显示，药剂包衣处理间单株平均茎蘖数、折合亩总茎蘖数以处理（1）ⅲ最高，分别为2.10个和53.13万；其次处理（1）ⅰ为2.09个和49.12万、处理（1）ⅱ为2.09个和49.12万；处理（1）ⅳ相对较低为2.08个和48.46万，但处理间差异性不显著，越冬期各个处理群体均偏小。

小麦返青期生长情况见表4。结果显示，各处理单株平均茎蘖数、折合亩总茎蘖数和单株平均次生根数仍以处理（1）ⅲ较高，分别为3.2个、81.0万和7.0条，根系较发达，分蘖较多，苗壮；其次是处理（1）ⅰ分别为3.2个、75.2万和6.9条，处理间差异性不显著。各个处理总体苗情均较好，个体比较健壮。

表2　小麦冬前生长情况调查表（2017年11月21日）

处理		调查株数	平均地上部长度（cm）	平均根系长度（cm）	根系较对照（±cm）	备注
处理（1）	ⅰ	20	19.76	5.53	0.03	进入2叶1心期
	ⅱ	20	19.65	5.73	0.23	进入2叶1心期
	ⅲ	20	18.22	5.66	0.16	进入2叶1心期
	ⅳ	20	18.47	5.60	0.10	进入2叶1心期
处理（2）		20	19.74	5.50	—	正值2叶1心期

表3　小麦越冬期生长情况调查表（2017年12月21日）

处理		株数/1m单行	折合667m²基本苗数（万）	总茎蘖数/1m单行	单株平均茎蘖数（个）	折合667m²总茎蘖数（万）	备注
处理（1）	ⅰ	94	23.5	196	2.09	49.12	无明显冻害现象
	ⅱ	94	23.5	196	2.09	49.12	无明显冻害现象
	ⅲ	101	25.3	212	2.10	53.13	无明显冻害现象
	ⅳ	93	23.3	193	2.08	48.46	无明显冻害现象
处理（2）		91	22.8	192	2.11	48.11	无明显冻害现象

表4　小麦返青期生长情况调查表（2018年3月6日）

处理		667m²基本苗数（万）	总茎蘖数/50株	单株平均茎蘖数（个）	折合667m²总茎蘖数（万）	单株平均次生根数（条）	备注
处理（1）	ⅰ	23.5	161	3.2	75.2	6.9	
	ⅱ	23.5	156	3.1	72.9	6.5	
	ⅲ	25.3	162	3.2	81.0	7.0	
	ⅳ	23.3	155	3.1	72.2	6.3	
处理（2）		22.8	166	3.3	75.2	6.5	

2.3 对蚜虫的防效调查

各处理对蚜虫防效见表5。结果显示，由于2018年麦蚜发生较轻，通过种子包衣处理对苗期蚜虫持效期长，防效达90%以上，一直到小麦生长后期麦蚜都没达到防治指标；除处理（2）不拌种到抽穗扬花期麦蚜大大超过到防治指标进行防治外，其他各药剂种子包衣处理区均未进行麦蚜的药剂防治。

表5　小麦蚜虫防效调查表（2018年4月23日）

处理		调查株数	活 虫量（头）	防效%
处理（1）：种子药剂包衣处理示范区	ⅰ	150	11	99.7
	ⅱ	150	13	99.7
	ⅲ	150	9	99.8
	ⅳ	150	17	99.6
处理（2）	对照	150	4 080	—

2.4 对产量的影响

各处理对小麦产量的影响见表6。结果显示，各处理667m^{2}产量处理（1）ⅰ、处理（1）ⅱ、处理（1）ⅲ、处理（1）ⅳ分别为482.9kg、478.7kg、494.0kg、481.8kg，与对照417.5kg相比较，增产率以处理（1）ⅲ最高，达18.3%，其次为处理（1）ⅰ、处理（1）ⅳ、处理（1）ⅱ；药剂种子包衣处理之间667m^{2}产量差异性不显著，但均较处理（2）对照增产明显，增产率为14.7%~18.3%。

表6　小麦产量调查表（2018年6月3日）

处理	药剂	亩穗数	穗粒数	千粒重 g	亩产量（kg）	与对照增减%
处理（1）：种子药剂包衣处理示范区	ⅰ	35.6	40.2	39.7	482.9	15.7
	ⅱ	35.4	40.9	38.9	478.7	14.7
	ⅲ	36.2	41.7	38.5	494.0	18.3
	ⅳ	35.3	41.6	38.6	481.8	15.4
处理（2）	对照	34.5	40.1	35.5	417.5	—

3 结论与讨论

（1）各药剂种子包衣处理总体对小麦出苗安全性较好，能有效提高种子发芽率和成芽率（刘爱芝，2019），较对照均具有明显的保苗效果，而且对生长有促进作用，根系较发达、分蘖较多、苗匀苗壮；后期叶功能延长，抗早衰、落黄好，较对照增产效果明显，平均增产率达15%以上。

（2）播种期通过种子包衣处理对苗期蚜虫防效达90%以上，持效期较长（范文超，2013），一般可持续到抽穗扬花期；麦蚜发生轻的年份，中后期基本不用药防治，比农民大田减少蚜虫防治用药 1~2 次；能有效减轻中后期麦蚜发生程度与防治压力（郝瑞，2018）。

（3）在本试验中以河北威远的 10%苯醚甲环唑 ME+70%吡虫啉 ZF（160g+250g/100kg 种子）防治麦蚜和增产效果最佳，其次为郑州领先作物科学的 3%苯醚甲环唑FS+60%吡虫琳 FS（400g+333g/100kg 种子）。但要严格按照推荐的最佳用量进行种子处理。

参考文献

范文超，程志，党志红，等 . 2013. 吡虫啉拌种对麦长管蚜控制机制的初步探讨［J］. 河北农业大学学报（1）：90-94.

郝瑞，闵红，赵利民，等 . 2018. 四种小麦种衣剂防治效果对比试验［J］. 河南农业（30）：50-51.

刘爱芝，杨艳春 . 2009. 吡虫啉拌种对小麦种子萌发和生长效应的影响［J］. 河南农业科学（11）：84-86.

孙斌，王素平，张志刚，等 . 2016. 小麦蚜虫发生规律与综合防治技术［J］. 河南农业（36）：50-51.

夏莉 . 2018. 河南省小麦蚜虫消长动态及防治技术［J］. 河南农业（26）：22.

杨青云 . 2016. 小麦蚜虫的发生为害与生物防治［J］. 河南农业（10）：25.

松褐天牛及松材线虫在疫木伐桩中的消长动态研究*

陈元生**，罗致迪，于海萍
（江西环境工程职业学院，赣州 341000）

摘 要：通过对伐桩中松褐天牛种群数量及羽化情况、松材线虫密度及生存期的系统调查，开展了松褐天牛及松材线虫在疫木伐桩中的消长动态、病死树伐桩在松材线虫病流行中的作用研究，结果表明，病死树伐桩上没有产卵刻槽，羽化孔数量也极少，伐桩上羽化的成虫数量占整株羽化成虫数的 0.37%，比例极低；刚砍伐时病死树伐桩上松材线虫密度较大（11 月平均 48.85 条/g），随时间推移，密度逐渐下降，至翌年 5 月时，松材线虫含量已极少（平均 0.71 条/g），至 6 月时完全消失，逐渐被腐生线虫替代；既有松材线虫又有松褐天牛的伐桩数极少，仅占总伐桩数的 6.67%，且其中的松褐天牛成虫不带松材线虫，故不能发挥媒介作用。结果表明，伐桩在该病流行中的作用极小且不是其侵染源。因此，在松材线虫病疫木清理过程中，只要控制好伐桩高度（低于 5cm），伐桩无需处理，可节省当前因伐桩处理所耗费的大量人力、财力、物力。

关键词：伐桩；疫木；松材线虫病；松褐天牛；病害流行；作用

Study on the Dynamics of Growth and Decline of *Monochamus alternatus* and *Bursaphelenchus xylophilus* in Disease-infected Tree Stumps

Chen Yuansheng, Luo Zhidi, Yu Haiping
(*Jiangxi Environmental Engineering Vocational College*, *Ganzhou* 341000, *China*)

Abstract: Systematic investigation on population number and emergence of *Monochamus alternatus*, density and survival time of *Bursaphelenchus xylophilus* in diseased stumps, we carried out a study on the dynamics of growth and decline of *Monochamus alternatus* and *Bursaphelenchus xylophilus* in disease-infected tree stumps, and the role of dead stumps in the epidemic of pine wood nematode disease. The results show that there is no oviposition groove on the dead tree stump, and the number of emergence holes is very small, the number of emergent adults on the stumps accounted for 0.37% of the total number of emergent adults, and the proportion was very low. The density of *B. xylophilus* on dead and diseased stumps was higher (average 48.85 per g in November) when cutting down, and with the passage of time, the density decreases gradually, and by May of the next year, the content of *B. xylophilus* was very low (average 0.71 per g), and by June, pine wood nematode disappeared completely and was gradually replaced by saprophytic nematode. The number of stumps infected by both *B. xylophilus* and *M. alternatus* is very small, accounting for only

---

* 基金项目：江西省科技计划项目（20151BBF60069）；江西省教育厅科学技术研究项目（GJJ161373）

** 第一作者/通信作者：陈元生，教授，博士，从事昆虫生物学和森林病虫害防治研究；E-mail：cys0061@163.com

6.67% of the total stumps felled, and the adult of *M. alternatus* does not carry *B. xylophilus*, so it can not play a insect vector role. These facts show that stump cutting plays a very small role in the epidemic of the disease and is not the source of infection. Therefore, as long as the height of the diseased stumps is well controlled (less than 5cm) and the diseased stumps need not be treated, a lot of manpower, financial and material resources can be saved in the process of clearing the infected and dead trees caused by pine wood nematode disease.

Key words: Dead tree stumps; Disease - infected wood; *Bursaphelenchus xylophilus*; *Monochamus alternatus*; Epidemic

松材线虫病（pine wilt disease）防治难度较大，尚无简便、经济可行的防治技术，目前生产上大多关注的是疫木（病死木）的处理，即在发病当年的秋冬季清理病死木，集中进行就地焚烧等处理，以消灭病死木中的松褐天牛幼虫和减少疫木中所含松材线虫数量，而往往忽视了对伐桩处理不当或者处理不到位，浪费了大量的人力、物力、财力，导致伐桩成为松材线虫病除治中的难点。所以说，伐桩是松材线虫病除治中最难处理的实体，但至今尚未有针对性的经济简便有效的技术报道（陈元生等，2014）。

然而，在清理松材线虫病疫木的过程中，遗留下的伐桩是否是该病的重要侵染源之一？伐桩中是否（与疫木一样）同样含有大量松材线虫和松褐天牛幼虫，伐桩在该病流行中的作用究竟有多大？是否需要除害处理？一直存在争论。

一种观点则认为，疫木伐桩中含有松材线虫和松褐天牛幼虫，是松材线虫病重要侵染源之一（朱克恭等，1992；来燕学等，1999，2001）。蒋巧根等（1998）通过调查发现，病疫木伐桩木质部内存在少量的松褐天牛越冬幼虫，该幼虫次年羽化成成虫，具有传播松材线虫病能力。王江美等（2009）调查却发现，20 个疫木伐桩中平均每个伐桩存活有 120.7 头松天牛幼虫，数量巨大，即使仅有 10%的幼虫能成熟羽化，也可因该虫的补充营养和产卵行为，造成周边大量健康松树感染松材线虫病而死亡，所以疫木伐桩的除害处理是必须的。周成枚等（2000）调查 120 个伐桩发现有幼虫蛀入孔伐桩 48 个，伐桩上松褐天牛成虫羽化率为 67.71%，所以，疫木伐桩的除害处理是松材线虫病除治的必要措施。

另一种观点则认为，松材线虫病疫木伐桩不会成为松材线虫病的侵染源（蒋丽雅等，1997；宋玉双等，1992）。病伐桩上的松褐天牛相对数量很低，在病害流行中的作用很小，虽然有的伐桩上可能有松褐天牛成虫羽化，但其虫体可能不带松材线虫，即不能发挥媒介昆虫作用（蒋丽雅等，1997；宋玉双等，1992）；虽然在刚刚清理的病伐桩上松材线虫的数量较大，但随着时间的推移，其内的腐生线虫逐步会替代松材线虫，松材线虫数量会逐渐减少，在病害流行中的作用也会越来越小，所以，在疫区内部可以不强调挖桩等除害处理，而在疫区边缘则应采取必要的除害处理以防止其的自然扩散（宋玉双等，1992）。

朱克慕和张宁调查发现，携带病原线虫同时亦携带松褐天牛的伐桩，是伐桩中的极少数，仅占总数的 6.3%，那么伐桩传病作用应如何作定量评价，仍是值得研究的一个问题（朱克慕等，1992）。因此，弄清“伐桩在松材线虫病流行中的作用究竟有多大”就显得尤为重要，因为如果伐桩在该病流行中的作用确实极小、不是其侵染原，那么就没必要进行伐桩处理，就可挽救当前因伐桩处理所耗费的大量人力、财力、物力；而如果伐桩确实是松材线虫病重要侵染源之一，那么，筛选出经济、有效、简便的除害措施，是目前生产上控制松材线虫病蔓延所急需解决的问题。

1 材料与方法

1.1 试验地概况

试验地设在江西省赣州市峰山国家森林公园管理处的南田村和东风村，试验林地林分为马尾松（*Pinus massoniana* Lamb.）纯林，树龄10~40年，胸径6~40cm，平均树高7.5m，郁闭度0.7~0.9。近年来，该林区出现大量由松材线虫病及松褐天牛造成的马尾松枯死现象，每年均有冬季清理枯死木及综合治理。

1.2 试验方法

2016—2018年，从出现症状时开始取样，每月15日分别在发病区不同小班选取病死树5株，于近地面伐倒（伐桩高度小于5cm），将树干分为下段（由基部至往上1/3）、中段（1/3~2/3处）和上段（2/3~3/3处）三部分，用电钻对每一伐桩及树干下段的中间取样，钻取深度5cm左右，分别钻取木屑样品10g。以上样品均单独包装，标记好，带回室内进一步分离镜检。

每年11月，选取上述疫区表现松材线虫病典型症状的不同胸径的病死树60株，于近地面处锯倒（伐桩离地面的高度5cm以下），用红漆在伐桩上编号，统计树干及伐桩上的松褐天牛虫孔数，记录胸径、树高及伐桩直径和高度，树干带回室外养虫网室内保湿待用，伐桩留于原地。11月至翌年3月，每月对每一伐桩逐一调查松褐天牛虫孔数、用电钻钻取木屑10g左右。4月将挖取所有伐桩连根带回室外养虫网室内，同样方法钻取木屑、统计天牛虫孔数。5—6月检测伐桩及天牛上的松材线虫含量。待成虫完全羽化后，树段及伐桩去皮逐株逐段调查统计幼虫侵入孔和成虫羽化孔的数量。以上样品均单独包装，标记好，带回室内进一步分离镜检。

采用贝尔曼漏斗法，进行松材线虫的分离、鉴定，计算出每个样品所含的线虫总量及松材线虫数量，然后分别将分离材料放入烘箱烘干（130℃、6h左右），待样品恒重后，称重，换算松材线虫含量。

1.3 试验数据分析

所有数据的统计分析均采用SPSS17.0统计软件进行方差分析（one-way ANOVA）、*t*检验和线性回归分析（Linear regression）。

2 结果与分析

2.1 松褐天牛虫孔在疫木伐桩上的分布

病死木伐桩地上部松褐天牛产卵刻槽、侵入孔及羽化孔情况见表1。从表1可见，调查的病死木伐桩上未发现有天牛产卵刻槽，侵入孔和羽化孔数量也极少。病死木伐桩地上部天牛侵入孔平均每株0.38个，其中株高<8m的疫木其伐桩侵入孔平均数量每桩为0.29个，株高≥8m的为0.47个，两者差异未达显著水平（$P=0.1496 \geq 0.05$）；病死木伐桩地上部天牛羽化孔平均每株0.14个，其中株高<8m的疫木其伐桩羽化孔平均

数量每桩为 0.10 个，株高≥8m 的为 0.29 个，两者差异未达显著水平（$P=0.3113\geq0.05$）。

可见，病死树越高，伐桩上相对虫孔数量越多，但相关性不显著（$R^2=0.082$），因为每株伐桩虫孔数极少，每桩在 0~2 个。有虫孔株率分别为 38.10%、14.29%，病死木伐桩地上部天牛侵入孔数、羽化孔数分别占总株侵入孔数、羽化孔数的 0.62%、0.39%，表明相对于全株天牛种群数量而言，病死木伐桩上虽有天牛存在，但数量极低，即松褐天牛成虫的出现率较低，有成虫羽化的有虫伐桩占总伐桩数的 14.29%，而伐桩上羽化的成虫数量只占整株羽化成虫数的 0.37%，比例极低。

表 1　松褐天牛虫孔在松材线虫病疫木及伐桩上的分布

项目	株高/m	5cm 伐桩		树干下段		全株合计（个）
		数量（个）	占比（%）	数量（个）	占比（%）	
产卵槽数	< 8	0	0.00	20.55 ± 16.18 b	27.07	75.90±62.41 b
	≥8	0	0.00	81.38 ± 47.97 a	53.68	151.59±56.24 a
侵入孔数	< 8	0.29 ± 0.46 a	0.79	9.29 ± 6.91 b	25.35	36.65±19.69 b
	≥8	0.47 ± 0.51 a	0.45	35.03 ± 19.77 a	33.76	103.81±58.62 a
羽化孔数	< 8	0.10 ± 0.30 a	0.44	5.45 ± 3.71 b	24.67	22.10±10.27 b
	≥8	0.19 ± 0.40 a	0.34	18.00 ± 9.75 a	32.52	55.34±28.02 a

注：表中相同项目下的每一列不同小写字母表示差异显著（$P<0.05$）；表中数字为“平均值±标准差”。

2.2　疫木伐桩内松材线虫的检出率

2016—2018 年，项目组对疫区马尾松松材线虫病病死树树干 1/3 处即下段及其伐桩进行了不同时间取样，分别分离鉴定，对 324 株 648 份样品的检测结果见表 2。由表 2 可见，伐桩内松材线虫检出率 0.00%~40.00%（均显著低于同一时期的树干下段检出率（10.53%~84.21%）（$P<0.05$）），平均 20.23%不同月份检出率不一样，3—8 月的检出率显著低于其他月份（$P<0.05$），特别是 5—7 月检出率均为零，说明此时期的伐桩内基本无松材线虫存在。

表 2　疫木下段及伐桩中松材线虫检出率

月份	检测株数/根	有松材线虫的样品数/根		松材线虫检出率/%	
		伐桩	下段	伐桩	下段
1	21	8	13	38.10	61.90
2	30	7	21	23.33	70.00
3	44	3	34	6.82	77.27
4	16	1	10	6.25	62.50

（续表）

月份	检测株数/根	有松材线虫的样品数/根		松材线虫检出率/%	
		伐桩	下段	伐桩	下段
5	18	0	5	0.00	27.78
6	22	0	3	0.00	13.64
7	19	0	2	0.00	10.53
8	24	3	19	12.50	79.17
9	19	7	16	36.84	84.21
10	35	14	22	40.00	62.86
11	36	14	19	38.89	52.78
12	40	16	26	40.00	65.00
合计/平均	324	73	190	20.23	55.64

2.3 疫木伐桩内松材线虫生存期

通过定点定株伐桩调查，含有松材线虫的伐桩比例、不同时期（11月至翌年5月）松材线虫在伐桩内存活情况见表3。由表3可见，并不是每个病死树伐桩都含有松材线虫，只有57.10%的伐桩才含松材线虫，含有松材线虫的伐桩占调查伐桩总数量的57.10%，且含虫伐桩百分率与伐桩直径呈极显著负相关（$r=-0.9494$，$P=0.000<0.01$，$y=-2.3194x+91.12$）。刚死亡的病死树在起初（11—12月），伐桩内松材线虫存活率较高、数量较多（48.85条/g、46.91条/g），随后，随着时间推移，松材线虫存活数量显著降低，至翌年5月，伐桩内松材线虫几乎全部消失（平均0.71条/g），6月松材线虫完全消失。

将每月松材线虫存活量与其伐桩直径分别进行回归分析，结果见表4，可见，11月至翌年4月伐桩内松材线虫的存活量分别均与其伐桩直径均呈显著负相关关系，而5月由于伐桩内松材线虫存活量极少，故其伐桩直径不存在相关性。

另外，从图1可见，松材线虫在伐桩内的密度随时间推移逐渐下降，而其中的腐生性线虫含量却随时间推移逐渐上升，即秋冬季伐桩内多含松材线虫，而在春末夏初腐生性线虫占优势。

表3 不同时期伐桩中松材线虫存活情况表

伐桩直径（cm）	含虫伐桩占比（%）	不同时期伐桩中松材线虫密度（条/g）						
		11月	12月	1月	2月	3月	4月	5月
5	80.00	77.50±15.86	74.25±14.64	62.50±14.20	46.00±9.49	26.00±6.48	12.25±1.50	0.50±1.00
8	66.67	63.75±13.65	64.00±10.65	55.00±8.60	37.75±7.14	20.50±5.20	11.75±0.96	1.00±1.41
11	71.43	59.60±9.58	56.80±8.38	45.60±7.86	30.60±5.90	13.00±3.08	7.20±1.48	0.80±0.84

（续表）

伐桩直径（cm）	含虫伐桩占比（%）	不同时期伐桩中松材线虫密度（条/g）						
		11月	12月	1月	2月	3月	4月	5月
13	62.50	57.80±9.09	55.20±10.43	41.40±5.03	27.00±5.43	10.20±2.39	5.40±1.67	1.00±1.22
15	57.14	45.75±11.03	46.25±13.77	33.00±11.43	23.25±10.69	7.00±4.24	2.75±1.26	0.50±0.58
17	50.00	39.75±6.40	37.25±5.38	26.25±5.85	14.25±4.57	2.00±1.83	1.00±1.15	1.00±0.82
19	42.86	27.67±3.06	25.33±3.51	17.33±3.21	11.33±3.06	1.00±1.00	0.67±0.58	0.33±0.58
21	50.00	19.33±1.53	17.00±1.00	10.33±1.15	6.67±0.58	0.67±0.58	0.33±0.58	0.33±0.58
23	33.33	13.00±1.41	10.50±0.71	7.00±1.41	3.50±2.12	0.50±0.71	0.00±0.00	0.50±0.71
平均	57.10	48.85±21.02 a	46.91±20.95 a	36.44±18.80 b	24.53±14.21 c	10.12±9.25 d	5.21±4.64 e	0.71±0.87 e

注：表中每一行不同小写字母表示差异显著（$P<0.05$）；表中数字为“平均值±标准差”；“含虫伐桩占比”指含松材线虫伐桩占调查伐桩总数百分率。

表 4　不同月份伐桩内松材线虫虫口密度（x）与其伐桩直径（y）的回归分析结果

月份	相关系数（R）	自由度（df）	F 值	t 值	P 值	回归方程
11	0.8919	1，33	124.4356	−11.1551	0.0000	$y=97.0098-3.5136x$
12	0.8976	1，33	132.7383	−11.5212	0.0000	$y=95.2206-3.5247x$
1	0.8471	1，33	177.2588	−13.3139	0.0000	$y=80.9072-3.2443x$
2	0.9092	1，33	152.4947	−12.3489	0.0000	$y=57.7149-2.4213x$
3	0.9110	1，33	156.0735	−12.4929	0.0000	$y=31.7599-1.5791x$
4	0.9370	1，33	230.2634	−15.1744	0.0000	$y=16.3851-0.8157x$
5	0.1104	1，33	0.3951	−0.6286	0.5341	$y=0.9531-0.018x$

2.4　伐桩内松褐天牛羽化及带松材线虫情况

所调查的 60 个伐桩中有 34 个伐桩在枯死起初含有松材线虫，这 34 个伐桩中有松褐天牛成虫羽化的伐桩数为 4 个，占 11.76%，占总伐桩数的 6.67%，含松材线虫伐桩中松褐天牛成虫羽化数为 5 头，羽化起止时间为 5 月 10 日至 6 月 16 日，经检测，这 5 头天牛均不带松材线虫。

3　结论与讨论

松材线虫病疫木伐桩是否是该病的重要侵染源之一？伐桩中是否含有大量松材线虫和松褐天牛幼虫，天牛羽化时是否带线虫，伐桩在该病流行中的作用究竟有多大？是否需要除害处理？一直存在争论。

王江美等（2009）调查发现，调查的 20 个疫木伐桩，平均每个疫木伐桩存活有 120.7 头松天牛幼虫，数量巨大；周成枚等（2000）也认为，伐桩地上部有产卵痕的伐桩占总伐桩的 47.5%，产卵痕个数占总伐桩数 93.3%，有羽化孔的伐桩占总伐桩的

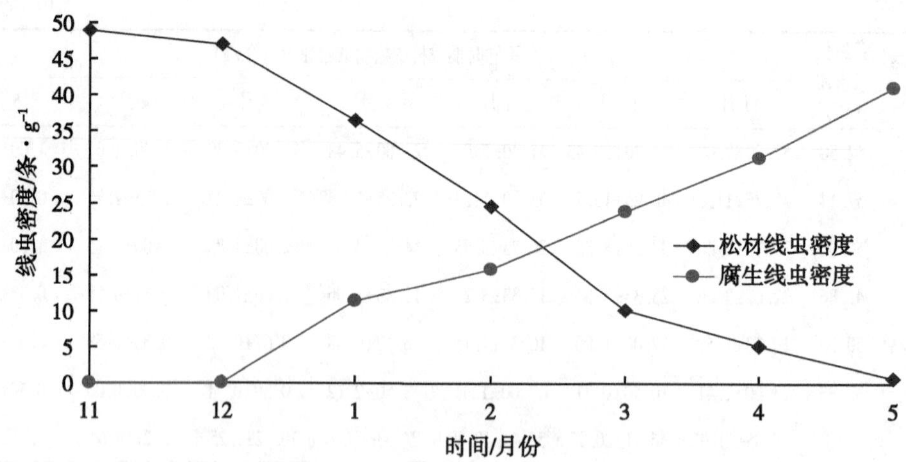

图1　不同月份伐桩中松材线虫与腐生线虫密度变化情况

30%。而本研究却得到不同的结果，本研究发现，在所调查的松材线虫病病死树中，伐桩上没有发现产卵刻槽，有松褐天牛侵入孔、羽化孔的伐桩数分别占总伐桩数的38.10%、14.29%，伐桩内虽有松褐天牛分布，但数量极少，每桩虫孔数量在0~2个，伐桩羽化成虫数量占整株羽化成虫数的0.37%。且试验发现，既有松材线虫又有松褐天牛的伐桩极少，仅占总伐桩数的6.67%，这与朱克慕和张宁（1992）的报道一致。本试验结果还显示，伐桩内的天牛一般在5—6月羽化，含松材线虫的伐桩经过长时间暴露在林间，经检测，该伐桩内的松褐天牛均不带松材线虫，故不能发挥媒介作用，这与蒋丽雅等（1997）的研究结论一致。

本研究发现，并不是所有松材线虫病病死树伐桩中都有松材线虫，只有57.10%的伐桩含有松材线虫，而且一年中各月的检出率不一样。同一伐桩，在刚刚清理的病死树伐桩上松材线虫的数量较大（11月平均48.85条/g），随着时间的推移，数量在逐渐减少，至翌年5月时，松材线虫含量极少（平均0.71条/g），至6月时伐桩内松材线虫完全消失。这与蒋丽雅等（1997）、蒋巧根等（1998）的研究结论一致。

线虫的分离镜检结果显示，11月至翌年5月各时期，从疫木伐桩中分离得到的线虫总含量各月份间差异不大，几乎每个伐桩中均能分离出线虫，但在刚清理期伐桩中以松材线虫为主，很少腐生线虫，而在松褐天牛羽化前，伐桩内多为腐生性线虫，松材线虫比例极少，至6月时伐桩内全是腐生性线虫。这与松材线虫的生活习性基本相吻合，松材线虫是一种强寄生的专性寄生线虫，一旦松树死亡，松树伐桩很容易腐烂，随着伐桩的腐烂，松材线虫数量会迅速降低至消失（刘洪剑，2007）。

综上所述，松材线虫病疫木树干上的松褐天牛及松材线虫在虫口数量上是很大的，构成了该病害流行中传播媒介的主体，起着重要作用；而伐桩上松褐天牛及松材线虫的相对数量却极低，虽然在刚刚清理的疫木伐桩中松材线虫的数量较大，但随时间推移其数量逐渐减少，并逐步被腐生线虫所代替，而且其羽化出的松褐天牛不带松材线虫即不能发挥媒介作用，因此可以说，伐桩在该病流行中的作用确实极小、不是其侵染源，在松材线虫病疫木清理过程中，只要控制好伐桩高度（低于5cm），伐桩则无需处理。

另外，伐桩内的松材线虫密度与其伐桩直径呈显著负相关关系，树桩越小，松材线虫含量越高。这可能与松材线虫在病死树中的垂直分布规律有关，胸径较大时，松材线虫在病树上的垂直分布随树高高度增高而增多，树干基部至树高 1m 处线虫极少（宋鄂平等，2002），而树较小时，这种差异却没那么明显，其机理有待深入研究。

参考文献

陈元生，黄燕洪，周满生 . 2014. 松材线虫病疫木伐桩除害处理技术概述［J］. 林业科技开发，28（1）：12-14.

蒋丽雅，朋金和，李志祥 . 1997. 松材线虫（及松褐天牛）在其致死木伐桩中分布与生存期的调查［J］. 安徽林业科技（3）：35-37.

蒋巧根，张一平，王旭辉 . 1998. 松材线虫病被害木伐桩灭虫试验研究［J］. 江苏林业科技，25（3）：35-38.

来燕学，周永平，余林祥，等 . 1999. 松材线虫病病树伐桩除害技术［J］. 浙江林业科技，19（4）：52-55.

来燕学，陈小龙，李国平，等 . 2001. 松材线虫病流行与松树采伐剩余物关系研究［J］. 浙江林业科技，21（4）：30-33.

刘洪剑 . 2007. 白僵菌和肿腿蜂在松墨天牛防治中的应用及松材线虫在树体内分布［D］. 合肥：安徽农业大学 .

宋鄂平，张前勇，宋太伟，等 . 2002. 松材线虫在受害马尾松树体内的分布及取样部位研究［J］. 湖北民族学院学报（自然科学版），20（2）：28-30.

宋玉双，刘阳，减秀强，等 . 1992. 伐根在松材线虫病流行中的作用［J］. 东北林业大学学报，20（3）：32-36.

王江美，赵锦年，陈卫平，等 . 2009. 松材线虫病疫木伐桩（根）蛀干害虫种类及分布调查［J］. 江西林业科技（3）：38-40.

周成枚，肖灵亚，陆高，等 . 2000. 松褐天牛在病死木伐桩中种群动态的研究［J］. 森林病虫通讯（1）：14-16.

朱克恭，姚仕义，张井义 . 1992. 关于松材线虫病侵染源的研究［J］. 山东林业科技（4）：45-48.

朱克慕，张宁 . 1992. 病死木上松材线虫的存在及数量消长［J］. 南京林业大学学报，16（2）：7-10.

辛硫磷和毒死蜱对暗黑鳃金龟幼虫的室内药效和毒力测定*

段爱菊**，王淑枝，王利霞，韩瑞华，吴建梅，刘顺通

（洛阳农林科学院，洛阳 471022）

摘　要：40%辛硫磷乳油和45%毒死蜱乳油稀释不同倍数浸土豆条饲喂暗黑鳃金龟3龄幼虫结果表明：40%辛硫磷乳油1 000倍液防治效果较好达86.3%，40%辛硫磷乳油对暗黑鳃金龟3龄幼虫5天的LC_{50}为133.3mg/kg；45%毒死蜱乳油1 000倍液、2 000倍液浸土豆条饲喂暗黑鳃金龟3龄幼虫5天防治效果分别达96.3%和88.8%，45%毒死蜱乳油对暗黑鳃金龟3龄幼虫5天的LC_{50}为43.6mg/kg。

关键词：暗黑鳃金龟；辛硫磷；毒死蜱；药效；毒力测定

暗黑鳃金龟（*Holotrichia parallela* Motschulsky）是北方地区重要地下害虫之一，也是3种金龟甲优势种之一。成虫喜食榆树、樱桃、构树、苘麻、百日红、黄豆、绿豆和花生等植物叶片，成虫数量大时食光植物叶片影响生长，幼虫取食为害植物的地下部分，严重时造成林木和作物的死棵和死苗，影响作物的产量和产品的质量（袁锋等，2001；鞠倩等，2014；刘顺通等，2015）。

在蛴螬的防治中药剂防治占有重要的地位，作者田间采集暗黑鳃金龟3龄幼虫选用了两种药剂进行了室内药效试验和毒力测定，以期为幼虫的抗药性测定提供依据（王淑枝等，2014）。

1　材料与方法

1.1　供试药剂

40%辛硫磷乳油，连云港立本作物科技有限公司；45%毒死蜱乳油，连云港立本作物科技有限公司，见表1。

表1　供试药剂及浓度设计

供试药剂	稀释倍数	浓度（mg/kg）	供试药剂	稀释倍数	浓度（mg/kg）
40%辛硫磷乳油	1 000	400	45%毒死蜱乳油	1 000	450
	2 000	200		2 000	225
	3 000	133.33		4 000	112.5
	4 000	100		8 000	56.25
	6 000	66.67		12 000	37.5
	8 000	50		16 000	28.125

* 基金项目：国家公益性行业（农业）科研专项（201003025）

** 第一作者/通信作者：段爱菊，副研究员，主要从事农作物病虫害的研究和防治；E-mail：lysnks@126.com

1.2 试虫来源

花生收获时，田间收集暗黑鳃金龟幼虫室内饲养 7 天后挑选大小整齐的 3 龄幼虫备用。

1.3 试验方法

LC_{50}测定：通过预备试验确定每个药剂选用 6 个浓度对暗黑鳃金龟的 3 龄幼虫进行毒力测定。

将新鲜土豆切成宽约 1cm，长约 6cm 的长条状，在相应药液中浸 15min，取出晾到表面没有明水，取适量放于盆中，每盆放入 20 头幼虫，用 20%左右湿度的壤土盖住虫体和土豆条，土的厚度 6cm 左右。每盆为一个重复，每个浓度 4 次重复。盆的直径 25cm，高度 8cm。

试验在室内进行，室温 22~25℃。

1.4 调查方法

药后 1 天、2 天、3 天、4 天、5 天检查幼虫的存活虫数，用镊子轻触蛴螬体背，虫体明显不能卷曲、爬行者为死亡。统计死亡数，计算死亡率和校正死亡率。

1.5 计算公式及统计方法

死亡率（%）=死亡虫数/试虫数×100

校正死亡率（%）=［（1-对照组的死亡率）-（1-处理组的死亡率）］/（1-对照组的死亡率）×100

用 SPSS 17.0 软件求 LC_{50}。

2 结果分析

2.1 40%辛硫磷乳油对暗黑鳃金龟幼虫的药效试验

40%辛硫磷乳油浸土豆条饲喂暗黑鳃金龟幼虫，50~400mg/kg 对暗黑鳃金龟幼虫均有一定的胃毒效果（表 2）。

第 1 天的即时效果较差，50~400mg/kg 的校正死亡率分别为 23.8%、13.8%、5.0%、2.5%、3.8%、2.5%；2 天的校正死亡率分别为 45.0%、27.5%、15.0%、16.3%、11.3%、7.5%；3 天的校正死亡率分别为 77.5%、42.5%、35.0%、27.5%、18.8%、16.3%；4 天的校正死亡率分别为 86.3%、61.3%、51.3%、33.8%、20.0%、20%；5 天的校正死亡率分别为 86.3%、62.5%、51.3%、36.3%、26.3%、20.0%。

表 2 40%辛硫磷乳油不同浓度对暗黑鳃金龟 3 龄幼虫药效

浓度（mg/kg）	1 天		2 天		3 天		4 天		5 天	
	活虫数/头	校正死亡率/%	活虫数/头	校正死亡率/%	活虫数/头	校正死亡率/%	活虫数/头	校正死亡率/%	活虫数/头	校正死亡率/%
400.0	61	23.8	44	45.0	18	77.5	11	86.3	11	86.3
200.0	69	13.8	58	27.5	46	42.5	31	61.3	30	62.5
133.3	76	5.0	68	15.0	52	35.0	39	51.3	39	51.3

(续表)

浓度(mg/kg)	1天		2天		3天		4天		5天	
	活虫数/头	校正死亡率/%	活虫数/头	校正死亡率/%	活虫数/头	校正死亡率/%	活虫数/头	校正死亡率/%	活虫数/头	校正死亡率/%
100.0	78	2.5	67	16.3	58	27.5	53	33.8	51	36.3
66.7	77	3.8	71	11.3	65	18.8	64	20.0	59	26.3
50.0	78	2.5	74	7.5	67	16.3	64	20.0	64	20.0
0.0	80	0.0	80	0.0	80	0.0	80	0.0	80	0.0

2.2 45%毒死蜱乳油对暗黑鳃金龟幼虫的药效试验

45%毒死蜱乳油浸土豆条饲喂暗黑鳃金龟幼虫，28.1~450mg/kg 对暗黑鳃金龟幼虫均有一定的胃毒效果（表3）。

第1天的即时效果较差，28~450mg/kg 的校正死亡率分别为 27.5%、13.8%、8.8%、6.3%、5.0%、2.5%；2 天的校正死亡率分别为 80.0%、48.8%、26.3%、20.0%、22.5%和 11.3%；3 天的校正死亡率分别为 87.5%、73.8%、56.3%、37.5%、35.0%和 28.8%；4 天的校正死亡率分别为 96.3%、87.5%、66.3%、53.8%、42.5%和 32.5%；5 天的校正死亡率分别为 96.3%、88.8%、72.5%、60.0%、46.3%和 36.3%。

表3 45%毒死蜱乳油不同浓度对暗黑鳃金龟3龄幼虫药效

浓度(mg/kg)	1天		2天		3天		4天		5天	
	活虫数/头	校正死亡率/%	活虫数/头	校正死亡率/%	活虫数/头	校正死亡率/%	活虫数/头	校正死亡率/%	活虫数/头	校正死亡率/%
450.0	58	27.5	16	80.0	10	87.5	3	96.3	3	96.3
225.0	69	13.8	41	48.8	21	73.8	10	87.5	9	88.8
112.5	73	8.8	59	26.3	35	56.3	27	66.3	22	72.5
56.3	75	6.3	64	20.0	50	37.5	37	53.8	32	60.0
37.5	76	5.0	62	22.5	52	35.0	46	42.5	43	46.3
28.1	78	2.5	71	11.3	57	28.8	54	32.5	51	36.3
0	80	0	80	0	80	0	80	0	80	0

2.3 辛硫磷和毒死蜱对暗黑鳃金龟3龄幼虫的毒力测定

40%辛硫磷乳油浸土豆条饲喂暗黑鳃金龟 3 龄幼虫，测定 5 天的 LC_{50} 为 133.3mg/kg；45%毒死蜱乳油浸土豆条饲喂暗黑鳃金龟 3 龄幼虫，测定 5 天的 LC_{50} 为

43.6mg/kg（表4、图1和图2）。

表4　辛硫磷和毒死蜱对暗黑鳃金龟3龄幼虫的毒力测定

药剂名称	毒力回归方程	相关系数	LC_{50}	置信区间
40%辛硫磷乳油	$y=-7.470+3.516x$	0.914	133.33	116.852~153.500
45%毒死蜱乳油	$y=-4.725+2.882x$	0.872	43.59	35.290~51.931

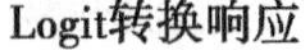

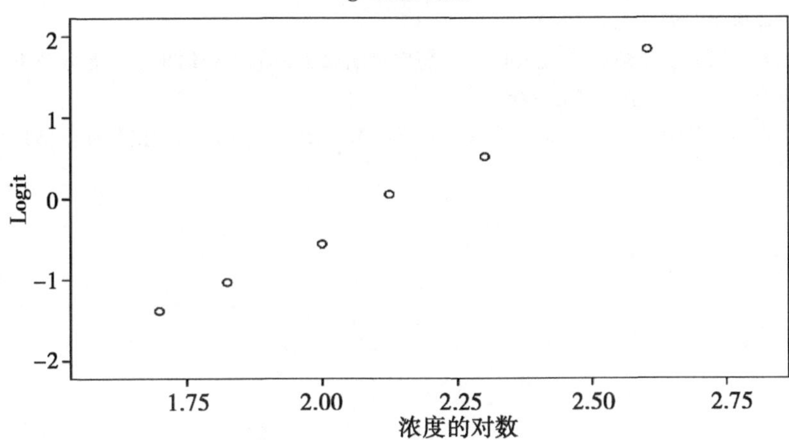

图1　辛硫磷乳油毒力回归线

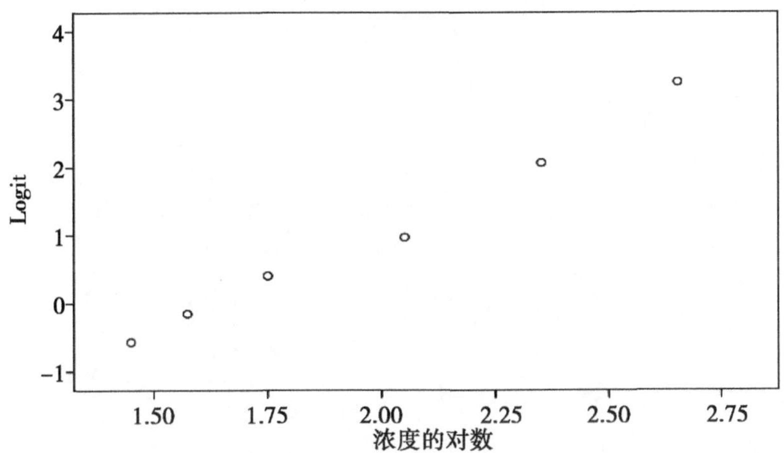

图2　毒死蜱乳油毒力回归线

3 结论

45%毒死蜱乳油对暗黑鳃金龟3龄幼虫的药效要优于40%辛硫磷乳油，毒死蜱乳油对暗黑鳃金龟3龄幼虫 LC_{50} 是辛硫磷乳油的3倍。

参考文献

鞠倩，李晓，姜晓静，等 . 2014. 3种金龟甲对寄主植物的行为反应研究［J］. 植物保护，40（4）：76-79.

刘顺通，段爱菊，王利霞，等 . 2015. 17种植物饲喂对暗黑鳃金龟成虫繁殖力影响的研究［J］. 陕西农业科学，61（2）：25-27

王淑枝，刘顺通，段爱菊，等 . 2014. 不同药剂对铜绿丽金龟卵和幼虫室内药效及毒力测定［J］. 山西农业科学，42（6）：603-605.

袁锋，仵均祥，李云瑞，等 . 2001. 农业昆虫学［M］. 北京：中国农业出版社：153-171.

湖南省武冈市草地贪夜蛾侵入现状与防控策略*

廖用信[1**]，王　星[2***]

（1. 湖南省武冈市农业农村局，武冈　422400；2. 植物病虫害生物学与防控湖南省重点实验室/湖南农业大学植物保护学院，长沙　410128）

摘　要：草地贪夜蛾作为世界性重大迁飞性害虫，自 2019 年 1 月侵入我国后，短短几个月内在我国蔓延。尽管我国本土已发现对草地贪夜蛾有较好控制作用的自然天敌，如昆虫囊泡病毒、斯氏侧沟茧蜂等，但该虫将可能造成的影响不容忽视，借此我们于 2019 年 3 月开始对武冈市的玉米地进行持续的监控，在 5 月 9 日首次发现草地贪夜蛾入侵武冈市，随之开展系统调查，基本摸清草地贪夜蛾在我市的发生情况及为害程度、为害特点，并做出群防群治、早发现早防治的策略方案。

关键词：草地贪夜蛾；玉米；囊泡病毒；侧沟茧蜂；为害；防治

草地贪夜蛾（*Spodoptera frugiperda*）又称秋黏虫（fall army worm），属鳞翅目（Lepidoptera）夜蛾科（Noctuidae）灰翅夜蛾属，是一种原产于美洲的杂食性害虫，为害多种作物，具有很强迁飞能力，每晚可迁飞 100 公里以上（郭井菲等，2018，2019；吴秋琳等，2019；张磊等，2019）；适生区域广，可为害 83 种作物，适宜温度下完成一个世代只需 30 天；繁殖速度快，雌成虫可以多次交配产卵，一生可产卵 900～1 000粒（刘杰等，2019）。在适合温度下，卵在 2～4 天即可孵化成幼虫，具有暴食为害重、防控难度大等特性（姜玉英等，2019；孙小旭等，2019；赵胜园等，2019），被国际农业和生物科学中心评为世界十大植物害虫（Bortolotto *et al.*，2014；Baudron *et al.*，2019；Garcia *et al.*，2019；Schroeder *et al.*，2019；Wigthman，2019）。该虫自 2019 年 1 月侵入我国后，短短几个月内在我国蔓延（姜玉英等，2019）。尽管我国本土早已发现对草地贪夜蛾有较好控制作用的自然天敌，如昆虫囊泡病毒、斯氏侧沟茧蜂等（Hu *et al.*，2016；Huang *et al.*，2012；Li *et al.*，2013，2016），但该虫可能造成的影响不容忽视，借此我们于 2019 年 3 月开始对武冈市的玉米地进行持续的监控，于 5 月 9 日在武冈市法相岩办事处长安村发现该虫，笔者通过对全市侵入情况的调查，基本摸清该虫目前为止在我市的发生区域及为害情况，为制定有效的防治策略提供依据。

1　材料与方法

1.1　武冈市概况

武冈市位于湖南省西南部、现辖 14 个乡镇、4 个街道办事处，总面积 1 549km²，

* 基金项目：湖南农业大学与武冈市农业农村局合作研究项目

** 第一作者：廖用信，农艺师，长期从事农作物病虫害预测预报及防控工作；E-mail：373249149@ qq. com

*** 通信作者：王星，教授，主要从事昆虫系统分类学研究工作；E-mail：wangxing@ hunau. edu. cn

总人口83.25万，位于“湘、桂、黔”交界之地，其东南西北依次与邵阳县、新宁县、城步县、绥宁县、洞口县、隆回县交界。全市粮食作物播种面积76.65千hm^2，其中玉米种植面积16万亩，年产量9.0万吨。

1.2 监测普查方法

1.2.1 性诱监测

在司马冲镇、法相岩办事处、邓元泰镇、迎春亭办事处、水西门办事处各安置了2个草地贪叶蛾成虫性诱装置，要求每3天向武冈市农业农村局植保植检站汇报一次情况。

1.2.2 灯诱监测

通过法相岩办事处德岗村和邓元泰镇渡头桥村两台虫情测报灯进行监测。

1.2.3 实地普查

全市18个乡镇农技站和植保植检站在全市开展实地普查。

2 结果分析

2.1 侵入现状

性诱捕器在5月4日、8日分别诱到1头成虫，由于损坏严重无法辨认没有送检。通过5月9—18日的普查，我市已查明发现侵入的乡镇有7个，其中司马冲镇、秦桥镇、大甸镇与新宁县最接近，位于我市西南方向，推测虫源主要是从西南方向侵入；从调查的虫龄分析，5月18日在邓家铺新建和白水调查的幼虫全部为1~3龄虫，且2龄占90%，表明到目前为止，应该有2次虫源迁入的现象。

2.2 为害程度

自2019年5月9日在武冈市法相岩办事处长安村首次发现草地贪夜蛾入侵武冈以来，我们对全市进行系统调查，通过逾期10天的全面普查，至此发现草地贪夜蛾入侵武冈市，在各地为害玉米的情况具体见表1。整体而言，武冈市南部乡镇发生较为严重，面积加大，而东、西部相对发生较轻，目前发生区表现为典型的南方迁入格局。

表1 草地贪夜蛾入侵武冈各地为害玉米的情况（2019年5月）

发现时间	发现地点	玉米生育期	百株虫量	百株最高虫量	1~3龄所占比例	被害株率	最高被害株率	发生面积（亩）
5月9日	法相岩办事处长安村	8~10叶期（大喇叭口期）	1	10	30	1	10	50
5月11日	大甸镇大甸村	同上	8	14.7	10	8	14.7	20
5月12日	司马冲镇山新村	同上	7	12	20	7	12	50
5月13日	马坪乡花桥村	同上	5	5	10	5	5	50
5月13日	邓元泰镇华塘村	同上	1	6	20	1	6	30
5月15日	秦桥镇立新村	同上	4	6	40	4	6	30
5月18日	水浸坪乡石林村	同上	1	3	40	1	3	20

（续表）

发现时间	发现地点	玉米生育期	百株虫量	百株最高虫量	1~3龄所占比例	被害株率	最高被害株率	发生面积（亩）
5月18日	邓家铺新建村和白水村	同上	1	4	100	1	4	30
5月18日	稠树塘镇雅槎村	同上	1	6	20	1	6	20

2.3 为害状

低龄幼虫隐藏在叶片背面取食，取食后形成半透明薄膜“窗孔”，田间调查时要仔细查看才能发现；老熟幼虫取食玉米叶片后形成不规则的长形孔洞，有明显的钻蛀孔，幼虫主要为害玉米心叶，损坏生长点；为害情况和玉米黏虫不同，根据调查情况显示，草地贪叶蛾一般一株玉米仅发现一头幼虫为害，而黏虫则为多条集中为害；草地贪叶蛾从心叶开始为害，而黏虫则一般从下部叶片开始为害。

3 防控策略

3.1 宣传培训

第一时间对各乡镇农技站技术人员进行草地贪夜蛾识别与防控培训；通过微信把草地贪叶蛾的形态特征、为害情况在整个武冈农药经营交流群里发布，对农药经销商进行培训；印发《草地贪夜蛾识别与防控》彩色病虫情报，张贴到各乡镇村组、各农药经销商门店；采用“村村响”广播系统播放草地贪夜蛾的防治情报；通过多种手段宣传培训，科学指导农户开展防控。

3.2 监测普查

发动全市各乡镇农技站，开展草地贪叶蛾发生情况的普查工作，做到早发现，早防控，指导农户开展群防群治或统防统治。

3.3 成虫诱杀技术

成虫发生期，集中连片使用杀虫灯诱杀；同时，可搭配性诱剂和食诱剂提升防治效果。

3.4 幼虫防治技术

抓住低龄幼虫的防控最佳时期，选择清晨或者傍晚进行防控，药剂注意喷洒在玉米心叶、雄穗和雌穗等部位。

（1）生物防治：在卵孵化初期选择喷施白僵菌、绿僵菌、苏云金杆菌制剂以及多杀菌素、苦参碱、印楝素等生物农药，就地保护斯氏侧沟茧蜂等本底寄生蜂，充分构建“侧沟茧蜂—囊泡病毒”体系形成稳定的自然控制系统。

（2）应急防治：玉米田虫口密度达到10头/百株时（参考玉米田二代黏虫防控的虫口密度指标），选用氯虫苯甲酰胺、氟氯氰菊酯、溴氰虫酰胺、甲维盐等进行防控。

参考文献

郭井菲，静大鹏，太红坤，等．2019．草地贪夜蛾形态特征及与3种玉米田为害特征和形态相近鳞翅目昆虫的比较［J］. 植物保护，45（2）：7-12.

郭井菲，赵建周，何康来，等 . 2018. 警惕危险性害虫草地贪夜蛾入侵中国［J］. 植物保护，44（6）：1-10.

姜玉英，刘杰，朱晓明 . 2019. 草地贪夜蛾侵入我国的发生动态和未来趋势分析［J］. 中国植保导刊，39（2）：33-35.

刘杰，姜玉英，刘万才，等 . 2019. 草地贪夜蛾测报调查技术初探［J］. 中国植保导刊，39（4）：44-47.

孙小旭，赵胜园，靳明辉，等 . 2019. 玉米田草地贪夜蛾幼虫的空间分布型与抽样技术［J］. 植物保护，45（2）：13-18.

吴秋琳，姜玉英，吴孔明 . 2019. 草地贪夜蛾缅甸虫源迁入中国的路径分析［J］. 植物保护，45（2）：1-6+18.

张磊，靳明辉，张丹丹，等 . 2019. 入侵云南草地贪夜蛾的分子鉴定［J］. 植物保护，45（2）：19-24+56.

赵胜园，孙小旭，张浩文，等 . 2019. 常用化学杀虫剂对草地贪夜蛾防效的室内测定［J/OL］. 植物保护：1-8［2019-05-20］. https：//doi. org/10. 16688/j. zwbh. 2019160.

Bortolotto O C，Menezes A D，Hoshino A T，*et al*. 2014. Sugar solution treatment to attract natural enemies and its impact on fall army worm *Spodoptera frugiperda* in maize fields［J］. Interciencia，39（6）：416-421.

Baudron F，Zaman-Allah M A，Chaipa I，*et al*. 2019. Understanding the factors influencing fall armyworm（*Spodoptera frugiperda* JE Smith）damage in African smallholder maize fields and quantifying its impact on yield. A case study in Eastern Zimbabwe［J］. Crop Protection，120：141-150.

Garcia A G，Ferreira C P，Godoy W A C，*et al*. 2019. A computational model to predict the population dynamics of *Spodoptera frugiperda*［J］. Journal of Pest Science，92（2）：429-441.

Hu J，Wang X，Zhang Y，*et al*. 2016. Characterization and Growing Development of Spodoptera exigua（Lepidoptera：Noctuidae）Larvae Infected by Heliothis virescens ascovirus 3h（HvAV-3h）［J］. Journal of Economic Entomology，109，（5）：2020-2026.

Huang G H，Garretson T A，Cheng X H，*et al*.. 2012. Phylogenetic position and replication kinetics of Heliothis virescens Ascovirus 3h（HvAV-3h）isolated from *Spodoptera exigua*［J］. PLoS ONE，7（7）：e40225.

Li S J，Hopkins R J，Zhao Y P，*et al*. 2016. Imperfection works：Survival，transmission and persistence in the system of Heliothis virescens ascovirus 3h（HvAV-3h），*Microplitis similis* and *Spodoptera exigua*［J］. Scientific Reports，6：21296.

Li S J，Wang X，Zhou Z S，*et al*. 2013. A comparison of growth and development of three major agricultural insect pests infected with Heliothis virescens ascovirus 3h（HvAV-3h）［J］. PLoS ONE，8（12）：e85704.

Schroeder L，Mar T B，Haynes J R，*et al*. 2019. Host range and population survey of *Spodoptera frugiperda* Rhabdovirus［J］. Journal of Virology，93（6）：e02028.

Wightman J A. 2019. Can lessons learned 30 years ago contribute to reducing the impact of the fall army worm *Spodoptera frugiperda* in Africa and India?［J］. Outlook of Agriculture，47（4）：259-269.

研究摘要

镉胁迫对拟环纹豹蛛发育与繁殖的影响*

王 智**
（湖南师范大学生命科学学院，长沙 410081）

摘 要：探究了镉污染对稻田蜘蛛优势种拟环纹豹蛛（*Pardosa pseudoannulata*）雌蛛繁殖和幼蛛发育的影响，并通过高通量测序技术比较有无镉胁迫下成蛛性腺（卵巢）和幼蛛基因表达的差异，揭示镉胁迫影响雌蛛繁殖和幼蛛生长发育可能的分子机制。主要结果如下：

（1）镉胁迫影响拟环纹豹蛛抗氧化酶活性，导致成雌蛛过氧化物酶（POD）、超氧化物酶（SOD）和谷胱甘肽硫转移酶（GST）活性降低，金属硫蛋白（MT）含量增加；同时，转录和蛋白水平上抗氧化酶编码基因和蛋白均发生显著变化，其中 GST 和 SOD 在蛋白和个体水平上的变化一致。镉胁迫导致幼蛛 SOD、CAT 活性增加、MT 含量增加（2 龄和 5 龄）、但 POD 活性在 2 龄中降低 5 龄中增加；基因表达和蛋白互做分析显示，SOD 和 CAT 可能在清除幼蛛体内过多自由基方面发挥主要作用。

（2）镉胁迫可能不利于雌蛛卵细胞的生成与成熟，导致卵细胞减数分裂通路上（Ko04114，Oocyte meiosis pathway）细胞因子（SCF）和钙调神经磷酸酶（CaN）基因表达下调；卵细胞成熟通路上（Ko04914，Progesterone-mediated oocyte maturatio）周期蛋白 CycA 和 CycB 基因表达下调；且随着胁迫时间和浓度的增加两条通路上低表达基因显著增加，分别导致通路上 42 个和 26 个节点上的基因表达下调，表明镉对卵细胞的影响随着胁迫时间的增加而显著。

（3）镉胁迫不利于雌蛛卵巢卵黄蛋白的合成，导致 Vt 含量和产卵量显著减少；同时，卵黄蛋白原基因 Vg 及主要成分卵黄脂磷蛋白-1 表达均被显著抑制。

（4）镉胁迫影响雌蛛卵巢中 miRNA 的表达，导致 54 条 miRNA 上调，11 条下调；这些差异表达 miRNA 的靶基因的功能与 MAPK 信号通路紧密相关，且蛋白磷酸化重要调控因子 mTOR 的表达也受到差异 miRNA 的影响。这些可能间接影响蜘蛛卵细胞的生成与成熟。

（5）随着镉胁迫时间的增加，雌蛛卵巢中染色体同源重组和 DNA 错配修复相关基因表达持续升高，保障了遗传信息的准确传递；但氧化磷酸化相关基因表达持续降低，影响蜘蛛能量代谢。

（6）镉胁迫可能导致蜘蛛胚胎发育缓慢。比较有无镉胁迫下相同发育阶段胚胎基

* 国家自然科学基金资助（31472017）

** 第一作者/通信作者：王智，教授，博士生导师，主要从事农田蜘蛛的保护与利用及害虫的生态调控研究；E-mail：wangzspider@ sina. com

因表达情况，细胞色素 P450 代谢途径和过氧化物酶体可能是发育 144h 胚胎中主要的抗氧化途径；比较不同发育阶段胚胎基因表达情况，发现胚胎发育功能物质蛋白的降解与吸收受到显著影响。

（7）镉胁迫影响拟环纹豹蛛的生长发育，降低 3~8 龄幼蛛体重，延长 7~8 龄的发育历期，增加 4 龄以后的死亡率，但不影响幼蛛体长的生长。

（8）镉胁迫对蜘蛛蜕皮激素的合成有潜在不利影响，导致催化蜕皮激素合成多级反应的细胞色素 P450 家族基因（*phm*，*dib*，*sad*，*shd*）以及外骨骼主要成分角质层的形成相关基因的表达均发生变化。这些可能是幼蛛发育缓慢以及死亡率增加的主要原因。

关键词：拟环纹豹蛛；繁殖力；胚胎发育；胚后发育；抗氧化酶

湖南洞庭湖区蝶类多样性调查*

汪　洋**，李　幸，黎红辉，周　琼***
（湖南师范大学生命科学学院，长沙　410081）

摘　要：2018 年 4—10 月，笔者参与环境保护部的全国蝴蝶多样性观测项目，对洞庭湖样区（岳阳、汨罗）蝴蝶多样性进行了观测，对选定的 6 条样线（包括岳阳团湖公园、岳阳建新农场、岳阳君山岛、汨罗江国家湿地公园、汨罗神鼎山、汨罗江沿江风光）观测了 7 次（4—10 月，每月观测一次）。共记录蝴蝶 4 511头，经鉴定隶属于 8 科 36 属 50 种。其中蛱蝶科 10 属 15 种、灰蝶科 8 属 9 种、凤蝶科 5 属 7 种、粉蝶科 3 属 7 种、弄蝶科 4 属 6 种、眼蝶科 4 属 4 种、斑蝶科 1 属 1 种、珍蝶科 1 属 1 种；所观测到的 50 种蝴蝶中，广布种 31 种，东洋种 18 种，古北种 1 种。

物种多样性指数分析结果发现，洞庭湖样区 6 条样线的 Shannon-Wiener 指数分别为：汨罗神鼎山（2.7615）>岳阳君山岛（2.3112）>汨罗江沿江风光带（2.0937）>汨罗江国家湿地公园（1.4954）>岳阳团湖荷花公园（1.1055）>岳阳建新农场（0.7053）；物种丰富度指数（R）分别为汨罗神鼎山（5.4216）>岳阳君山岛（4.4897）>汨罗江沿江风光带（3.343）>岳阳团湖荷花公园（2.7873）>汨罗江国家湿地公园（2.4275）>岳阳建新农场（2.0856）；均匀度指数（J）分别为：汨罗神鼎山（0.7831）>汨罗江沿江风光带（0.7111）>岳阳君山岛（0.6864）>汨罗江国家湿地公园（0.5174）>岳阳团湖荷花公园（0.369）>岳阳建新农场（0.2544）；优势度指数（D）分别为：岳阳建新农场（0.2525）>岳阳团湖荷花公园（0.1541）>汨罗江国家湿地公园（0.1102）>岳阳君山岛（0.02859）>汨罗江沿江风光（0.01729）>汨罗神鼎山（0.01596）。

6 条样线中，以汨罗神鼎山样线植被最丰富，空间结构复杂，人为活动干扰低，蝴蝶种类有 35 种，占全部种类的 70%，因此蝶类多样性指数、均匀度指数、物种丰富度都最高，优势度指数最低；而建新农场主要以栽培经济作物为主，蝴蝶种类有 15 种，占全部种类的 30%，但共观测菜粉蝶 1 139头，因此优势度指数最高为 0.2525，而蝶类物种丰富度指数和均匀度指数均最低，反映出建新农场的植被结构单一，人为活动干扰大；岳阳君山岛植被较为丰富，但属旅游开发地带，人为干扰频繁，而且受半岛环境影响，蝶类物种丰富度、均匀度指数、均比同样植被丰富的汨罗神鼎山较低；汨罗江国家湿地公园，虽植被结构简单，以荒草丛为主，但与岳阳建新农场结构较为单一的栽培经

* 基金项目：生态环境部—生物多样性保护专项（SDZXWJZ01074-2018）；湖南省生态学重点学科建设项目（No. 0713）

** 第一作者：汪洋，硕士研究生，主要从事蝴蝶多样性及化学生态学研究；E-mail：278962620@ qq. com

*** 通信作者：周琼，教授，主要从事化学生态学及昆虫多样性研究；E-mail：zhoujoan@ hunnu. edu. cn

济作物不同，酢浆灰蝶数量最多（371 头），酢浆灰蝶喜矮壮草丛，因此蝶类 Shannon-Wiener 指数、均匀度指数、物种丰富度均高于岳阳建新农场。

蝴蝶可作为环境变化的指示昆虫，调查洞庭湖区的蝴蝶种类组成和种群动态，可对生境质量进行评价，并对保护生物多样性和生态环境的恢复提出可行性意见。

关键词：洞庭湖；蝴蝶；多样性；岳阳；汨罗

发现入侵害虫红棕象甲转移为害本土树种棕榈*

王　辉[2,4**]，孟令春[1]，王欽召[1]，肖　斌[2]，刘兴平[1,4]，
张江涛[1,4]，曾菊平[1,3,4***]
（1. 江西农业大学林学院，南昌　330045；2. 江西省林业有害生物防治检疫局，南昌　330038；3. 江西庐山森林生态系统定位观测研究站，九江　332900；4. 鄱阳湖流域森林生态系统保护与修复/国家林业和草原局重点实验室，南昌　330045）

摘　要：入侵害虫红棕象甲 *Rhynchophorus ferrugineus* Oliver 是我国 2013 年发布的 14 种林业检疫性有害生物之一，自 1997 年首次在广东中山发现以来，已扩散到 15 省 63 县区，严重为害棕榈科（Palmae）绿化树种。该虫主要随加拿利海枣 *Phoenix canariensis* Chabaud、华盛顿棕榈 *Washingtonia filifera*（Lind. ex Andre）H. Wendi. 等外来寄主树种的引种栽培而远距离传播，一直被认为对本地树种无为害风险。然而，2016 年，笔者首次发现该入侵害虫从加拿利海枣引种苗圃地（2013 年）逃逸并转移到附近本土树种棕榈 *Trachycarpus fortunei* 定殖为害。为弄清其转移为害状况，本次对该苗圃地周边 1. 5km 范围内的棕榈树资源、受害、红棕象甲成虫数量（诱捕法）等进行调查，并对比分析原寄主与新寄主种群形态学、生物学参数。结果表明：①调查范围内有棕榈树 270 株，红棕象甲为害致死 8 株，为害率 2. 96%；②距加拿利海枣苗圃中心按 50m、100m、200m、900m、1 600m 梯度连续 6 周内诱捕成虫 61 头，Wilcox-text 配对检验发现 1 600m组明显小于 50m、100m、200m 组个体数量，但 900m 组与 50m、100m 组却在数量上相当，说明并不随距离增加而数量减少，以此推测 900m 点附近可能存在另一个类似的虫源地（如加拿利海枣苗圃或受害死树）；③对原寄主（加拿利海枣）与转移新寄主（棕榈）种群参数比较（t-test），发现雌雄成虫形态指标（如体重、体长、翅展）均差异不显著，但雌雄性别间都差异显著，此外，比较雌虫产卵量与孵化率也同样差异不显著。以上结果说明红棕象甲自身扩散能力较强，单个虫源地可能至少能对 1. 5km 范围内的棕榈科树种形成威胁，因而及时开展源头防控（包括植物检疫、虫源地防控等）应成为关键措施。另外也说明红棕象甲寄主适应能力强，转寄主取食对种群影响不明显，从而易借助本土棕榈树种（调查区资源丰富）而定殖建群，进入当地林业生态系统，形成长期威胁与风险。因此，亟需在受害区开展围绕棕榈科树种的种群调查与跟踪，掌握实际为害与损失，

* 基金项目：江西省林业科技创新专项（201815）；江西农业大学大学生创新训练项目（201810410110）
** 第一作者：王辉，在读硕士研究生，从事林业害虫防控研究；E-mail：1025951580@ qq. com
*** 通信作者：曾菊平，副教授，博士，从事昆虫保护与林业害虫防控研究；E-mail：zengjupingjxau@ 163. com

并长期监测其为害动态（如至少作为各地林业有害生物普查、专查重点），预防未来可能突发的生态灾难。

关键词：红棕象甲 *Rhynchophorus ferrugineus* Oliver；棕榈 *Trachycarpus fortunei*；转移寄主；种群参数；风险

嗜尸性蝇类线粒体基因组结构特点与系统发育分析研究*

尚艳杰**，任立品，陈　威，王世雯，阳　力，郭亚东***
（中南大学基础医学院法医系，长沙　410013）

摘　要：法医昆虫学可为腐败尸体死后间隔时间（PMI_{min}）推断提供重要价值和线索，其中双翅目（Diptera）蝇类是尸体腐败进展中最为常见的嗜尸性昆虫，尤其是丽蝇科（Calliphoridae）、麻蝇科（Sarcophagidae）和家蝇科（Muscidae）等在实践工作及科学研究中被广泛关注。快速、准确的种类鉴定是利用嗜尸性蝇类进行 PMI 推断的首要环节，由于传统上利用形态学方法对嗜尸性蝇类进行物种鉴定时受到鉴定要点极为复杂多变、一般只能对雄性成虫鉴定等诸多限制，近年来，DNA 分子鉴定作为形态学鉴定方法的补充手段，被越来越多的法医昆虫学研究者所接受。昆虫的线粒体基因具有母系遗传特征，保守性较强，相对缺乏广泛的重组、重排现象，相对于核基因组具有更快的进化速度和突变率，已广泛用于系统发育学和分类学研究，以前的研究表明，相比单个基因片段，完整的线粒体基因组可明显提高进化分析的效力以及物种分类的准确性，尤其对于近缘种群。因此，在本项研究中，首先笔者对本课题组以及当前 Genbank 数据库中已有全线粒体基因组的嗜尸性蝇类进行了统计分析，然后以酱亚麻蝇为例，对常见嗜尸性蝇类的线粒体基因组结构特点进行了分析，最后以线粒体全基因组（13 个蛋白质编码基因 PCGs）作为分子标记，采用最大似然法 maximum likelihood（ML）和贝叶斯法 Bayesian inference（BI）构建系统发育树，对常见嗜尸性蝇类的进化关系和系统发育进行分析。结果表明：①已有全线粒体基因组的嗜尸性蝇类包括有 23 个丽蝇，18 个麻蝇，15 个蝇科，1 个蚤蝇科，1 个果蝇科。②以酱亚麻蝇为例，常见嗜尸性蝇类的线粒体基因组结构均为环形双链结构，有 37 个基因（包括 13 个蛋白编码基因，22 个 tRNAs 及 2 个 rRNAs）和一个 AT 富集区组成，其中 9 个蛋白编码基因和 14 个 tRNAs 由 H-strand 所编码，余下的 4 个蛋白编码基因、8 个 tRNAs 及 2 个 rRNAs 由 L-strand 所编码，线粒体基因组结构特征如图 1 所示，22 个 tRNAs 的结构如图 2 所示。③系统发育分析表明，58 个嗜尸性蝇类按照不同属种分别聚类，共 5 个科，12 个亚科，其中丽蝇科中，丽蝇亚科同金蝇亚科、伏蝇亚科互为姐妹群，麻蝇科中，麻蝇亚科同蜂麻蝇亚科、野蝇亚科互为姐妹群，蝇科中，点蝇亚科同邻家蝇亚科、家蝇亚科、圆蝇亚科互为姐妹群。

关键词：嗜尸性蝇类；线粒体基因组；系统发育

---

* 基金项目：国家自然科学基金项目（81772026）

** 第一作者：尚艳杰，硕士研究生，主要从事法医病理与法医昆虫学研究；E-mail：shangyj@ csu. edu. cn
*** 通信作者：郭亚东，副教授，博士生导师，主要从事法医病理与法医昆虫学研究；E-mail：gdy82@ 126. com

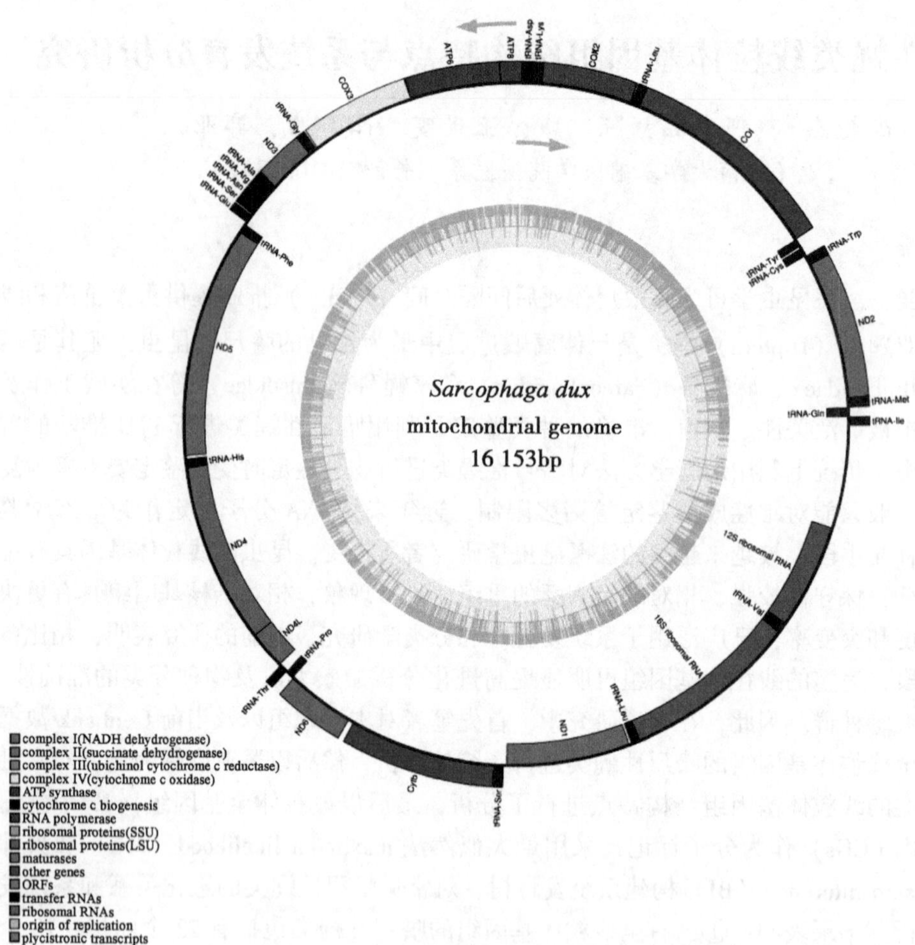

图 1　酱亚麻蝇线粒体基因组结构特征

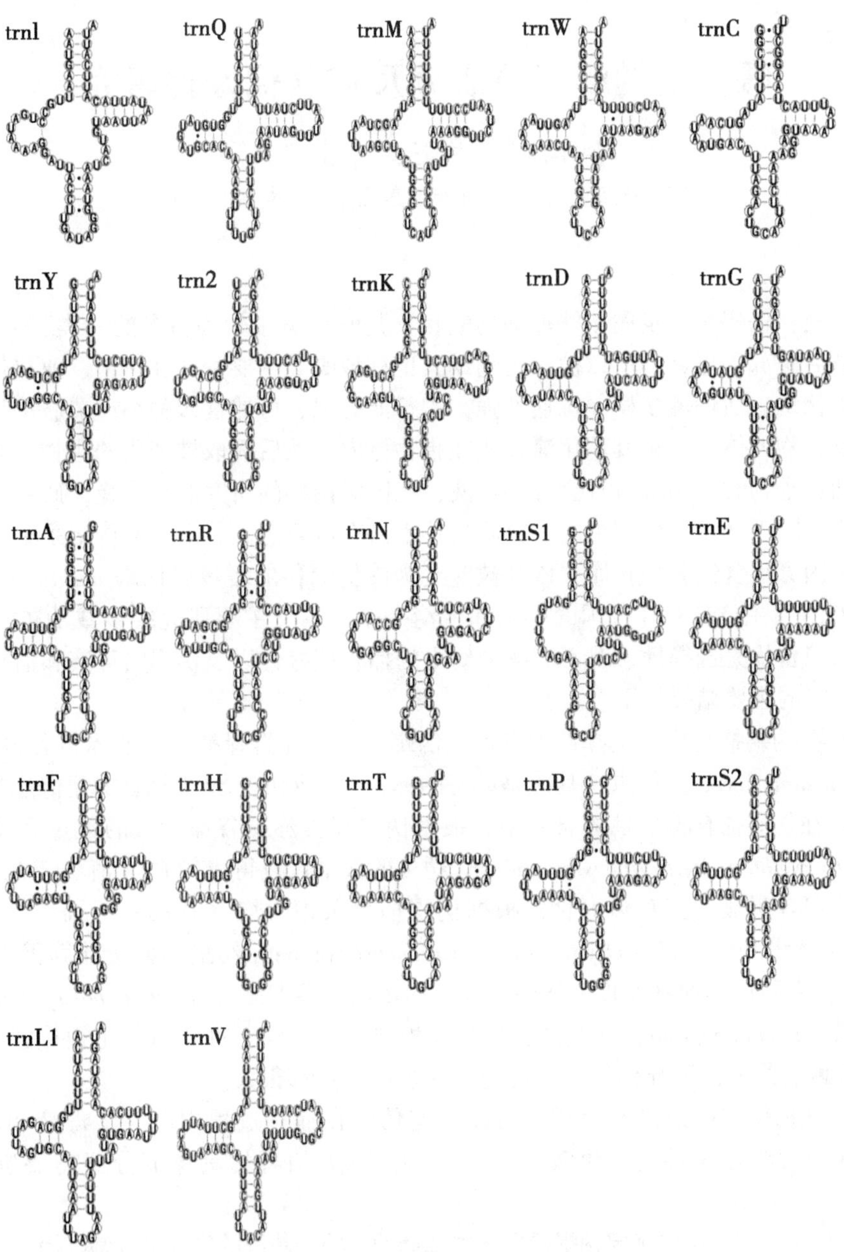

图 2　酱亚麻蝇 22 个 tRNAs 的二级结构

缓步威伪蝎毒液成分及捕食偏好性研究*

李霁瀛**，梅芝健，鲁玉杰***
（河南工业大学粮油食品学院，郑州 450000）

摘　要：伪蝎目，隶属于蛛形纲伪蝎目，是蛛形纲中较为古老的一类，形似蝎子，因为没有后腹部和尾针，所以被称为伪蝎，也称拟蝎。主要分布在热带、亚热带、温带等地区。伪蝎生活环境多样，抗逆性强，爬行能力强，可捕食多种小型节肢动物。伪蝎通过撕裂猎物的体壁，将其消化液释放在猎物体内，然后吸取被消化的猎物。当遇到危险或者捕食猎物时，伪蝎自身会分泌毒液，我国对伪蝎的研究起步较晚，研究其毒液和捕食偏好性对于开发储粮害虫的生物防治技术具有重要意义。本文的伪蝎采集于广东省湛江北站国家粮食储备中转库，该种被鉴定为威伪蝎科的缓步威伪蝎 *Withius piger*（*Simon*，1878），主要分布在我国的广东和台湾一带。本文主要研究缓步威伪蝎对不同状态猎物的捕食优先选择性、对不同物种幼虫的捕食偏好性以及伪蝎的毒液和消化液的成分等。研究的主要结果如下：

（1）在伪蝎捕食优先选择性中发现，伪蝎一般优先选择捕食活的赤拟谷盗（*Tribolium castaneum* Herbst）幼虫，其次是动态的赤拟谷盗死虫，最少捕食的是静态的滤纸。

（2）在伪蝎捕食偏好性的研究中，根据伪蝎捕食赤拟谷盗幼虫的数量和捕食锈赤扁谷盗（*Cryptolestes ferrugineus* Stephens）幼虫的数量计算得出的Cain值小于1，表明对锈赤扁谷盗有明显的捕食偏好性；根据伪蝎捕食杂拟谷盗（*Tribolium confusum* Jac. du Val）幼虫数量和锯谷盗（*Oryzaephilus surinamensis* Linne）幼虫的数量计算得出的Cain值小于1，表明伪蝎偏好捕食锯谷盗幼虫；伪蝎在嗜卷书虱（*Liposcelis bostrychophia*）和嗜虫书虱（*L. entomophila*）之间捕食量基本相同，计算得出的Cain值也很接近于1，表明伪蝎在两者之间无明显偏好性，但两者的被捕食量都很大。

（3）根据反式高效液相色谱，可以确定伪蝎在捕食过程中会分泌毒液和消化液，毒液的成分大约是3种，消化液成分是1种。有关两者的具体成分还需要进一步的研究。

通过以上研究，可以确定伪蝎捕食优先选择动态的、新鲜的猎物，且偏好捕食个体较小的猎物。在捕食过程中，先利用触肢中毒液麻痹猎物，然后用螯肢中消化液消化猎物，最后吸食。研究发现伪蝎可以捕食多种储藏物害虫，可作为未来生物防治的重要研究对象。

关键词：缓步威伪蝎；优先选择性；捕食偏好性；伪蝎毒液；伪蝎消化液

---

* 基金项目：国家十三五重点研发项目（2016YFD0401004-3-1）

** 第一作者：李霁瀛，硕士研究生，主要从事农业昆虫与害虫防治研究；E-mail：lijiying728@163.com

*** 通信作者：鲁玉杰，教授，主要从事储粮害虫的化学生态学和分子生态学的研究；E-mail：luyujie1971@163.com

赤拟谷盗磷化氢抗性品系与敏感品系的运动能力的研究*

陈 卓**，崔开南，鲁玉杰***
（河南工业大学粮油食品学院，郑州 450001）

摘 要：磷化氢是长期广泛使用的储藏物害虫熏蒸剂，由于单一药剂的重复使用，使得害虫产生了严重的磷化氢抗药性。研究害虫磷化氢抗性机理对解决害虫磷化氢抗性问题有着重要意义。本研究对比分析了赤拟谷盗 *Tribolium castaneum*（Herbst）磷化氢抗性品系与敏感品系在磷化氢熏蒸过程中的运动情况，旨在探究赤拟谷盗磷化氢抗性的行为机制，为解决害虫磷化氢抗性问题提供一定思路。在本项研究中，我们首先使用磷化氢亚致死剂量（LC_{30}）分别处理赤拟谷盗的抗性品系、敏感品系，使用高清运动摄像头分别记录两种品系在熏蒸前（5h）和熏蒸过程中（15h）的爬行情况。随后使用 Etho Vision 动物运动轨迹跟踪系统（诺达思信息科技有限公司）对昆虫运动情况进行分析。昆虫的运动行为评价指标主要有：运动距离（mm）、运动速度（mm/s）。通过该项研究发现，在未进行熏蒸的5h内，赤拟谷盗磷化氢抗性品系总活动量小于敏感品系。在注射磷化氢气体后，赤拟谷盗磷化氢抗性品系运动量减小，并在熏蒸起始的5h内始终保持相对较低的运动量。而赤拟谷盗敏感品系在注射磷化氢气体后，其运动量大幅度增加，并在熏蒸起始后的5~6h内始终保持相对较高的运动量。在熏蒸过程中，赤拟谷盗抗性品系在熏蒸的6~10h内运动量有着一定的增加，在随后的11~15h内运动量降低，并最终保持在一个极低的水平。赤拟谷盗敏感品系在熏蒸起始出现运动量大幅度增加后，在熏蒸的7~15h运动量逐步降低。在熏蒸处理的15h，赤拟谷盗磷化氢抗性品系总体运动量小于敏感品系。这项研究结果表明，无论是否进行熏蒸处理，赤拟谷盗磷化氢抗性品系运动量小于敏感品系。同时在熏蒸处理过程中，磷化氢抗性品系与敏感品系所出现的运动高峰期有着一定差异。相比于赤拟谷盗敏感品系，赤拟谷盗磷化氢抗性品系在熏蒸起始便降低其运动量，降低其呼吸速率，从而减少了其磷化氢的吸入量，降低其新陈代谢速率，这可能是赤拟谷盗磷化氢抗性机制之一。

关键词：磷化氢抗性；赤拟谷盗；熏蒸杀虫；运动行为；储藏物昆虫

* 基金项目：国家自然科学基金项目（31572316）

** 第一作者：陈卓，硕士研究生，主要从事农业昆虫与害虫防治研究

*** 通信作者：鲁玉杰，教授，主要从事储粮害虫的化学生态学和分子生态学的研究；E-mail：luyujie1971@163.com

寄主植物对桃蛀螟生长发育及产卵选择行为的影响*

汤金荣**，董少奇，李为争，原国辉，王高平，郭线茹，赵　曼***
（河南农业大学植物保护学院，郑州　450002）

摘　要：桃蛀螟属鳞翅目螟蛾科，是一种多食性钻蛀性害虫，其寄主植物广泛，包括多种果树、农作物以及林木等。由于其幼虫钻蛀性强，化学防治的效果往往不理想，加上化学防治还会造成农药残留及环境污染等问题，因此寻求新的桃蛀螟绿色防控策略对桃蛀螟的有效防控意义重大。通过研究不同寄主植物对桃蛀螟生长发育和产卵选择的影响，来筛选对桃蛀螟具有不同适合度的寄主植物，进而利用作物田的合理布局来控制桃蛀螟的发生是一种绿色防控重要途径。在本项研究中，笔者针对桃蛀螟在河南省的主要寄主植物玉米、棉花、大豆和桃树，研究了这 4 种寄主植物对桃蛀螟生长发育和产卵选择行为的影响。结果表明：当取食棉花时，桃蛀螟的 1 龄幼虫存活率最低，但发育时间最长，玉米处理组的 1 龄幼虫存活率最高且发育时间相对较短；随着桃蛀螟幼虫龄期的增长，棉花处理与其他处理之间的各龄期幼虫发育时间差异逐渐缩小，但棉花处理的桃蛀螟幼虫各龄期存活率依然为最低；当桃蛀螟幼虫发育至 5 龄时，棉花处理的桃蛀螟 5 龄幼虫发育时间又显著大于其他处理；此外，不同处理间的桃蛀螟幼虫总发育时间也有显著性差异，其中棉花处理的桃蛀螟幼虫总发育时间最长（18.99 天），其次为桃处理（16.40 天），之后是大豆处理（14.93 天）和玉米处理（13.94 天）。发育至蛹后，玉米处理组的桃蛀螟化蛹率、蛹重和蛹发育时间均为最高，棉花处理组的桃蛀螟化蛹率、蛹重和蛹发育时间为最低，且两个处理组之间差异显著；但大豆和棉花处理组间的桃蛀螟化蛹率、蛹重和蛹发育时间差异不显著。发育至成虫后，玉米处理组的羽化率和雌虫产卵量依然为最高，但雌成虫寿命和雄成虫寿命相对较短，虽然与大豆处理组和棉花处理组差异不显著，却显著低于桃处理组；从总发育时间来看，桃处理组的桃蛀螟总发育时间显著高于玉米处理组、大豆处理组和棉花处理组，后 3 个处理间的桃蛀螟总发育时间差异不显著。两项产卵选择试验结果显示，桃蛀螟雌蛾在棉花和大豆处理组的落卵量差异不显著，同样的结果在玉米和棉花或玉米和大豆处理组也有观察到，但桃蛀螟在棉花、玉米或大豆处理组的落卵量均显著高于桃处理组。上述结果表明，供试 4 种寄主植物中，桃蛀螟偏好在棉花、玉米和大豆上产卵，其中玉米对桃蛀螟的适合度相对较高，棉花对桃蛀螟的适合度相对较低。

关键词：桃蛀螟；生命表参数；产卵偏好性；寄主适合度；绿色防控

---

* 基金项目：国家自然科学基金（31801735）；国家重点研发计划项目（2018YFD0200600）

** 第一作者：汤金荣，硕士研究生，主要从事昆虫生态学和害虫综合治理研究；E-mail：tangjinronga@163.com
*** 通信作者：赵曼，讲师，主要从事昆虫生态学和昆虫植物互作关系研究；E-mail：zhaoman821@126.com

Knockdown the Circadian Clock Gene *period* and *timeless* arrest the Photoperiodic Induction of Summer Diapause in *Colaphellus bowringi* Baly[*]

Zhu Li[**], Liu Wen, Wang Xiaoping[***]

(*College of Plant Science and Technology, Huazhong Agricultural University, Wuhan* 430070, *China*)

Abstract: In insects, facultative diapause is a state of developmental arrest mainly induced by photoperiod or temperature that allows insects to survive adverse environmental conditions. Understanding how insect initiates facultative diapause and prepares diapause can provide us new insights to study developmental and evolutionary biology. It has been shown that the circadian clock genes can participate in photoperiodic measurement and regulate reproductive diapause initiation through JH signaling in short-day-induced winter diapause. However, how circadian clock genes translate photoperiodic information into downstream JH signaling for diapause destiny and then affect diapause preparation remains largely unknown. In the present study, we investigate this in the cabbage beetle *Colaphellus bowringi* which undergoes reproductive diapause under long-day condition. We respectively knocked down two circadian clock negative regulators, *period* (*per*) and *timeless* (*tim*), in the 3-day-old larvae (most sensitive to photoperiod), and *dsgfp* treatment was served as a control. Under the diapause-inducing photoperiod (16L: 8D), knocking down *per* and *tim* significantly decreased the rate of burrowing behavior. And many female beetles of the *per* and *tim* RNAi showed developed ovary, decreased lipid accumulation and downregulated expression of stress resistance genes. The JH-induced genes, *Kr-h1*, *JHE1*, *Vg1*, and *Vg2*, significantly increased in the females with suppression of *per* and *tim*. It implied that suppression of *per* and *tim* during diapause initiation phase (DIP) could activate the JH signaling in the female adults. Before the beetles enter into diapause preparation phase (DPP), we used RNA sequencing to analyize gene expression profiles after *per* and *tim* RNAi. It showed that many differentially expressed genes were enriched in environmental information processing, such as mTOR and TGF-beta signaling pathway. To ask whether *per* and *tim* also regulate diapause preparation, we knocked down these two genes in the female adults during DPP. It showed that the diapause destiny was not af-

---

* Funded by the National Natural Science Foundation of China (31701842)

** First author: Zhu Li; E-mail: 10896542@qq.com

*** Correspondence author: Wang Xiaoping; E-mail: xpwang@mail.hzau.edu.cn

fected, but the lipid storage in diapause-destined females was significantly reduced after *per* and *tim* RNAi. Interestingly, *per*-and *tim*-regulated lipid storage during DPP was independent on JH signaling. We further found that *per* and *tim* promoted lipid storage by regulating the expression of genes that control lipogenesis and lipolysis. In summary, these results suggest that *per* and *tim* participate in photoperiodic measurement and initiate reproductive diapause through JH signaling during DIP in long-day-induced summer diapause. The mTOR and TGF-beta signaling pathways may be involved in the regulation of JH signaling by circadian clock genes. Meanwhile, *per* and *tim* transduce photoperiodic signal and promote lipid storage during DPP in a JH-independent manner. These results provide us new clues to study the molecular mechanism of photoperiod-regulated diapause induction in insects.

Key words: Circadian clock genes; Reproductive diapause; Diapause induction; JH signaling; Environmental information processing

异色瓢虫滞育和生殖诱导光周期下内生殖系统发育、取食及营养积累的比较研究*

高　俏**，韦炳鑫，刘　文，王佳璐***，周兴苗，王小平
（华中农业大学植物科学技术学院，武汉　430070）

摘　要：异色瓢虫原产于亚种，是一种重要的捕食性昆虫。20 世纪初作为天敌引入欧洲、美洲等地，由于其较强的环境适应性和天敌的缺乏而迅速泛滥成为重要的入侵生物。异色瓢虫的生殖滞育特性是其重要的环境适应策略，对其在原产地越冬和成功入侵过程中躲避不利环境、维持种群繁衍具有重要的作用，了解异色瓢虫的生殖滞育特性对于揭示其入侵机制和开发基于生殖调控的人工扩繁和储存技术均具有重要的意义。目前关于环境条件对异色瓢虫滞育和生殖的诱导已有大量报道，然而其在滞育和生殖诱导条件下的内生殖系统发育和生理状态尚不清楚。因此，本研究对 20℃配合滞育诱导光周期（10L：14D）（DIP）和生殖诱导光周期（14L：10D）（RIP）下异色瓢虫内生殖系统发育状态、取食量、营养积累的差异进行了比较研究。研究结果显示，与 RIP 个体相比，异色瓢虫 DIP 个体内生殖系统发育受到明显抑制。RIP 个体卵巢持续发育直至卵粒成熟，DIP 个体卵巢发育从初羽化开始持续维持在未发育状态，DIP 个体内生殖系统中的输精管、射精管、第一附腺、第二附腺发育程度均显著低于 RIP 个体；雌雄虫 RIP 和 DIP 个体内生殖系统的差异分别在羽化后第 4 天和第 6 天开始出现。异色瓢虫雌雄虫 DIP 个体取食量相较于 RIP 个体分别在羽化后第 15 天和第 13 天开始锐减，随后持续维持在较低水平，暗示着 DIP 个体已进入滞育。异色瓢虫 DIP 个体在滞育前大量积累营养物质，雌虫主要积累碳水化合物和脂类，雄虫仅积累碳水化合物。本研究结果明确了异色瓢虫雌雄虫滞育和生殖前的发育和生理状态，为进一步利用异色瓢虫的滞育特性促进异色瓢虫的开发应用提供了基础资料。

关键词：异色瓢虫；滞育；生殖系统发育；取食；营养积累

---

* 基金项目：国家自然科学基金资助项目（31701842）
** 第一作者：高俏，博士研究生，主要从事资源昆虫利用研究；E-mail：qiaogao1004@163.com
*** 通信作者：王佳璐；E-mail：wangjialu@mail.hzau.edu.cn

嗜虫书虱胰岛素受体基因 *InR*（*LeInR*）的克隆与分析*

王随随**，苗世远，杨斌斌，鲁玉杰***
（河南工业大学粮油食品学院，郑州 450001）

摘 要：嗜虫书虱 *Liposcelis entomophila* 在我国已发展成为储粮害虫中的优势种群，爆发时可造成严重的经济损失。目前，长期依赖磷化氢熏蒸加剧了嗜虫书虱抗药性的产生。类胰岛素信号途径调节机体的生长发育、代谢、生殖等重要生理过程，研究嗜虫书虱类胰岛素信号通路调控其发育的机制，可阐明嗜虫书虱抗药性和种群猖獗的分子机制，为杀虫剂新的作用靶标提供理论基础。本文克隆嗜虫书虱 *Liposcelis entomophila* 胰岛素受体基因 *InR* 基因的编码区全长序列，并分析该基因和编码的蛋白质的基本特性。基于转录组测序数据中筛选出目的基因的 cDNA 编码序列，从非编码区设计特异性引物扩增了 *LeInR* 基因的 CDS 全长序列，并采用生物信息学的相关方法对 InR 蛋白质的信息进行了分析。*InR* 基因 CDS 序列为 44 88bp，编码 1 495个氨基酸残基。采用 ProtParam 软件分析发现，该核苷酸推导的蛋白质分子式为 $C_{7477}H_{11698}N_{2060}O_{2270}S_{73}$，理论分子量 169. 11kDa，等电点 5. 82；半衰期大约 30h，不稳定参数 47. 18（40 以下为稳定蛋白），属于不稳定蛋白。该蛋白中相对含量比较多的氨基酸是谷氨酸 Glu（134 个，占 9. 0%）、缬氨酸 Val（116 个，占 7. 8%）及丝氨酸 Ser（103 个，占 6. 9%），而相对含量最少的氨基酸为色氨酸 Trp（23 个，占 1. 5%）。总的带负电荷的残（Asp+Glu）为 210、带正电荷的残基（Arg+Lys）为 191。亲水性平均数为-0. 442，预测该蛋白为亲水性蛋白，其脂肪指数为 76. 60。

关键词：嗜虫书虱；胰岛素受体基因；基因克隆；CDS；生物信息学

---

* 基金项目：国家自然科学基金项目（31871975）

** 第一作者：王随随，硕士研究生，主要从事农业昆虫与害虫防治研究

*** 通信作者：鲁玉杰，教授，主要从事储粮害虫的化学生态学和分子生态学的研究；E-mail：luyujie1971@163. com

Helicoverpa 两近缘种昆虫对糖和氨基酸的味觉感受*

侯文华**，宋唯伟，孙龙龙，张佳佳，汤清波***
（河南农业大学植物保护学院，郑州 450002）

摘 要：棉铃虫 *Helicoverpa armigera* 和烟青虫 *Helicoverpa assulta* 系鳞翅目夜蛾科（Lepidoptera：Noctuidae）两种近缘昆虫，在实验室条件下可以交配并产下可育的后代。棉铃虫为多食性昆虫，可取食 30 多科 200 余种植物，是我国重要的农业害虫。烟青虫为寡食性昆虫，主要取食烟草和辣椒等少数茄科植物。我们前期研究测定了 2 种昆虫幼虫对蔗糖和黑芥子苷的取食选择行为，发现两种物质均能够显著影响两种昆虫的取食选择行为。在本研究中，笔者继续利用叶碟法测定这两种昆虫幼虫对其他化学物质如果糖、葡萄糖和脯氨酸的取食选择行为，以进一步比较近缘种多食性昆虫和寡食性昆虫对寄主植物化学物质的味觉感受差异。主要结果如下：

（1）无论是多食性的棉铃虫还是寡食性的烟青虫，30mmol/L 果糖和 50mmol/L 果糖处理的叶碟均能够显著诱导棉铃虫和烟青虫幼虫对这些叶碟的正趋向取食选择。

（2）棉铃虫幼虫对 30mmol/L 和 50mmol/L 葡萄糖处理的叶碟无显著的正趋向取食选择行为；烟青虫对 30mmol/L 葡萄糖处理的叶碟无显著的正趋向取食选择行为，而 50mmol/L 葡萄糖处理的叶碟则可以显著诱导烟青虫幼虫的正趋向取食选择。

（3）棉铃虫幼虫对 10mmol/L、50mmol/L 和 100mmol/L 脯氨酸处理的叶碟均无显著的正趋向取食选择行为；而 10mmol/L、50mmol/L 和 100mmol/L 脯氨酸处理的叶碟可以显著诱导烟青虫幼虫的正趋向取食选择行为。

本实验结果表明，一定浓度的果糖能够显著诱导棉铃虫和烟青虫幼虫正趋向取食选择行为；葡萄糖和脯氨酸显著诱导烟青虫幼虫正趋向取食选择行为的低浓度阈值均低于诱导棉铃虫幼虫的浓度，说明这两种化学物质对寡食性烟青虫幼虫取食选择的影响程度明显高于对多食性棉铃虫的影响。比较两种食性不同近缘种昆虫的取食选择行为能够为我们了解昆虫食性进化提供化学生态学上的线索。

关键词：多食性；寡食性；幼虫；取食选择

---

* 基金项目：河南省高校科技创新人才支持计划（17HASTIT042）；国家自然科学基金面上项目（31672367）

** 第一作者：侯文华；E-mail：wenhuahou@ 163. com

*** 通信作者：汤清波；E-mail：qingbotang@ 126. com

锈赤扁谷盗几丁质合成酶2基因的克隆与功能研究*

张　蒙**，杜梦园，鲁玉杰***

（河南工业大学粮油食品学院，郑州　450001）

摘　要：几丁质主要存在于真菌的胞壁、甲壳类动物的外壳和昆虫的体壁中，高等哺乳动物不含有几丁质，因此根据几丁质生物合成途径研发新型杀虫剂已经成为当今热点。本研究以锈赤扁谷盗 *Cryptolestes ferrugineus* 为研究对象，利用实时荧光定量 PCR（qPCR）和 RNAi 技术对几丁质生物合成途径中的关键酶–几丁质合成酶 2（CHS2）基因的特性和功能进行了深入的研究，为以后利用几丁质合成酶来防治锈赤扁谷盗提供理论基础与科学依据。我们首先以获得的锈赤扁谷盗转录组数据为基础，对其中一个预测为编码几丁质合成酶 2 的基因进行了克隆，首次获得了锈赤扁谷盗几丁质合成酶 2 基因完整的开放阅读框，命名为 *CfCSH*2（NCBI 登录号：MH234580），其开放阅读框 ORF 包含 4 428bp，编码 1 475个氨基酸，其中的 322（523—845）个氨基酸是几丁质合成酶的保守序列，含有几丁质合成酶特有的标签序列 EDR 和 QRRRW。实时荧光定量 PCR 结果显示，*CfCSH*2 在锈赤扁谷盗卵、幼虫、蛹和成虫不同发育阶段均有表达，但表达量差异显著（$P<0.05$）。幼虫阶段 CfCSH2 在 1 龄的相对表达量最多，随后逐渐减少，在蛹期表达量最低，卵期有少量表达，成虫期最多，说明该基因在锈赤扁谷盗进食期表达量较多，非进食期表达量较少。*CfCSH*2 在锈赤扁谷盗不同组织的表达量有显著差异（$P<0.05$）。在成虫表皮中基本不表达，在头部、胸部、脂肪体中有少量的表达，腹部的表达量最高，其次是中肠，腹部的高表达量可能与其样品体积较大，包含组织较多有关。RNAi 干扰实验结果表明：无论使用注射还是饲喂的方法，*CfCHS*2 基因沉默后幼虫均出现躯体蜷缩，腹部干瘪，无法正常爬行的现象。对 RNAi 处理后的锈赤扁谷盗的中肠进行了甲苯胺蓝染色和透射电镜的研究，结果发现经过沉默 *CfCHS*2 基因后的幼虫中肠围食膜缺失，肠道上皮细胞没有围食膜的保护，不能附着在中肠横肌，严重受损。这些结果说明 *CfCHS*2 在锈赤扁谷盗中肠围食膜的形成过程中发挥重要的作用。*CfCHS*2 基因的沉默会使锈赤扁谷盗发育受阻，导致死亡。实验选用纳米壳聚糖作为传递载体，通过饲喂法使目的基因的表达量显著下降，锈赤扁谷盗死亡率显著升高，为以后基于 RNAi 技术防治锈赤扁谷盗提供了科学依据。

关键词：锈赤扁谷盗；几丁质合成酶 2；表达特性；RNA 干扰；基因功能

---

* 基金项目：国家自然科学基金（31572316）

** 第一作者：张蒙，讲师，主要从事储藏物昆虫学与害虫防治研究；E-mail：zhangmeng851206@163.com

*** 通信作者：鲁玉杰，教授，主要从事昆虫化学生态学与害虫防治研究；E-mail：Luyujie1971@163.com

大猿叶虫胰岛素受体基因的鉴定及其在生殖滞育中的作用研究*

丰　硕**，朱　莉，刘　文，朱　芬，王小平***

（华中农业大学植物科学技术学院，武汉　430070）

摘　要：为了与生存环境中不良物候相适应，许多昆虫在长期进化过程中形成了滞育特性。进入滞育的昆虫主要表现为生长发育停滞和能量物质储备增加。在昆虫启动滞育之前，它们在滞育诱导期感知环境信号，随后通过多种神经肽和激素触发的信号途径将环境信号转换为滞育准备阶段的发育指令。研究发现，胰岛素信号（Insulin/IGF-1 signaling，IIS）传导缺陷可使秀丽隐杆线虫 *Caenorhabditis elegans* 和黑腹果蝇 *Drosophila melanogaster* 出现寿命延长的现象。此外，IIS 还可以调节昆虫的生长发育、代谢、生殖以及衰老等重要生理过程。然而，IIS 对昆虫滞育发生调控的机制仍然不明确。为了探究 IIS 在昆虫滞育发生中的调控作用，本文以一种具有生殖滞育特性的十字花科蔬菜害虫大猿叶虫 *Colaphellus bowringi* 为实验材料开展了相关研究。大猿叶虫在长日照条件下可以被诱导进入生殖滞育，其在幼虫期可完成对光周期信号的采集，成虫羽化后可依据滞育诱导期储存的发育指令立即开始相关的生理生化活动。由于胰岛素受体（insulin receptor，InR）是 IIS 的关键，其决定了上游信号能否向下游传递。因此，本研究克隆了大猿叶虫胰岛素受体基因 *CbInR*1 和 *CbInR*2，并在初羽化的注定滞育（DD）和注定非滞育（NDD）的雌成虫中分别干扰了 *CbInR*1 和 *CbInR*2，以明确 *CbInR*1 和 *CbInR*2 在大猿叶虫滞育发生中的调控作用。结果表明，*CbInR*1 和 *CbInR*2 开放阅读框分别为 4 194bp 和 3819bp，分别编码 1 397和 1 272个氨基酸残基，分别与马铃薯甲虫的 *InR*1 和 *InR*2 具有较高的相似性。干扰初羽化注定滞育雌虫的 *CbInR*1 和 *CbInR*2 对大猿叶虫滞育发生均无影响。DD-dsGFP、DD-dsInR1 和 DD-dsInR2 处理的 4 日龄雌成虫的卵巢均不发育。干扰初羽化注定非滞育雌虫的 *CbInR*1 和 *CbInR*2 对大猿叶虫的生殖也无影响。NDD-dsGFP、NDD-dsInR1 和 NDD-dsInR2 处理 4 日龄雌成虫的卵巢均膨大且有成熟卵粒。NDD-dsInR1 和 NDD-dsInR2 处理 4 日龄雌成虫体内甘油三酯的含量高于 NDD-dsGFP，但无显著差异。上述结果说明，在滞育准备初期干扰 *InRs* 不会改变大猿叶虫滞育启动过程中的发育命令，这为探索 IIS 调控昆虫生殖滞育的分子机制提供新线索。事实上，尖音库蚊 *Culex pipiens* 和马铃薯甲虫 *Leptinotarsa decemlineata* 中，IIS 可能可以通过激活或抑制 JH 合成实现对生殖滞育的调控。因此，在大猿叶虫中，我们推测 IIS 可能在更早的滞育诱导过程中发挥了重要作用，这有待于进一步研究证实。

关键词：大猿叶虫；*CbInR*1；*CbInR*2；生殖滞育；作用调控

---

* 基金项目：国家自然科学基金（31572009）

** 第一作者：丰硕

*** 通信作者：王小平，教授；E-mail：xpwang@ mail. hzau. edu. cn

肠道共生菌对蚊媒消化道结构与功能的影响*

吴 思**，邓芳清，吴 葩***
(湖南师范大学生命科学学院，长沙 410081)

摘 要：昆虫肠道富含肠道共生菌，这些肠道微生物与宿主昆虫相互作用并影响昆虫的生理功能。乳酸菌科、肠球菌科和肠杆菌科细菌通过分泌代谢物影响果蝇的衰老、基因表达、代谢功能和社会行为。而蚊虫的肠道共生菌对蚊虫生理功能的影响尚不明确。我们使用LB培养基、巧克力培养基及麦康凯培养基等多种培养基，结合厌氧及需氧等多种培养手段，分离和培养埃及伊蚊、白纹伊蚊和斯氏按蚊肠道微生物，分离到的细菌主要属于肠杆菌科、黄杆菌科、单胞菌科、莫拉菌科及微杆菌科。将这些分离到的肠道菌逐一定殖入清除肠道微生物的蚊虫体内，研究其对蚊媒消化道结构与功能影响。笔者发现多株肠道共生菌通过分泌增效因子蛋白影响蚊中肠结构与功能。通过扫描电子显微镜及透射电子显微镜观察对照组的蚊肠道上皮细胞，可以看到明显的刷状边缘体结构，这层结构可以被黏液素特异性染液染成光镜下可见的深紫色。使用增效因子混合血液饲喂蚊虫，肠道上皮细胞表明覆盖的紫色刷状边缘体结构显著变薄，并伴随着肠道通透性增强。将编码增效因子的细菌混合血液饲喂蚊虫，肠道围食膜结构的完整性受损。笔者进一步研究发现，通过生物信息学方法预测了埃及伊蚊、白纹伊蚊和斯氏按蚊的肠道黏液素，发现黏质沙雷氏菌增效因子可以识别和切割埃及伊蚊肠道黏液素。这些研究结果表明，蚊虫肠道共生菌通过编码和分泌增效因子与媒介宿主相互作用，通过降解黏液素从而影响媒介肠道微绒毛及围食膜结构及生物学功能。

关键词：媒介；蚊；增效因子；黏液素

---

* 基金项目：“潇湘学者”特聘教授启动基因

** 第一作者：吴思，本科生，主要从事媒介蚊虫研究；E-mail：wusiwork@ sina. com

*** 通信作者：吴葩，教授，主要从事媒介蚊虫研究；E-mail：wupa@ hunnu. edu. cn